焊工
入门与提高
全程图解

张能武　主　编

化学工业出版社

·北京·

图书在版编目（CIP）数据

焊工入门与提高全程图解/张能武主编. —北京：化
学工业出版社，2018.3（2025.5重印）
ISBN 978-7-122-31496-3

Ⅰ.①焊… Ⅱ.①张… Ⅲ.①焊接工艺-图解
Ⅳ.①TG44-64

中国版本图书馆 CIP 数据核字（2018）第 024632 号

责任编辑：曾　越　张兴辉　　　　　　文字编辑：陈　喆
责任校对：王素芹　　　　　　　　　　装帧设计：刘丽华

出版发行：化学工业出版社（北京市东城区青年湖南街 13 号　邮政编码 100011）
印　　装：北京天宇星印刷厂
880mm×1230mm　1/32　印张 11½　字数 375 千字
2025 年 5 月北京第 1 版第 8 次印刷

购书咨询：010-64518888（传真：010-64519686）　售后服务：010-64518899
网　　址：http://www.cip.com.cn
凡购买本书，如有缺损质量问题，本社销售中心负责调换。

定　　价：49.80 元　　　　　　　　　　　　版权所有　违者必究

前言

随着现代科学的进步，焊接新工艺、新材料、新装备不断涌现，现代化、自动化水平不断提高，焊接技术被广泛应用于船舶、车辆、建筑、航空、航天、电工电子、石油化工机械、矿山、起重等各个行业。为了满足焊接技术工人对不断提高理论技术水平和实际动手操作能力的需求，我们组织编写了本书。

本书主要介绍了焊工常用基本知识、气焊与气割、焊条电弧焊、埋弧焊、氩弧焊、CO_2 气体保护焊、焊接应力与变形等知识。本书在编写过程中理论内容尽量少而通俗易懂，注重操作技能和生产实例，并吸取一线工人师傅的经验总结；书中使用名词、术语、标准等贯彻了最新国家标准。本书在内容组织和编排上强调实用性和可操作性，从焊工必须掌握的基础知识入手，深入浅出地对不同的焊接技术进行了讲解，能满足焊接人员入门和提高的需要。

本书图文并茂，内容丰富，浅显易懂，取材实用而精练。可供职业技术院校相关专业师生阅读，也可作为初、中级技术人员、焊工上岗前培训和自学用书。

本书由张能武主编。参加编写的人员还有：许佩霞、邵健萍、过晓明、薛国祥、张道霞、邱立功、王荣、陈伟、刘文花、杨小荣、余玉芳、张洁、胡俊、刘瑞、吴亮、王春林、邓杨、张茂龙、高佳、王燕玲、李端阳、周小渔、张婷婷。

本书在编写过程中得到了江南大学机械工程学院、江苏机械学会等单位的大力支持和帮助，在此一并表示感谢。

由于时间仓促，编者水平有限，书中不足之处在所难免，敬请广大读者批评指正。

编　者

目录
CONTENTS

第六章　CO_2气体保护焊 / 278

第一章
焊工常用基本知识

第一节 焊接方法的分类与选择

一、焊接方法的分类

根据母材是否熔化将焊接方法分成熔化焊、压力焊和钎焊三大类，然后再根据加热方式、工艺特点或其他特征进行下一层次的分类，见表1-1。这种方法的最大优点是层次清楚、主次分明，是最常用的一种分类方法。

焊接工艺对能源的要求是能量密度大、加热速度快，以减小热影响区，避免接头过热。焊接用的能源主要有电弧、火焰、电阻热、电子束、激光束、超声波、化学能等。

电弧是应用最广泛的一种焊接热源，主要用于电弧焊、堆焊等。电渣焊或电阻焊利用电阻热进行焊接。锻焊、摩擦焊、冷压焊及扩散焊等

表 1-1　焊接方法的分类

第一层次（根据母材是否熔化）	第二层次	第三层次	第四层次	代号	是否易于实现自动化
压力焊：利用摩擦、扩散和加压等物理作用，克服两个连接表面的不平度，除去氧化膜及其他污染物，使两个连接表面上的原子相互接近到晶格距离，从而在固态条件下实现连接的方法	闪光对焊	—	—	24	—
	电阻对焊	—	—	25	▲
	冷压焊	—	—	—	△
	超声波焊	—	—	41	▲
	爆炸焊	—	—	441	△
	锻焊	—	—	—	△
	扩散焊	—	—	45	△
	摩擦焊	—	—	42	▲

第一层次 （根据母材是否熔化）	第二层次	第三层次	第四层次	代号	是否易于实现自动化
熔化焊： 利用一定的热源，使构件的被连接部位局部熔化成液体，然后再冷却结晶成一体的方法	电弧焊	熔化极电弧焊	手工电弧焊	111	△
			埋弧焊	121	▲
			熔化极气体保护焊（MIG）	131	▲
			CO_2	135	▲
			螺柱焊	—	△
		非熔极电弧焊	钨极氩弧焊（TIG）	141	▲
			等离子弧焊	15	▲
			氢原子焊	—	△
	气焊	氧-氢火焰	—	311	△
		氧-乙炔火焰	—	—	△
		空气-乙炔火焰	—	—	△
		氧-丙烷火焰	—	—	△
		空气-丙烷火焰	—	—	△
	铝热焊				△
	电渣焊	—		72	▲
	电子束焊	高真空电子束焊		76	▲
		低真空电子束焊			▲
		非真空电子束焊	—		▲
	激光焊		CO_2激光焊	751	▲
		—	YAG 激光焊		▲
	电阻点焊	—		21	▲
	电阻缝焊	—		22	▲
钎焊： 采用熔点比母材低的材料作钎料，将焊件和钎料加热至高于钎料熔点但低于母材熔点的温度，利用毛细作用使液态钎料充满接头间隙，熔化钎料润湿母材表面，冷却后结晶形成冶金结合的方法	火焰钎焊			912	△
	感应钎焊				△
	炉中钎焊	空气炉钎焊			△
		气体保护炉钎焊			△
		真空炉钎焊			△
	盐浴钎焊				△
	超声波钎焊				△
	电阻钎焊				△
	摩擦钎焊				△
	金属浴钎焊				△
	放热反应钎焊				△
	红外线钎焊				△
	电子束钎焊				△

注：▲—易于实现自动化；△—难以实现自动化。

利用机械能进行焊接，通过顶压、锤击、摩擦等手段，使工件的结合部位发生塑性流变，破坏结合面上的金属氧化膜，并在外力作用下将氧化物挤出，实现金属的连接。气焊依靠可燃气体（如乙炔、氢、天然气、丙烷、丁烷等）与氧混合燃烧产生的热量进行焊接。热剂焊利用金属与其他金属氧化物间的化学反应所产生的热量作能源，利用反应生成的金属为填充材料进行焊接，应用较多是铝热剂焊。爆炸焊利用炸药爆炸释放的化学能及机械冲击能进行焊接。常用焊接热源的主要特性见表 1-2。

表 1-2　常用焊接热源的主要特性

焊接热源	最小加热面积/cm^2	最大功率密度/(W/cm^2)	正常温度/K
氧-乙炔火焰	10^{-2}	2×10^3	3470
手工电弧焊电弧	10^{-3}	10^4	6000
钨极氩弧（TIG）	10^{-3}	1.5×10^4	8000
埋弧自动焊电弧	10^{-3}	2×10^4	6400
电渣焊热源	10^{-3}	10^4	2273
熔化极气体保护焊电弧（MIG）	10^{-4}	$10^4\sim10^5$	—
CO_2 焊电弧	10^{-4}	$10^4\sim10^5$	—
等离子弧	10^{-5}	1.5×10^5	18000～24000
电子束	10^{-7}	—	—
激光束	10^{-8}	—	—

常用的焊接方法有手工电弧焊、CO_2 焊、埋弧焊、钨极氩弧焊、熔化极气体保护焊、电渣焊、电子束焊、激光焊、电阻焊、钎焊等，其说明见表 1-3。

表 1-3　常用的焊接方法

类　别	说　明
手 工 电 弧 焊	手工电弧焊是目前应用最广泛的一种焊接方法。其优点是应用灵活、方便、适用性最强，而且设备简单，特别适合于焊接全位置短焊缝、自动焊难以焊接的焊缝。手工电弧焊时，焊件厚度不受限制，但焊件厚度较大时经济效益降低，而且随着厚度的增大，焊接缺陷增多。因此，工件厚度较大时应尽量采用埋弧焊或电渣焊 　手工电弧焊的主要缺点是生产率低、劳动强度大、对焊工技术水平的依赖性强且对焊工健康的影响大
埋 弧 自 动 焊	这种焊接方法适合于厚度在 4mm 以上的低碳钢、低合金钢、不锈钢等的焊接。一般情况下，只能进行平焊或船形焊。埋弧焊允许使用的电源较大，熔敷速度及熔透能力大，中等厚度的板可不用开坡口，焊接生产率比手工电弧焊高得多。这种方法的焊缝质量稳定、劳动条件好且对焊工的技术水平依赖性小

类　别	说　明
电渣焊	电渣焊是一种适用于大厚度钢板的高效焊接方法。板件厚度超过 30mm 时就可考虑采用电渣焊。厚度大于 50mm 时,电渣焊的经济效益就超过埋弧焊。电渣焊有丝极、板极及熔嘴电渣焊三种。变断面或断面复杂的焊件必须采用熔嘴电渣焊 电渣焊是利用电阻热熔化金属的焊接方法,整个焊接过程中无电弧和飞溅,生产率高,热效率高达 80%(埋弧焊为 60%),且电能与焊接材料消耗比埋弧焊少(仅为 1/20)。电渣焊的缺点是焊缝及热影响区的组织粗大,降低了焊接接头的塑性与冲击韧性,焊后必须对工件进行正火处理
熔化极气体保护焊	常用的熔化极气体保护焊有 CO_2 焊、熔化极惰性气体保护焊(MIG)以及活性气体保护焊(MAG)。CO_2 焊是一种生产率高、成本低的焊接方法,主要用于低碳钢及低合金钢的焊接。其优点是可进行各种位置的焊接,既可焊薄板,也可焊厚板,而且焊接速度较快,熔敷效率较高,便于实现自动化 熔化极惰性气体保护焊可焊接所有金属。由于焊丝的载流能力大,与非熔化极惰性气体保护焊相比,该方法的熔深能力大,焊接生产率高,特别适用于有色合金、不锈钢的中厚板的焊接。活性气体保护焊主要用于低碳钢、低合金钢及不锈钢的焊接
钨极氩弧焊(TIG)	用钨作电极,用惰性气体作保护气体的一种焊接方法。其优点是焊接质量好,可焊接所有金属,特别适用于焊接铝、钛、镁等活性金属以及不锈钢,也用于重要钢结构的打底焊。由于受钨极载流能力的限制,所焊的焊件厚度有限,焊接速度及生产率也较低
电阻焊	电阻焊是一种机械化程度及生产率较高的焊接方法。这种焊接方法主要用于焊接厚度小于 3mm 的薄件,对于棒材、轴、钻杆、管子等可进行电阻对焊。电阻焊接头质量对焊接部位的污染物非常敏感,焊前准备工作要求较严格,必须清除接头处的油污、锈、氧化皮等,生产中应有相应的辅助设备。电阻焊主要适用于大批量生产,电阻焊机的功率一般较大,结构复杂,价格贵
等离子弧焊	等离子弧是一种压缩的钨极氩弧,具有较高的能量密度及挺直度。利用穿孔工艺进行焊接时,对于一定厚度范围内的大多数金属,可以采用单面焊双面成形方法进行焊接。采用微束等离子工艺进行焊接时,可焊接超薄板(可焊接的最薄厚度为 0.01mm)。这种方法的缺点是设备较复杂,对焊接工艺参数的控制要求较严格
高能束焊接	高能束焊接主要有激光束及电子束两种。由于激光束及电子束的能量密度大,因此,这两种焊接方法具有熔深大、熔宽小、焊接热影响区小、焊接变形小、接头性能好的特点。既可对很薄的材料进行精密焊接,又可对很厚的材料进行焊接。但设备价格较贵,运行成本也较高,目前主要用于质量要求高的产品以及难焊材料的焊接
钎焊	加热温度较低,母材不熔化,因此焊接热循环对母材性能的影响较小,焊件变形及残余应力也较小。这种方法不但可焊接几乎所有的金属,而且还可焊接异种金属、金属与非金属以及非金属与非金属,尤其适合于焊接形状复杂的制品。但钎焊接头强度不高、工作温度较低。因此一般用于受载荷不大、工作温度较低的接头的焊接

二、焊接方法的选择

选择的焊接方法首先应能满足技术要求及质量要求，在此前提下，尽可能地选择经济效益好、劳动强度低的焊接方法。表 1-4 给出了不同金属材料所适用的焊接方法，不同焊接方法所适用材料的厚度不同。

不同焊接方法对接头类型、焊接位置的适应能力是不同的。电弧焊可焊接各种形式的接头，钎焊、电阻点焊仅适用于搭接接头。大部分电弧焊接方法均适用于平焊位置，而有些方法，如埋弧焊、射流过渡的气体保护焊不能进行空间位置的焊接。表 1-5 给出了常用焊接方法所适用的接头形式及焊接位置。

尽管大多数焊接方法的焊接质量均可满足实用要求，但不同方法的焊接质量，特别是焊缝的外观质量仍有较大的差别。产品质量要求较高时，可选用氩弧焊、电子束焊、激光焊等。质量要求较低时，可选用手工电弧焊、CO_2 焊、气焊等。

表 1-4　不同金属材料所适用的焊接方法

材料	厚度/mm	手工电弧焊	埋弧焊	喷射过渡	脉冲喷射	潜弧	短路过渡	管状焊丝气体保护焊	钨极氩弧焊	等离子弧焊	电渣焊	气电立焊	电阻焊	闪光焊	气焊	扩散焊	摩擦焊	电子束焊	激光焊	火焰钎焊	炉中钎焊	感应加热钎焊	电阻加热钎焊	浸渍钎焊	红外线钎焊	扩散钎焊	软钎焊
				熔化极气体保护焊																硬钎焊							
铸铁	3～6	○	—												○					○	○				—	○	○
	6～19	○	○												○					○	○				—	○	○
	≥19	○	○												○					○	○				—	○	○
碳钢	≤3	○	○	○	○										○					○	○	○			○	○	○
	3～6	○	○	○	○	○									○					○	○	○			○	○	○
	6～19	○	○	○	○	○									○					○	○	○			○	○	○
	≥19	○	○	○	○	○									○					○	○	○			○	○	○
低合金钢	≤3	○	○	○	○										○					○	○	○			○	○	○
	3～6	○	○	○	○	○									○					○	○	○			○	○	○
	6～19	○	○	○	○	○									○					○	○	○			○	○	○
	≥19	○	○	○	○	○									○					○	○	○			○	○	○
不锈钢	≤3	○	○	○	○										○					○	○	○			○	○	○
	3～6	○	○	○	○	○									○					○	○	○			○	○	○
	6～19	○	○	○	○	○									○					○	○	○			○	○	○
	≥19	○	○	○	○	○									○					○	○	○			○	○	○

续表

| 材料 | 厚度/mm | 手工电弧焊 | 埋弧焊 | 熔化极气体保护焊 | | | | 管状焊丝气体保护焊 | 钨极氩弧焊 | 等离子弧焊 | 电渣焊 | 气电立焊 | 电阻焊 | 闪光焊 | 气焊 | 扩散焊 | 摩擦焊 | 电子束焊 | 激光焊 | 硬钎焊 | | | | | | | 软钎焊 |
				喷射过渡	潜弧	脉冲喷射	短路过渡													火焰钎焊	炉中钎焊	感应加热钎焊	电阻加热钎焊	浸渍钎焊	红外线钎焊	扩散钎焊	
镍及其合金	≤3	○	—	—	—	○	○	—	○	—	—	—	○	○	—	○	—	○	○	○	○	○	○	○	○	○	○
	3～6	○	○	○	—	○	○	—	○	—	—	—	○	○	—	○	—	○	○	○	○	○	○	○	○	○	○
	6～19	○	○	○	—	—	—	—	○	—	—	—	○	—	—	○	—	○	○	○	○	○	○	—	—	—	—
	≥19	○	○	—	—	—	—	—	○	—	—	—	—	—	—	—	—	○	—	—	—	—	—	—	—	—	—
铝及其合金	≤3	—	—	○	—	○	○	—	○	○	—	—	—	○	—	—	—	○	○	○	○	○	○	○	—	○	○
	3～6	—	—	○	—	○	○	—	○	○	—	—	—	○	—	○	—	○	○	○	○	○	○	○	—	○	○
	6～19	—	—	○	—	—	—	—	○	○	—	—	—	○	—	○	—	○	○	—	—	—	—	—	—	—	—
	≥19	—	—	○	—	—	—	—	○	○	○	○	—	—	—	—	—	○	—	—	—	—	—	—	—	—	—
钛及其合金	≤3	—	—	○	—	○	○	—	○	○	—	—	—	○	—	—	—	○	○	—	—	—	—	—	—	○	—
	3～6	—	—	○	—	○	○	—	○	○	—	—	—	—	—	—	—	○	○	—	—	—	—	—	—	○	—
	6～19	—	—	○	—	—	—	—	○	○	—	—	—	—	—	—	—	○	○	—	—	—	—	—	—	—	—
	≥19	—	—	○	—	—	—	—	○	○	—	—	—	—	—	—	—	○	—	—	—	—	—	—	—	—	—
铜及其合金	≤3	—	—	○	—	○	○	—	○	○	—	—	—	—	—	—	—	○	○	○	○	○	○	○	—	○	○
	3～6	—	—	○	—	○	○	—	○	○	—	—	—	—	—	○	—	○	○	○	○	○	○	○	—	○	○
	6～19	—	—	○	—	—	—	—	○	○	—	—	—	—	—	○	—	○	○	—	—	—	—	—	—	—	—
	≥19	—	—	○	—	—	—	—	○	○	—	—	—	—	—	—	—	○	—	—	—	—	—	—	—	—	—
镁及其合金	≤3	—	—	○	—	○	○	—	○	○	—	—	—	—	—	—	—	○	○	○	○	○	○	○	—	—	—
	3～6	—	—	○	—	○	○	—	○	○	—	—	—	—	—	—	—	○	○	○	○	○	○	○	—	—	—
	6～19	—	—	○	—	—	—	—	○	○	—	—	—	—	—	—	—	○	—	—	—	—	—	—	—	—	—
	≥19	—	—	○	—	—	—	—	○	○	—	—	—	—	—	—	—	○	—	—	—	—	—	—	—	—	—
难熔金属	≤3	—	—	—	—	—	—	—	○	○	—	—	—	—	—	—	—	○	○	—	—	—	—	—	—	—	—
	3～6	—	—	—	—	—	—	—	○	○	—	—	—	—	—	—	—	○	○	—	—	—	—	—	—	—	—
	6～19	—	—	—	—	—	—	—	○	—	—	—	—	—	—	—	—	○	—	—	—	—	—	—	—	—	—
	≥19	—	—	—	—	—	—	—	○	—	—	—	—	—	—	—	—	—	—	—	—	—	—	—	—	—	—

注：○—被推荐的焊接方法。

　　自动化焊接方法对工人的操作技术水平要求较低，但设备成本高，管理及维护要求也高。手工电弧焊及半自动 CO_2 焊的设备成本低，维护简单，但对工人的操作技术水平要求较高。电子束焊、激光焊、扩散焊设备复杂，辅助装置多，不但要求操作人员有较高的操作水平，还应具有较高的文化层次及知识水平。选用焊接方法时应综合考虑这些因素，以取得最佳的焊接质量及经济效益。

表 1-5　常用焊接方法所适用的接头形式及焊接位置

适用条件		手工电弧焊	埋弧焊	电渣焊	熔化极气体保护焊				氩弧焊	等离子焊	气电立焊	电阻点焊	缝焊	凸焊	闪光对焊	气焊	扩散焊	摩擦焊	电子束焊	激光焊	钎焊
					喷射过渡	潜弧	脉冲喷射	短路过渡													
碳钢	对接	☆	☆	☆	☆	☆	☆	☆	☆	☆	☆	○	○	○	☆	☆	☆	☆	☆	☆	○
	搭接	☆	☆	★	☆	☆	☆	☆	☆	☆	○	☆	☆	☆	○	☆	☆	☆	★	☆	☆
	角接	☆	☆	★	☆	☆	☆	☆	☆	☆	★	○	☆	☆	○	☆	☆	☆	☆	☆	☆
焊接位置	平焊	☆	☆	○	☆	☆	☆	☆	☆	☆	☆	—	—	—	—	☆	☆	☆	☆	☆	—
	立焊	☆	○	☆	★	☆	☆	☆	☆	☆	☆	—	—	—	—	☆	○	—	○	○	—
	仰焊	☆	○	○	☆	☆	☆	☆	☆	☆	☆	—	—	—	—	☆	○	—	○	○	—
	全位置	☆	○	○	☆	☆	☆	☆	☆	☆	☆	—	—	—	—	☆	○	—	☆	○	—
设备成本		低	中	高	中	中	中	中	低	高	高	高	高	高	高	低	高	高	高	高	低
焊接成本		低	低	低	中	低	中	低	中	低	高	中	中	中	中	低	高	低	高	中	中

注：☆—好；★—可用；○—一般不用。

第二节　焊接接头及焊缝

一、焊接接头

1. 焊接接头的特点

焊接接头是一个化学和力学不均匀体，焊接接头的不连续性体现在四个方面：几何形状不连续；化学成分不连续；金相组织不连续；力学性能不连续。

影响焊接接头的力学性能的因素主要有焊接缺陷、接头形状的不连续性、焊接残余应力和变形等。常见的焊接缺陷的形式有焊接裂纹、熔合不良、咬边、夹渣和气孔。焊接缺陷中的未熔合和焊接裂纹，往往是接头的破坏源。接头的形状和不连续性主要是焊缝增高及连接处的截面变化造成的，此处会产生应力集中现象，同时由于焊接结构中存在着焊接残余应力和残余变形，导致接头力学性能的不均匀。在材质方面，不仅有热循环引起的组织变化，还有复杂的热塑性变形产生的材质硬化。此外，焊后热处理和矫正变形等工序，都可能影响接头的性能。

2. 焊接接头的形式

焊接生产中，由于焊件厚度、结构形状和使用条件不同，其接头形式和坡口形式也不同，焊接接头形式可分为：对接接头、搭接接头、T字接头及角接接头四种。

（1）对接接头

对接接头是焊接结构中使用最多的一种接头形式。按照焊件厚度和坡口准备的不同，对接接头一般可分为卷边对接、不开坡口、V 形坡口、X 形坡口、单 U 形坡口和双 U 形坡口等形式（图 1-1）。

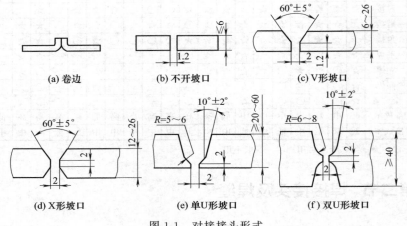

(a) 卷边　　(b) 不开坡口　　(c) V形坡口

(d) X形坡口　　(e) 单U形坡口　　(f) 双U形坡口

图 1-1　对接接头形式

（2）搭接接头

搭接接头根据其结构形式和对强度的要求，可分为不开坡口、圆孔内塞焊、长孔内角焊三种形式（图 1-2）。

(a) 不开坡口　　(b) 圆孔内塞焊　　(c) 长孔内角焊

图 1-2　搭接接头形式

不开坡口的搭接接头，一般用于 12mm 以下钢板，其重叠部分为 $\geq 2(\delta_1+\delta)$，并采用双面焊接。这种接头的装配要求不高，接头的承载能力低，所以只用在不重要的结构中。

当遇到重叠钢板的面积较大时，为了保证结构强度，可根据需要分别选用圆孔内塞焊和长孔内角焊的接头形式。这种形式特别适于被焊结构狭小处以及密闭的焊接结构。圆孔和长孔的大小和数量，应根据板厚和对结构的厚度要求而定。

开坡口是为了保证焊缝根部焊透，便于清除熔渣，获得较好的焊缝成形，而且坡口能起调节基本金属和填充金属比例的作用。钝边是为了防止烧穿，钝边尺寸要保证第一层焊缝能焊透。间隙也是为了保证根部能焊透。

选择坡口形式时，主要考虑的因素为：保证焊缝焊透，坡口形状容易加工，尽可能提高生产效率、节省焊条，焊后焊件变形尽可能小。

钢板厚度在 6mm 以下，一般不开坡口，但重要结构，当厚度在 3mm 时就要求开坡口。钢板厚度为 6～26mm 时，采用 V 形坡口，这种坡口便于加工，但焊后焊件容易发生变形。钢板厚度为 12～60mm 时，一般采用 X 形坡口，这种坡口比 V 形坡口好，在同样厚度下，它能减少焊着金属量 1/2 左右，焊件变形和内应力也比较小，主要用于大厚度及要求变形较小的结构中。单 U 形和双 U 形坡口的焊着金属量更少，焊后产生的变形也小，但这种坡口加工困难，一般用于较重要的焊接结构。

对于不同厚度的板材焊接时，如果厚度差（$\delta_1 - \delta$）未超过表 1-6 的规定，则焊接接头的基本形式与尺寸应按较厚板选取；否则，应在较厚的板上作出单面或双面的斜边，如图 1-3 所示。其削薄长度 $L \geqslant 3$ （$\delta - \delta_1$）。

表 1-6　厚度差范围　　　　　　　　单位：mm

较薄板的厚度	2～5	6～8	9～11	≥12
允许厚度差	1	2	3	4

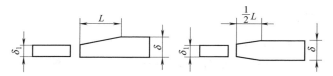

图 1-3　不同厚度板材的对接

（3）T 字接头

T 字接头的形式如图 1-4 所示。这种接头形式应用范围比较广，在船体结构中，约 70% 的焊缝采用这种接头形式。按照焊件厚度和坡口准备的不同，T 字接头可分为不开坡口、单边 V 形、K 形以及双 U 形四种形式。

当 T 字接头作为一般连接焊缝,并且钢板厚度在 $2\sim30mm$ 时,可不必开坡口。若 T 字接头的焊缝要求承受载荷时,则应按钢板厚度和对结构的强度要求,开适当的坡口,使接头焊透,以保证接头强度。

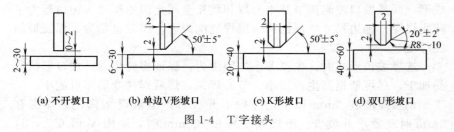

(a) 不开坡口　　(b) 单边V形坡口　　(c) K形坡口　　(d) 双U形坡口

图 1-4　T 字接头

（4）角接接头

角接接头的形式如图 1-5 所示。根据焊件厚度和坡口准备的不同,角接接头可分为不开坡口、单边 V 形、V 形以及 K 形四种形式。

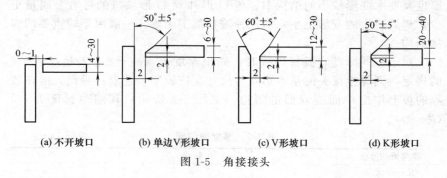

(a) 不开坡口　　(b) 单边V形坡口　　(c) V形坡口　　(d) K形坡口

图 1-5　角接接头

二、焊缝

1. 焊缝的基本形状及尺寸

焊缝形状和尺寸通常是对焊缝的横截面而言,焊缝形状特征的基本尺寸如图 1-6 所示。c 为焊缝宽度,简称熔宽;s 为基本金属的熔透深度,简称熔深;h 为焊缝的堆敷高度,称为余高量;焊缝熔宽与熔深的比值称为焊缝形状系数 ψ,即 $\psi=c/s$;焊缝形状系数 ψ 对焊缝质量影响很大,当 ψ 选择不当时,会使焊缝内部产生气孔、夹渣、裂纹等缺陷。通常,形状系数 ψ 控制在 $1.3\sim2$ 较为合适。这对熔池中气体的逸出以及防止夹渣、裂纹等均有利。

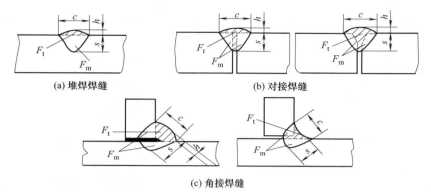

(a) 堆焊焊缝　　　　　　(b) 对接焊缝

(c) 角接焊缝

图 1-6　各种焊接接头的焊缝形状

2. 焊缝的空间位置

按施焊时焊缝在空间所处位置的不同，可分为平焊缝、立焊缝、横焊缝及仰焊缝四种形式，如图 1-7 所示。

(a) 立焊缝　　　(b) 横焊缝　　　(c) 平焊缝　　　　(d) 仰焊缝

图 1-7　各种位置的焊缝

3. 焊缝的符号及应用

焊缝符号一般由基本符号与指引线组成。必要时还可以加上辅助符号、补充符号、引出线和焊缝尺寸符号；并规定基本符号和辅助符号用粗实线绘制，引出线用细实线绘制。其主要用于金属熔化焊及电阻焊的焊缝符号表示。

（1）基本符号

根据国标 GB/T 324—2008《焊接符号表示法》的规定，基本符号是表示焊缝横剖面形状的符号，它采用近似于焊缝横剖面形状的符号来表示。其基本符号表示方法见表 1-7。

（2）辅助符号

辅助符号是表示焊缝表面形状特征的符号，符号及其应用见表1-8。如不需要确切说明焊缝表面形状时，可以不用辅助符号。

表 1-7   焊缝的基本符号

名　称	符　号	图　示
卷边焊缝 （卷边完全熔化）	八	
I 形焊缝	‖	
V 形焊缝	∨	
单边 V 形焊缝	Ⱶ	
带钝边 V 形焊缝	Y	
带钝边单边 V 形焊缝	ⱶ	
带钝边 U 形焊缝	Y	
带钝边 J 形焊缝	Ψ	
封底焊缝	⌣	
角焊缝	◿	
塞焊缝或槽焊缝	⊓	
点焊缝	○	电阻焊　　　熔焊
缝焊缝	⊖	电阻焊　　　熔焊
陡边焊缝	∨	
单边陡边焊缝	Ⱶ	
端接焊缝	‖‖	
堆焊缝	⌢⌢	

表 1-8 辅助符号及应用

名称	符号	图示	说明	辅助符号应用示例 焊缝名称	符号
平面符号	 —	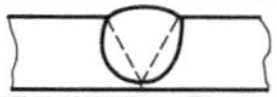	焊缝表面齐平（一般通过加工）	平面 V 形对接焊缝	▽
凹面符号	)	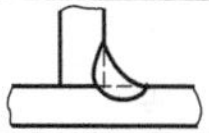	焊缝表面凹陷	凹面角焊缝	 ◿
凸面符号	 (		焊缝表面凸起	凸面 V 形焊缝	 ▽
		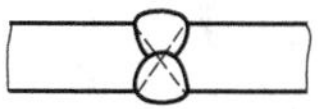		凸面 X 形对接焊缝	 ✕
焊趾平滑过渡符号	 ⌐		角焊缝具有平滑过渡的表面	平滑过渡熔为一体的角焊缝	 ◿

表 1-9 补充符号

名称	符号	图示	说明
带垫板符号	 ▭		表示焊缝底部有垫板
三面焊缝符号	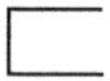 ⊏	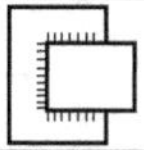	表示三面带有焊缝
周围焊缝符号	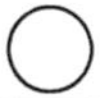 ○	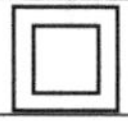	表示环绕工件周围焊缝
现场符号	 ◤	—	表示现场或工地上进行焊接
尾部符号	 ＜	—	尾部可标注焊接方法数字代号（按 GB/T 5185—2005）、验收标准、填充材料等。相互独立的条款可用斜线"/"隔开

（3）补充符号

补充符号是为了补充说明焊缝的某些特征而采用的符号，见表1-9。

4. 焊缝标注的有关规定

（1）基本符号相对基准线的位置

图1-8表示指引线中箭头线和接头的关系。图1-9为基本符号相对基准线的位置，如果焊缝在接头的箭头侧［图1-8（a）］，则将基本符号标在基准线的实线侧［图1-9（a）］。如果焊缝在接头的非箭头侧［图1-8（b）］，则将基本符号标在基准线的虚线侧［图1-9（b）］。标对称焊缝及双面焊缝时，基准线可以不加虚线［图1-9（c）、（d）］。

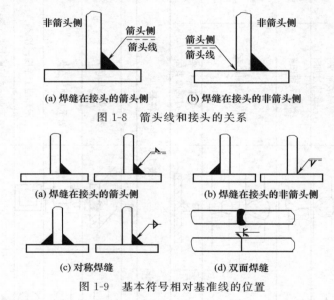

图1-8　箭头线和接头的关系

图1-9　基本符号相对基准线的位置

（2）焊缝尺寸的标注位置

焊缝尺寸符号见表1-10。

焊缝尺寸符号及数据的标注原则如图1-10所示。

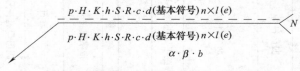

图1-10　焊缝尺寸符号及数据的标注原则

表 1-10　焊缝尺寸符号

符号	名称	图示	符号	名称	图示
δ	工作厚度	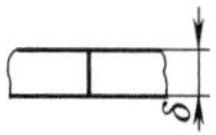	K	焊脚尺寸	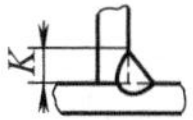
S	焊缝有效厚度	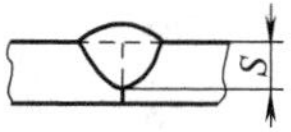	d	熔核直径	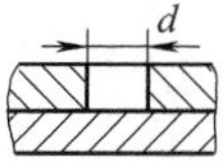
c	焊缝宽度	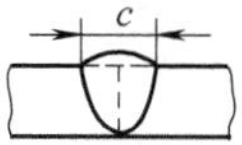	l	焊缝长度	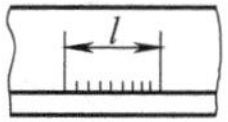
b	根部间隙	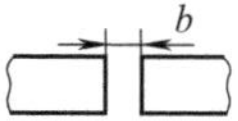	R	根部半径	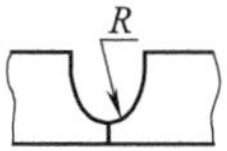
P	钝边	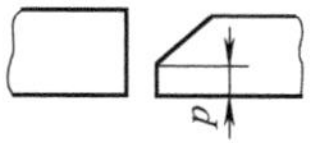	n	焊缝段数	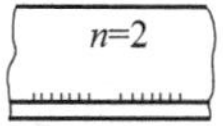
e	焊缝间隙	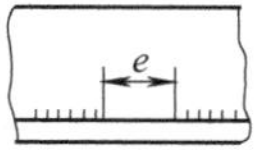	N	相同焊缝数量符号	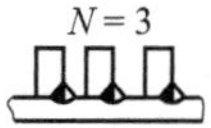
α	坡口角度	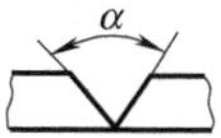	H	坡口深度	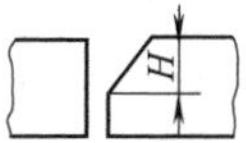
β	坡口面角度	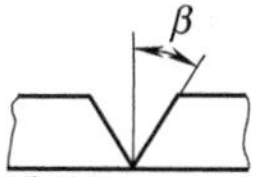	h	余高	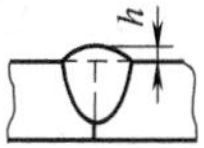

① 焊缝横剖面上的尺寸，如钝边高度 p、坡口深度 H、焊脚高度 K、焊缝宽度 c 等标在基本符号左侧。

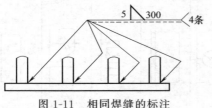

图 1-11　相同焊缝的标注

② 焊缝长度方向的尺寸，如焊缝长度 l、焊缝间隙 e、相同焊缝段数 n 等标注在基本符号的右侧。

③ 坡口角度 α、坡口面角度 β、根部间隙 b 等尺寸标注在基本符号的上侧或下侧。

④ 相同焊缝数量 N 标在尾部。

当若干条焊缝的焊缝符号相同时，可使用公共基准线进行标注（图 1-11）。

第三节 焊接设备概述

一、焊接设备的分类

目前焊接设备的主要分类如图 1-12 所示。

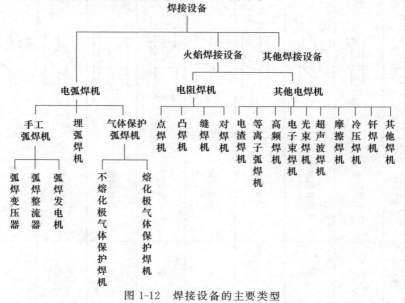

图 1-12　焊接设备的主要类型

二、焊接设备的选用原则

焊接设备的选用是制定焊接工艺的一项重要内容，涉及的因素较多，但应注意如下几方面。

1. 被焊结构的技术要求

被焊结构的技术要求，包括被焊结构的材料特性、结构特点、尺寸、精度要求和结构的使用条件等。

如果焊接结构材料为普通低碳钢，选用弧焊变压器即可；如果焊接结构要求较高，并且要求用低氢型焊条焊接，则要选用直流弧焊机；如果是厚大件焊接，则可选用电渣焊机；棒材对接，可选用冷压焊机和电阻对焊机；对活性金属或合金、耐热合金和耐腐蚀合金，根据具体情况，可选用惰性气体保护焊机、等离子弧焊机、电子束焊机等；对于批量大、结构形式和尺寸固定的被焊结构，可以选用专用焊机。

2. 实际使用情况

不同的焊接设备，可以焊接同一焊件，这就要根据实际使用情况，选择较为合适的焊接设备。对焊后不允许再加工或热处理的精密焊件，应选用能量集中、不需添加填充金属、热影响区小、精度高的电子束焊机。

3. 考虑经济效益

焊接时，焊接设备的能源消耗是相当可观的，选用焊接设备时，应考虑在满足工艺要求的前提下，尽可能选用耗电少、功率因数高的设备。

三、电焊机型号及代表符号

（1）电焊机型号的编制排列顺序（图 1-13）

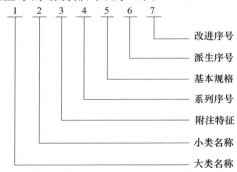

图 1-13　电焊机型号的编制排列顺序

（2）特殊环境的代表字母（表 1-11）

表 1-11 特殊环境的代表字母

特殊环境名称	代表字母	特殊环境名称	代表字母
热带	T	高原	G
湿热带	TH	水下	S
干热带	TA		

（3）电焊机分类名称及代表符号（表 1-12、表 1-13）

表 1-12 电焊机型号代表符号

第一字位		第二字位		第三字位		第四字位		第五字位	
代表字母	大类名称	代表字母	小类名称	代表字母	附注特征	数字序号	系列序号	单位	基本规格
A	弧焊发电机	X P D	下降特性 平特性 多特性	省略 D Q C T H	电动机驱动 单纯弧焊发电机 汽油机 驱动柴油机 驱动拖拉机 汽车驱动	省略 1 2	直流 交流发电机整流 交流	A	额定焊接电流
Z	弧焊整流器	X P D	下降特性 平特性 多特性	省略 M L E	一般电源 脉冲电源 高空载电压 交直流两用电源	省略 1 2 3 4 5 6 7	磁放大器 动铁芯式 动铁芯式 动圈式 晶体管式 晶闸管式 变换抽头式 变频、逆变	A	额定焊接电流
B	弧焊变压器	X P	下降特性 平特性	L	高空载电压	省略 1 2 3 4 5 6	磁放大器 动铁芯式 串联电抗器式 动圈式 动圈式 晶闸管式 变换抽头式	A	额定焊接电流
M	埋弧焊机	Z B U D	自动焊 半自动焊 堆焊 多用	省略 J E M	直流 交流 交直流 脉冲	省略 1 2 3 9	焊车式 横臂式 横臂式 机床式 焊头悬挂式	A	额定焊接电流

| 第一字位 | | 第二字位 | | 第三字位 | | 第四字位 | | 第五字位 |
代表字母	大类名称	代表字母	小类名称	代表字母	附注特征	数字序号	系列序号	单位	基本规格
W	TIG焊机	Z S D Q	自动焊 手工焊 点焊 其他	省略 J E M	直流 交流 交直流 脉冲	省略 1 2 3 4 5 6 7 8	焊车式 全位置焊车式 横臂式 机床式 旋转焊头式 台式 焊接机器人 变位式 真空充气式	A	额定焊接电流
N	MIG/ MAG 焊机	Z B D U G	自动焊 半自动焊 点焊 堆焊 切割	省略 M C	氩气及混合气体保护焊 直流 氩气及混合气体保护焊 脉冲 二氧化碳保护焊	省略 1 2 3 4 5 6 7	焊车式 全位置焊车式 横臂式 机床式 旋转焊头式 台式 焊接机器人 变位式	A	额定焊接电流
H	电渣焊机	S B D R	丝板 板极 多用极 熔嘴	—	—	—		A	额定焊接电流
D	点焊机	N R J Z D B	工频 电容储能 直流冲击波 次级整流 低频 变频	省略 K W	一般点焊 快速点焊 网状点焊	省略 1 2 3 6	垂直运动式 圆弧运动式 手提式 悬式 机器人式	kV·A J kV·A	额定容量 最大储能 额定容量
T	凸焊机	N R J Z D B	工频 电容储量 直流冲击波 次级整流 低频 变频	—	—	省略	垂直运动式	kV·A J	额定容量 最大储能
F	缝焊机	N R J Z D B	工频 电容储能 直流冲击波 次级整流 低频 变频	省略 Y P	一般缝焊 挤压缝焊 垫片缝焊	省略 1 2 3	垂直运动式 圆弧运动式 手提式 悬挂式	kV·A J kV·A	额定容量 最大储能 额定容量

第一字位		第二字位		第三字位		第四字位		第五字位	
代表字母	大类名称	代表字母	小类名称	代表字母	附注特征	数字序号	系列序号	单位	基本规格
U	对焊机	N R J Z D B	工频 电容储能 直流冲击波 次级整流 低频 变频	省略 B Y G C T	一般对焊 薄板对焊 异型截面对焊 钢窗闪光对焊 自行车轮圈对焊 链条对焊	省略 1 2 3	垂直运动式 圆弧运动式 手提式 悬挂式	kV·A J kV·A	额定容量 最大储能 额定容量
L	等离子弧焊机和切割机	G H U D	切割 焊接 堆焊 多用	省略 R M J S F E K	直流等离子 熔化极等离子 脉冲等离子 交流等离子 水下等离子 粉末等离子 热丝等离子 空气等离子	省略 1 2 3 4 5 8	焊车式 全位置焊车式 横臂式 机床式 旋转焊头式 台式 手工等离子	A	额定焊接电流
S	超声波焊机	D F	点焊 缝焊	—	—	省略 2	固定式 手提式	kW	发生器输入功率
E	电子束焊枪	Z D B W	高真空 低真空 局部真空 真空外	省略 Y	静止式 移动式	省略 1	二极枪 三极枪	kV mA	加速电压 电子束流
G	光束焊机	D Q Y S	固体激光 气体激光 液体激光 光束	—	—	1 2 3 4	单管 组合式 折叠式 横向流动式	J kW	输出能量 输出功率
Y	冷压焊机	D U	点焊 光束	—	—	省略 2	固定式 手提式	kN	顶锻压力
C	摩擦焊机	省略 S D	一般旋转 惯性式 振动式	省略 S D	单头 双头 多头	省略 1 2	卧式 立式 倾斜式	kN	顶锻压力
Q	钎焊机	省略 Z	电阻钎焊 真空钎焊	—	—	—	—	kV·A	额定容量

第一字位		第二字位		第三字位		第四字位		第五字位	
代表字母	大类名称	代表字母	小类名称	代表字母	附注特征	数字序号	系列序号	单位	基本规格
P	高频焊机	省略 C	接触加热 感应加热	—	—	—	—	kV·A	额定容量
R	螺柱焊机	Z S	自动 手工	M N R	埋弧 明弧 电容	—	—	A J	额定电流 储能量
J	其他焊机	K X	真空扩散 旋弧焊机	省略 D	单头 多头	省略 1	卧式 立式	m³ kN	真空容量 顶锻压力
K	控制器	D F T U	点焊 缝焊 凸焊 对焊	省略 F Z	同步控制 非同步控制 质量控制	1 2 3	分立元件 集成电路 微机	kV·A	额定容量

表 1-13 附加特征名称及其代表符号

大类名称	附加特征名称	简 称	代表符号
弧焊发电机	同一轴电动发电机组 单一发电机 汽油机拖动 柴油机拖动	单 汽 柴	D Q C
弧焊整流器	硒整流器 硅整流器 锗整流器	硒 硅 锗	X G Z
弧焊变压器	铝绕组	铝	L
埋弧焊机	螺柱焊	螺	L
明弧焊机	氩 氢 二氧化碳 螺柱焊	氩 氢 碳 螺	A H C L
对焊机	螺柱焊	螺	L

第四节 焊条

在焊条电弧焊中，焊条与基本金属间产生持续稳定的电弧，以提供熔化所必需的热量，同时，焊条又作为填充金属加到焊缝中去。因此，焊条对于焊接过程的稳定和焊缝力学性能等的好坏，具有较大的影响。

一、焊条的组成及作用

涂有药皮的供手弧焊用的熔化电极称为焊条。它由焊芯和药皮两部分组成。通常焊条引弧端有倒角，药皮被除去一部分，露出焊芯端头。有的焊条引弧端涂有黑色引弧剂，引弧更容易。在靠近夹持端的药皮上印有焊条型号。

1. 焊芯

焊条中被药皮包裹的具有一定长度和直径的金属芯称为焊芯。焊接时，焊芯有两个作用：一是导通电流，维持电弧稳定燃烧；二是作为填充的金属材料与熔化的母材共同形成焊缝金属。

焊条电弧焊时，焊芯熔化形成的填充金属约占整个焊缝金属的 $50\%\sim70\%$，所以，焊芯的化学成分及各组成元素的含量，将直接影响焊缝金属的化学成分和力学性能。碳钢焊芯中各组成元素对焊接过程和焊缝金属性能的影响见表 1-14。

表 1-14　碳钢焊芯中各组成元素对焊接过程和焊缝金属性能的影响

组成元素	影响说明	质量分数
碳(C)	焊接过程中碳是一种良好的脱氧剂，在高温时与氧化合生成 CO 或 CO_2 气体，这些气体从熔池中逸出，在熔池周围形成气罩，可减小或防止空气中氧、氮与熔池的作用，所以碳能减少焊缝中氧和氮的含量。但碳含量过高时，由于还原作用剧烈，会增加飞溅和产生气孔的倾向，同时会明显地提高焊缝的强度、硬度，降低焊接接头的塑性，并增大接头产生裂纹的倾向	小于 0.10% 为宜
锰(Mn)	焊接过程中锰是很好的脱氧剂和合金剂。锰既能减少焊缝中氧的含量，又能与硫化合生成硫化锰(MnS)起脱硫作用，可以减小热裂纹的倾向。锰可作为合金元素渗入焊缝，提高焊缝的力学性能	$0.30\%\sim0.55\%$
硅(Si)	硅也是脱氧剂，而且脱氧能力比锰强，与氧形成二氧化硅(SiO_2)。但它会增加熔渣的黏度，黏度过大会促使非金属夹杂物的生成。过多的硅还会降低焊缝金属的塑性和韧性	一般限制在 0.04% 以下
铬(Cr)和镍(Ni)	对碳钢焊芯来说，铬与镍都是杂质，是从炼钢原料中混入的。焊接过程中铬易氧化，形成难熔的氧化铬(Cr_2O_3)，使焊缝产生夹渣。镍对焊接过程无影响，但对钢的韧性有比较明显的影响。一般低温冲击值要求较高时，可以适当掺入一些镍	铬的质量分数一般控制在 0.20% 以下，镍的质量分数控制在 0.30% 以下

组成元素	影响说明	质量分数
硫(S)和磷(P)	硫、磷都是有害杂质,会降低焊缝金属的力学性能。硫与铁作用能生成硫化铁(FeS),它的熔点低于铁,因此使焊缝在高温状态下容易产生热裂纹。磷与铁作用能生成磷化铁(Fe_3P 和 Fe_2P),使熔化金属的流动性增大,在常温下变脆,所以焊缝容易产生冷脆现象	一般不大于 0.04%,在焊接重要结构时,要求硫与磷的质量分数不大于 0.03%

（1）焊芯的作用

作为电极产生电弧。焊芯在电弧的作用下熔化后,作为填充金属与熔化了的母材混合形成焊缝。

（2）焊芯分类及牌号

① 焊芯分类 根据 GB/T 14957—1994《熔化焊用钢丝》标准规定,专门用于制造焊芯和焊丝的钢丝的钢材可分为碳素结构钢和合金结构钢两类。

② 焊芯牌号编制 焊芯牌号一律用汉语拼音字母 H 作字首,其后紧跟钢号,表示方法与优质碳素结构钢、合金结构钢相同。若钢号末尾注有字母 A,则为高级优质焊丝,硫、磷含量较低,其质量分数 $\leqslant 0.030\%$。若末尾注有字母 E 或 C 为特级焊条钢,硫、磷含量更低,E 级硫、磷质量分数 $\leqslant 0.020\%$,C 级硫、磷质量分数 $\leqslant 0.015\%$。

2. 药皮

压涂在焊芯表面的涂料层称为药皮。由于焊芯中不含某些必要的合金元素,且焊接过程中要补充焊芯烧损（氧化或氮化）的合金元素,所以焊缝具有的合金成分均需通过药皮添加。

药皮的作用、成物分类及类型见表 1-15。

表 1-15 药皮的作用、成物分类及类型

类别		说 明
药皮的作用	稳弧作用	焊条药皮中含有稳弧物质,可保证电弧容易引燃和燃烧稳定
	保护作用	焊条药皮熔化后产生大量的气体笼罩着电弧区和熔池,基本上能把熔化金属与空气隔绝,保护熔融金属。熔渣冷却后,在高温焊缝表面上形成渣壳,可防止焊缝表面金属不被氧化并减缓焊缝的冷却速度,改善焊缝金属的危害
	冶金作用	药皮中加有脱氧剂和合金剂,通过熔渣与熔化金属的化学反应,可减少氧、硫有害物质对焊缝金属的危害,使焊缝金属获得符合要求的力学性能

类别		说　明
药皮的作用	渗合金	由于电弧的高温作用,焊缝金属中所含的某些合金元素被烧损(氧化或氮化),这样会使焊缝的力学性能降低。通过在焊条药皮中加入铁合金或纯合金元素,使之随药皮的熔化而过渡到焊缝金属中去,以弥补烧损的合金元素和提高焊缝金属的力学性能
	改善焊接的工艺性能	通过调整药皮成分,可改变药皮的熔点和凝固温度,使焊条末端形成套筒,产生定向气流,有利于熔滴过渡,可适应各种焊接位置的需要
焊条药皮组成物分类	①焊条药皮为多种物质的混合物,主要有以下四种	
	矿物类	主要是各种矿石、矿砂等。常用的有硅酸盐矿、碳酸盐矿、金属矿及萤石矿等
	铁合金和金属类	铁合金是铁和各种元素的合金。常用的有锰铁、硅铁、铝粉等
	化工产品类	常用的有水玻璃、钛白粉、碳酸钾等
	有机物类	主要有淀粉、糊精及纤维素等
	②焊条药皮的组成较为复杂,每种焊条药皮配方中都有多种原料。焊条药皮组成物按其作用不同可分为:稳弧剂、造渣剂、造气剂、脱氧剂、合金剂、稀渣剂、黏结剂和增塑剂八类	
	稳弧剂	稳弧剂主要由碱金属或碱金属的化合物组成,如钾、钠、钙的化合物等。主要作用是改善焊条引弧性能和提高焊接电弧的稳定性
	造渣剂	这类药皮组成物能熔成一定密度的熔渣浮于液态金属表面,使之不受空气侵入,并具有一定的黏度和透气性,与熔池金属进行必需的冶金反应,保证焊缝金属的气量和成形美观。如钛铁矿、赤铁矿、金红石、长石、大理石、萤石、钛白粉等
	造气剂	造气剂的主要作用是产生保护气体,同时也有利于熔滴过渡。这类组成物有碳酸盐类矿物和有机物,如大理石、白云石和木粉、纤维素等
	脱氧剂	脱氧剂的主要作用是对熔渣和焊缝金属脱氧。常用的脱氧剂有锰铁、硅铁、钛铁、铝铁、石墨等
	合金剂	合金剂的主要作用是向焊缝金属中渗入必要的合金成分,补偿已经烧损或蒸发的合金元素和补加特殊性能要求的合金元素。常用的合金剂有铬、钼、锰、硅、钛、钒的铁合金等
	稀渣剂	稀渣剂的主要作用是降低焊接熔渣的黏度,增加熔渣的流动性。常用稀渣剂有萤石、长石、钛铁矿、金红石、锰矿等
	黏结剂	黏结剂的主要作用是将药皮牢固地黏结在焊芯上。常用黏结剂是水玻璃
	增塑剂	增塑剂的主要作用是改善涂料的塑性和滑性,使之易于用机器涂在焊芯上。如云母、白泥、钛白粉等

类别	说　明	
焊条药皮的类型	氧化钛型（简称钛型）	药皮中氧化钛的质量分数大于等于35%，主要从钛白粉和金红石中获得
	钛钙型	药皮中氧化钛的质量分数大于30%，钙和镁的碳酸盐矿石的质量分数为20%左右
	钛铁矿型	药皮中含钛铁矿的质量分数大于等于30%
	氧化铁型	药皮中含有大量氧化铁及较多的锰铁脱氧剂
	纤维素型	药皮中有机物的质量分数在15%以上，氧化钛的质量分数为30%左右
	低氢型	药皮主要组成物是碳酸盐和氟化物（萤石）等碱性物质
	石墨型	药皮中含有较多的石墨
	盐基型	药皮主要由氯化物和氟化物组成

常用焊条药皮的类型、主要成分及其工艺性能见表1-16。

表1-16　常用焊条药皮的类型、主要成分及其工艺性能

类　型	主要成分	工艺性能	适用范围
钛型	氧化铁（金红石或钛白粉）	焊接工艺性能良好，熔深较浅。交直流两用，电弧稳定，飞溅小，脱渣容易。能进行全位置焊接，焊缝美观，但焊接金属塑性和抗裂、性能较差	用于一般低碳钢结构的焊接，特别适用于薄板焊接
钛钙型	氧化钛与钙和镁的碳酸盐矿石	焊接工艺性能良好，熔深一般。交直流两用，飞溅小，脱渣容易	用于较重要的低碳钢结构和强度等级较低的低合金结构钢一般结构的焊接
钛铁矿型	钛铁矿	焊接工艺性能良好，熔深较浅。交直流两用，飞溅一般，电弧稳定	
氧化铁型	氧化铁矿及锰铁	焊接工艺性能差，熔深较大，熔化速度快，焊接生产率高。飞溅稍多，但电弧稳定，再引弧容易。立焊与仰焊操作性差。焊缝金属抗裂性能良好。交直流两用	用于较重要的低碳钢结构和强度等级较低的低合金结构钢的焊接，特别适用于中等厚度以上钢板的平焊
纤维素型	有机物与氧化钛	焊接时产生大量气体，保护熔敷金属，熔深大。交直流两用，电弧弧光强，熔化速度快。熔渣少，脱渣容易，飞溅一般	用于一般低碳钢结构的焊接，特别适宜于向下立焊和深熔焊接
低氢型	碳酸钙（大理石或石灰石）、萤石和铁合金	焊接工艺性能一般，焊前焊条需烘干，采用短弧焊接。焊缝多具有良好的抗裂性能、低温冲击性能和力学性能	用于低碳钢及低合金结构钢的重要结构的焊接

二、焊条的类型和用途

1. 铸铁焊条 （GB/T 10044—2008）

（1）铸铁焊条的直径和长度

铸铁焊条的直径和长度见表 1-17。

表 1-17　铸铁焊条的直径和长度　　　　　　单位：mm

焊芯类别	焊条直径		焊条长度	
	基本尺寸	极限偏差	基本尺寸	极限偏差
铸造焊芯	4.0	±0.3	350～400	±4.0
	5.0,6.0,8.0,1.0		350～500	
冷拔焊芯	2.5	±0.5	200～300	±2.0
	3.2,4.0,5.0		300～450	
	6.0		400～500	

注：允许以直径 3mm 的焊条代替直径 3.2mm 的焊条，以直径 5.8mm 的焊条代替直径 6.0mm 的焊条。

（2）铸铁焊条型号及用途

铸铁焊条型号及用途见表 1-18。

表 1-18　铸铁焊条型号及用途

型号	药皮类型	焊接电流	主要用途
EZFe-2	氧化型	交、直流	用于一般铸铁件缺陷的修补及长期使用的旧钢锭模。焊后不宜进行切削加工
EZFe-2	钛钙铁粉	交、直流	一般灰口铸铁件的焊补
EZC	石墨型	交、直流	工件预热至 400℃以上的一般灰铸铁件的焊补
EZCQ	石墨型	交、直流	焊补球墨铸铁件
EZNi-1	石墨型	交、直流	焊补重要的薄铸铁件和加工面
EZNiFe-1	石墨型	交、直流	用于重要灰铸铁及球墨铸铁的焊补。对含磷较高的铸铁件焊接，也有良好的效果
EZNiFeCu	石墨型	交、直流	
EZNiCu-1	石墨型	交、直流	适用于灰铸铁件的焊补。焊前可不进行预热，焊后可进行切削加工

注：1. EZ 表示铸铁用焊条。

2. 焊条主要尺寸（mm）：①冷拔焊芯，直径为 2.5，3.2，4，5，6；长度为 200～500。②铸造焊芯，直径为 4，5，6，8，10；长度为 350～500。

2. 堆焊焊条 （GB/T 984—2001）

堆焊主要用于提高工件表面的耐磨性、耐腐蚀性、耐热性等，也用于修复磨损或腐蚀的表面。按照 GB/T 984—2001《堆焊焊条》标准，堆焊焊条的型号按熔敷金属化学成分和药皮类型划分。

（1）堆焊焊条药皮类型

堆焊焊条药皮类型见表1-19。

表 1-19　堆焊焊条药皮类型

药皮类型	焊条型号	焊接电源	药皮特点说明
特殊型	ED××-00	交流或直流	—
钛钙型	ED××-03	交流或直流	药皮含30％以上的氧化钛和20％以下的钙或镁的碳酸盐矿石。熔渣流动性良好,电弧较稳定,熔深适中,脱渣容易,飞溅少,焊波美观
石墨型	ED××-08	直流	药皮主要组成是碳酸盐和萤石,碱性熔渣,流动性好,焊接工艺性能一般,焊波较高,焊接时要求药皮很干燥,电弧很短。这类焊条具有良好的抗热裂和力学性能
低氢钠型	ED××-15	交流或直流	在药皮中加入稳弧剂,可用交流电源施焊
低氢钾型	ED××-16	交流或直流	除含有碱性药皮外,加入了较多的石墨,使焊缝获得较高的游离碳或碳化物。焊接时烟雾较大,工艺性较好,飞溅少,熔深较浅,引弧容易。这种焊条药皮强度较差,在包装、运输、保管中应注意。施焊时,一般宜选用小规范

（2）堆焊焊条的尺寸

堆焊焊条的尺寸见表1-20。

表 1-20　堆焊焊条的尺寸　　　　单位：mm

类别	冷拔焊芯		铸造焊芯		复合焊芯		碳化钨管状	
	直径	长度	直径	长度	直径	长度	直径	长度
基本尺寸	2.0	230～300	3.2	230～350	3.2	230～350	2.5	230～350
	2.5						3.2	
	3.2	50～300	4.0		4.0		4.0	
	4.0		5.0		5.0		5.0	
	5.0	350～450						
	6.0		6.0	300～350	6.0	300～350	6.0	300～350
	8.0		8.0		8.0		8.0	
极限偏差	±0.08	±3.0	±0.5	±10	±0.5	±10	±10	±10

注：根据供需双方协议,也可生产其他尺寸的堆焊焊条。

（3）堆焊焊条的型号及用途

堆焊焊条型号及用途见表1-21。

3. 碳钢焊条（GB/T 5117—2012）

（1）碳钢焊条型号

碳钢焊条的型号按熔敷金属力学性能、药皮类型、焊接位置、电流

表 1-21   堆焊焊条型号及用途

型　号	药皮类型	焊接电流	堆焊层硬度（HRC）≥	用　途
EDPMn2-15	低氢钠型	直流反接	22	低硬度常温堆焊及修复低碳、中碳和低合金钢零件的磨损表面。堆焊后可进行加工
EDPCrMo-A1-03	钛钙型	交、直流	22	用于受磨损的低碳钢、中碳钢或低合金钢机件表面，特别适用于矿山机械与农业机械的堆焊与修补之用
EDPMn3-15	低氢钠型	直流反接	28	用于堆焊受磨损的中、低碳钢或低合金钢的表面
EDPCuMo-A2-03	钛钙型	交、直流	30	用于受磨损的低、中碳钢或低合金钢机件表面，特别适宜于矿山机械与农业机械磨损件的堆焊与修补之用
EDPMn6-15	低氢钠型	直流反接	50	用于堆焊常温高硬度磨损机件表面
EDPCrMo-A3-03	钛钙型	交、直流	40	用于常温堆焊磨损的零件
EDPCrMo-A4-03	钛钙型	交、直流	50	用于单层或多层堆焊各种磨损的机件表面
EDPMn-A-16 EDPMn-B-16	低氢钾型	交、直流反接	≥170HB	用于堆焊高锰钢表面的矿山机械或锰钢道岔
EDPCrMn-B-16	低氢钾型	交、直流反接	≥20	用于耐汽蚀和高锰钢
EDD-D-15	低氢钠型	直流反接	≥55	用于中碳钢刀具毛坯上堆焊刀口，达到整体高速度，亦可作刀具和工具的修复
EDRCrMo-WV-A1-03	钛钙型	交、直流	≥55	用于堆焊各种冷冲模及切削刀具，亦可修复要求耐磨性能的机件
EDRCrW-15	低氢钠型	直流反接	48	用于铸、锻钢上堆焊热锻模
EDRCrMnMo-15	低氢钠型	直流反接	40	
EDCr-A1-03	钛钙型	交、直流	40	为通用性表面堆焊焊条,多用于堆焊碳钢或合金钢的轴、阀门等
EDGr-A1-15	低氢钠型	直流反接	40	
EDCr-A2-15	低氢钠型	直流反接	37	多用于高压截止阀封面
EBCr-B-03	钛钙型	交、直流	45	多用于碳钢或合金钢的轴、阀门等
EDGr-B-15	低氢钠型	直流反接	45	
EDCrNi-C-15	低氢钠型	直流反接	37	多用于高压阀门密封面
EDZCr-C-15	低氢钠型	直流反接	48	用于堆焊要求耐强烈磨损、耐腐蚀或耐汽蚀的场合
EDCoCr-A-03	钛钙型	交、直流	40	用于堆焊在 650℃时仍保持良好的耐磨性和一定的耐腐蚀性的场合
EDCoCr-B-03	钛钙型	交、直流	44	

注：1. ED 表示堆焊焊条。

2. 焊条主要尺寸（mm）：焊芯直径为 3.2,4,5,6,7,8；焊芯长度为 300,350,400,450。

类型、熔敷金属化学成分和焊后状态等进行划分。焊条型号由五部分组成。

① 第一部分用字母 E 表示焊条。

② 第二部分为字母 E 后面的紧邻两位数字，表示熔敷金属的最小抗拉强度代号，见表 1-22。

表 1-22　碳钢焊条熔敷金属抗拉强度代号　　　单位：MPa

抗拉强度代号	43	50	55	57
最小抗拉强度	430	490	550	570

③ 第三部分为字母 E 后面的第三和第四两位数字，表示药皮类型、焊接位置和电流类型，见表 1-23。

表 1-23　碳钢焊条药皮类型代号

代号	药皮类型	焊接位置①	电源类型
03	钛型	全位置②	交流和直流正、反接
10	纤维素	全位置	直流反接
11	纤维素	全位置	交流和直流反接
12	金红石	全位置②	交流和直流正接
13	金红石	全位置②	交流和直流正、反接
14	金红石＋铁粉	全位置②	交流和直流正、反接
15	碱性	全位置②	直流反接
16	碱性	全位置②	交流和直接反接
18	碱性＋铁粉	全位置②	交流和直接反接
19	钛铁矿	全位置②	交流和直流正、反接
20	氧化铁	全位置②	交流和直接正接
24	金红石＋铁粉	PA、PB	交流和直接正、反接
27	氧化铁＋铁粉	PA、BP	交流和直接正、反接
28	碱性＋铁粉	PA、PB、PC	交流和直接反接
40	不做规定	由制造商确定	由制造商确定
45	碱性	全位置	直流反接
48	碱性	全位置	交流和直流反接

① 焊接位置见 GB/T 16672—1996，其中 PA 表示平焊、PB 表示平角焊、PC 表示横焊、PG 表示向下立焊。

② 此处"全位置"并不一定包含向下立焊，由制造商确定。

④ 第四部分为熔敷金属的化学成分分类代号，可为"无标记"或一字线"—"后的字母、数字或字母和数字的组合。

⑤ 第五部分为熔敷金属的化学成分代号之后的焊后状态代号，其中"无标记"表示焊态，"P"表示热处理状态，"AP"表示焊态和焊后热处理两种状态均可。除以上强制分类代号外，根据供需双方协商，可在型号后依次附加可选代号：字母 U，表示在规定试验温度下，冲击吸收能量可以达到 47J 以上；扩散氢代号 HX，其中 X 代表 15、10 或 5，分别表示每 100g 熔敷金属中扩散氢含量的最大值（mL）。

碳钢焊条的尺寸公差和型号性能见表 1-24 和表 1-25。

表 1-24　碳钢焊条的尺寸及公差（GB/T 25775—2010）

单位：mm

焊芯直径	1.6,2.0,2.5	3.2,4.0,5.0,6.0	8.0
直径公差	±0.06	±0.10	0.10
焊条长度	200～350	275～450①	275～450①
长度公差	±5	±5	±5

① 根据供需双方协商，允许制造成其他尺寸的焊接材料。

对于特殊情况，如重力焊焊条，焊条长度最大可至 1000mm。

表 1-25　碳钢焊条型号及性能

型　号	药皮类型	焊接位置	力学性能		焊接电源
			抗拉强度 σ_b/MPa	伸长率 δ/%	
E4300	特殊型				
E4301	钛铁矿型				交、直流
E4303	钛钙型			20	
E4310	高纤维素钠型				直流反接
E4311	高纤维素钾型	平、立、仰、横焊			交、直流反接
E4312	高钛钠型			16	交、直流正接
E4313	高钛钾型		430		交、直流
E4315	低氢钠型				直流反接
E4316	低氢钾型			20	交、直流反接
E4320	氧化铁型	平焊、平角焊			交、直流反接
E4322		平角焊		不要求	交、直流正接
E4323	铁粉钛钙型	平焊、平、平角焊		20	交、直流反接
E4324	铁粉钛型			16	
E4327	铁粉氧化铁型	平焊、平角焊	430	20	交、直流 交、直流正接
E4328		平、平角焊			交、直流反接

（2）碳钢焊条焊接工艺性能比较

碳钢焊条的焊接工艺性能比较见表 1-26。

续表

型　号	药皮类型	焊接位置	力学性能		焊接电源
			抗拉强度 σ_b/MPa	伸长率 δ/%	
E5001	钛铁矿型	平、立、仰、横焊	490	20	交、直流
E5003	钛钙型				直流反接
E5010	高纤维素钠型				交、直流反接
E5011	高纤维素钾型			16	交、直流
E5014	铁粉钛型				直流反接
E5015	低氢钠型			20	交、直流反接
E5016	低氢钾型				
E5018	铁粉低氢钾型			16	直流反接
E5018M	铁粉低氢型				
E5023	铁粉钛钙型	平、平角焊			交或直流反接
E5024	铁粉钛型				交或直流正接
E5027	铁粉氧化铁型			20	
E5028	铁粉低氢型	平、仰、横、立、向下焊			交或直流反接
E5048					

表 1-26　碳钢焊条的焊接工艺性能对比

焊接工艺性能	J421 钛型	J422 铸钙型	J423 钛镁矿型	J424 氧化铁型	J425 纤维素型	J426 低氢型	J427 低氢型
熔渣特性	酸性，短渣	酸性，短渣	酸性，较短渣	酸性，长渣	酸性，较短渣	碱性，短渣	碱性，短渣
电弧稳定性	柔和、稳定	稳定	稳定	稳定	稳定	较差，交流	较差，直流
电弧吹力	小	较小	稍大	最大	最大	稍大	稍大
飞溅	少	少	中	中	多	较多	较多
焊缝外观	纹细、美	美	美	稍粗	稍粗	粗	稍粗
熔深	小	中	稍大	最大	大	中	中
咬边	小	小	中	大	小	小	小
焊脚形状	凸	平	平、稍凸	平	平	平或凸	平或凸
脱渣性	好	好	好	好	好	较差	较差
熔化系数	中	中	稍大	大	大	中	中
粉尘	少	少	稍大	多	少	多	多
平焊	易	易	易	易	易	易	易
立向上焊	易	易	易	不可	极易	易	易
立向下焊	易	易	易	不可	易	易	易
仰焊	稍易	稍易	困难	不可	极易	稍难	稍难

（3）碳钢焊条药皮类型及用途

碳钢焊条药皮类型见表 1-27。

表 1-27　碳钢焊条药皮类型

药皮类型	焊条型号	药皮类型及工艺性能	主要用途
钛铁矿型	E4301 E5001	药皮中含有钛铁矿大于或等于30%,熔渣流动性良好,电弧吹力较大,熔深大,熔渣覆盖性好,容易脱渣,飞溅一般,焊波整齐,适用于全位置焊接,焊接电源为交流或直流正、反接	焊接较重要的碳钢结构
钛钙型	E4303 E5003	药皮中含有30%以上的氧化钛和20%以下的钙或镁的碳酸盐矿,熔渣流动性良好,容易脱渣,电弧稳定,熔深适中,飞溅少,焊波整齐,适用于全位置焊接,焊接电源为交流或直流正、反接	碳钢结构
铁粉钛钙型	E4323 E5023	熔敷效率高,适用于平焊、平角焊,药皮类型及工艺性能与钛钙型基本相似,焊接电源为交流或直流正、反接	焊接较重要的碳钢结构
高纤维素钠型	E4310 E5010	药皮中纤维素含量较高,电弧稳定,焊接时有机物在电弧区分解,产生大量气体,保护熔敷金属。电弧吹力大,熔深大,熔化速度快,熔渣少,脱渣容易,熔渣覆盖性差。通常,限制采用大电流焊接,这类焊条适用于全位置焊接,特别适合立焊、仰焊的多道焊及有较高射线探伤要求的焊缝。焊接电流为直流反接	主要用于一般碳钢结构,如管道焊接等
高纤维素钾型	E4311 E5011	药皮在高纤维素钠型焊条的基础上添加了少量的钛与钾化合物,电弧稳定。焊接电源为交流或直流反接。适用于全位置焊接,焊接工艺性能与高纤维素钠型焊条相似,但采用直流反接时熔深较浅	
高钛钠型	E4312	药皮中含有35%以上的氧化钛,还含有少量的纤维素、锰、铁、硅酸盐及钠水玻璃等。电弧稳定,再引弧容易,适用于立向上或立向下焊接。焊接电源为交流或直流正接	主要焊接一般低碳钢结构、薄板,也可用于盖面焊
高钛钾型	E4313	药皮与高钛钠型相同外,采用钾水玻璃作黏结剂,电弧比高钛钠型稳定,工艺性能好,焊缝成形比高钛钠型好。这类焊条适用于全位置焊接。焊接电源为交流或直流正、反接	
铁粉钛型	E5014 E4324	药皮在高钛钾型的基础上添加了铁粉,熔敷效率高,适用于全位置焊接。焊缝表面光滑,焊波整齐,脱渣性好,角焊缝略凸。焊接电源为交流或直流正、反接	主要焊接一般低碳钢结构
	E5024	药皮与E5014相同,但铁粉量高,药皮较厚,熔敷效率高,适用于平焊、平角焊,飞溅少,焊缝表面光滑。焊接电源为交流或直流正、反接	
氧化铁型	E4320	药皮中含有大量的氧化铁及较多的锰铁脱氧剂,电弧吹力大,熔深大,电弧稳定,再引弧容易,熔化速度快,覆盖性好,焊缝成形美观,飞溅稍大,焊接电源为交流或直流正、反接	主要用于较重要的碳钢结构,不宜焊接薄板,适用于平焊、平角焊
	E4322	药皮工艺性能基本与E4320相似,但焊缝较凸,焊接电源为交流或直流正、反接	适用于薄板的高速焊、单道焊

药皮类型	焊条型号	药皮类型及工艺性能	主要用途
铁粉氧化铁型	E4327 E5027	药皮工艺性能基本与 E4320 相似,添加了大量铁粉,熔敷效率很高,电弧吹力大,焊缝成形好,飞溅少,脱渣性好,焊缝稍凸,适用于交流或直流正接,可大电流进行焊接	主要用于较重要的碳钢结构,不宜焊接薄板,适用于平焊、平角焊
低氢钠型	E4315 E5015	药皮主要组成物是碳酸盐矿和萤石,碱度较高,熔渣流动性好,焊接工艺性能一般,焊波较粗,角焊缝略凸,熔深适中,脱渣性尚可。焊接时要求焊条进行烘干,并采用短弧焊。这类焊条可全位置焊接,焊缝金属具有良好的抗裂性能和力学性能。焊接电源为直流反接	主要用于重要的碳钢结构,也可焊接与焊条强度相当的低合金结构钢结构
低氢钾型	E4316 E5016	药皮在低氢钠型的基础上添加了稳弧剂、钾水玻璃等,电弧稳定。工艺性能、焊接位置与低氢钠型相同,焊缝金属具有良好的抗裂性能和力学性能。焊接电源为交流或直流反接	主要用于重要的碳钢结构,也可焊接与焊条强度相当的低合金结构钢结构
	E5016-1	除取 E5016 的锰含量上限外,其工艺性能和焊接化学成分与 E5016 一样。这类焊条可全位置焊接,焊缝成形好,但角焊缝较凸	用于焊缝脆性转变温度较低的结构
铁粉低氢型	E5018	药皮在 E5015,E5016 的基础上添加约 25% 的铁粉,药皮略厚,焊接电源为交流或直流反接。焊接时,应采用短弧。飞溅较少,熔深适中,熔敷效率高	主要焊接重要的碳钢结构,也可焊接与焊条强度相当的低合金结构钢,结构 E4328、E5028 适用于平焊、平角焊
	E5048	具有良好的立向下焊性能,其余与 E5018 相同	
	E4328 E5028	药皮与 E5016 焊条相似,但添加了大量铁粉,药皮很厚,熔敷效率高。焊接电源为交流或直流反接	
	E5018M	低温冲击韧性好,耐吸潮发性优于 E5018,为获得最佳力学性能,焊接采用直流反接	主要焊接重要的碳钢结构、高强度低合金结构钢
	E5018-1	除取 E5018 的锰含量上限外,其余与 E5018 相似	用于焊缝脆性转变温度较低的结构

4. 结构钢焊条

选用结构钢焊条,应根据线材强度等级,一般按"等强"的原则选择,另外,要考虑焊缝在结构中的承载能力,对于重要结构,应选用碱性低氢型、高韧性焊条。常用结构钢焊条牌号及主要用途见表 1-28。

表 1-28　常用结构钢焊条牌号及主要用途

型 号	牌 号	药皮类型	电源	主 要 用 途
—	J350		直流	专用于微碳纯铁氨合成塔内件等焊接
E4300	J420G	特殊型		用于高温高压电站碳钢管道的焊接
E4313	J421	高钛钾型		焊接一般薄板碳钢结构,高效率焊条
	J421X			
E4324	J421Fe	铁粉钛型		焊接较重要的碳钢结构,高效率焊条
	J421Fe-13			
E4303	J422	钛钙型	交、直流	
	J422Fe			
E4323	J422Fe-13	铁粉钛型		焊接较重要碳钢结构,高效率焊条。常用于焊接低碳钢结构
	J422Fe-16			
E4301	J421FeZ-13	钛铁矿型		
	J433			
E4320	J424	氧化铁型		
E4327	J424Fe-14	铁粉氧化铁型		焊接低碳钢结构,高效率焊条
E4311	J425	高纤维素钾型		焊接低碳钢结构,适用于立向下焊
E4316	J426	低氢钾型	直流	焊接重要结构的低碳钢、一般低合金钢结构等,如锅炉、压力容器、压力管道等
E4315	J427	低氢钠型		
	J427Ni			
E5024	J501Fe-15	铁粉钛型		焊接 16Mn 钢及某些低合金钢结构
	J501Fe-18			焊接低碳钢及船用 A 级、D 级钢结构
	J501Z-18			焊接低碳钢及低合金钢平角焊,高效率焊条
E5003	J502	钛钙型		焊接 16Mn 钢及某些低合金钢结构
	J502Fe			焊接低碳钢及一般低合金钢结构,高效率焊条
E5023	J502Fe-15	铁粉钛钙型		
	J502Fe-16			
E5003-G	J502CuP	钛钙型	交、直流	用于铜磷系列耐大气、海水、硫化氢等腐蚀的结构,如机车车辆、近海工程结构等
	J502Cu7Ni			
	J502WCu			
	J502CuCrNi			
E5001	J503	钛铁矿型		焊接 16Mn 钢及某些同等级低合金钢结构
	J503Z			焊接 16Mn 及低合金钢结构,高效率焊条
E5027	J504Fe	铁粉氧化铁型		焊接 16Mn 及同等级的低合金钢结构,高效率焊条
	J504Fe-14			
E5011	J505	高纤维素钾型		焊接 16Mn 钢及某些低合金钢结构
	J505MoD			用于不清焊根的打底层焊接
E5016	J506	低氢钾型		焊接中碳钢及重要的低合金钢结构
	J506GM			用于压力容器、石油管道船舶等结构
	J506X			抗拉强度为 490MPa 级、立向下焊条
	J506DF			同 J506 焊条,发尘量低,可用于容器内焊接
	JU506D			用于不清焊根的打底层焊接

型　号	牌　号	药皮类型	电源	主　要　用　途
E5018	J506Fe	铁粉低氢型	交、直流	焊接 16Mn 钢及低合金钢结构,高效率焊条
E5018-1	J506Fe-1	铁粉低氢型		用于焊接 16MnR 钢及低合金钢结构
E5028	J506Fe-16	铁粉低氢型		焊接 16Mn、16MnR 等钢以及某些低合金钢结构,高效率焊条
	J506Fe-18			
E5018	J506LMA	铁粉低氢型		用于低碳钢、低合金钢的船舶结构
E5016-G	J506WCu	低氢钾型		用于耐大气腐蚀结构的焊接,如 09MnCuPTi 钢
	J506G			适用于采油平台、高压容器、船舶等重要结构的焊接
	J506RH			
	J506CuNi			适用于 490MPa 级耐候钢结构焊接
E5015-G	J507CuNi	低氢钠型	直流	适用于 490MPa 级耐候钢结构焊接
E5015	J507			焊接低合金、中碳钢,如 16MnR 钢等重要的低合金钢结构
	J507H			
E5015-G	J507R			用于锅炉、压力容器、船舶、海洋工程等重要结构的焊接
	J507GR			
E5015	J507DF			低尘焊条,适于密闭容器内焊接
E5015-G	J507RH			用于船舶、高压容器等重要设备焊接
E5015	J507X			强度为 490MPa 级,立向下焊条
	J507XG			用于管子的立向下焊
	J507D			用于管道用厚壁容器的打底层焊
E5018	J507Fe	铁粉低氢型	交、直流	高效焊条,焊接重要低合金钢结构
E5028	J507Fe-16			
E5015-G	J507Mo	低氢钠型	直流	用于耐高温硫化物钢,如 12AlMoV、12SiMoVNb 等钢的焊接
	J507MoNb			
	J507MoW			用于耐大气、海水腐蚀钢结构的焊接
	J507CrNi			
E5018	J507FeNi	铁粉低氢型	交、直流	用于中碳钢或低温压力容器的焊接
E5015-G	J507Mo-WNbB	低氢钠型	直流	用于耐高温氢、氮、氨腐蚀钢,如 12SiMoVNb 钢的焊接
	J507NiCrP			用于耐大气、海水腐蚀钢的焊接
	J507SL			用于厚度 8mm 以下低碳钢、低合金钢表面渗铝结构
E5501-G	J533	钛铁矿型	交、直流	焊接相应强度等级低合金钢结构
E5516-G	J556	低氢钾型		焊接中碳钢及低合金钢结构,如 15MnTi、15MnV 钢等
E5515-G	J557	低氢钠型	直流	
	J557Mo			焊接中碳钢及相应强度低合金钢结构,如 14MnMoV 钢等
	J557MoV			

续表

型　号	牌　号	药皮类型	电源	主　要　用　途
E5516-G	J556RH	低氢钾型	交、直流	用于海上平台、压力容器等结构焊接
E6016-D1	J606			焊接中碳钢及相应强度等级低合金钢结构，如 15MnVN 钢等
E6015-D1	J607	低氢钠型	直流	
E6015	J607RH			焊接相应强度等级低合金钢结构
E7015	J707			焊接相应强度等级低合金钢结构，如 18MnMoNb 等
E7515	J757			焊接相应强度等级低合金钢重要结构
E8515	J857			焊接相应强度等级低合金钢重要结构，如 30CrMo 等

5. 热强钢焊条（GB/T 5118—2012）

（1）热强钢焊条熔敷金属抗拉强度代号

热强钢焊条熔敷金属抗拉强度代号见表 1-29。

表 1-29　热强钢焊条熔敷金属抗拉强度代号　　单位：MPa

抗拉强度代号	50	52	55	62
最小抗拉强度	490	520	550	620

（2）热强钢焊条型号

热强钢焊条型号见表 1-30。

6. 低合金钢焊条

低合金钢焊条按熔敷金属的抗拉强度分为 E50、E55、E60、E70、E80、E85、E90、E100 等系列。低合金钢焊条的分类见表 1-31。

此外，碳钢及合金钢焊条，在改进工艺性能、改善劳动条件、提高焊接效率和提高焊缝金属性能等方面，开发出了一批新的产品，这些新焊条的牌号及用途见表 1-32。

表 1-30　热强钢焊条的类型及性能

型　号	药皮类型	焊接位置	抗拉强度 R_m/MPa≥	断后伸长率 A/%≥	电流类型
E5003-×	钛钙型	平、立、仰、横焊	490	20	交流或直流正、反接
E5010-×	高纤维素钠型				直流反接
E5011-×	高纤维素钾型				交流或直流反接
E5015-×	低氢钠型			22	直流反接
E5016-×	低氢钾型				直流反接
E5018-×	铁粉低氢型				交流或直流反接
E5020-×	高氧化铁型	平角焊		20	交流或直流正接
		平焊			交流或直流正、反接
E5027-×	铁粉氧化铁型	平角焊			交流或直流正接
		平焊			交流或直流正、反接

续表

型　　号	药皮类型	焊接位置	抗拉强度 R_m/ MPa≥	断后伸长率 A/ %≥	电流类型
E5500-×	特殊型	平、立、仰、横焊	550	14	交流或直流
E5503-×	钛钙型				
E5510-×	高纤维素钠型			17	直流反接
E5511-×	高纤维素钾型				交流或直流反接
E5513-×	高钛钾型			14	交流或直流
E5515-×	低氢钠型			17	直流反接
E5516-×	低氢钾型			17	交流或直流反接
E5518-×	铁粉低氢型				
E5516-×	低氢钾型			22	
E5518-×	铁粉低氢型				
F6000-×	特殊型	平、立、仰、横焊	590	14	交流或直流正、反接
E6010-×	高纤维素钠型			15	直流反接
E6011-×	高纤维素钾型				交流或直流反接
E6013-×	高钛钾型			14	交流或直流反接
E6015-×	低氢钠型			15	直流反接
E6016-×	低氢钾型	平、立、仰、横焊	590	15	交流或直流反接
E6018-×	铁粉低氢型				
E6018-×				22	
E7010-×	高纤维素钠型		690	15	直流反接
E7011-×	高纤维素钾型				交流或直流反接
E7013-×	高钛钾型			13	交流或直流正、反接
E7015-×	低氢钠型			15	直流反接
E7016-×	低氢钾型				交流或直流反接
E7018-×	铁粉低氢型				
E7018-×				18	
E7515-×	低氢钠型		740	13	直流反接
E7516-×	低氢钾型				交流或直流反接
E7518-×	铁粉低氢型				
E7518-×				18	
E8015-×	低氢钠型		780	13	直流反接
E8016-×	低氢钾型				交流或直流反接
E8018-×	铁粉低氢型				
E8515-×			830		直流反接
E8516-×	低氢钠型			12	交流或直流反接
E8518-×	低氢钾型				
E8518-×	铁粉低氢型			15	
E9015-×	低氢钠型		880		直流反接
E9016-×	低氢钾型				交流或直流反接
E9018-×	铁粉低氢型			12	
E10015-×	低氢钠型		980		直流反接
E10016-×	低氢钾型				交流或直流反接
E10018-×	铁粉低氢型				

　　注：后缀×代表熔敷金属化学成分分类代号。例：A—碳钼钢焊条；B—铬钼钢焊条；C—镍钢焊条；NM—镍钼钢焊条；D—锰钼钢焊条等。

表 1-31　低合金钢焊条

焊条型号	药皮类型	焊接位置	电流种类
E50 系列：熔敷金属的抗拉强度≥490MPa（50kgf/mm²）			
E5003-×	钛钙型	平、立、横、仰	交流或直流正、反接
E5010-×	高纤维素钠型		直流反接
E5011×	高纤维素钾型		交流或直流反接
E5015-×	低氢钠型		直流反接
E5016-×	低氢钾型		交流或直流反接
E5018-×	铁粉氧化铁型		
E5020-×	高氧化铁型	平角焊	交流或直流正接
		平	交流或直流正、反接
E5027-×	铁粉氧化铁型	平角焊	交流或直流正接
		平	交流或直流正、反接
E5500-×	特殊型	平、立、横、仰	交流或直流正、反接
E5503-×	钛钙型		
E5510-×	高纤维素钠型		直流反接
E5511-×	高纤维素钾型		交流或直流反接
E5513-×	高钛钾型		交流或直流正、反接
E5515-×	低氢钠型		直流反接
E5516-×	低氢钾型		交流或直流反接
E5518-×	铁粉低氢钾型		
E60 系列：熔敷金属的抗拉强度≥590MPa（60kgf/mm²）			
E6000-×	特殊型	平、立、横、仰	交流或直流正、反接
E6010-×	高纤维素钠型		直流反接
E6011-×	高纤维素钾型		交流或直流反接
E6013-×	高钛钾型		交流或直流正、反接
E6015-×	低氢钠型		直流反接
E6016-×	低氢钾型		交流或直流反接
E6018-×	铁粉低氢钾型		
E70 系列：熔敷金属的抗拉强度≥690MPa（70kgf/mm²）			
E7010-×	高纤维素钠型	平、立、横、仰	直流反接
E7011-×	高纤维素钾型		交流或直流反接
E7003-×	高钛钾型		交流或直流正、反接
E7015-×	低氢钠型		直流反接
E7016-×	低氢钾型		交流或直流反接
E7018-×	铁粉低氢钾型		
E80 系列：熔敷金属的抗拉强度≥780MPa（80kgf/mm²）			
E8015-×	低氢钠型	平、立、横、仰	直流反接
E8016-×	低氢钾型		交流或直流反接
E8018-×	铁粉低氢钾型		

续表

焊条型号	药皮类型	焊接位置	电流种类
E85 系列：熔敷金属的抗拉强度≥830MPa(85kgf/mm²)			
E8515-×	低氢钠型	平、立、横、仰	直流反接
E8516-×	低氢钾型		交流或直流反接
E8518-×	铁粉低氢钾型		
E90 系列：熔敷金属的抗拉强度≥880MPa(90kgf/mm²)			
E9015-×	低氢钠型	平、立、横、仰	直流反接
E9016-×	低氢钾型		交流或直流反接
E9018-×	铁粉低氢钾型		
E100 系列：熔敷金属的抗拉强度≥980MPa(100kgf/mm²)			
E10015-×	低氢钠型	平、立、横、仰	直流反接
E10016-×	低氢钾型		交流或直流反接
E10018-×	铁粉低氢钾型		

注：后缀×代表熔敷金属化学成分分类代号，如 A_1、B_1、B_2 等。

表 1-32　新型焊条型号及用途

名　称	型号(牌号)	主 要 用 途
盖面焊条	E5016(J506GM)	用于船舶、工程机械、压力容器等表面焊缝
底层焊条	E5011,E5016,FA015 (J505MoD,J506D,J507D)	专用于厚壁容器及钢管的打底层焊，单面焊双面成形焊缝
低尘低毒焊条	E5016,E5015 (J506DF,J507DF)	主要用于通风不良时的低碳钢、低合金钢焊接，如 Q345、16MnR、09Mn2V 等钢的焊接
铁粉高效焊条	E5024,E5023,E5028 等 (J501Fe15,J506Fe16,J506Fe18 等)	熔敷效率高达 130%，主要用于低合金钢焊接，如 Q345、16MnR 等钢的焊接
重力焊条	E5024,E5001 等 (JS01218,J503Z 等)	名义效率可达 130%，焊条较长（500～1000mm），在引弧端涂有引弧剂，主要用于低合金钢，如 Q345、16Mn 等
立向下焊条	E5016,E5015 (J506×,J507×)	主要用于低碳钢、低合金钢焊接，角接、搭接的焊缝
管子立向下焊条	E5015 (J507×G)	主要用于钢管对接的下向焊，单面焊双面成形，如天然气管道的焊接等
超低氢焊条	E5016-1,E5015-1 (J506H,J507H)	按国际标准 ISO 规定，焊后用水银法测定，熔敷金属扩散氢含量小于 5mL/100g 的焊条为超低氢焊条。主要用于压力容器、采油平台等重要结构
高韧度焊条	E5015G (J507GH)	能满足压力容器、锅炉、船舶、海洋工程的低温韧性要求。有良好的断裂韧度
高韧性超低氢焊条	ES016-G,E5015-G,E5516-G, E6015-G,E7015-G(J506RH, J507RH,J556RH,J607RH,J707RH)	焊缝有良好的抗裂性和低温韧性。主要用于压力容器、采油平台等重要焊接结构
耐吸潮焊条	E5018(J506LMA)	主要用于高湿度条件下焊接，从焊条烘干箱中取出后，在使用期内，药皮能符合含水量的规定

7. 不锈钢电焊条（GB/T 983—2012）

不锈钢电焊条型号见表 1-33。

表 1-33　不锈钢电焊条型号

型　号	药皮类型	焊接位置	力学性能		焊接电流
			抗拉强度 σ_b/MPa	伸长率 δ/%	
E410-16	钛钙型	平、立、仰、横焊	450	15	交或直流正、反接
E410-15	低氢型				直流反接
E430-16	钛钙型				交或直流正、反接
E430-15	低氢型				直流反接
E308L-16	—		510	30	交或直流正、反接
E308-16	钛钙型		550		
E308-15	低氢型				直流反接
E347-16	钛钙型		520		交或直流正、反接
E347-15	低氢型				直流反接
E318V-16	钛钙型		540		交或直流正、反接
E318V-15	低氢型				直流反接
E309-16	钛钙型			25	交或直流正、反接
E309-15	低氢型				直流反接
E309Mo-16	钛钙型		550		交或直流正、反接
E310-16	钛钙型				
E310-15	低氢型				直流反接
E310Mo-16	钛钙型			25	交或直流正、反接
E16-25MoN-16	钛钙型		610	30	交或直流正、反接
E16-25MoN-15	低氢型				直流反接

　　注：1. 型号中，E 表示焊条，如有特殊要求的化学成分，则用该成分的元素符号标注在数字后面；另用字母 L 和 H 分别表示较低、较高碳含量；R 表示碳、磷、硅含量均较低。

　　2. 焊条尺寸（mm）：直径为 2，2.5，3.2，4，5，6，7，8；长度为 200，250，300，350，400，450。

8. 有色金属焊条（GB/T 3669—2001）

有色金属焊条型号见表 1-34。

表 1-34　有色金属焊条型号

型　号	抗拉强度 σ_b/MPa	伸长率 δ/%	用　途
ECu	170	20	用于脱氧铜、无氧铜及韧性（电解）铜的焊接。也可用于这些材料的修补和堆焊以及碳钢和铸铁上堆焊。用脱氧铜可得到机械和冶金上无缺陷焊缝

续表

型　号	抗拉强度 σ_b/MPa	伸长率 δ /%	用　　途
ECuSi-A ECuSi-B	250 270	22 20	用于焊接铜-硅合金 ECuSi 焊条,偶尔用于铜、异种金属和某些铁基金属的焊接,硅青铜焊接金属很少用作堆焊承截面,但常用于经受腐蚀的区域堆焊
ECuSn-A ECuSn-B	250 270	15 12	ECuSn 焊条用于连接类似成分的磷青铜。它们也用于连接黄铜。如果焊缝金属对于特定的应用具有满意的导电性和耐腐蚀性,也可用于焊接铜。ECuSn-B 焊条具有较高的锡含量,因而焊缝金属比 ECuSn-A 焊缝金属具有更高的硬度及拉伸和屈服强度
ECuNi-A ECuNi-B	270 350	20 20	ECuNi 类焊条用于锻造的或铸造的 70/30、80/20 和 90/10 镍合金的焊接,也用于焊接铜-镍包覆钢的包覆,通常不需预热
ECuAl-A₂ ECuAl-B ECuAl-C ECuAlNi ECuMnAlNi	410 450 390 490 520	20 10 15 13 15	用在连接类似成分的铝青铜、高强度铜-锌合金、硅青铜、锰青铜、某些镍基合金、多数黑色金属与合金及异种金属的连接。ECuAl-B 焊条用于修补铝青铜和其他铜合金铸件;ECuAl-B 焊接金属也用于高强度耐磨和耐腐蚀承受面的堆焊;ECuAlNi 焊条用于铸造和锻造的镍-铝青铜材料的连接或修补。这些焊接金属也可用于在盐和微水中需高耐腐蚀、耐浸蚀或汽蚀的应用中;ECuMnAlNi 焊条用于铸造或锻造的锰-镍铝青铜材料的连接或修补,具有耐蚀性
TAl TAlSi TAlMn	64 118 118	— — —	TAl 用于纯铝及要求不高的铝合金工件焊接。TAlSi 用于铝、铝硅合金板材、铸件、一般铝合金及硬铝的焊接,不宜焊镁合金。TAlMn 除用于焊接铝锰合金外,也可用于焊接纯铝及其他铝合金

注:焊条尺寸(mm):铜基焊条直径为 2.5,3.2,4,5,6;长度为 300,350。铝基焊条直径为 3.2,4,5,6;长度为 345,350,355。

9. 铝及铝合金焊条 (GB/T 3669—2001)

焊芯直径 3.2mm、4mm、5mm;焊条长度为 345~355mm。铝及铝合金焊条牌号及用途见表 1-35。

表 1-35　铝及铝合金焊条牌号及用途

牌号	型号	药皮类型	焊接电源	焊芯材质	主 要 用 途
L109	TAl	碱式	直流	纯铝	焊接纯铝板、纯铝容器
L209	TAlSi	碱式	直流	铝硅合金	焊接铝板、铝硅铸件、一般铝合金、锻铝、硬铝(铝镁合金除外)
L309	TAlMn	碱式	直流	铝锰合金	焊接铝锰合金、纯铝、其他铝合金

10. 铜及铜合金焊条（GB/T 3670—1995）

焊芯直径 3.2mm、4mm、5mm；焊条长度为 350mm。铜及铜合金焊条牌号及用途见表 1-36。

表 1-36　铜及铜合金焊条牌号及用途

牌号	型号	药皮类型	焊接电源	焊芯材质	主 要 用 途
T107	TCu	低氢型	直流	纯铜	焊接铜零件，也可用于堆焊耐海水腐蚀碳钢零件
T207	TCuSi-B	低氢型	直流	硅青铜	焊接铜、硅青铜和黄铜零件，或堆焊化工机械、管道内衬
T227	TCuSn-B	低氢型	直流	锡磷青铜	用于铜、黄铜、青铜、铸铁及钢零件；广泛用于堆焊锡磷青铜轴衬、船舶推进器叶片等
T237	TCuAl-C	低氢型	直流	铝锰青铜	用于铝青铜及其他铜合金焊接，也适用于铜合金与铜的焊接
T307	TCuNi-B	低氢型	直流	铜镍合金	焊接导电铜排、铜热交换器等，或堆焊耐海水腐蚀铜零件以及焊接有耐腐蚀要求的镍基合金

11. 镍及镍合金焊条（GB/T 13814—2008）

镍及镍合金焊条尺寸及夹持端长度见表 1-37。

表 1-37　镍及镍合金焊条尺寸及夹持端长度　　单位：mm

焊条直长	2.0	2.5	3.2	4.0	5.0
焊条长度	230~300			250~350	
夹持端长度	10~20			15~25	

三、焊条的选择、保管及使用

1. 焊条的选择

正确地选择焊条，拟订合理的焊接工艺，才能保证焊接接头不产生裂纹、气孔、夹渣等缺陷，才能满足焊接接头的力学性能和其他特殊性能的要求，从而保证焊接产品的质量。在金属结构的焊接中，选用焊条应注意以下几条原则。

（1）考虑母材的力学性能和化学成分

焊接结构通常是采用一般强度的结构钢和高强度结构钢。焊接时，应根据设计要求，按结构钢的强度等级来选用焊条。值得注意的是，钢材一般按屈服强度等级来分级，而焊条是按抗拉强度等级来分级的。因此，应根据钢材的抗拉强度等级来选择相应强度或稍高强度的焊条。但焊条的抗拉强度太高会使焊缝强度过高而对接头有害。同时，还应考虑熔敷金属的塑性和韧性不低于母材。当要求熔敷金属具有良好的塑性和韧性时，一般可选择强度低一级的焊条。

对合金结构钢来说，一般不要求焊缝与母材成分相近，只有焊接耐热钢、耐蚀钢时，为了保证焊接接头的特殊性能，则要求熔敷金属的主要合金元素与母材相同或相近。当母材中碳、硫、磷等元素含量较高时，应选择抗裂性好的低氢型焊条。

（2）考虑焊接结构的受力情况

由于酸性焊条的焊接工艺性能较好，大多数焊接结构都可选用酸性焊条焊接。但对于受力构件，或工作条件要求较高的部位和结构，都要求具有较高的塑性、韧性和抗裂性能，则必须使用碱性低氢型焊条。

（3）考虑结构的工作条件和使用性能

根据焊件的工作条件，包括载荷、介质和温度等，选择相应的能满足使用要求的焊条。如高温或低温条件下工作的焊接结构应分别选择耐热钢焊条和低温钢焊条；接触腐蚀介质的焊接结构应选择不锈钢焊条；承受动载荷或冲击载荷的焊接结构应选择强度足够、塑性和韧性较好的碱性低氢型焊条。

（4）考虑劳动条件和劳动生产率

在满足使用性能的情况下，应选用高效焊条，如铁粉焊条、下行焊条等。当酸性焊条和碱性焊条都能满足焊接性能要求时，应选用酸性焊条。

2. 焊条的保管

焊条保管的好坏，直接影响着焊接质量。因此，《焊条质量管理规程》对焊条的生产制造、入库保管、施工使用等都有明确的规定。

① 对入库的焊条，应具有生产厂出具的产品质量保证书或合格证书。在焊条的包装上，应标有明确的型号（牌号）标识。

② 对焊接锅炉、压力容器等重要承载结构所用的焊条，还必须在使用前进行质量复验，否则不准使用。

③ 对存放焊条的一级库房，要求干燥、通风良好，室内温度一般保持在 10～15℃，最少不能低于 5℃，相对湿度小于 60%。

④ 在库内存放的焊条，不准堆放在地面上，要用木方垫高，一般距地面应不少于 200mm。各种焊条应设好标识，按品种、牌号、批次、规格等分类堆垛。垛间及四周墙壁之间，应留有一定的距离，上下左右都能使空气流通，防止焊条受潮。

3. 焊条的使用

应熟悉各种焊条的类别、性能、用途以及使用要点。了解焊条的说明书中各项技术指标，合理、正确使用焊条。焊条的药皮容易吸潮，使焊缝产生气孔、氢致裂纹等缺陷。为了保证焊接质量，焊条在使用前必须进行烘干。烘干焊条时，由于各种焊条药皮的组成不同，对烘干的温度要求也不一样。因此，对不同牌号的焊条，不能同时放在一起烘干。各种焊条的烘干规范见表 1-38。

表 1-38　各种焊条的烘干规范

焊条种类、型号或牌号		吸潮度/%	烘干温度/℃	保温时间/min
低碳钢焊条	钛钙型 J422	≥2	150～200	
	钛铁矿型 J423	≥5	150～200	30～60
	低氢型 J427	≥0.5	300～400	
高强度钢、低温钢、耐热钢焊条	高强度钢 J507、J557、J607、J107		300～400	30～60
	低温钢(低氢型)	≥0.5	350～400	60
	耐热钢		350～400	60
不锈钢焊条	铬不锈钢			
	(低氢型)		300～350	
	(钛钙型)	≥1	200～250	30～60
	奥氏体不锈钢			
	(低氢型)		300～350	
	(钛钙型)		200～250	
堆焊焊条	钛钙型	≥2	150～250	
	低碳钢焊卷(低氢型)	≥0.5	300～350	30～60
	合金钢焊芯(钛钙型)	≥1	150～250	
铸铁焊条	石墨型 Z308 等	≥1.5	70～120	30～60
	低氢型 Z116 等	≥0.5	300～350	
铜、镍及其合金焊条	低氢型		300～350	30～60
	钛钙型	12	200～250	30～60
	石墨型		70～150	30

第五节 | 焊丝

　　焊工在焊接时，作为填充金属或同时作为电极的金属丝称为焊丝，电弧焊所用的焊丝有实心焊丝和药芯焊丝两类。

一、焊丝的分类

　　焊丝的分类方法很多，可分别按其适用的焊接方法、被焊材料、制造方法与焊丝的形状等对焊丝进行分类。目前较常用的是按制造方法和其适用的焊接方法进行分类，焊丝分类的简明示意如图 1-14 所示。

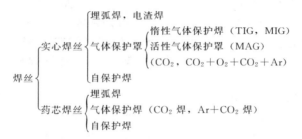

图 1-14　焊丝分类的简明示意

1. 实心焊丝的分类

　　实心焊丝是目前最常用的焊丝，由热轧线材经拉拔加工而成，为了防止焊丝生锈，须对焊丝（除不锈钢焊丝）表面进行特殊处理，目前主要是镀铜处理，包括电镀、浸铜及化学镀铜处理等方法。

　　实心焊丝包括埋弧焊、电渣焊、CO_2 气体保护焊、氩弧焊、气焊以及堆焊用的焊丝。实心焊丝的分类及应用特点见表 1-39。

表 1-39　实心焊丝的分类及应用特点

分　类	细分类	特　　点
埋弧焊、电渣焊焊丝	低碳钢用焊丝	埋弧焊、电渣焊时电流大，要采用粗焊丝，焊丝直径 3.2～6.4mm
	低合金高强钢用焊丝	
	Cr-Mo 耐热钢用焊丝	
	低温钢用焊丝	
	不锈钢用焊丝	
	表面堆焊用焊丝	焊丝因含碳或合金元素较多，难于加工制造，目前主要采用液态连铸拉丝方法进行小批量生产
气体保护焊焊丝	TIG 焊用焊丝	一般不加填充焊丝，有时加填充焊丝。手工填丝为切成一定长度的焊丝，自动填丝时采用盘式焊丝

分　类	细分类	特　点
气体保护焊焊丝	MIG、MAG 焊用焊丝	主要用于焊接低合金钢、不锈钢等
	CO_2 焊用焊丝	焊丝成分中应有足够数量的脱氧剂，如 Si、Mn、Ti 等。如果合金含量不足，脱氧不充分，将导致焊缝中产生气孔；焊缝力学性能（特别是韧性）将明显下降
自保护焊用焊丝		除了提高焊丝中的 C、Si、Mn 的含量外，还要加入强脱氧元素 Ti、Zr、Al、Ce 等

（1）埋弧焊和电渣焊用焊丝

埋弧焊和电渣焊时焊剂对焊缝金属起保护和冶金处理作用，焊丝主要作为填充金属，同时向焊缝添加合金元素，二者直接参与焊接过程中的冶金反应，焊缝成分和性能是由焊丝和焊剂共同决定的。

根据被焊材料的不同，埋弧焊焊丝又分为低碳钢焊丝、低合金高强钢焊丝、Cr-Mo 耐热钢焊丝、低温钢焊丝、不锈钢焊丝、表面堆焊丝等。

（2）气体保护焊用焊丝

气体保护焊分为惰性气体保护焊（TIG、MIG）和活性气体保护焊（MAG）。惰性气体主要采用 Ar 气，活性气体主要采用 CO_2 气体。MIG 焊接时一般采用 $Ar+2\%O_2$ 或 $Ar+5\%CO_2$；MAG 焊接时采用 CO_2、$Ar+CO_2$ 或 $Ar+O_2$。

根据焊接方法的不同，气体保护焊用焊丝分为 TIG 焊接用焊丝、MIG 和 MAG 焊接用焊丝、CO_2 焊接用焊丝等。

（3）自保护焊接用实心焊丝

利用焊丝中含有的合金元素在焊接过程中进行脱氧、脱氮，以消除从空气中进入焊接熔池的氧和氮的不良影响。为此，除提高焊丝中的 C、Si、Mn 含量外，还要加入强脱氧元素 Ti、Zr、Al、Ce 等。

2．药芯焊丝的分类

药芯焊丝是将药粉包在薄钢带内卷成不同的截面形状经轧拔加工制成的焊丝。药芯焊丝也称为粉芯焊丝、管状焊丝或折叠焊丝，用于气体保护焊、埋弧焊和自保护焊，是一种很有发展前途的焊接材料。药芯焊丝粉剂的作用与焊条药皮相似，区别在于焊条的药皮涂敷在焊芯的外层，而药芯焊丝的粉剂被钢带包裹在芯部。药芯焊丝可以制成盘状供应，易于实现机械化焊接。

药芯焊丝的分类较复杂，根据焊丝结构，药芯焊丝可分为有缝焊丝和无缝焊丝两种。无缝焊丝可以镀铜，性能好、成本低，已成为今后发展的方向。

(1) 按是否使用外加保护气体分类

根据是否有保护气体，药芯焊丝可分为气体保护焊丝（有外加保护气）和自保护焊丝（无外加保护气）。气体保护药芯焊丝的工艺性能和熔敷金属冲击性能比自保护的好，但自保护药芯焊丝具有抗风性，更适合室外或高层结构现场使用。

药芯焊丝可作为熔化极（MIG、MAG）或非熔化极（TIG）气体保护焊的焊接材料。TIG 焊接时，大部分使用实心焊丝作填充材料。焊丝内含有特殊性能的造渣剂，底层焊接时不需充氩保护，芯内粉剂会渗透到熔池背面，形成一层致密的熔渣保护层，使焊道背面不受氧化，冷却后该焊渣很易脱落。

MAG 焊接是 CO_2 焊和 Ar 加超过 5% 的 CO_2 或超过 2% 的 O_2 等混合气体保护焊的总称。由于加入了一定量的 CO_2 或 O_2，氧化性较强。MIG 焊接是纯 Ar 或在 Ar 中加少量活性气体（$\leqslant 2\%$ 的 O_2 或 $\leqslant 5\%$ 的 CO_2）的焊接。

气电立焊用药芯焊丝是专用于气体保护强制成形焊接方法的一种焊丝。为了向上立焊，熔渣不能太多，故该焊丝中造渣剂的比例为 5%～10%，同时含有大量的铁粉和适量的脱氧剂、合金剂和稳弧剂，以提高熔敷效率和改善焊缝性能。

(2) 按药芯焊丝的横截面结构分类

药芯焊丝的截面形状对焊接工艺性能与冶金性能有很大影响。根据药芯焊丝的截面形状可分为简单断面的 O 形和复杂断面的折叠形两类，折叠形又可分为梅花形、T 形、E 形和中间填丝型等。药芯焊丝的截面形状示意如图 1-15 所示。

外皮金属

粉剂

图 1-15　药芯焊丝的截面形状示意

一般地说，药芯焊丝的截面形状越复杂越对称，电弧越稳定，药芯的冶金反应和保护作用越充分。但是随着焊丝直径的减小，这种差别逐渐缩小，当焊丝直径小于 2mm 时，截面形状的影响已不明显了。目

前，小直径（不大于 2.0mm）药芯焊丝，一般采用 O 形截面，大直径
（≥2.4mm）药芯焊丝多采用 E 形、T 形等折叠形复杂截面。

（3）按药芯中有无造渣分类

药芯焊丝芯部粉剂的成分与焊条药皮相似，根据药芯焊丝内填料粉
剂中有无造渣剂可分成熔渣型（有造渣剂）和金属粉型（无造渣剂）两
类。在熔渣型药芯焊丝中加入粉剂，主要是为了改善焊缝金属的力学性
能、抗裂性及焊接工艺性能。

这些粉剂有脱氧剂（硅铁、锰铁）、造渣剂（金红石、石英等）、稳
弧剂（钾、钠等）、合金剂（Ni、Cr、Mo 等）及铁粉等。按照造渣剂
的种类及渣的碱度可分为钛型（又称金红石型、酸性渣）、钛钙型（又
称金红石碱型、中性或弱碱性渣）、钙型（碱性渣）。

钛型渣系药芯焊丝的焊道成形美观，全位置焊接工艺性能优良，电弧
稳定，飞溅小，但焊缝金属的韧性和抗裂性稍差。钙型渣系药芯焊丝焊缝
金属的韧性和抗裂性优良，但焊道成形和焊接工艺性稍差。钛钙型渣系介
于上述二者之间。几种典型药芯焊丝中的粉剂及熔渣成分见表 1-40。

表 1-40   几种典型药芯焊丝中的粉剂及熔渣成分

成　分	钛型（酸性渣）		钛钙型（碱性或中性渣）		钙型（碱性渣）	
	粉剂/%	熔渣/%	粉剂/%	熔渣/%	粉剂/%	熔渣/%
SiO_2	21.0	16.8	17.8	16.1	7.5	14.8
Al_2O_3	2.1	4.2	4.3	4.8	0.5	—
TiO_2	40.5	50.0	9.8	10.8	—	—
ZrO_2	—	—	6.2	6.7	—	—
CaO	0.7	—	9.7	10.0	3.2	11.3
Na_2O	1.6	2.8	1.9	—	—	—
K_2O	1.4	—	1.5	2.7	0.5	—
CaF_2	—	—	18.0	24.0	20.5	43.5
MnO	—	21.3	—	22.8	—	20.4
Fe_2O_3	—	5.7	—	2.5	—	10.3
CO_2	0.5	—	—	—	2.5	—
C	0.6	—	0.3	—	1.1	—
Fe	21.1	—	24.7	—	55.0	—
Mn	15.8	—	13.0	—	7.2	—
AWS 型号	E70T-1 或 E70T-2		70T-1		E70T-1 或 E70T-5	

金属粉型药芯焊丝几乎不含造渣剂，焊接工艺性能类似于实心焊
丝，但电流密度更大。具有熔敷效率高、熔渣少的特点，抗裂性能优于
熔渣型药芯焊丝。这种焊丝粉芯中大部分是金属粉（铁粉、脱氧剂等），

其造渣量仅为熔渣型药芯焊丝的 1/3，多层焊可不清渣，使焊接生产率进一步提高，此外，还加入了特殊的稳弧剂，飞溅小，电弧稳定，而且焊缝扩散氢含量低，抗裂性能得到改善。

目前我国药芯焊丝产品品种主要有钛型气保护、碱性气保护和耐磨堆焊（主要是埋弧堆焊类）三大系列，适用于碳钢、低合金高强钢、不锈钢等，大体可满足一般工程结构焊接需求。在产品质量方面，用于结构钢焊接的 E71T-1 钛型气保护药芯焊丝产品质量已经有了突破性的提高，而碱性药芯焊丝的产品质量有待进一步提高。在气体保护电弧焊中，以药芯焊丝代替实心焊丝进行焊接，这在技术上是一大进步。

二、焊丝的选用和保管

1. 焊丝的选用

① 焊丝一般以焊丝盘、焊丝卷及焊丝筒的形式供货。焊丝表面必须光滑平整，如果焊丝生锈，必须用焊丝除锈机除去表面氧化皮才能使用。

② 对同一型号的焊丝，当使用 $Ar-O_2-CO_2$ 为保护气体焊接时，熔敷金属中的 Mn、Si 和其他脱氧元素的含量会大大减少，在选择焊丝和保护气体时应注意。

③ 一般情况下，实心焊丝和药芯焊丝对水分的影响不敏感，不需做烘干处理。

④ 焊丝购货后应存放于专用焊材库（库中相对湿度应低于 60%），对于已经打开包装的未镀铜焊丝或药芯焊丝，如无专用焊材库，应在半年内使用。

2. 焊丝的储存与保管

（1）焊丝的储存与保管

① 在仓库中储存未打开包装的焊丝，库房的保管条件为：室温 10℃以上（最高为 40℃），最大相对湿度为 60%。

② 存放焊丝的库房应该保持空气的流通，没有有害气体或腐蚀性介质（如 SO_2 等）。

③ 焊丝应放在货架上或垫板上，存放焊丝的货架或垫板距离墙或地面的距离应不小于 250mm，防止焊丝受潮。

④ 进库的焊丝，每批都应有生产厂家的质量保证书和产品质量检验合格证书。焊丝的内包装上应有标签或其他方法标明焊丝的型号、国家标准号、生产批号、检验员号、焊丝的规格、净质量、制造厂名称及地址、生产日期等。

⑤ 焊丝在库房内应按类别、规格分别堆放，防止混用、误用。

⑥ 尽量减少焊丝在仓库内的存放期限，按"先进先出"的原则发放焊丝。

⑦ 发现包装破损或焊丝有锈迹时，要及时通报有关部门，经研究、确认之后再决定是否用于产品的焊接。

（2）焊丝在使用中的保管

① 打开包装的焊丝，要防止油、污、锈、垢的污染，保持焊丝表面的洁净、干燥，并且在 2 天内用完。

② 焊丝当天没用完，需要在送丝机内过夜时，要用防雨雪的塑料布等将送丝机（或焊丝盘）罩住，以减少与空气中潮湿气体接触。

③ 焊丝盘内剩余的焊丝若在两天以上的时间不用时，应该从焊机的送丝机内取出，放回原包装内，并将包装的封口密封，然后再放入有良好保管条件的焊丝仓库内。

④ 对于受潮较严重的焊丝，焊前应烘干，烘干温度为 120～150℃，保温时间为 1～2h。

第六节　焊剂

焊剂是指焊接时，能够熔化形成熔渣和气体，对熔化金属起保护作用的一种颗粒状物质。焊剂的作用与电焊条药皮相类似，主要用于埋弧焊和电渣焊。

对焊剂的基本要求：具有良好的工艺性能。焊剂应有良好的稳弧、造渣、成形和脱渣性，在焊接过程中，生成的有害气体要尽量少；具有良好的冶金性能。通过适当的焊接工艺，配合相应的焊丝，能获得所需要的化学成分和力学性能的焊缝金属，并有良好的焊缝成形。

一、埋弧焊剂的分类

1. 按制造方法分类

熔炼焊剂：根据焊剂的形态不同，有玻璃状、结晶状、浮石状等熔炼焊剂。

烧结焊剂：把配制好的焊剂湿料，加工成所需要的颗粒，在 750～1000℃下，烘焙干燥制成的焊剂。

陶质焊剂：把配制好的焊剂湿料，加工成所需要的颗粒，在 30～500℃下，烘焙干燥制成的焊剂。

2. 按焊剂碱度分类

碱性焊剂：碱度 $B_1 > 1.5$。

酸性焊剂：碱度 $B_1 < 1$。

中性焊剂：碱度 $B_1 = 1.0 \sim 1.5$。

3. 按主要成分含量分类

（1）高硅型（含 $SiO_2 > 30\%$）、中硅型（含 SiO_2 $10\% \sim 30\%$）、低硅型（含 $SiO_2 < 10\%$）；

（2）高锰型（含 $MnO > 30\%$）、中锰型（含 MnO $2\% \sim 15\%$）、无锰型（含 $MnO < 2\%$）；

（3）高氟型（含 $CaF_2 > 30\%$）、中氟型（含 CaF_2 $10\% \sim 30\%$）、无氟型（含 $CaF_2 < 10\%$）。

二、埋弧焊剂型号、牌号的编制

1. 低合金钢埋弧焊用焊丝和焊剂（GB/T 12470—2003）

（1）型号

完整的焊丝-焊剂型号示例如下：

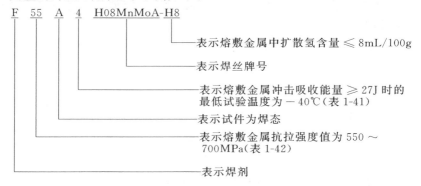

```
F   55   A   4   H08MnMoA-H8
```

- 表示熔敷金属中扩散氢含量 ≤ 8mL/100g
- 表示焊丝牌号
- 表示熔敷金属冲击吸收能量 ≥ 27J 时的最低试验温度为 −40℃（表 1-41）
- 表示试件为焊态
- 表示熔敷金属抗拉强度值为 550 ～ 700MPa（表 1-42）
- 表示焊剂

表 1-41　熔敷金属冲击吸收能量

焊剂型号	冲击吸收功/J	试验温度/℃
F×××0-H×××		0
F×××2-H×××		−20
F×××3-H×××		−30
F×××4-H×××	≥27	−40
F×××5-H×××		−50
F×××6-H×××		−60
F×××7-H×××		−70
F×××10-H×××		−100
F×××Z-H×××	不要求	

表 1-42　熔敷金属拉伸强度

焊剂型号	抗拉强度 σ_b/MPa	屈服强度 $\sigma_{0.2}$ 或 σ_a/MPa	伸长率 δ_s/%
F48××-H×××	480～660	400	22
F55××-H×××	550～700	470	20
F62××-H×××	620～760	540	17
F69××-H×××	690～830	610	16
F76××-H×××	760～900	680	15
F83××-H×××	830～970	740	14

注：表中单值均为最小值。

（2）焊丝尺寸

焊丝尺寸见表 1-43。

表 1-43　焊丝尺寸　　　　　　　　　　单位：mm

直　径	1.6,2.0,2.5,3.0,3.2,4.0,5.0,6.0,6.4

注：根据供需双方协议，也可生产使用其他尺寸的焊丝。

2. 碳素钢埋弧焊用焊剂（GB/T 5293—1999）

（1）型号表示方法

焊剂的型号根据埋弧焊焊缝金属的力学性能划分。焊剂型号的表示方法如下：

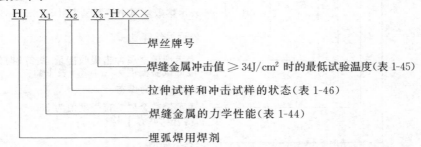

满足如下技术要求的焊剂才能在焊剂包装或焊剂使用说明书上标记出"符合 GB/T 5293—1999 HJX₁X₂X₃-H×××"。

（2）焊缝金属拉伸力学性能

各种型号焊剂的焊缝金属的拉伸力学性能应符合表 1-44 的规定。

表 1-44　焊缝金属拉伸力学性能要求

焊剂型号	抗拉强度/MPa	屈服强度/MPa	伸长率/%
HJ3X₂X₃-H×××	412～550	≥304	≥22.0
HJ4X₂X₃-H×××		≥330	
HJ5X₂X₃-H×××	480～5647	≥400	

（3）焊缝金属的冲击值

各种型号焊剂的焊缝金属的冲击值应符合表 1-45 的规定。试样状态见表 1-46。

表 1-45　焊缝金属冲击值要求

焊 剂 型 号	试验温度/℃	冲击值/(J/cm²)
HJX$_1$X$_2$0-H×××	—	无要求
HJX$_1$X$_2$1-H×××	0	≥34
HJX$_1$X$_2$2-H×××	−20	
HJX$_1$X$_2$3-H×××	−30	
HJX$_1$X$_2$4-H×××	−40	
HJX$_1$X$_2$5-H×××	−50	
HJX$_1$X$_2$6-H×××	−60	

表 1-46　试样状态

焊剂型号	试样状态	焊剂型号	试样状态
HJX$_1$0K$_2$-H×××	焊 态	HJX$_1$1K$_3$-H×××	焊后热处理状态

（4）焊接试板射线探伤

焊接试板应达到 GB/T 3323—2005《金属熔化焊焊接接头射线照片》的 I 级标准。

（5）焊剂颗粒度

焊剂颗粒度一般分为两种。一种是普通颗粒度，粒度为 40～8 目；另一种是细颗粒度，粒度为 60～14 目。进行颗粒度检验时，对于普通颗粒度的焊剂，颗粒度小于 40 目的不得大于 5%；颗粒度大于 8 目的不得大于 2%。对于细颗粒度的焊剂。颗粒度小于 60 目的不得大于 5%；颗粒度大于 14 目的不得大于 2%。若需方要求提供其他颗粒度焊剂时，由供需双方协商确定颗粒度要求。

（6）焊剂含水量

出厂焊剂中水的质量分数不得大于 0.10%。

（7）焊剂机械夹杂物

焊剂中机械夹杂物（炭粒、铁屑、原材料颗粒、铁合金凝珠及其他杂物）的质量分数不得大于 0.30%。

（8）焊剂的焊接工艺性能

按规定的工艺参数进行焊接时，焊道与焊道之间及焊道与母材之间均熔合良好，平滑过渡没有明显咬边；渣壳脱离容易；焊道表面成形良好。

（9）焊剂的硫、磷含量

焊剂的硫质量分数不得大于 0.060%；磷含量不得大于 0.080%。若需方要求提供硫、磷含量更低的焊剂时，由供需双方协商确定硫、磷含量要求。

3. 国产焊剂牌号的表示方法

（1）熔炼焊剂

熔炼焊剂的牌号的含义如下：

① 牌号用"HJ"表示熔炼焊剂。

② 第一位数字表示焊剂中氧化锰含量（表 1-47）。

③ 第二数字表示二氧化硅及氟化钙含量（表 1-48）。

④ 第三位数字表示同一类型焊剂的不同牌号，按 0，1，2，…顺序排列。

表 1-47　氧化锰含量

牌号	焊剂种类	氧化锰含量/%	牌号	焊剂种类	氧化锰含量/%
HJ1××	无锰	<2	HJ3××	中锰	10~30
HJ2××	低锰	2~15	HJ4××	高锰	>30

表 1-48　二氧化硅及氟化钙含量

牌　号	焊剂种类	二氧化硅及氟化钙含量/%	
		SiO_2	CaF_2
HJ×1×	低硅低氟	≤10	≤10
HJ×2×	中硅低氟	10~30	≤10
HJ×3×	高硅低氟	≥30	≤10
HJ×4×	低硅中氟	≤10	10~30
HJ×5×	中硅中氟	10~30	10~30
HJ×6×	高硅中氟	≥30	10~30
HJ×7×	低硅高氟	≤10	≥30
HJ×8×	中硅高氟	10~30	≥30

熔炼焊剂的牌号、类型及成分列于表 1-49。

表 1-49　熔炼焊剂牌号、类型及成分

牌号	焊剂类型	焊剂组成成分/%
HJ130	无锰高硅低氟	$[SiO_2]35\sim40$，$[CaF_2]4\sim7$，$[MgO]14\sim19$，$[CaO]10\sim18$，$[Al_2O_3]12\sim16$，$[TiO_2]7\sim11$，$[FeO]2.0$，$[S]\leq0.05$，$[P]\leq0.05$
HJ131	无锰高硅低氟	$[SiO_2]34\sim38$，$[CaF_2]2\sim5$，$[CaO]48\sim55$，$[Al_2O_3]6\sim9$，$[R_2O]\leq3$，$[FeO]\leq1.0$，$[S]\leq0.05$，$[P]\leq0.08$
HJ150	无锰中硅中氟	$[SiO_2]21\sim23$，$[CaF_2]25\sim33$，$[Al_2O_3]28\sim32$，$[MgO]9\sim13$，$[CaO]5\sim7$，$[S]\leq0.08$，$[P]\leq0.08$

续表

牌号	焊剂类型	焊剂组成成分/%
HJ151	无锰中硅中氟	$[SiO_2]24\sim30$，$[CaF_2]18\sim14$，$[Al_2O_3]22\sim30$，$[MgO]13\sim20$，$[CaO]\leqslant6$，$[FeO]\leqslant1.0$，$[S]\leqslant0.07$，$[P]\leqslant0.08$，其他元素总量$\leqslant8$
HJ172	无锰低硅高氟	$[MnO]1\sim2$，$[SiO_2]3\sim6$，$[CaF_2]45\sim55$，$[Al_2O_3]28\sim35$，$[CaO]2\sim5$，$[ZrO_2]2\sim4$，$[NaF]2\sim3$，$[R_2O]\leqslant3$，$[FeO]\leqslant0.8$，$[S]\leqslant0.05$，$[P]\leqslant0.05$
HJ230	低锰高硅低氟	$[MnO]5\sim10$，$[SiO_2]40\sim46$，$[CaF_2]7\sim11$，$[Al_2O_3]10\sim17$，$[MgO]10\sim14$，$[CaO]8\sim14$，$[FeO]\leqslant1.5$，$[S]\leqslant0.05$，$[P]\leqslant0.05$
HJ250	低锰中硅中氟	$[MnO]5\sim8$，$[SiO_2]18\sim22$，$[CaF_2]23\sim30$，$[Al_2O_3]18\sim23$，$[MgO]12\sim16$，$[CaO]4\sim8$，$[R_2O]\leqslant3$，$[FeO]\leqslant1.5$，$[S]\leqslant0.05$，$[P]\leqslant0.05$
HJ251	低锰中硅中氟	$[MnO]7\sim10$，$[SiO_2]18\sim22$，$[CaF_2]23\sim30$，$[Al_2O_3]18\sim23$，$[MgO]14\sim17$，$[CaO]3\sim6$，$[FeO]\leqslant1.0$，$[S]\leqslant0.08$，$[P]\leqslant0.05$
HJ252	低锰中硅中氟	$[MnO]2\sim5$，$[SiO_2]18\sim22$，$[CaF_2]18\sim24$，$[Al_2O_3]22\sim28$，$[MgO]17\sim23$，$[CaO]2\sim7$，$[FeO]\leqslant1.0$，$[S]\leqslant0.07$，$[P]\leqslant0.08$
HJ260	低锰高硅中氟	$[MnO]2\sim4$，$[SiO_2]29\sim34$，$[CaF_2]20\sim25$，$[Al_2O_3]19\sim24$，$[MgO]15\sim18$，$[CaO]4\sim7$，$[FeO]\leqslant1.0$，$[S]\leqslant0.07$，$[P]\leqslant0.07$
HJ330	中锰高硅低氟	$[MnO]22\sim26$，$[SiO_2]44\sim48$，$[CaF_2]3\sim6$，$[MgO]16\sim20$，$[Al_2O_3]\leqslant4$，$[CaO]4\leqslant3$，$[FeO]\leqslant1.5$，$[R_2O]\leqslant1$，$[S]\leqslant0.06$，$[P]\leqslant0.08$
HJ350	中锰中硅中氟	$[MnO]14\sim19$，$[SiO_2]30\sim35$，$[CaF_2]14\sim20$，$[Al_2O_3]13\sim18$，$[CaO]10\sim18$，$[FeO]\leqslant1.0$，$[S]\leqslant0.06$，$[P]\leqslant0.07$
HJ351	中锰中硅中氟	$[MnO]14\sim19$，$[SiO_2]30\sim35$，$[CaF_2]14\sim20$，$[Al_2O_3]13\sim18$，$[CaO]10\sim18$，$[TiO_2]2\sim4$，$[FeO]\leqslant1.0$，$[S]\leqslant0.04$，$[P]\leqslant0.05$
HJ360[①]	中锰中硅中氟	$[MnO]20\sim26$，$[SiO_2]33\sim37$，$[CaF_2]10\sim19$，$[Al_2O_3]11\sim15$，$[MgO]5\sim9$，$[CaO]4\sim7$，$[FeO]\leqslant1.0$，$[S]\leqslant1.0$，$[P]\leqslant1.0$
HJ430	高锰高硅低氟	$[MnO]38\sim47$，$[SiO_2]38\sim45$，$[CaF_2]5\sim9$，$[Al_2O_3]11\sim15$，$[MgO]5\sim9$，$[CaO]\leqslant6$，$[Al_2O_3]\leqslant5$，$[FeO]\leqslant1.8$，$[S]\leqslant0.06$，$[P]\leqslant0.08$
HJ431	高锰高硅低氟	$[MnO]34\sim38$，$[SiO_2]40\sim44$，$[CaF_2]3\sim7$，$[MgO]5\sim8$，$[CaO]\leqslant3$，$[Al_2O_3]\leqslant4$，$[Fe]\leqslant1.8$，$[S]\leqslant0.06$，$[P]\leqslant0.08$

续表

牌号	焊剂类型	焊剂组成成分/%
HJ433	高锰高硅低氟	$[MnO]40\sim47$,$[SiO_2]42\sim45$,$[CaF_2]2\sim4$,$[CaO]\leqslant4$,$[Al_2O_3]\leqslant3$,$[FeO]\leqslant1.8$,$[R_2O]\leqslant0.5$,$[S]\leqslant0.06$,$[P]\leqslant0.08$
HJ434	高锰高硅低氟	$[MnO]35\sim40$,$[SiO_2]40\sim45$,$[CaF_2]4\sim8$,$[CaO]3\sim9$,$[TiO_2]1\sim8$,$[Al_2O_3]\leqslant6$,$[MgO]\leqslant5$,$[FeO]\leqslant1.5$,$[S]\leqslant0.05$,$[P]\leqslant0.05$

① 用于电渣焊，其余均用于弧焊。

（2）烧结焊剂

烧结焊剂的牌号含义如下：

① 牌号每一位用"SJ"表示。

② 第一数字表示型号规定的渣系类型。

③ 牌号第二位、第三位数字，表示同一渣系类型焊剂的不同牌号，按 01，02，…，09 顺序排列。

常用烧结焊剂牌号及用途列于表 1-50。

表 1-50　常用烧结焊剂牌号及用途

牌　号	焊剂类型	主　要　用　途
SJ101	氟碱型	用于埋弧焊、焊接多种低合金结构钢，如压力容器、管道、锅炉等
SJ301	硅钙型	
SJ401	硅锰型	配合 H08MnA 焊丝，焊接低碳钢及低合金钢
SJ501	铝钛型	用于埋弧焊、配合 H08MnA、H10Mn2 等焊丝，焊接低碳钢、低合
SJ502	铝钛型	金钢，如 16MnR，16MnV 等

各种常用埋弧焊剂配用焊丝及用途列于表 1-51。

表 1-51　常用埋弧焊剂配用焊丝及用途

牌　号	焊剂粒度/mm	配合焊丝	适用电源种类	主　要　用　途
HJ130	0.4～3	H10Mn2	交、直流	焊接优质碳素结构钢
HJ131	0.25～1.6	镍基	交、直流	镍基合金钢
HJ150	0.25～3	2Cr13,3Cr2W8	直流	轧辊堆焊
HJ172	0.25～2	相应钢焊丝	直流	焊接高铬铁素体钢
HJ173	0.25～2.5	相应钢焊丝	直流	Mn-Al 高合金钢
HJ230	0.4～3	H08MnA,H10Mn2	交、直流	焊接优质碳素结构钢
HJ250	0.4～3	低合金高强度钢	直流	低合金高强度钢
HJ251	0.4～3	CrMo 钢	直流	焊接珠光体耐热钢
HJ260	0.25～2	不锈钢	直流	不锈钢、轧辊堆焊等
HJ330	0.4～3	H08MnA,H10Mn2	交、直流	焊接优质碳素结构钢
HJ350	0.4～3	MnMo,MnSi 高强度焊丝	交、直流	重要结构高强度钢

续表

牌　号	焊剂粒度/mm	配合焊丝	适用电源种类	主　要　用　途
HJ430	0.14～3	H08Mn	交、直流	优质碳素结构钢
HJ431	0.25～1.6	H08MnA，H10MnA	交、直流	优质碳素结构钢
HJ433	0.25～3	H08A	交、直流	普通碳素钢
SJ101	0.3～2	H08MnA，H10MnMoA	交、直流	低合金结构钢
SJ301	0.3～2	H10Mn2，H08CrMnA	交、直流	普通结构钢
SJ401	0.3～2	H08A	交、直流	低碳钢、低合金钢
SJ501	0.3～2	H08A，H08MnA	交、直流	低碳钢、低合金钢
SJ502	0.3～2	H08A	交、直流	重要低碳钢及低合金结构钢

三、焊剂的使用与保管

（1）焊剂的基本要求

① 焊剂应具有良好的冶金性能。焊剂配以适宜的焊丝，选用合理的焊接规范，焊缝金属应具有适宜的化学成分和良好的力学性能，以满足焊接产品的设计要求。

② 应有较强的抗气孔和抗裂纹能力。

③ 焊剂应有良好的焊接工艺性。

④ 焊剂应有一定的颗粒度。焊剂的粒度一般分为两种，一是普通粒度为2.5～0.45mm（8～40目），二是细粒度1.25～0.28mm（14～60目）。小于规定粒度的细粉一般不大于5%，大于规定粒度的粗粉不大于2%。

⑤ 焊剂应具有较低的含水量和良好的抗潮性。

⑥ 焊剂中机械夹杂物（炭粒、铁屑、原料颗粒及其他杂物）其质量分数不应大于0.30%。

⑦ 焊剂应有较低的硫、磷含量。其质量分数一般为S≤0.06%，P≤0.08%。

（2）焊剂选择原则

① 焊接低碳钢时，一般选择高硅高锰型焊剂。若采用含Mn的焊丝，则应选择中锰、低锰或无锰型焊剂。

② 焊接低合金高强度钢时，可选中锰中硅或低锰中硅等中性或弱碱性焊剂。为得到更高的韧性，可选用碱度高的熔炼型或烧结型焊剂，尤以烧结型为宜。

③ 焊接低温钢时，宜选择碱度较高的焊剂，以获得良好的低温韧性。若采用特制的烧结焊剂，它向焊缝中过渡Ti、B元素，可获得更

优良的韧性。

④ 耐热钢焊丝的合金含量较高时，宜选择扩散氢量低的焊剂，以防止产生焊接裂纹。

⑤ 焊接奥氏体等高合金钢时，应选择碱度较高的焊剂，以降低合金元素的烧损，故熔炼型焊剂以无锰中硅高氟型为宜。

（3）焊剂的使用与保管

焊剂在使用时应注意以下事项：

① 使用前应将焊剂进行烘干，熔炼型焊剂通常在 250～300℃焙烘 2h，烧结焊剂通常在 300～400℃焙烘 2h。

② 焊剂堆高影响到焊缝外观和 X 射线合格率。单丝焊接时，焊剂堆高通常为 25～35mm；双丝纵列焊接时，焊剂堆高一般为 30～45mm。

③ 当采用回收系统反复使用焊剂时，焊剂中可能混入氧化铁皮和粉尘等，焊剂的粒度分布也会改变。为保持焊剂的良好特性，应随时补加新的焊剂，且注意清除焊剂中混入的渣壳等杂物。

④ 注意清除坡口上的锈、油等污物，以防止产生凹坑和气孔。

⑤ 采用直流电源时，一般均采用直流反接，即焊丝接正极。

为了保证焊接质量，焊剂在保存时应注意防止受潮，搬运焊剂时，防止包装破损。使用前，必须按规定温度烘干并保温，酸性焊剂在 250℃烘干 2h；碱性焊剂在 300～400℃烘干 2h，焊剂烘干后应立即使用。使用回收的焊剂，应清除掉其中的渣壳、碎粉及其他杂物，与新焊剂混均匀并按规定烘干后使用。使用直流电源时，均采用直流反接。

第七节 钎料

一、钎料的分类及型号

1. 对钎料的基本要求

钎料指钎焊时用作形成焊缝的填充材料。钎料又称焊料，是钎焊过程中在低于母材熔点的温度下熔化并填充接头间隙的金属或合金。为符合钎焊工艺要求和获得优质的钎焊接头，钎料应满足以下几项基本要求。

① 钎料应具有合适的熔化温度范围，至少应比母材的熔化温度范

围低几十度。

② 在钎焊温度下，应具有良好的润湿性，以保证充分填满钎缝间隙。

③ 钎料与母材应有扩散作用，以使其形成牢固的结合。

④ 钎料应具有稳定和均匀的成分，尽量减少钎焊过程中合金元素的损失。

⑤ 所获得的钎焊接头应符合产品的技术要求，满足力学性能、物理化学性能、使用性能方面的要求。

⑥ 钎料的经济性要好。应尽量少含或不含稀有金属和贵重金属，以降低成本。

2. 钎料的分类

钎料通常按熔化的温度范围分为两大类。液相线温度低于450℃时称为软钎料，也称作易熔钎料或低温钎料。软钎料有铅基、锡基、锌基、铟基、钯基等合金钎料。液相线高于450℃的称为硬钎料，也称为难熔钎料或高温钎料。它们是铝基、锰基、铜基、镁基、镍基、银基、粉状、膏状等8种。

二、钎料的类型、规格及用途

1. 硬钎料的类型、规格及用途

（1）铜基钎料（GB/T 6418—2008）

铜基钎料主要用于钎焊铜和铜合金，也钎焊钢件及硬质合金刀具，钎焊时必须配用钎焊熔剂（铜磷钎料钎焊紫铜除外）。

① 铜基钎料的分类及钎料的规格见表1-52及表1-53。

② 其供货状态及允许偏差见表1-54。

③ 部分铜基钎料的主要用途见表1-55。

表 1-52 铜基钎料的分类

分类	钎料型号	分类	钎料型号
高铜钎料	BCu87	铜锌钎料	BCu48ZnNi(Si)
	BCu99		BCu54Zn
	BCu100-A		BCu57ZnMnCo
	BCu100-B		BCu58ZnMn
	BCu100(P)		BCu58ZnFeSn(Ni)(Mn)(Si)
	BCu99Ag		BCu59Zn(Sn)(Si)(Mn)
	BCu97Ni(B)		BCu60Zn(Sn)
			BCu60ZnSn(Si)
			BCu60Zn(Si)
			BCu60Zn(Si)(Mn)

分类	钎料型号	分类	钎料型号
铜磷钎料	BCu95P	其他铜钎料	BCu94Sn(P)
	BCu94P		
	BCu93P-A		BCu88Sn(P)
	BCu93P-B		
	BCu92P		BCu98Sn(Si)(Mn)
	BCu92PAg		
	BCu91PAg		BCu97SiMn
	BCu89PAg		
	BCu88PAg		BCu96SiMn
	BCu87PAg		
	BCu80AgP		BCu92AlNi(Mn)
	BCu76AgP		
	BCu75AgP		BCu92Al
	BCu80SnPAg		
	BCu87PSn(Si)		BCu89AlFe
	BCu86SnP		
	BCu86SnPNi		BCu74MnAlFeNi
	BCu92PSb		BCu84MnNi

表 1-53　铜基钎料的规格

类　　型		规　　格
带状钎料/mm	厚度	0.05~2.0
	宽度	1~200
棒状钎料/mm	直径	1,1.5,2,2.5,3,4,5
	长度	450,500,750,1000
丝状钎料		无首选直径
其他钎料		由供需双方协商

表 1-54　铜基钎料供货状态及允许偏差　　　单位：mm

牌　号	规格			偏差	包状方式
BCu58ZnMn	带状	厚	0.4	+0.05~0.01	合　装
		宽	15、18、20	±1.0	
		长	100、200	±2.0	
	丝状	直径	$\phi4$、$\phi5$	±0.10	
BCu60ZnSn-R BCu58ZnFe-R BCu60ZnNi-R	丝状	直径	$\phi1$、$\phi2$	±0.03	圈　装
			$\phi3$、$\phi4$	±0.03	
			$\phi5$、$\phi6$		
		长度	1000	±2.0	
BCu54Zn		直径	$\phi3$、$\phi4$ $\phi5$、$\phi6$	±0.05	

表 1-55　部分铜基钎料的主要用途

牌　号	主　要　用　途
BCu	主要用于还原性气氛、惰性气氛和真空条件下，钎焊碳钢、低合金钢、不锈钢和镍、钨、钼及其合金制件

牌　号	主　要　用　途
BCu54Zn （H62、HL103、HL102、 HL101）	H62 用于受力大的铜、镍、钢制件钎焊 HL103 延性差，用于不受冲击和弯曲的铜及其合金制件 HL102 性能较脆，用于不受冲击和弯曲的、含铜量大于 69％的铜合金制件钎焊 HL101 性能较脆，用于黄铜制件钎焊
BCu58ZnMn（HL105）	由于 Mn 提高了钎料的强度、延伸性和对硬质合金的润湿能力，所以，广泛地用于硬质合金刀具、模具和矿山工具钎焊
BCu48ZnNi-R	用于有一定耐高温要求的低碳钢、铸铁、镍合金制件钎焊，也可用于硬质合金工具的钎焊
BCu92PSb（HL203）	用于电机与仪表工业中不受冲击载荷的铜和黄铜件的钎焊
BCu80PAg	银提高了钎料的延伸性和导电性，用于电冰箱、空调器电机行业中，要求较高的部件钎焊
BCu80PSnAg	用于要求钎焊温度较低的铜及其合金的钎焊，若要进一步提高接头导电性，可改用 HLAgCu70-5 或 HLCuP6-3
HLCuGe10.5	HLCuGe10.5 和 HLCuGe12、HLCuGe8 主要用于铜、可代合金、钼的真空制件的钎焊
HLCuNi30-2-0.2	600℃ 以下接受不锈钢强度，主要用于不锈钢件钎焊。若要降低焊接温度时，可改用 HLCuZ 钎料。若用火焰钎，需要改善工艺性时，可改用 HLCuZa 钎料
HLCu4	用气体保护焊不锈钢，钎焊马氏体不锈钢时，可将淬火处理与钎焊工序合并进行。接头工作温度高达 538℃

（2）银基钎料（GB/T 10046—2008）

银基钎料主要用于气体火焰钎焊、炉中钎焊或浸粘钎焊、电阻钎焊、感应钎焊和电弧钎焊等，可钎焊大部分黑色和有色金属（熔点低的铝、镁除外），一般必须配用银钎焊熔剂。

① 银基钎料的规格及分类见表 1-56 及表 1-57。

② 银基钎料的规格及允许偏差及主要特性和用途见表 1-58、表 1-59。

表 1-56　银基钎料的规格　　　　单位：mm

类型	厚度	宽度
带状钎料	0.05～2.0	1～200
	直径	长度
棒状钎料	1,1.5,2,2.5,3,5	450,500,750,1000
丝状钎料	无首选直径	
其他钎料	由供需双方协商	

表 1-57　银基钎料的分类

分　类	钎料型号	分　类	钎料型号
银铜	BAg72Cu		BAg55CuZnSn
银锰	BAg85Mn	银铜锌锡	BAg56CuZnSn
银铜锂	BAg72CuLi		BAg60CuZnSn
银铜锌	BAg5CuZn(Si)		BAg20CuZnCd
	BAg12CuZn(Si)		BAg21ZnCdSi
	BAg20CuZn(Si)		BAg25CuZnCd
	BAg25CuZn		BAg30CuZnCd
	BAg30CuZn	银铜锌镉	BAg35CuZnCd
	BAg35CuZn		BAg40CuZnCd
	BAg44CuZn		BAg45CdZnCu
	BAg45CuZn		BAg50CdZnCu
	BAg50CuZn		BAg40CuZnCdNi
	BAg60CuZn		BAg50ZnCdCuNi
	BAg63CuZn		BAg40CuZnIn
	BAg65CuZn		BAg34CuZnIn
	BAg70CuZn	银铜锌铟	BAg30CuZnIn
银铜锡	BAg60CuSn		BAg56CuInNi
银铜镍	BAg56CuNi		BAg40CuZnNi
银铜锌锡	BAg25CuZnSn	银铜锌镍	BAg49ZnCuNi
	BAg30CuZnSn		BAg54CuZnNi
	BAg34CuZnSn	银铜锡镍	BAg63CuSnNi
	BAg38CuZnSn		BAg25ZnCuMnNi
	BAg40CuZnSn	银铜锌镍锰	BAg27ZnCuMnNi
	BAg45CuZnSn		BAg49ZnCuMnNi

表 1-58　银基钎料的规格及允许偏差　　　单位：mm

供货状态	基本尺寸和允许偏差			
	直径	极限偏差	长度	极限偏差
丝状（盘圈）	0.5、0.1、1.5、2.0	±0.05	—	—
	2.5、3.0、4.0	—	400、450、500	±3
	厚度	极限偏差	宽度	极限偏差
带状	0.05	±0.01	20、30、410、50、	±2
	0.1、0.15	±0.02	80、100、150	
	0.2	±0.3		

表 1-59　各种银基钎料主要特性和用途

牌　号	主要特点用途
BAg72Cu	不含易挥发元素，对铜、镍润湿性好，导电性好。用于铜、镍真空和还原性气氛中钎焊

牌　号	主要特点用途
BAg72CuLi	锂有自钎剂作用,可提高对钢、不锈钢的润湿能力。适用保护气氛中沉淀硬化不锈钢和1Cr18Ni9Ti的薄件钎焊。接头工作温度达428℃。若沉淀硬化热处理与钎焊同时进行时,改用BAg92CuLi效果更佳
BAg10CuZn	含Ag少,便宜。钎焊温度高,接头延伸性差。用于要求不高的铜、铜合金及钢件钎焊
BAg25CuZn	含Ag较低,有较好的润湿及填隙能力。用于动载荷、工作表面平滑、强度较高的工件,在电子、食品工业中应用较多
BAg45CuZn	性能和作用与BAg25CuZn相似,但熔化温度稍低。接头性能较优越,要求较高时选用
BAg50CuZn	与BAg45CuZn相似,但结晶区间扩大了。适用钎焊间隙不均匀或要求圆角较大的零件
BAg60CuZn	不含挥发性元素。用于电子器件保护气氛和真空钎焊。与BAg50CuZn配合可进行分步焊,BAg50CuZn用于前步,BAg60CuZn用于后步
BAg40CuZnCd	熔化温度是银基钎料中最低的,钎焊工艺性能很好。常用于铜、铜合金、不锈钢的钎焊,尤其适宜要求焊接温度低的材料,如铍青铜、铬青铜、调质钢的钎焊。焊接要注意通风
BAg50CuZnCd	与BAg40CuZnCd和BAg45CuZnCd相比,钎料加工性能较好,熔化温度稍高,用途相似
BAg35CuZnCd	结晶温度区间较宽,适用于间隙均匀性较差的焊缝钎焊,但加热速度应快,以免钎料在熔化和填隙产生偏析
BAg50CuZnCdNi	Ni提高抗蚀性,防止了不锈钢钎焊接头的界面腐蚀。Ni还提高了对硬质合金的润湿能力,适用于硬质合金钎焊
BAg40CuZnSnNi	取代BAg35CuZnCd,可以用于火焰、高频钎焊。可以焊接接头间隙不均匀的焊缝
BAg56CuZnSn	用锡取代镉,减小毒性,可代替BAg50CuZnCd、钎料、钎焊铜、铜合金、钢和不锈钢等。但工艺性稍差
BAg85Mn(HL320)	银基合金中高温性能最好的一种,可以用于工作温度427℃以下的零件。但对不锈钢接头有焊缝腐蚀倾向
BAg70CuTi2.5 (TY-3) BAg70 CuTi4.5 (TY-8)	这类银、铜、钛合金对75氧化铝陶瓷、95氧化铝陶瓷、镁、橄榄石瓷、滑石瓷、氧化铝、氮化硅、碳化硅、无氧铜、可伐合金、钼、铌等均有良好的润湿性。因此可以不用金属化处理,直接进行陶瓷钎焊及陶瓷与金属的钎焊

（3）铝基钎料

铝基钎料用于焊接铝及铝合金构件。以硅合金为基础，根据不同的工艺要求，加入铜、锌、镁、锗等元素，组成不同牌号的铝基钎料，可满足不同的钎焊方法、不同铝合金工件钎焊的需要。

各种铝基钎料的特性和用途见表1-60。

表 1-60   铝基钎料的特性和用途

钎料牌号	熔化温度范围/℃	特点和用途
HLAlSi7.5	577～613	流动性差,对铝的熔蚀小,制成片状用于炉中钎焊和浸粘钎焊
HLAlSi10	577～591	制成片状用于炉中钎焊和浸沾钎焊,钎焊温度较HLAl-Si7.5低
HLAlSi12	577～582	是一种通用钎料,适用于各种钎焊方法,具有极好的流动性和抗腐蚀性
HLAlSiCu10	521～583	适用于各种钎焊方法。钎料的结晶温度间隔较大,易于控制钎料流动
Al12SiSrLa	572～597	铈、镧的变质作用使钎焊接头延性优于用HLAlSi钎料钎焊的接头延性
HL403	516～560	适用于火焰钎焊。熔化温度较低,容易操作,钎焊接头的抗腐蚀性低于铝硅钎料
HL401	525～535	适用于火焰钎焊。熔化温度低,容易操作,钎料脆,接头抗腐蚀性比用铝硅钎料钎焊的低
F62	480～500	用于钎焊固相线温度低的铝合金,如LH11,钎焊接头的抗腐蚀性低于铝硅钎料
Al60GeSi	440～460	铝基钎料中熔点最低的一种,适用于火焰钎焊,性能较脆、价贵
HLAlSiMg 7.5-1.5	559～607	真空钎焊用片状钎料,根据不同钎焊温度要求选用
HLAlSiMg 10-1.5	559～579	
HLAlSiMg 12-1.5	559～569	真空钎焊用片状、丝状钎料,钎焊温度比HLAl-SiMg7.5-1.5和HLAlSiMg10-1.5钎料低

2. 软钎料的类型、规格及用途

软钎料用于低温钎焊。它包括锡基、铅基、镉基、金基、镓基、铋基、铟基钎料等。软钎料可以制成丝状、片状、粉状及膏状等。真空级钎料的特点和应用范围见表1-61。

表 1-61   真空级钎料的特点和应用范围

型号(牌号)	特点及用途
BAg99.5-V(DHLAg)	用于分步钎焊的第一步
BAg72Cu-V(DHLAgCu28)	应用广泛,流性好,适用于分步焊的最后一步,焊黑色金属,母材表面需镀铜或镍
BAg71CuNi-V(DHLAgC28-1)	对黑色金属的润湿能力优于BAg72Cu-V。可用于黑色金属钎焊

续表

型号（牌号）	特点及用途
BAg50Cu-V（DHLAgCu50）	可以润湿黑色金属，与 BAg72Cu-V 配合可进行分步焊
BCu99.95-V（DHLCu）	用于分步焊第一步钎焊
BAg68CuPd-V（DHLAgCu27-5）	钯大大改善了对黑色金属的润湿能力，用途与 BAg72Cu-V 类似
BAg68CuPd-V（DHLCuGe12）	金镍和金铜钎料的代用品
（DHLAuCu20）	用于工作温度高的场合
（DHLAuNi17.5）	
（HLAgCu24-15）	
（HLAgCu28-10）	—
（HLAgCu31-10）	

（1）锡基钎料

锡铅合金是应用最早的一种软钎料。含锡量在 61.9% 时，形成锡铅低熔点共晶，熔点 183℃。随着含铅量的增加，强度提高，在共晶成分附近强度更高。锡在低温下发生锡疫现象，因此锡基钎料不宜在低温工作的接头钎焊。铅有一定的毒性，不宜钎焊食品用具。在锡铅合金基础上，加入微量元素，可以提高液态钎料的抗氧化能力，适用于波峰焊和浸沾焊。加入锌、锑、铜的锡基钎料，有较高的抗蚀性、抗蠕变性、焊件能承受较高的工作温度。这种钎料可制成丝、棒、带状供货，也可制成活性松香芯焊丝。松香芯焊丝常用的牌号有 HH50G、HH60G 等。

锡基钎料的牌号和用途见表 1-62。

表 1-62　锡基钎料的牌号和用途

牌　号	熔点/℃		用　途
	固相线	液相线	
HLSn90Pb，料 604	183	220	钣金件钎焊，机械零件、食品盒钎焊
HLSn60Pb，料 600	183	193	印制电路板波峰焊、浸焊、电器钎焊
HLSn50Pb，料 613	183	210	电器、散热器、钣金件钎焊
HLSn40Pb2，料 603	183	235	电子产品、散热器、钣金件钎焊
HLSn30Pb2，料 602	183	256	电线防腐套、散热器、食品盒钎焊
HLSn18Pb60-2，料 601	244	277	灯泡基底、散热器、钣金件、耐热电器元件钎焊
HLSn5.5Pb9-6	295	305	灯泡、钣金件、汽车车壳外表面涂饰
HLSn25Pb73-2	—	265	电线防腐套、钣金件钎焊
BLSn55Pb45	183	200	电子、机电产品钎焊

（2）铅基钎料

铅基钎料耐热性比锡基钎料好，可以钎焊铜和黄铜接头。HLAgPh97 抗拉强度达 30MPa，工作温度在 200℃时仍然有 11.3MPa，可钎焊在较高温度环境中的器件。在铅银合金中加入锡，可以提高钎料的润湿能力，加 Sb 可以代替 Ag 的作用。铅基钎料的牌号和熔化温度见表 1-63。

表 1-63　铅基钎料的牌号和熔化温度

钎料牌号	熔化温度/℃	
	液相线	固相线
HLAgPb97	300	305
HLAgPb92-5.5	295	305
HLAgPb83.5-15-1.5	265	270
HLAgPb65-30-5	225	235
Pb90AgIn	290	294

（3）镉基钎料

镉基钎料是软钎料中耐热性最好的一种，具有良好的抗腐蚀能力。这种钎料含银量不宜过高，超过 5％时熔化温度将迅速提高，结晶区间变宽。用镉基钎料钎焊铜及铜合金时，加热时间要尽量缩短，以免在钎缝界面生成铜镉脆化物相，使接头强度大为降低。镉基钎料的牌号、特性和用途见表 1-64。

表 1-64　镉基钎料的牌号、特性和用途

钎料牌号	熔化温度/℃	抗拉强度/MPa	用　途
HLAgCd96-1	234～240	110	用于较高温度的铜墙铁壁及铜合金零件，如散热器等件
Cd84ZnAgNi	360～380	147	用于 300℃以下工作的铜合金零件
Cd82ZnAg Cd79ZnAg HL508	270～280 270～285 320～360	— 200	用途同上，但加锌可减少液态氧化

（4）低熔点钎料

低熔点钎料主要指镓基、铋基、铟基钎料。镓基钎料熔点很低，一般在 10～30℃。渗入 Cu 和 Ni 或 Ag 粉制成复合钎料，涂在要焊的位置，在一定温度下，放置 24～48h，因扩散形成钎焊接头。这种钎焊多用于砷化镓元件及微电子器件的钎焊。铋的熔点 271℃，它与铅、锡、

镉、铟等元素能形成低熔点共晶，铋基钎料较脆，对钢、铜的润湿性差，若钎焊钢和铜时，需在表面镀锌、锡或银。这种钎料适用于热敏感元器件的钎焊和加热温度受限制的工件钎焊，铟的熔点 156.4℃，它与锡、铅、锌、镉、铋等元素形成低熔点共晶。铟基钎料在碱性介质中抗腐蚀能力较强，对金属和非金属都有较高的润湿能力。钎焊的接头电阻率低，导电性好，延伸性好，适合不同热膨胀系数材料的钎焊。在真空器件、玻璃、陶瓷和低温超导器件钎焊领域获得了广泛应用。

第八节 | 其他焊接材料

一、气体保护焊用气体

气体保护焊时，保护气体既是焊接区的保护介质，也是产生电弧的气体介质。因此，保护气体的特性不仅影响保护效果，而且也影响到电弧和焊丝金属熔滴过渡特性、焊接过程冶金特性以及焊缝的成形与质量等。例如，保护气体的密度对保护作用就有明显的影响。如果选用的保护气体密度比空气大，则从喷嘴喷出后易排挤掉焊接区中的空气，并在熔池及其附近区域的表面上造成良好的覆盖层，而此时起到良好的保护作用。

保护气体的电、热物理性能，如离解能、电离电位、热容量及热导率等，它们不仅影响电弧的引燃特性、稳弧特性及弧态，而且影响到对焊件的加热和焊缝成形尺寸（表 1-65）。

表 1-65　保护气体的物理性质

气体	电离势 /V	热导率(300K) /[MW/(m·K)]	热容量(300K) /[J/(mol·K)]	分解度 (5000K)	电弧电压 /V	稳弧性
He	24.5	156.7	150.05	不分解	—	好
Ar	15.7	17.9	15.01	不分解	—	极好
N_2	14.5	26.0	29.12	0.038	20～30	满意
CO_2	14.3	16.8	31.17	0.99	26～28	好
O_2	13.6	26.3	29.17	0.97	—	
H_2	13.5	186.9	28.84	0.96	4565	好
空气	—	26.2	29.17	—	—	

　　保护气体的物理化学性能，不仅决定焊接金属（如电极与焊件）是否产生冶金反应与反应剧烈程度，还影响焊丝末端、过渡熔滴及熔池表面的形态等，最终会影响到焊缝成形与质量。

　　因此在气体保护焊工作中，尤其是用熔化极焊接时，不能仅从保护作用角度来选定保护气体种类，而应根据上述各方面的要求，综合地考虑选用合适的保护气体，以获得最好的焊接工艺与保护性能。所以合理选用保护气体是一项很重要且具有实际意义的工作。

1. 氩气（Ar）

　　是一种惰性气体，几乎不与任何金属产生化学反应，也不溶于金属中。氩气的热物理性能使得其在焊接区中能起到良好的保护作用，具有很好的稳弧特性。因此，在气体保护焊中，氩气主要用作焊接有色金属及其合金、活泼金属及其合金以及不锈钢与高温合金等。

　　氩气作为焊接保护气，一般要求纯度在 91.999%～99.9%。不同材料氩弧焊时，对氩气纯度的要求见表 1-66。

表 1-66　不同材料对氩弧焊氩气的纯度要求

焊接材料	采用的电流种类及电源极性	氩气纯度/%
钛及钛合金	直流正极性	99.98
铝及铝合金	交流	99.9
镁合金	交流	99.9
铜及铜合金	直流正极性	99.7
不锈钢及耐热钢	直流正极性	99.7

2. 氦气（He）

　　也是一种惰性气体，其电离电位很高，故焊接时引弧困难，电弧引燃特性差。但是氦气和氩气比较，由于氦的电离电位高、热导率大，故在相同的焊接电流和电弧长度下，氦弧的电弧电压比氩弧的高，使电弧具有较大的电功率，传递给焊件的热量也较大。可用于厚板、高热导率或高熔点的金属、热敏感材料。

　　氦作为保护气体，由于密度比空气小，故要有效地保护焊接区，其流量应比氩气大得多。另外，氦比氩更稀缺，价格也非常昂贵。目前多数国家只在特殊场合下，如焊接核反应堆时才选用氦作保护气。

3. 氢气（H$_2$）

　　是一种还原性气体，在一定的条件下能使某些金属氧化物或氮化物还原。氢的密度很小，且热导率大，因此用氢作焊接保护气，对电弧有较强的冷却作用。另外，氢是一种分子气体，在弧柱中会吸热分解成原子氢，这样将产生两种对立的作用：一是原子氢流到较冷的焊件表面上时，会复合成分子氢而释放出化学能，对焊件起补充加热作用；另一是原子氢在高温时能溶解于液体金属中，其溶解度随温度降低而减小。因此，液体金属冷凝时析出的氢若来不及外逸，易在焊缝金属中出现气孔、白点等缺陷。所以单纯用氢气作焊接保护气，只在原子氢焊时采用，因为原子氢焊焊成的焊缝金属冷却速度较慢，能使金属中溶解的氢析出并外逸，故不易引起焊缝产生缺陷。

4. 氮气（N_2）

也是一种分子气体，但在高温下不像氢气那么容易分解。

氮对铁、钛等金属在高温时有较强的化学作用，且容易和氧化合成一氧化氮而进入熔池，使焊缝金属发脆，因而焊接这些金属不能用氮作保护气。但是氮对铜不产生化学作用，同时氮是促进奥氏体化的元素，在奥氏体不锈钢中有较大的溶解度，所以在焊接铜及其合金或者用氮合金化奥氏体钢时，可采用氮气作为焊接保护气。此外，在等离子弧切割工作中，也常采用氮气作离子气与保护气。

5. 二氧化碳（CO_2）

CO_2是一种多原子气体，它在高温时要吸热分解成一氧化碳和氧。因此，用CO_2气体作焊接保护气，对电弧有较强的冷却作用，且具有氧化性。焊接试验表明，若用CO_2气体作保护气体，必须采取有效的工艺措施，如采用具有较强脱氧能力的焊丝或另加焊剂等，才能保证焊缝金属的冶金质量。CO_2气体主要用于焊接低碳钢和低合金结构钢。焊接用液态二氧化碳技术要求见表1-67。

表 1-67　焊接用液态二氧化碳技术要求

指标名称	Ⅰ类/%	Ⅱ类/%		
		一级	二级	三级
CO_2含量	≥99.8	≥99.5	≥99.0	≥99.0
水分含量	≤0.005	≤0.05	≤0.10	—

随着焊接技术的发展，尤其是熔化极气体保护焊的发展和应用范围的逐步扩大，选择保护气体时要考虑的因素也随之增加，一般有如下几方面：

① 保护气体应对焊接区中的电弧与金属（包括电极、填充焊丝、熔池与处于高温的焊缝及其邻近区域）起到良好的保护作用；

② 保护气体作为电弧的气体介质，应有利于引燃电弧和保持电弧稳定燃烧（稳定电弧阴极斑点、减小电弧飘荡等）；

③ 保护气体应有助于提高对焊件的加热效率，改善焊缝成形；

④ 熔化极气体保护焊时，保护气体应促使获得符合要求的熔滴过渡特性，减小金属飞溅；

⑤ 保护气体在焊接过程中的有害冶金反应应能进行控制；

⑥ 保护气体应容易制取和价格低廉，以降低焊接生产成本。

根据上述原则，目前可供选用的保护气体除了单一成分的气体外，还广泛采用由不同成分气体组成的混合保护气，其目的是使混合保护气具有良好的综合性能，以适应不同的金属材料和焊接工艺的需要，促使获得最佳的保护效果、电弧特性、熔滴过渡特性以及焊缝成形与质量等。

二、气体保护焊用钨极材料

由金属钨棒作为 TIG 焊或等离子弧焊的电极为钨电极，简称钨极，属于不熔化电极的一种。

对于不熔化电极的基本要求是：能传导电流，有较强的电子发射能力，高温工作时不熔化和使用寿命长等。金属钨能导电，其熔点（3141℃）和沸点（5900℃）都很高，电子逸出功为 405eV，发射电子能力强，是最适合作电弧焊的不熔化电极。

国内外常用钨极主要有纯钨极、钍钨极、铈钨极和锆钨极四种，其牌号及特征见表 1-68。

表 1-68　钨电极的牌号及特性

钨极类型	牌号	特　性
纯钨极	W₁	熔点、沸点高，不易熔化蒸发、烧损。但电子发射能力较差，不利于电弧稳定燃烧。另外，电流承载能力低，抗污染性能差
	W₂	
钍钨极	WTh-7	电子发射能力强，允许电流密度大，电弧燃烧稳定，寿命较长。但钍元素具有一定的放射性，使用中磨削时要注意安全防护
	WTh-10	
	WTh-15	
铈钨极	WCe-20	电子逸出功低，引弧和稳弧不亚于钍钨极，化学稳定性高，允许电流密度大，无放射性，适用于小电流焊接
锆钨极	WZr	性能介于纯钨和钍钨之间。在需要防止电极污染焊缝金属的特殊条件下使用，焊接时，电极尖端易保持半球形，适用交流焊接

三、碳弧气刨用碳电极

焊接生产常用的炭棒有圆炭棒和矩形炭棒两种。前者主要用于焊缝清根、背面开槽及清除焊接缺陷等，后者用于刨除焊件上残留的临时焊道和焊疤、清除焊缝余高和焊瘤，有时也用于作碳弧切割。

对炭棒的要求是导电良好、耐高温、不易折断和价格低廉等。一般采用镀铜实心炭棒，镀铜层厚为 0.3～0.4mm。炭棒的质量和规格都由国家标准规定。表 1-69 列出了炭棒的型号和规格，表 1-70 列出了各种规格炭棒的额定工作电流。

表 1-69　炭棒的型号和规格

型　号	截面形状	规格尺寸/mm		
		直径	截面	长度
B505～B514	圆　形	5、6、7、8、9、10、12、14	—	305、355
B5412～B5620	矩　形	—	4×12　　5×10	305
			5×12　　5×15	
			5×18　　5×20	355
			5×25　　6×20	

表 1-70　炭棒的额定工作电流值

圆形炭棒规格/mm	—	5	6	7	8	9	10	12	14
额定电流值/A	—	225	325	350	400	500	550	850	1000
矩形炭棒规格/mm	4×12	5×10	5×12	5×15	5×18	5×20	5×25	6×20	—
额定电流值/A	200	250	300	350	400	415	500	600	—

根据各种刨削工艺需要，可以采用特殊的炭棒。如用管状炭棒可扩宽槽道底部；用多角形炭棒可获得较深或较宽的槽道；用于自动碳弧气刨的头尾可以自动接续的自动气刨炭棒；加有稳弧剂的炭棒可用于交流电气刨。

第二章
气焊与气割

第一节 气焊与气割操作基础

一、气焊操作基础

气焊主要是使用氧气和燃气（氧-乙炔）火焰组合作为热源的焊接方法，如图 2-1 所示。

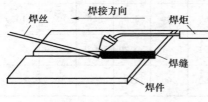

图 2-1　气焊示意图

1. 气焊的特点与应用范围

（1）气焊的特点

气焊的优点是火焰的温度比焊条电弧温度低，火焰长度与熔池的压力及热输入调节方便。焊丝和火焰各自独立，熔池的温度、形状，以及焊缝尺寸、焊缝背面成形等容易控制，同时便于观察熔池。在焊接过程中利用气体火焰对工件进行预热和缓冷，有利于焊缝成形，确保焊接质量。气焊设备简单，焊炬尺寸小，移动方便，便于无电源场合的焊接。适合焊接薄件及要求背面成形的焊接。

气焊的缺点是气焊温度低，加热缓慢，生产率不高，焊接变形较大，过热区较宽，焊接接头的显微组织较粗大，力学性能也较差。

氧-乙炔火焰的种类及各种金属材料气焊时所采用的火焰见表 2-1、表 2-2。

（2）气焊的应用范围

气焊常用于薄板焊接、熔点较低的金属（如铜、铝、铅等）焊接、壁厚较薄的钢管焊接，以及需要预热和缓冷的工具钢、铸铁的焊接（焊补），详见表 2-3。

表 2-1　氧-乙炔火焰的种类

种类	火焰形状	体积混合比 (O_2/C_2H_2)	特　点
碳化焰		<1.1	乙炔过剩,火焰中有游离状碳及过多的氢。焊低碳钢等,有渗碳现象。最高温度2700～3000℃
还原焰		≈1	乙炔稍多,但不产生渗碳现象。最高温度2930～3040℃
中性焰		1.1～1.2	氧与乙炔充分燃烧,没有氧或乙炔过剩。最高温度3050～3150℃
氧化焰		>1.2	氧过剩,火焰有氧化性,最高温度3100～3300℃

注：还原焰也称"乙炔稍多的中性焰"。

表 2-2　各种金属材料气焊时所采用的火焰

焊接材料	火焰种类
低碳钢、中碳钢、不锈钢、铝及铝合金、铅、锡、灰铸铁、可锻铸铁	中性焰或乙炔稍多的中性焰
低碳钢、低合金钢、高铬钢、不锈钢、紫铜	中性焰
青铜	中性焰或氧稍多的轻微氧化焰
高碳钢、高速钢、硬质合金、蒙乃尔合金	碳化焰
纯镍、灰铸铁及可锻铸铁	碳化焰或乙炔稍多的中性焰
黄铜、锰铜、镀锌铁皮	氧化焰

表 2-3　气焊的应用范围

焊件材料	适用厚度/mm	主要接头形式
铸铁	—	对接、堆焊、补焊
低碳钢、低合金钢	≤2	对接、搭焊、端接、T形接
铝、铝合金、铜、黄铜、青铜	≤14	对接、端接、堆焊
硬质合金	—	堆焊
不锈钢	≤2	对接、端接、堆焊

2. 气焊焊接工艺的规范与选择

气焊焊接工艺的规范与选择见表 2-4。

表 2-4　气焊焊接工艺的规范与选择

参　数	规 范 选 择 原 则					
焊丝直径	焊件厚度/mm	1.0～2.0	2.0～3.0	3.0～5.0	5.0～10	10～15
	焊丝直径/mm	1.0～2.0	2.0～3.0	3.0～4.0	3.0～5.0	4.0～10
焊嘴与焊件夹角	焊嘴与焊件夹角根据焊件厚度、焊嘴大小、施焊位置来确定。焊接开始时夹角大些;接近结束时角度要小					
焊接速度	焊接速度随所用火焰强弱度及操作熟练的程度而定,在保证焊件熔透的前提下,应尽量提高焊接速度					
焊嘴号码	根据焊件厚度和材料性质而定					

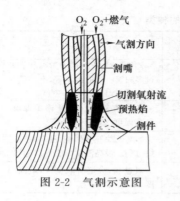

图 2-2　气割示意图

二、气割操作基础

1. 气割的特点与应用范围

气割利用气体火焰的热能将工件切割处预热到燃烧温度（燃点），再向此处喷射高速切割氧流，使金属燃烧，生成金属氧化物（熔渣），同时放出热量，熔渣在高压切割氧的吹力下被吹掉。所放出的热和预热火焰又将下层金属加热到燃点，这样继续下去逐步将金属切开。

所以，气割是一个预热—燃烧—吹渣的连续过程，即金属在纯氧中的燃烧过程，如图 2-2 所示。

（1）气割的特点

气割的优点是设备简单、使用灵活、操作方便、生产效率高、成本低，能在各种位置上进行切割，并能在钢板上切割各种形状复杂的零件；气割的缺点是对切口两侧金属的成分和组织会产生一定的影响，并会引起工件的变形等。常用材料的气割特点见表 2-5。

表 2-5　常用材料的气割特点

材料类别	气 割 特 点
碳钢	低碳钢的燃点(约 1350℃)低于熔点,易于气割;随着碳含量的增加,燃点趋近熔点,淬硬倾向增大,气割过程恶化
铸铁	碳、硅含量较高,燃点高于熔点;气割时生成的二氧化硅熔点高,黏度大,流动性差;碳燃烧生成的一氧化碳和二氧化碳会降低氧气流的纯度;不能用普通气割方法,可采用振动气割方法切割
高铬钢和铬镍钢	生成高熔点的氧化物(Cr_2O_3,NiO)覆盖在切口表面,阻碍气割过程的进行;不能用普通气割方法,可采用振动气割法切割
铜、铝及其合金	导热性好,燃点高于熔点,其氧化物熔点很高,金属在燃烧(氧化)时,放热量少,不能气割

（2）气割的应用范围

气体火焰切割主要用于切割纯铁、各种碳钢、低合金钢及钛等，其中淬火倾向大的高碳钢和强度等级高的低合金钢气割时，为了避免切口处淬硬或产生裂纹，应采取适当加大预热火焰能率、放慢切割速度，甚至切割前先对工件进行预热等工艺措施。厚度较大的不锈钢板和铸铁件冒口，可以采用特种气割方法进行气割。随着各种自动、半自动气割设备和新型割嘴的应用，特别是数控火焰切割技术的发展，使得气割可以代替部分机械加工。有些焊接坡口可一次直接用气割方法切割出来，切割后可直接进行焊接。气体火焰切割精度和效率的大幅度提高，使气体火焰切割的应用领域更加广阔。

（3）气割火焰

对气割火焰的要求、获得及适用范围见表 2-6。

表 2-6 对气割火焰的要求、获得及适用范围

类型	说 明
对气割火焰的要求	气割火焰是预热的热源，火焰的气流又是熔化金属的保护介质。气割时要求火焰应有足够的温度、体积要小、焰心要直、热量要集中，还要求火焰具有保护性，以防止空气中的氧、氮对熔化金属的氧化及污染
气割火焰的获得及适用范围	氧气与乙炔的混合比不同，火焰的性能和温度也各异。为获得理想的气割质量，必须根据所切割材料来正确地调节和选用火焰 ①碳化焰 打开割炬的乙炔阀门点火后，慢慢地开放氧气阀增加氧气，火焰即由橙黄色逐渐变为蓝白色，直到焰心、内焰和外焰的轮廓清晰地呈现出来，此时即为碳化焰。视内焰长度（从割嘴末端开始计量）为焰心长度的几倍，而把碳化焰称为几倍碳化焰 ②中性焰 在碳化焰的基础上继续增加氧气，当内焰基本上看不清时，得到的便是中性焰。如发现调节好的中性焰过大需调小时，先减少氧气量，然后将乙炔调小，直至获得所需的火焰为止。中性焰适用于切割件的预热 ③氧化焰 在中性焰基础上再加氧气量，焰心变得尖而短，外焰也同时缩短，并伴有"嘶、嘶"声，此时即为氧化焰。氧化焰的氧化度，以其焰心长度比中性焰的焰心长度的缩短率来表示，如焰心长度比中性焰的焰心长度缩短 1/10，则称为 1/10 或 10% 氧化焰。氧化焰主要适用于切割碳钢、低合金钢、不锈钢等金属材料，也可作为氧丙烷切割时的预热火焰

2. 气割的应用条件

气割的实质是被切割材料在纯氧中燃烧的过程，不是熔化过程。为使切割过程顺利进行，被切割金属材料一般应满足以下条件：

① 金属在氧气中的燃点应低于金属的熔点，气割时金属在固态下燃烧，才能保证切口平整。如果燃点高于熔点，则金属在燃烧前已经熔化，切口质量很差，严重时无法进行切割。

② 金属的熔点应高于其氧化物的熔点，在金属未熔化前，熔渣呈液体状态从切口处被吹走，如果生成的金属氧化物熔点高于金属熔点，则高熔点的金属氧化物将会阻碍下层金属与切割氧气流的接触，使下层金属难以氧化燃烧，气割过程就难以进行。

高铬或铬镍不锈钢、铝及其合金、高碳钢、灰铸铁等氧化物的熔点均高于材料本身的熔点，所以就不能采用氧气切割的方法进行切割。如

果金属氧化物的熔点较高，则必须采用熔剂来降低金属氧化物的熔点。常用金属材料及其氧化物的熔点见表 2-7。

表 2-7　常用金属材料及其氧化物的熔点

金属材料名称	熔点/℃		金属材料名称	熔点/℃	
	金属	氧化物		金属	氧化物
黄铜,锡青铜	850～900	1236	纯铁	1535	1300～1500
铝	657	2050	低碳钢	约 1500	1300～1500
锌	419	1800	高碳钢	1300～1400	1300～1500
铬	1550	约 1900	铸铁	约 1200	1300～1500
镍	1450	约 1900	紫铜	1083	1236
锰	1250	1560～1785	—	—	—

　　③ 金属氧化物的黏度应较低，流动性应较好，否则，会粘在切口上，很难吹掉，影响切口边缘的整齐。

　　④ 金属在燃烧时应能放出大量的热量，用此热量对下层金属起预热作用，维持切割过程的延续。如低碳钢切割时，预热金属的热量少部分由氧-乙炔火焰供给（占 30%），而大部分热量则依靠金属在燃烧过程中放出的热量供给（占 70%）。金属在燃烧时放出的热量越多，预热作用也就越大，越有利于气割过程的顺利进行。若金属的燃烧不是放热反应，而是吸热反应，则下层金属得不到预热，气割过程就不能进行。

　　⑤ 金属的导热性能应较差，否则，由于金属燃烧所产生的热量及预热火焰的热量很快地传散，切口处金属的温度很难达到燃点，切割过程就难以进行。铜、铝等导热性较强的非铁金属，不能采用普通的气割方法进行切割。金属中含阻碍切割过程进行和提高金属淬硬性的成分及杂质要少。合金元素对钢的气割性能的影响见表 2-8。

表 2-8　合金元素对钢的气割性能的影响

元素	影　响
C	C<0.25%（质量分数,下同）,气割性能良好;C<0.4%,气割性能尚好;C>0.5%,气割性能显著变坏;C>1%,不能气割
Mn	Mn<4%,对气割性能没有明显影响;含量增加,气割性能变坏;当 Mn≥14%时,不能气割;当钢中 C>0.3%,且 Mn>0.8%时,淬硬倾向和热影响区的脆性增加,不宜气割
Si	硅的氧化物使熔渣的黏度增加。钢中硅的一般含量,对气割性能没有影响,Si<4%时,可以气割;含量增大,气割性能显著变坏
Cr	铬的氧化物熔点高,使熔渣的黏度增加;Cr≤5%时,气割性能尚可;含量大时,应采用特种气割方法

元素	影　响
Ni	镍的氧化物熔点高,使熔渣的黏度增加;Ni<7%,气割性能尚可;含量较高时,应采用特种气割方法
Mo	钼提高钢的淬硬性;Mo<0.25%时,对气割性能没有影响
W	钨增加钢的淬硬倾向,氧化物熔点高;一般含量对气割性能影响不大,含量接近10%时,气割困难,超过20%时,不能气割
Cu	Cu<0.7%时,对气割性能没有影响
Al	Al<0.5%时,对气割性能影响不大;Al超过10%,则不能气割
V	含有少量的钒,对气割性能没有影响
S,P	在允许的含量内,对气割性能没有影响

当被切割材料不能满足上述条件时,则应对气割方式进行改进,如采用振动气割、氧熔剂切割等,或采用其他切割方法,如等离子弧切割来完成材料的切割任务。

3. 常用金属材料的气割性能

（1）碳钢

低碳钢的燃点（约 1350℃）低于熔点,易于气割,但随着含碳量的增加,燃点趋近熔点,淬硬倾向增大,气割过程恶化。

（2）铸铁

含碳、硅量较高,燃点高于熔点;气割时生成的二氧化硅熔点高,黏度大,流动性差;碳燃烧生成的一氧化碳和二氧化碳会降低氧气流的纯度,不能用普通气割方法,可采用振动气割方法切割。

（3）高铬钢和铬镍钢

生成高熔点的氧化物（Cr_2O_3、NiO）覆盖在切口表面,阻碍气割过程的进行,不能用普通气割方法,可采用振动气割法切割。

（4）铜、铝及其合金

导热性好,燃点高于熔点,其氧化物熔点很高,金属在燃烧（氧化）时放热量少,不能气割。

综上所述,氧气切割主要用于切割低碳钢和低合金钢,广泛用于钢板下料、开坡口,在钢板上切割出各种外形复杂的零件等。在切割淬硬倾向大的碳钢和强度等级高的低合金钢时,为了避免切口淬硬或产生裂纹,在切割时,应适当加大火焰能率和放慢切割速度,甚至在切割前进行预热。对于铸铁、高铬钢、铬镍不锈钢、铜、铝及其合金等金属材料,常用氧熔剂切割、等离子弧切割等其他方法进行切割。

第二节 气焊操作技能

一、焊前准备

1. 焊前清理

气焊前必须清理工件坡口两侧和焊丝表面的油污、氧化物等。用汽油、煤油等溶剂清洗，也可用火焰烧烤。清理氧化膜可用砂纸、钢丝刷、锉刀、刮刀、角向砂轮机等机械方法，也可用酸或碱溶解金属表面氧化物。清理后用清水冲洗干净，再用火焰烘干后进行焊接。

2. 定位焊和点固焊

为了防止焊接时产生过大的变形，在焊接前，应将焊件在适当位置实施一定间距的点焊定位。对于不同类型的焊件，定位方式略有不同。

① 薄板类焊件的定位焊从中间向两边进行。定位焊焊缝长为 5～7mm，间距为 50～100mm。定位焊的顺序应由中间向两边依次交替点焊，直至整条焊缝布满为止，如图 2-3 所示。

② 厚板（$\delta \geqslant 4mm$）定位焊的焊缝长度 20～30mm，间距 200～300mm。定位焊顺序从焊缝两端开始向中间进行，如图 2-4 所示。

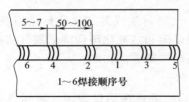

图 2-3　薄板定位焊顺序

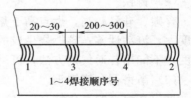

图 2-4　较厚板定位焊顺序

③ 管子定位焊的焊缝长度均为 5～15mm。当管径＜100mm 时，将管周均分三处，定位焊两处，另一处作为起焊处，如图 2-5（a）所示；管径在 100～300mm 时，将管周均分四处，对称定位焊四处，在 1、4 之间作为起焊处，如图 2-5（b）所示；管径在 300～500mm 时，将管周均分八处，对称定位焊七处，另一处作为起焊处，如图 2-5（c）所示。定位焊缝的质量应与正式施焊的焊缝质量相同，否则应铲除或修磨后重新定位焊接。

3. 预热

施焊时先对起焊点预热。

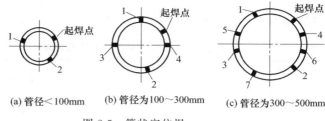

图 2-5　管状定位焊

二、气焊基本操作

1. 焊炬的操作

（1）焊炬的握法

一般操作者多用左手拿焊丝，右手握住焊炬的手柄，将大拇指放在乙炔开关位置，由拇指向伸直方向推动乙炔开关，将食指拨动氧气开关，有时也可用拇指来协助打开氧气开关，这样可以随时调节气体的流量。

（2）火焰的点燃

先逆时针方向微开氧气开关放出氧气，再逆时针方向旋转乙炔开关放出乙炔，然后将焊嘴靠近火源点火，点火后应立即调整火焰，使火焰达到正常形状。开始练习时，可能出现连续的放炮声，原因是乙炔不纯，应放出不纯的乙炔，然后重新点火；有时会出现不易点燃的现象，多是因为氧气量过大，应重新微关氧气开关。点火时，拿火源的手不要正对焊嘴，也不要将焊嘴指向他人，以防烧伤。

（3）火焰的调节

开始点燃的火焰多为碳化焰，如要调成中性焰，则要逐渐增加氧气的供给量，直至火焰的内焰与外焰没有明显的界限时，即为中性焰。如果再继续增加氧气或减少乙炔，就得到氧化焰；若增加乙炔或减少氧气，即可得到碳化焰。

（4）火焰的熄灭

焊接工作结束或中途停止时，必须熄灭火焰。正确的熄灭方法是：先顺时针方向旋转乙炔阀门，直至关闭乙炔，再顺时针方向旋转氧气阀门关闭氧气，以避免出现黑烟和火焰倒吸。关闭阀门，不漏气即可，不要关得太紧，以防止磨损过快，降低焊炬的使用寿命。

（5）火焰的异常现象及消除方法

点火和焊接中发生的火焰异常现象，应立即找出原因，并采取有效措施加以排除，具体现象及消除方法见表 2-9。

表 2-9　火焰的异常现象及消除方法

异常现象	产生原因	消除方法
脱水	乙炔压力过高	调整乙炔压力
氧气倒流	①焊嘴被堵塞 ②焊炬损坏无射吸力	①清理焊嘴 ②更换或修理焊炬
火焰熄灭或火焰强度不够	①乙炔管道内有水 ②回火保险器性能不良 ③压力调节器性能不良	①清理乙炔橡胶管,排除积水 ②把回火保险器的水位调整好 ③更换压力调节器
点火时有爆声	①混合气体未完全排除 ②乙炔压力过低 ③气体流量不足 ④焊嘴孔径扩大、变形 ⑤焊嘴堵塞	①排除焊炬内的空气 ②检查乙炔发生器 ③排除橡胶管中的水 ④更换焊嘴 ⑤清理焊嘴及射吸管积炭
焊接中产生爆声	①焊嘴过热、黏附脏物 ②气体压力未调好 ③焊嘴碰触焊缝	①熄灭后仅开氧气进行水冷,清理焊嘴 ②检查乙炔和氧气的压力是否恰当 ③使焊嘴与焊缝保持适当距离
回火(有"嘘、嘘"声),焊炬把手发烫	①焊嘴孔道污物堵塞 ②焊嘴孔道扩大、变形 ③焊嘴过热 ④乙炔供应不足 ⑤射吸力降低 ⑥焊嘴离工件太近	①关闭氧气,如果回火严重时,还要拨开乙炔胶管 ②关闭乙炔 ③水冷焊炬 ④检查乙炔系统 ⑤检查焊炬 ⑥使焊嘴与焊缝熔池保持适当距离

2. 焊炬和焊丝的摆动

焊炬和焊丝的摆动方式与焊件厚度、金属性质、焊件所处的空间位置及焊缝尺寸等有关。焊炬和焊丝的摆动应包括三个方向的动作。

第一个动作：沿焊接方向移动。不间断地熔化焊件和焊丝，形成焊缝。

第二个动作：焊炬沿焊缝作横向摆动。使焊缝边缘得到火焰的加热，并很好地熔透，同时借助火焰气体的冲击力把液体金属搅拌均匀，使熔渣浮起，从而获得良好的焊缝成形，同时，还可避免焊缝金属过热或烧穿。

　　第三个动作：焊丝在垂直于焊缝的方向送进并作上下移动。如在熔池中发现有氧化物和气体时，可用焊丝不断地搅动金属熔池，使氧化物浮出或排出气体。

　　平焊时常见的焊炬和焊丝的摆动方法如图 2-6 所示。

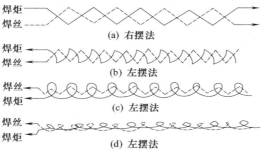

图 2-6　焊炬和焊丝的摆动方法

3. 焊接方向

　　气焊时，按照焊炬和焊丝的移动方向，可分为右向焊法和左向焊法两种，如图 2-7 所示。

　　（1）右向焊法

　　如图 2-7（a）所示，焊炬指向焊缝，焊接过程从左向右，焊炬在焊丝面前移动。焊炬火焰直接指向熔池，并遮盖整个熔池，使周围空气与熔池隔离，所以能防止焊缝金属的氧化和减少产生气孔的可能性，同时还能使焊好的焊缝缓慢地冷却，改善了焊缝组织。由于焰心距熔池较近，火焰受焊缝的阻挡，火焰的热量较集中，热量的利用率也较高，使熔深增加，并提高生产效率。所以右向焊法适合焊接厚度较大以及熔点和热导率较高的焊件。右向焊法不易掌握，一般较少采用。

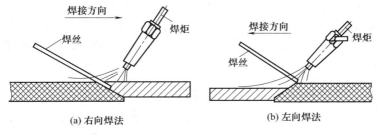

图 2-7　右向焊法和左向焊法

（2）左向焊法

如图 2-7（b）所示，焊炬是指向焊件未焊部分，焊接过程自右向左，而且焊炬是跟着焊丝走。由于左向焊法火焰指向焊件未焊部分，对金属有预热作用，因此，焊接薄板时生产效率很高，这种方法操作简便，容易掌握，是普遍应用的方法。但左向焊法的缺点是焊缝易氧化，冷却较快，热量利用率低，故适用于薄板的焊接。

4. 焊缝的起头、连接和收尾

（1）焊缝的起头

由于刚开始焊接，焊件起头的温度低，焊炬的倾斜角应大些，对焊件进行预热并使火焰往复移动，保证起焊处加热均匀，一边加热一边观察熔池的形成，待焊件表面开始发红时将焊丝端部置于火焰中进行预热，一旦形成熔池立即将焊丝伸入熔池，焊丝熔化后即可移动焊炬和焊丝，并相应减少焊炬倾斜角进行正常焊接。

（2）焊缝连接

在焊接过程中，因中途停顿又继续施焊时，应用火焰把连接部位 5～10mm 的焊缝重新加热熔化，形成新的熔池再加少量焊丝或不加焊丝重新开始焊接，连接处应保证焊透和焊缝整体平整及圆滑过渡。

（3）焊缝收尾

当焊到焊缝的收尾处时，应减少焊炬的倾斜角，防止烧穿，同时要增加焊接速度并多添加一些焊丝，直到填满为止，为了防止氧气和氮气等进入熔池，可用外焰对熔池保护一定的时间（如表面已不发红）后再移开。

5. 焊后处理

焊后残存在焊缝及附近的熔剂和焊渣要及时清理干净，否则会腐蚀焊件。清理时，先在 60～80℃ 热水中用硬毛刷洗刷焊接接头，重要构件洗刷后再放入 60～80℃、质量分数为 2%～3% 的铬酐水溶液中浸泡 5～10min，然后再用硬毛刷仔细洗刷，最后用热水冲洗干净。清理后若焊接接头表面无白色附着物即可认为合格，或用质量分数为 2% 硝酸银溶液滴在焊接接头上，若没有产生白色沉淀物，即说明清洗干净。

铸造合金补焊后为消除内应力，可进行 300～350℃ 退火处理。

三、各种焊接位置气焊的操作

气焊时经常会遇到各种不同焊接位置的焊缝，有时同一条焊缝就会遇到几种不同的焊接位置，如固定管子的吊焊。熔焊时，焊件接缝所处的空间位置称为焊接位置,焊接位置可用焊缝倾角和焊缝转角来表示,分为平焊、立焊、横焊和仰焊等。

1. 平焊位置气焊操作

图 2-8 为水平旋转的钢板平对接焊。焊缝倾角在 0～5°、焊缝转角在 0°～10°的焊接位置称为平焊位置,在平焊位置进行的焊接即为平焊。水平放置的钢板平对接焊是气焊焊接操作的基础。平焊的操作要点如下。

① 采用左焊法,焊炬的倾角为 40°～50°,焊丝的倾角也是 40°～50°。

② 焊接时,当焊接处加热至红色时,尚不能加入焊丝,必须待焊接处熔化并形成熔池时,才可加入焊丝。当焊丝端部粘在池边沿上时,不要用力拔焊丝,可用火焰加热粘住的地方,让焊丝自然脱离。如熔池凝固后还想继续施焊,应将原熔池周围重新加热,待熔化后再加入焊丝继续焊接。

③ 焊接过程中若出现烧穿现象,应迅速提起火焰或加快焊速,减小焊炬倾角,多加焊丝,待穿孔填满后再以较快的速度向前施焊。

④ 如发现熔池过小或不能形成熔池,焊丝熔滴不能与焊件熔合,而仅仅敷在焊件表面,则表明热量不够,这是焊炬移动过快造成的。此时应降低焊接速度,增加焊炬倾角,待形成正常熔池后,再向前焊接。

⑤ 如果熔池不清晰且有气泡,出现火花、飞溅等现象,说明火焰性质不适合,应及时调节成中性焰后再施焊。

⑥ 如发现熔池内的液体金属被吹出,则说明气体流量过大或焰心离熔池太近,此时应立即调整火焰能率或使焰心与熔池保持正确距离。

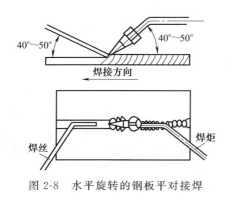

图 2-8 水平旋转的钢板平对接焊

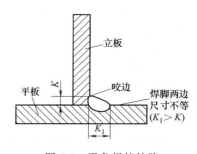

图 2-9 平角焊接缺陷

⑦ 焊接时除开头和收尾另有规范外，应保持均匀的焊接速度，不可忽快忽慢。对于较长的焊缝，一般应先做定位焊，再从中间开始向两边交替施焊。

2. 平角焊位置气焊操作

平角焊焊缝倾角为 0°，将互相成一定角度（多为 90°）的两焊件焊接在一起的焊接方法称为平角焊。平角焊时，由于熔池金属的下淌，往往在立板处产生咬边和焊脚两边尺寸不等两种缺陷，如图 2-9 所示，操作要点如下：

① 起焊前预热，应先加热平板至暗红色再逐渐将火焰转向立板，待起焊处形成熔池后，方可加入焊丝施焊，以免造成根部焊不透的缺陷。

② 焊接过程中，焊炬与平板之间保持 45°～50°夹角，与立板保持 20°～30°夹角，焊丝与焊炬夹角约为 100°，焊丝与立板夹角为 15°～20°，如图 2-10 所示。焊接过程中焊丝应始终浸入熔池，以防火焰对熔化金属加热过度，避免熔池金属下淌。操作时，焊炬作螺旋式摆动前进，可使焊脚尺寸相等。同时，应注意观察熔池，及时调节倾角和焊丝填充量，防止咬边。

③ 接近收尾时，应减小焊炬与平面之间的夹角，提高焊接速度，并适当增加焊丝填充量。收尾时，适当提高焊炬，并不断填充焊丝，熔池填满后，方可撤离焊炬。

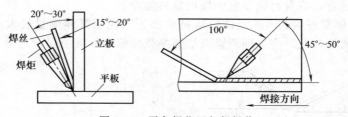

图 2-10 平角焊位置气焊操作

3. 横焊位置气焊操作

焊缝倾角为 0°～5°、焊缝转角为 70°～90°的对接焊缝，或焊缝倾角为 0°～5°、焊缝转角为 30°～55°的角焊缝的焊接位置称为横焊位置，如图 2-11 所示。平板横对接焊由于金属熔池下淌，焊缝上边容易形成焊瘤或未熔合等缺陷，横焊操作要点如下：

① 选用较小的火焰能率（比立焊的稍小些）。适当控制熔池温度，

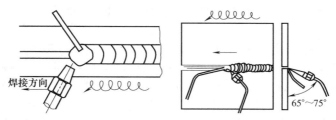

图 2-11　横焊位置气焊操作

既保证熔透，又不能使熔池金属因受热过度而下坠。

② 操作时，焊炬向上倾斜，并与焊件保持 65°～75°，利用火焰的吹力来托住熔池金属，防止下淌，焊丝要始终浸在熔池中，并不断把熔化金属向上边推去，焊丝作来回半圆形或斜环形摆动，并在摆动的过程中被焊接火焰加热熔化，以避免熔化金属堆积在熔池下面而形成咬边、焊瘤等缺陷。在焊接薄件时，焊嘴一般不作摆动；焊接较厚件时，焊嘴可作小的环行摆动。

③ 为防止火焰烧手，可将焊丝前端 50～100mm 处加热弯成＜90°（一般为 45°～60°），手持的一端宜垂直向下，见图 2-10。

4. 立焊位置气焊操作

焊缝倾角在 80°～90°、焊缝转角在 0～180°的焊接位置称为立焊位置，焊缝处于立面上的竖直位置。立焊时熔池金属更容易下淌，焊缝成形困难，不易得到平整的焊缝。立焊的操作要点如下：

① 立焊时，焊接火焰应向上倾斜，与焊件成 60°夹角，并应少加焊丝，采用比平焊小 15％左右的火焰能率进行焊接。焊接过程中，在液体金属即将下淌时，应立即把火焰向上提起，待熔池温度降低后，再继续进行焊接。一般为了避免熔池温度过高，可以把火焰较多地集中在焊丝上，同时增加焊接速度来保证焊接过程的正常进行。

② 要严格控制熔池温度，不能使熔池面积过大，深度也不能过深。以防止熔池金属下淌。熔池应始终保持扁圆或椭圆形，不要形成尖形。焊炬沿焊接方向向上倾斜，借助火焰的气流吹力托住熔池金属，防止下淌。

③ 为方便操作，将焊丝弯成 120°～140°，便于手持焊丝正确施焊。焊接时，焊炬不作横向摆动，只作单一上下跳动，给熔池一个加快冷却的机会，保证熔池受热适当，焊丝应在火焰气流范围内作环形运动，将熔滴有节奏地添加到熔池中。

④ 立焊 2mm 以下厚度的薄板，应加快焊速；使液体金属不等下淌就会凝固。不要使焊接火焰作上下的纵向摆动，可作小的横向摆动，以疏散熔池中间的热量，并把中间的液体金属带到两侧，以获得较好的成形。

⑤ 焊接 2～4mm 厚的工件可以不开坡口，为了保证熔透，应使火焰能率适当大些。焊接时，在起焊点应充分预热，形成熔池，并在熔池上熔化出一个直径相当于工件厚度的小孔，然后用火焰在小孔边缘加热熔化焊丝，填充圆孔下边的熔池，一面向上扩孔，一面填充焊丝完成焊接。

⑥ 焊接 5mm 以上厚度的工件应开坡口，最好也能先烧一个小孔，将钝边熔化掉，以便焊透。

平板的立焊一般采用自下而上的左焊法，焊炬、焊丝的相对位置如图 2-12 所示。

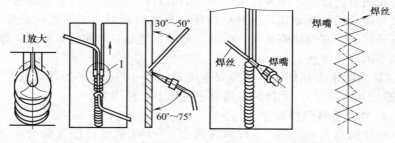

(a) 焊丝、焊嘴与工件的相对位置　　(b) 焊丝和焊嘴的摆动方法

图 2-12　立焊位置气焊操作

5. 仰焊位置气焊操作

焊缝倾角在 $0°～15°$、焊缝转角在 $165°～180°$ 的对接焊缝，焊缝倾角在 $0°～15°$、焊缝转角在 $115°～180°$ 的角焊缝的焊接位置称为仰焊位置。焊接火焰在工件下方，焊工需仰视工件方能进行焊接，平板对接仰焊操作如图 2-13 所示。

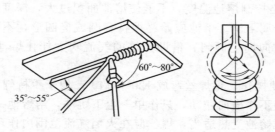

图 2-13　平板对接仰焊操作

仰焊由于熔池向下，熔化金属下坠，甚至滴落，劳动条件差，生产效率低，所以难以形成满意的熔池及理想的焊缝形状和焊接质量，仰焊一般用于焊接某些固定的焊件。仰焊操作要点如下：

① 选择较小的火焰能率，所用焊炬的焊嘴较平焊时小一号。严格控制熔池温度、形状和大小，保持液态金属始终处于黏团状态。应采用较小直径的焊丝，以薄层堆敷上去。

② 仰焊带坡口或较厚的焊件时，必须采取多层焊，防止因单层焊熔滴过大而下坠。

③ 对接接头仰焊时，焊嘴与焊件表面成 60°～80°，焊丝与焊件夹角为 35°～55°。在焊接过程中焊嘴应不断作扁圆形横向摆动，焊丝作之字形运动，并始终浸在熔池中，如图 2-12（b）所示，以疏散熔池的热量，让液体金属尽快凝固，可获得良好的焊缝成形。

④ 仰焊可采用左焊法，也可用右焊法。左焊法便于控制熔池和送入焊丝，操作方便，采用较多；右焊法焊丝的末端与火焰气流的压力能防止熔化金属下淌，使得焊缝成形较好。

⑤ 仰焊时应特别注意操作姿势，防止飞溅金属微粒和金属熔滴烫伤面部及身体，并应选择较轻便的焊炬和细软的橡胶管，以减轻焊工的劳动强度。

四、T字接头和搭接接头的气焊

1. T字接头和搭接接头平焊操作

它近似对接接头的横焊，主要特点是由于液体下流，而造成角焊缝上薄下厚和上部咬边。因为平板散热条件较好，焊嘴与平板夹角要大一些（60°），而且焊接火焰主要指在平板上。焊丝与平板夹角更要大一些（70°～75°），以遮挡立板熔化金属因温度高而下淌，如图 2-14 所示。在焊接过程中，焊接火焰要作螺旋式一闪一闪的摆动，并利用火焰的压力把一部分液体金属挑到熔池的上部，使焊缝金属上下均匀，同时使上部

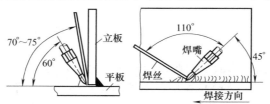

图 2-14 焊嘴和焊丝与工件的相对位置

液体金属早些凝固，避免出现上薄下厚的不良成形。

2.T字接头和搭接接头立焊操作

这种接头除按平焊掌握焊嘴和焊丝与工件的夹角外，还兼有立焊的特点。焊嘴与水平成15°～30°夹角，火焰往上斜，焊嘴和焊丝还要作横向摆动，以疏散熔池中部的热量和液体金属，避免中部高、两边薄的不良成形。T字接头和搭接接头的立焊如图2-15所示。

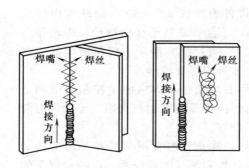

图 2-15　T字接头和搭接接头的立焊

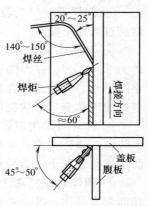

图 2-16　T字接头的立角焊

3.T字接头的立角焊操作

图2-16为T字接头的立角焊操作示意图，自下而上焊接操作要点如下：

① 起焊时用火焰交替加热起焊处的腹板和盖板，待形成熔池开始添加焊丝，抬起焊炬，让起焊点的熔池凝固之后才可以向前施焊。

② 焊接过程中，焊炬向上倾斜，与焊件成60°左右的夹角并与盖板成45°～50°角，焊丝与焊件成20°～25°角。为方便执持焊丝，可将焊丝弯折成140°～150°。

③ 焊接过程中，焊炬和焊丝作交叉的横向摆动，避免产生中间高两侧低的焊缝。

④ 熔池金属将要下淌时，应将焊炬向上挑起，待熔池温度降低后继续焊接。

⑤ 在熔池两侧多添加一些焊丝，防止出现咬边。

⑥ 收尾时，稍微抬起焊炬，用外焰保护熔池，并不断加焊丝，直至收尾处熔池填满方可撤离焊炬。

4．T字接头的侧仰焊操作

焊嘴与工件的夹角和平焊一样，但焊接火焰向上斜，形成熔池后火焰偏向立面，借助火焰压力托住三角形焊缝熔池。焊嘴沿焊缝方向一扎一抬，借助火焰喷射力把液体金属引向三角形顶角中去，焊嘴还要上下摆动，使熔池金属被挤到上平面去一部分，焊丝端头应放在熔池上部，并向上平面拨引液体金属，所以焊接火焰总的运动就成了平行熔池的螺旋式运动。焊嘴和焊丝与工件的相对位置如图 2-17 所示。

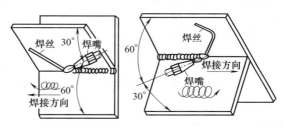

图 2-17　T字接头侧仰焊时焊嘴和焊丝与工件的相对位置

五、管子的气焊操作

管子气焊时，一般采用对接头。管子的用途不同，对其焊接质量的要求也不同，质量要求高的管子的焊接，如电站锅炉管等，往往要求单面焊双面成形，以满足较高工作压力的要求。对于要求中压以下的管子，如水管、风管等，则应要求对接接头不泄漏，且要达到一定的强度。当壁厚＜2.5mm 时，可不开坡口；当壁厚＞2.5mm 时，为使焊缝全部焊透，需将管子开成 V 形坡口，并留有钝边，管子气焊时的坡口形式及尺寸见表 2-10。

表 2-10　管子气焊时的坡口形式及尺寸

管壁厚度/mm	≤2.5	2.5～6	6～10	10～15
坡口形式	—	V 形	V 形	V 形
坡口角度	—	60°～90°	60°～90°	60°～90°
钝边/mm	—	0.5～1.5	1～2	2～3
间隙/mm	1～1.5	1～2	2～2.5	2～3

注：采用右焊法时坡口角度为 60°～70°。

管子对接时坡口的钝边和间隙大小均要适当，不可过大或过小。当钝边太大，间隙过小时，焊缝不易焊透，如图 2-18（a）所示，导致降低接头的强度；当钝边太小，间隙过大时，容易烧穿，使管子内壁产生焊瘤会减少管子的有效截面积，增加了气体或液体在管内的流动阻力，如图 2-18（b）所示；接头一般可焊两层，应防止焊缝内外表面凹陷或过分凸出，一般管子焊缝的加强高度不得超过管子外壁表面 1～2mm（或为管子壁厚的 1/4），其宽度应盖过坡口边缘 1～2mm，并应均匀平滑地过渡到母材金属，如图 2-18（c）所示。

(a) 钝边太大, 间隙过小　(b) 钝边太小, 间隙过大　　(c) 合格

图 2-18　管子对接时坡口的钝边和间隙

普通低碳钢管件气焊时，采用 H08 等焊丝，基本上可以满足产品要求。但焊接电站锅炉 20 钢管等重要的低碳钢管子时，必须采用低合金钢焊丝，如 H08MnA 等。

1. 水平固定管的气焊操作

水平固定管环缝包括平、立、仰三种空间位置的焊接，也称全位置焊接。焊接时，应随着焊接位置的变化而不断调整焊嘴与焊丝的夹角，使夹角保持基本不变。焊嘴与焊丝的夹角，通常应保持在 90°；焊丝、焊嘴和工件的夹角，一般为 45°。根据管壁的厚薄和熔池形状的变化，在实际焊接时适当调整和灵活掌握，以保持不同位置时的熔池形状，既保证熔透，又不致过烧和烧穿。水平固定管全位置焊接的分布如图2-19所示。在焊接过程中，为了调整熔池的温度，建议焊接火焰不要离开熔池，利用火焰的温度分布图（图 2-20）进行调节。

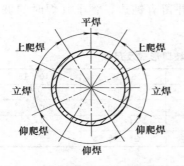

图 2-19　水平固定管全位置焊接的分布

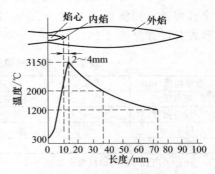

图 2-20　中性焰的温度分布图

当温度过高时，将焊嘴对着焊缝熔池向里送进一点，一般为 2～4mm 的调节范围。其火焰温度可在 1000～3000℃进行调节，这样操作

既能调节熔池温度，又不使焊接火焰离开熔
池，让空气有侵入的机会，同时又保证了焊
缝底部不产生内凹和未焊透，特别是在第一
层焊接时采用这种方法更为有利。因这种操
作方法焊嘴送进距离很小，内焰的最高温度
处至焰心的距离，通常只有 2～4mm，所以
难度较大，不易控制。

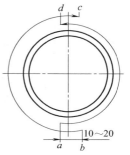

a、d先焊半圈的起点和终点
b、c后焊半圈的起点和终点

图 2-21　水平固定
管的焊接

　　水平固定管的焊接，应先进行定位焊，
然后再正式焊接。在焊接前半圈时，起点和
终点都要超过管子的竖直中心线 5～10mm；
焊接后半圈时，起点和终点都要和前段焊缝
搭接一段，以防止起焊处和收口处产生缺陷。
搭接长度一般为 10～20mm，如图 2-21 所示。

2. 转动管子的气焊操作

　　由于管子可以自由转动，因此，焊缝熔池始终可以控制在方便的位
置上施焊。若管壁＜2mm，最好处于水平位置施焊；对于管壁较厚和
开有坡口的管子，不应处于水平位置焊接，而应采用爬坡焊。因为管壁
厚，填充金属多，加热时间长，如果熔池处于水平位置，不易得到较大
的熔深，也不利于焊缝金属的堆高，同时易使焊缝成形不良。采用左焊
法时，则应始终控制在与管子垂直中心线成 20°～40°角进行焊接，如图
2-22（a）所示。可加大熔深，并能控制熔池形状，使接头均匀熔透。
同时使填充金属熔滴自然流向熔池下部，使焊缝成形快，且有利于控制
焊缝的高度，更好地保证焊接质量。每次焊接结束时，要填满熔池，火
焰应慢慢离开熔池，以避免出现气孔、凹坑等缺陷。采用右焊法时，火
焰吹向熔化金属部分，为防止熔化金属因火焰吹力而造成焊瘤，熔池应
控制在与管子垂直中心线成 10°～30°角，如图 2-22（b）所示。当焊接
直径为 200～300mm 的管子时，为防止变形，应采用对称焊法。

3. 垂直固定管的气焊操作

　　管子垂直立放，接头形成横焊缝，其操作特点与直缝横焊相同，只
需随着环形焊缝的前进而不断地变换位置，以始终保持焊嘴、焊丝和管
子的相对位置不变，从而更好地控制焊缝熔池的形状。垂直固定管常采
用对接接头形式，见图 2-23。通常采用右焊法，焊嘴、焊丝与管子轴
线的夹角和切线方向的夹角如图 2-23、图 2-24 所示。垂直固定管的气
焊操作要点如下：

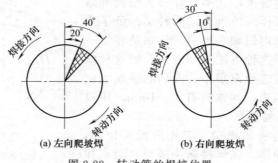

图 2-22　转动管的焊接位置

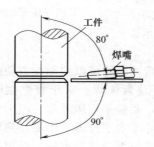

图 2-23　焊嘴、焊丝与管子
轴线的夹角

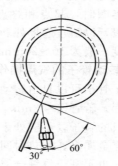

图 2-24　焊嘴、焊丝与管子
切线方向的夹角

　　采用右焊法开始焊接时，先将被焊处适当加热，然后将熔池烧穿，形成一个熔孔，这个熔孔一直保持到焊接结束，如图 2-25 所示。形成熔孔的目的有两个：第一是使管子熔透，以得到双面成形；第二是通过控制熔孔大小的控制应熔池的温度。熔孔大小的控制应等于或稍大于焊丝直径。熔孔形成后，开始填充焊丝。施焊过程中焊炬不作横向摆动，而只在熔池和熔孔间作前后微摆动，以控制熔池温度。若熔池温度过高时，为使熔池得以冷却，此时火焰不必离开熔池，可将火焰的焰心朝向熔孔，内焰区仍然笼罩着熔池和近缝区，保护液态金属不被氧化。

　　在施焊过程中，焊丝始终浸在熔池中，不停地以 r 形往上挑钢水，如图 2-26 所示。运条范围不要超过管子对口下部坡口的 1/2 处，如图 2-25 所示，要在 a 范围内上下运条，否则容易造成熔滴下附现象。焊缝因一次焊成，所以焊接速度不可太快，必须将焊缝填满，并有一定的加强高度。如果采用左焊法，需进行多层焊，其焊接顺序如图 2-27

所示。

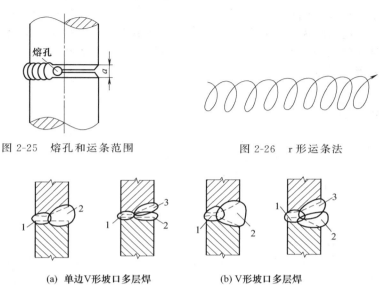

图 2-25 熔孔和运条范围   图 2-26 r形运条法

(a) 单边V形坡口多层焊   (b) V形坡口多层焊

图 2-27 多层焊焊接顺序

注：1、2、3为焊接顺序号。

4. 主管与支管的装配气焊操作

主管与支管的连接件通常称为三通。图 2-28 （a）为主管水平放置、支管垂直向上的等径固定三通的焊接顺序。图 2-28 （b）为主管竖直、支管水平旋转的不等径固定三通的焊接顺序。三通的装配气焊操作要点：等径三通和不等径三通的定位焊位置和焊接顺序如图 2-28 所示，

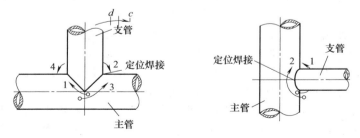

(a)主管水平放置、支管垂直向上的等径固定三通 (b) 主管垂直、支管水平放置的不等径固定三通

图 2-28 三通的焊接顺序

注：1、2、3、4为焊接顺序号。

采用这种对称焊顺序可以避免焊接变形；管壁厚度不等时，火焰应偏向较厚的管壁一侧；焊接不等径三通时，火焰应偏向直径较大的管子一侧；选用的焊嘴要比焊同样厚度的对接接头大一号；焊接中碳钢钢管三通时，要先预热到 150～200℃，当与低碳钢管厚度相同时，应选比焊低碳钢小一号的焊嘴。

第三节　气焊操作训练实例

一、低碳钢薄板的平对接气焊

1. 焊前准备

（1）设备和工具

氧气瓶和乙炔瓶、减压器、射吸式焊炬 H01-6。

（2）辅助器具

气焊护目镜、通针、火柴或打火枪、工作服、手套、胶鞋、手锤、钢丝钳等。

（3）焊件

低碳钢板两块，长×宽×厚＝200mm×100mm×2mm。

2. 操作要点

将厚度和尺寸相同的两块低碳钢板，水平放置到耐火砖上摆放整齐，目的是不让热量散发，为了使背面焊透，需留约 0.5mm 的间隙。

（1）定位焊

定位焊的作用是装配和固定焊件接头的位置。定位焊焊缝的长度和间距视焊件的厚度和焊缝长度而定，焊件越薄，定位焊焊缝的长度和间距应越小，反之则应加大。焊件较薄时，定位焊可由焊件中间开始向两头进行，如图 2-29（a）所示，定位焊焊缝的长度为 5～7mm，间隔为 50～100mm；焊件较厚时，定位焊则由两头开始向中间进行，定位焊焊缝的长度为 20～30mm，间隔 200～300mm，如图 2-29（b）所示。对定位焊点的横截面由焊件厚度来决定，随厚度的增加而增大。定位焊点不宜过长，更不宜过宽或过高，但要保证熔透，以避免正常焊缝出现高低不平、宽窄不一和熔合不良等缺陷。对定位焊点横截面的要求如图 2-30 所示。

定位焊后，为了防止角变形，并使背面均匀焊透，可采用焊件预先反变形法，即将焊件沿接缝向下折成 160°左右，如图 2-31 所示，然后

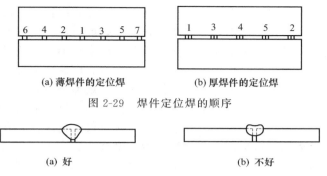

图 2-29 焊件定位焊的顺序

(a) 好　　　　　　　　(b) 不好

图 2-30 对定位焊点横截面的要求

用胶木锤将接缝处校正平齐。

（2）焊接

从接缝一端预留 30mm 处施焊，其目的是使焊缝处于板内，传热面积大，基本金属熔化时，周围温度已升高，冷凝时不易出现裂纹。焊接到终点时，整个板材温度已升高，再焊预留的一段焊缝，采取反方向施焊，接头应重叠 5mm 左右，起焊点的确定如图 2-32 所示。

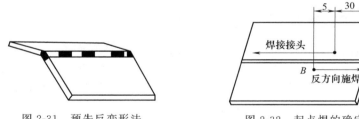

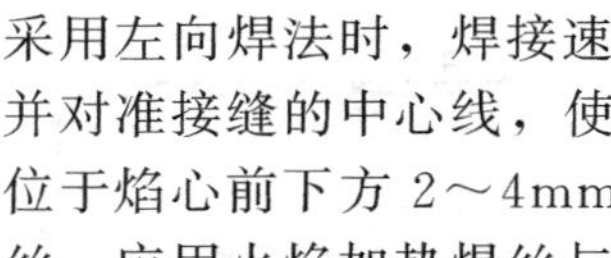

图 2-31 预先反变形法　　　　图 2-32 起点焊的确定

采用左向焊法时，焊接速度要随焊件熔化情况而变化。要采用中性焰，并对准接缝的中心线，使焊缝两边缘熔合均匀，背面焊透要均匀。焊丝位于焰心前下方 2～4mm 处，如在熔池边缘下被粘住，不要用力拔焊丝，应用火焰加热焊丝与焊件接触处，焊丝即可自然脱离。在焊接过程中，焊炬和焊丝要作上下往复相对运动，其目的是调节熔池温度，使焊缝熔化良好，并控制液体金属的流动，使焊缝成形美观。如果熔池不清晰，有气泡、火花飞溅或熔池沸腾现象，原因是火焰性质发生了变化，应及时将火焰调节为中性焰，然后进行焊接，始终保持熔池大小一致才能焊出均匀的焊缝。熔池大小可通过改变焊炬角度、高度和焊接速度来调节。如发现熔池过小，焊丝不能与焊件熔合，仅敷在焊件表面时，表明热量不足，因此应增加焊炬倾角，减慢焊接速度。如发现熔池过大，且没有流动金属时，表明焊件被烧穿，此时应迅速提起火焰或加快焊接速度，减小焊炬倾角，并多加焊丝。如发现熔池金属被吹出或火焰发出"呼、呼"声，说明气体流量过大，应立即调节火焰能率。如发现焊缝过高，与基本金属熔合不圆滑，说明火焰能率低，应增加火焰能率，减慢焊接速度。在焊件间隙大或焊件薄的情况下，应将火焰的焰心指在焊丝上，使焊丝阻挡部分热量，防止接头处熔化过快。在焊接结束时，将焊炬火焰缓慢提起，使焊缝熔池逐渐减小。为了防止收尾时产生气孔、裂纹、熔池没填满产生凹坑等缺陷，可在收尾时多加一点焊丝。

　　在整个焊接过程中，应使熔池的形状和大小保持一致。焊接尺寸随焊件厚度增加，焊缝高度、焊缝宽度也应增加。本焊件厚度为 2mm，合适的焊缝高度为 1～2mm，宽度为 6～8mm。

　　3. 施焊注意事项

　　定位焊产生缺陷时，必须铲除或打磨后修补，以保证质量；焊缝不要过高、过宽、过低、过窄。焊缝边缘与基本金属要圆滑过渡，无过深、过长的咬边；焊缝背面必须均匀焊透，焊缝不允许有粗大的焊瘤和凹坑，焊缝直线度要好。

二、低碳钢薄板过路接线盒的气焊

　　过路接线盒是电气线路中一种常用的安全、保护装置，其作用是保护几路电线汇合或分叉处的接头，外形如图 2-33 所示。过路接线盒由厚 1.5～2mm 的低碳钢板折边或拼制成，尺寸大小视需要而定，本例的尺寸为长 200mm，宽 100mm，高 80mm。

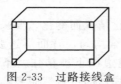

图 2-33　过路接线盒

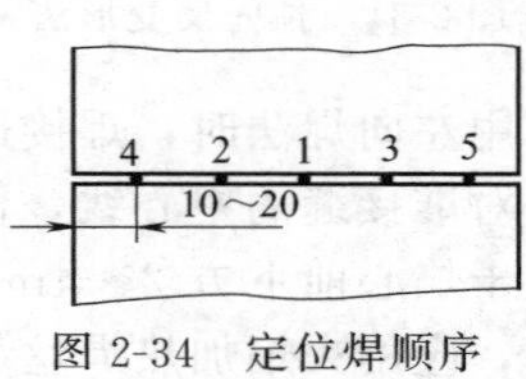

图 2-34　定位焊顺序

　　1. 焊前准备

　　焊前将被焊处表面用砂布打磨出金属光泽。采用直径为 2mm 的 H08A 焊丝，H01-6 焊炬，配 2 号焊嘴，预热火焰为中性焰。

　　2. 操作要点

　　定位焊必须焊透，焊缝长度为 5～8mm，间隔为 50～80mm，焊缝交叉处不准有定位焊缝。定位焊顺序如图 2-34 所示。采用左焊法，先焊短缝，后焊长缝，每条焊缝在焊接时都能自由地伸缩，以免接线盒出现过大的变形。焊接速度要快，注意焊嘴与熔池的距离，使焊丝与母材的熔化速度相适应。收尾时火焰缓慢离开熔池，以免冷却过快而出现缺陷。

三、水桶的气焊

某水桶高约 1m，直径为 0.5m，用板厚为 1.5mm 的低碳钢板制成。气焊时选用 H01-6 型焊炬配 2 号焊嘴，采用直径为 2mm 的 H08A 低碳钢焊丝。焊接方向选择左焊法。考虑到焊接桶体纵向对接焊缝的焊接变形，采用退焊法焊接（图 2-35）。纵缝气焊时，焊炬和焊缝夹角为 20°～30°，焊炬和焊丝之间夹角为 100°～110°。焊接时焊嘴作上下摆动，可防止气焊时将薄板烧穿。桶体纵缝焊完后，在焊接桶体和桶底的连接焊缝时，桶底采用卷边形式，卷边高度 h 可选为 2mm。焊接时，焊嘴作轻微摆动，卷边熔化后可加入少许焊丝，为避免桶体热量过大，焊接火焰应略偏向外侧。焊嘴、焊丝、焊缝之间的夹角和纵缝焊接时基本相同（图 2-36）。

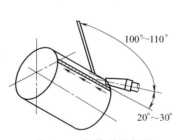

图 2-35 桶体纵缝焊接

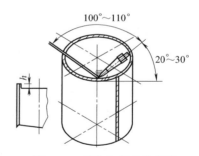

图 2-36 桶体和桶底的焊接

四、链环的气焊

链环一般采用低碳钢棒料制成，小直径链环的每个接头部位一般用气焊连接。用气焊方法焊接链环，应注意防止接头处产生过热或过烧现象，接头的过热或过烧会降低接头的强度，严重时造成报废。所以针对不同直径的链环，应考虑采取不同的气焊工艺和具体的操作方法。当气焊直径小于 4mm 的链环时，其对接接头可以不开坡口，但在装配时留 0.5～1.5mm 的间隙，只需要单面焊接即可。

操作时，选用较弱的中性焰，把链环接头放成平焊位置。刚开始加热时，火焰要避开链环的其他部位，而焊丝则应靠近被焊处，同时和被焊处一起受到火焰的加热。当链环焊处熔化时，焊丝也同时熔化，立即把焊丝熔滴滴向熔化的被焊部位，然后将火焰立即移开被焊部位，被焊部位就形成了牢固的焊接接头。焊完后，如果接头不够饱满，可再滴上一滴熔滴。如果焊缝金属偏向一侧，可用火焰加热使之熔化，让偏多一侧的焊缝金属流向偏少一侧，使之形成均匀的气焊接头。小直径链环气焊时，稍不注意就会产生熔合不良、烧穿、塌腰、过热或过烧等缺陷。气焊这类链环应十分小心谨慎，注意焊件、焊丝和火焰之间的互相协调。当气焊 4mm 以上、8mm 以下直径的链环时，也可采用不开坡口的接头形式，但装配间隙应考虑加大，一般取 2～3mm。气焊时采用双面焊的形式，一面焊完后再焊另一面，然后修整两个侧面的成形。这类链环气焊时，应注意保证焊透，同时避免产生过烧等现象。气焊直径＞8mm 的链环时，其接头开焊接坡口，坡口形式如图 2-37 所示。在装配时留有 2～3mm 间隙，并留有 1～2mm 的钝边。

气焊时，如果选择图 2-37（a）所示鸭嘴形坡口，应先焊一面再焊另一面，然后修整两侧。如果选择图 2-37（b）所示的圆锥形坡口，沿圆周进行焊接，链环接头应保证均匀饱满，通常焊完后表面有 1～1.5mm 的加强高。

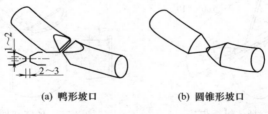

(a) 鸭形坡口   (b) 圆锥形坡口

图 2-37　链环坡口形式

五、通风管道的气焊

加热炉的通风管道部件用 1.5mm 厚低碳钢板制成，外形如图 2-38 所示。焊接操作要点：①焊前被焊处用砂布打磨至露出金属光泽；②采用直径为 2mm 的 H08 或 H08A 焊丝，H01-6 型焊炬，配 1 号或 2 号焊嘴，火焰为中性焰；③零件 A、B 及 C 定位焊缝按上例要求进行，先将各零件自行装配定位，然后再组装成部件；④零件 B 上直缝从圆口方

向焊接,焊缝 2 采取从下至上两半圈对称焊接,
零件 A 上直缝放置在平焊位置,用分段逆向法或
跳焊法焊接,零件 C 接焊缝 7,从 B 向 C 方向焊
接,零件 B 与零件 C 连接处,先焊焊缝 3、4,后
焊焊缝 5、6。其余操作要点同低碳钢薄板过路接
线盒。

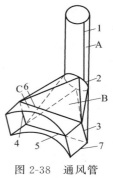

图 2-38 通风管
道部件

六、油箱及油桶的补焊

油箱或油桶在使用过程中,由于某种原因造
成磨损、裂纹、撞伤等,产生漏油现象,一般采
取气焊补焊修复。其补焊方法与气焊薄板工件相
同,但必须将油箱或油桶内的汽油及残余可燃气体清除干净,以防止在
补焊过程中发生爆炸事故。

为防止油箱或油桶补焊时发生爆炸,补焊前首先应将油箱或油桶内
剩余汽油倒净,然后用碱水清洗。火碱的用量一般为每个汽油箱或油桶
使用 500g,分三次用。首先往油箱内倒入半箱(桶)开水,并将火碱
投入箱(桶)内,将口堵住,用力摇晃箱(桶)体半小时,然后将水倒
出,再加入碱水洗涤,共进行三次。敞开口,静放一至两天,待残存的
可燃气体排净后,再焊接。或者经清洗干净后装水,水面距焊缝处
50mm 即可,立即焊接。对于柴油箱(桶)和机油箱(桶),用热水清
洗几次后,装水即可焊接。补焊前,必须把油箱或油桶的所有孔盖全部
打开,以便排气。为确保安全,焊工应尽量避免站在桶的端头处施焊,
以防爆炸伤人。

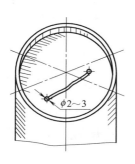

(a) 桶底裂纹止裂孔

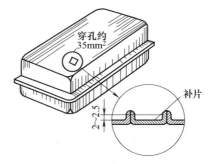

(b) 油箱底穿孔凹形补片

图 2-39 油箱裂纹及穿孔补焊前的处理

所补缺陷为裂纹时，若长度为 8mm 以下可直接补焊，大于 8mm 者应在裂纹末端钻直径为 2～3mm 的止裂孔，如图 2-39（a）所示。或先将裂纹的两端封焊，以免受热膨胀时使裂纹延伸。补焊处若是穿孔，其穿孔面积＜25mm² 时，可直接补焊，补焊时由孔的周围逐步焊至中心；若穿孔面积＞25mm² 时，需加补片进行补焊。补片的材料及厚度要与该油箱相同。将穿孔边沿卷起 2～2.5mm，卷边 90°，然后根据补焊孔洞的大小制作补片，并将补片做成凹形进行卷边焊，如图 2-39（b）所示。焊接所用的火焰性质、火焰能率、焊丝和焊嘴的运动情况同气焊薄钢板。

第四节 气割操作技能

一、氧-乙炔气割

1. 气割前的准备

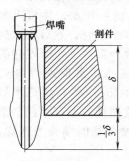

图 2-40 切割气流
的形状和长度

按照零件图样要求放样、号料。放样划线时应考虑留出气割毛坯的加工余量和切口宽度。放样、号料时应采用套裁法，可减少余料的消耗；根据割件厚度选择割炬、割嘴和气割参数。气割之前要认真检查工作场所是否符合安全生产的要求。乙炔瓶、回火防止器等设备是否能保证正常进行工作。检查射吸式割炬的射吸能力是否正常，然后将气割设备按操作规程连接完好。开启乙炔气瓶阀和氧气瓶阀，调节减压器，使氧气和乙炔气达到所需的工作压力；应尽量将割件垫平，并使切口处悬空，支点必须放在割件以内。切勿在水泥地面上垫起割件气割，如确需在水泥地面上切割，应在割件与地板之间加一块铜板，以防止水泥爆溅伤人；用钢丝刷或预热火焰清除切割线附近表面上的油漆、铁锈和油污；点火后，将预热火焰调整适当，然后打开切割阀门，观察风线形状，风线应为笔直和清晰的圆柱形，长度超过厚度的 1/3 为宜，切割气流的形状和长度如图 2-40 所示。

2. 气割基本操作

气割基本操作的类型及操作说明见表 2-11。

表 2-11　气割基本操作的类型及操作说明

类型	操作说明
操作姿势	点燃割炬调好火焰之后就可以进行切割。双脚成外八字形蹲在工件的一侧，右臂靠住右膝盖，左臂放在两腿中间，便于气割时移动。右手握住割炬手把并以右手大拇指和食指握住预热氧调节阀，便于调整预热火焰能率，一旦发生回火时能及时切断预热氧。左手的大拇指和食指握住切割氧调节阀，便于切割氧的调节，其余三指平稳地托住射吸管，使割炬与割件保持垂直。气割过程中，割炬运行要均匀，割炬与割件的距离保持不变。每割一段需要移动身体位置时，应关闭切割氧调节阀，等重新切割时再度开启
预热	开始气割时，将起割点材料加热到燃烧温度（割件发红），称为预热。起割点预热后，才可以慢慢开启切割氧调节阀进行切割。预热的操作方法，应根据零件的厚度灵活掌握 　①对于厚度<50mm 的割件，可采取割嘴垂直于割件表面的方式进行预热。对于厚度>50mm 的割件，预热分两步进行，如图 a 所示。开始时将割嘴置于割件边缘，并沿切割方向后倾 10°～20°加热，如图(a)(ⅰ)所示。待割件边缘加热到暗红色时，再将割嘴垂直于割件表面继续加热，如图 a(ⅱ)所示 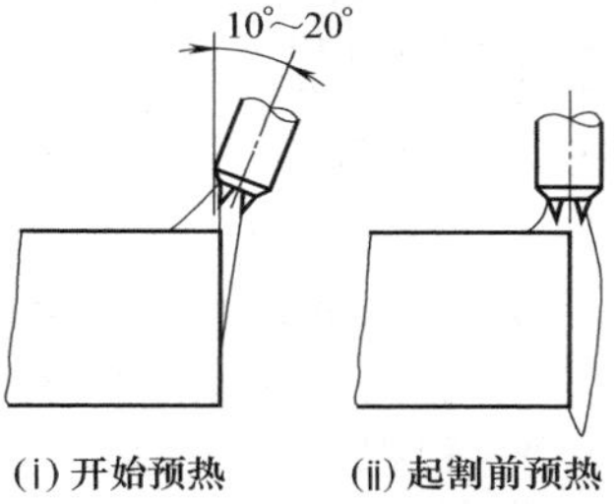 　②气割割件的轮廓时，对于薄件可垂直加热起割点；对于厚件应先在起割点处钻一个孔径约等于切口宽度的通孔，然后再加热割件该孔边缘作为起割点预热 10°～20° (ⅰ) 开始预热　　(ⅱ) 起割前预热 图(a)　厚割件的预热
起割	①首先应点燃割炬，并随即调整好火焰(中性焰)，火焰的大小，应根据钢板的厚度调整适当。将起割处的金属表面预热到接近熔点温度(金属呈亮红色或"出汗"状)，此时将火焰局部移出割件边缘并慢慢开启切割氧气阀门，当看到钢水被氧射流吹掉时，再加大切割气流，待听到"噗、噗"声时，再按所选择的气割参数进行切割 　②起割薄件内轮廓时，起割点不能选在毛坯的内轮廓线上，应选在内轮廓线之内被舍去的材料上，待该起割点割穿之后，再将割嘴移至切割线上进行切割。起割薄件内轮廓时，割嘴应向后倾斜 20°～40°，如图(b)所示 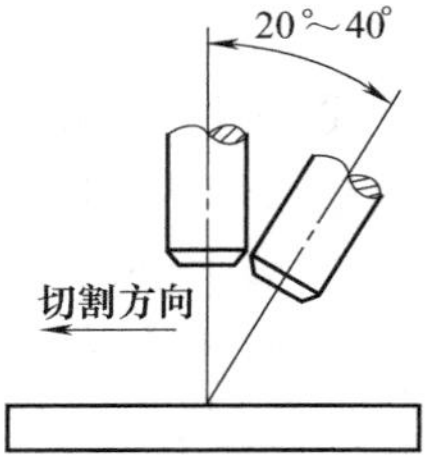 20°～40° 切割方向 图(b)　起割薄件内轮廓时割嘴的倾角
气割注意事项	①在切割过程中，应经常注意调节预热火焰，保持中性焰或轻微的氧化焰，焰心尖端与割件表面距离为 3～5mm。同时应将切割氧孔道中心对准钢板边缘，以利于减少熔渣的飞溅 　②保持熔渣的流动方向基本上与切口垂直，后拖量尽量小 　③注意调整割嘴与割件表面间的距离和割嘴倾角 　④注意调节切割氧气压力与控制切割速度 　⑤防止鸣爆、回火和熔渣溅出、灼伤 　⑥切割厚钢板时，因切割速度慢，为防止切口上边缘产生连续珠状渣、上边缘被熔化成圆角和减少背面的黏附挂渣，应采取较弱的火焰能率

续表

类型	操作说明
气割注意事项	⑦注意身体位置的移动。切割长的板材或作曲线形切割时，一般在切割长度达到300～500mm时，应移动一次操作位置。移位时，应先关闭切割氧调节阀，将割炬火焰抬离割件，再移动身体的位置。继续施割时，割嘴一定要对准割透的接割处并预热到燃点，再缓慢开启切割氧调节阀继续切割 ⑧若在气割过程中，发生回火而使火焰突然熄灭，应立即将切割氧气阀关闭，同时关闭预热火焰的氧气调节阀，再关乙炔阀，过一段时间再重新点燃火焰进行切割
气割收尾	①气割临近结束时，将割嘴后倾一定角度，使钢板下部先割透，然后再将钢板割断 ②切割完毕应及时关闭切割氧调节阀并抬起割炬，再关乙炔调节阀，最后关闭预热氧气调节阀 ③工作结束后（或较长时间停止切割）应将氧气瓶阀关闭，松开减压器调压螺钉，将氧气胶管中的氧气放出，同时关闭乙炔瓶阀，放松减压调节螺钉，将乙炔胶管中的乙炔放出

3. 提高手工气割质量和效率的方法

① 提高工人操作技术水平。

② 根据割件的厚度，正确选择合适的割炬、割嘴、切割氧压力、乙炔压力和预热氧压力等气割参数。

③ 选用适当的预热火焰能率。

④ 气割时，割炬要端平稳，使割嘴与割线两侧的夹角为90°。

⑤ 要正确操作，手持割炬时人要蹲稳。操作时呼吸要均匀，手勿抖动。

⑥ 掌握合理的切割速度，并要求均匀一致。气割的速度是否合理，可通过观察熔渣的流动情况和切割时产生的声音加以判别，并灵活控制。

⑦ 保持割嘴整洁，尤其是割嘴内孔要光滑，不应有氧化铁渣的飞溅物粘到割嘴上。

⑧ 采用手持式半机械化气割机，它不仅可以切割各种形状的割件，具有良好的切割质量，还由于它保证了均匀稳定的移动，所以可装配快速割嘴，大大地提高切割速度。如将 G01-30 型半自动气割机改装后，切割速度可从原来 $7\sim75$ cm/min 提高到 $10\sim240$ cm/min，并可采用可控硅无级调整。

⑨ 手工割炬如果装上电动匀走器，如图 2-41 所示，利用电动机带动滚轮使割炬沿割线匀速行走，既减轻劳动强度，又提高了气割质量。

二、氧-液化石油气切割

1. 切割优点

氧-液化石油气切割的优点是：①成本低，切割燃料费比氧-乙炔切

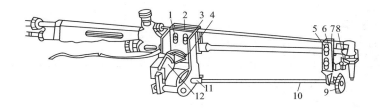

图 2-41 手工气割电动匀走器结构

1—螺钉；2—机架压板；3—电动机架；4—开关；5—滚轮架；6—滚轮架压板；
7—辅轮架；8—辅轮；9—滚轮；10—轴；11—联轴器；12—电动机

割降低 15%～30%；②火焰温度较低（约 2300℃），不易引起切口上缘熔化，切口齐平，下缘黏渣少、易铲除，表面无增碳现象，切口质量好；③液化石油气的汽化温度低，不需使用汽化器，便可正常供气；④气割时不用水，不产生电石渣，使用方便，便于携带，适于流动作业；⑤适宜于大厚度钢板的切割。氧-液化石油气火焰的外焰较长，可以到达较深的切口内，对大厚度钢板有较好的预热效果；⑥操作安全，液化石油气化学活泼性较差，对压力、温度和冲击的敏感性低。燃点为 500℃以上，回火爆炸的可能性小。

2. 切割缺点

氧-液化石油气切割的缺点是：①液化石油气燃烧时火焰温度低，因此，预热时间长，耗氧量较大；②液化石油气密度大（气态丙烷为 1.867kg/m³），对人体有麻醉作用，使用时应防止漏气和保持良好的通风。

3. 预热火焰与割炬的特点

氧-液化石油气预热火焰与割炬的特点是：①氧-液化石油气火焰与氧-乙炔火焰构造基本一致，但液化石油气耗氧量大，燃烧速度约为乙炔焰的 27%，温度约低于 500℃，但燃烧时发热量比乙炔高出 1 倍左右；②为了适应燃烧速度低和氧气需要量大的特点，一般采用内嘴芯为矩形齿槽的组合式割嘴；③预热火焰出口孔道总面积应比乙炔割嘴大 1 倍左右，且该孔道与切割氧孔道夹角为 10°左右，以使火焰集中；④为了使燃烧稳定，火焰不脱离割嘴，内嘴芯顶端至外套出口端距离应为 1～1.5mm；⑤割炬多为射吸式，且可用氧-乙炔割炬改制。氧-液化石油气割炬技术参数见表 2-12。

表 2-12　氧-液化石油气割炬技术参数

割炬型号	G07-100	G07-300	割炬型号	G07-100	G07-300
割嘴号码	1～3	1～4	可换割嘴个数	3	4
割嘴孔径/mm	1～1.3	2.4～3.0	氧气压力/MPa	0.7	1
切割厚度/mm	100 以内	300 以内	丙烷压力/MPa	0.03～0.05	0.03～0.05

4. 气割参数的选择

氧-液化石油气气割参数的选择如下：

① 预热火焰　一般采用中性焰；切割厚件时，起割用弱氧化焰（中性偏氧），切割过程中用弱碳化焰。

② 割嘴与割件表面间的距离　一般为 6～12mm。

5. 氧-液化石油气切割操作

① 由于液化石油气的燃点较高，故必须用明火点燃预热火焰，再缓慢加大液化石油气流量和氧气量。

② 为了减少预热时间，开始时采用氧化焰（氧与液化石油气混合比为 5∶1），正常切割时用中性焰（氧与液化石油气混合比为 3.5∶1）。

③ 一般的工件气割速度稍低，厚件的切割速度和氧-乙炔切割相近。直线切割时，适当让割嘴后倾，可提高切割速度和切割质量。

④ 液化石油气瓶必须放置在通风良好的场所，环境温度不宜超过 60℃，要严防气体泄漏，否则，有爆炸的危险。

除上述几点外，氧-液化石油气切割的操作方法与氧-乙炔切割的操作方法基本相同。

三、氧-丙烷气割

氧-丙烷气割时使用的预热火焰为氧-丙烷火焰，根据使用效果、成本、气源情况等综合分析，丙烷是比较理想的乙炔代用燃料，目前丙烷的使用量在所有乙炔代用燃气中用量最大。氧-丙烷切割要求氧气纯度高于 99.5%，丙烷气的纯度也要高于 99.5%。一般采用 G01-30 型割炬配用 GKJ4 型快速割嘴。与氧-乙炔火焰切割相比，氧-丙烷火焰切割的特点如下：

① 切割面上缘不烧塌，熔化量少；切割面下缘黏性熔渣少，易于清除；切割面的氧化皮易剥落，切割面的表面粗糙度精度相对较高。

② 切割厚钢板时，不塌边、后劲足，棱角整齐，精度高。

③ 倾斜切割时，倾斜角度越大，切割难度越高；比氧-乙炔切割成本低，总成本降低 30% 以上。

　　氧-丙烷火焰的温度比氧-乙炔焰低，所以切割预热时间比氧-乙炔焰要长。氧-丙烷火焰温度最高点在焰心前 2mm 处。手工切割时，由于手持割炬不平稳，预热时间差异很大，机械切割时预热时间差别很小，具体见表 2-13。预热时采用氧化焰（氧与丙烷混合比为 5∶1），可提高预热温度，缩短预热时间。切割时调成中性焰（混合比为 3.5∶1）。外混式割嘴机动气割钢材的气割参数见表 2-14。气割 U 形坡口割嘴配置如图 2-42 所示，气割参数见表 2-15。

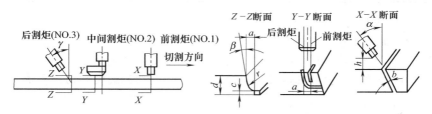

图 2-42　U 形坡口的气割

表 2-13　机械切割时的预热时间

切割厚度/mm	预热时间/s	
	乙炔	丙烷
20	5(30)	8(34)
50	8(50)	10(53)
100	10(78)	14(80)

注：括号内为穿孔时间。

表 2-14　外混式割嘴机动气割钢材的气割参数

气割参数		割嘴型号		
		F411-600	F411-1000	F411-1500
割缝宽度/mm		15～20	25～30	25～35
切割厚度/mm		600	1000	1500
切割速度/(mm/min)		60～160	25～30	25～30
丙烷气	压力/MPa	0.04	0.04	0.04
	流量/(m³/h)	7.4	13	13
预热氧	压力/MPa	0.059	0.059	0.059
	流量/(m³/h)	11	20	20
切割氧	压力/MPa	0.588～0.784	0.588～0.784	0.588～0.784
	流量/(m³/h)	120	240	300

　　使用氧-丙烷气割与氧-乙炔气割的操作步骤基本一样，只是氧-丙烷火焰略弱，切割速度较慢一些。可采取如下措施使切割速度提高：

表 2-15　U 形坡口的气割参数

板厚 δ/mm	割炬	α/(°)	β/(°)	γ/(°)	h/mm	b/mm	d/mm	a/mm	c/mm	r/mm	预热氧压力/kPa	切割氧压力/kPa	丙烷压力/kPa	切割速度/(mm/min)
60	前割炬 NO.1	16	—	—	5	2.5	—	—	—	—	200	600	30	240
	中间割炬 NO.2	—	4	—	8	—	≈6	≈20	10	23	500	368	30	240
	后割炬 NO.3（直切割钝边）	—	—	10	5	15	—	—	—	—	200	200	30	240

① 预热时，割炬不抖动，火焰固定于钢板边缘一点，适当加大氧气量，调节火焰成氧化焰。

② 换用丙烷快速割嘴使割缝变窄，适当提高切割速度。

③ 直线切割时，适当使割嘴后倾，可提高切割速度和切割质量。

四、氧-熔剂气割

氧-熔剂气割法又称为金属粉末切割法，是向切割区域送入金属粉末（铁粉、铝粉等）的气割方法。可以用来切割常规气体火焰切割方法难以切割的材料，如不锈钢、铜和铸铁等。氧-熔剂气割方法虽设备比较复杂，但切割质量比振动切割法好。在没有等离子弧切割设备的场合，是切割一些难切割材料的快速和经济的切割方法。

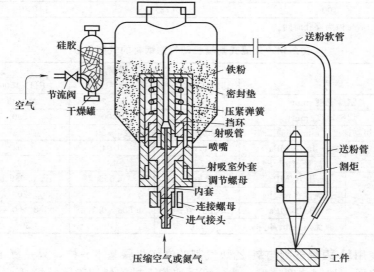

图 2-43　金属粉末切割的工作原理

氧-熔剂气割是在普通氧气切割过程中在切割氧气流内加入纯铁粉或其他熔剂，利用它们的燃烧热和除渣作用实现切割的方法。通过金属粉末的燃烧产生附加热量，利用这些附加热量生成的金属氧化物使得切割熔渣变稀薄，易于被切割氧气流排除，从而达到实现连续切割的目的。金属粉末切割的工作原理如图 2-43 所示。

对切割熔剂的要求是在被氧化时能放出大量的热量，使工件达到能稳定地进行切割的温度，同时要求熔剂的氧化物应能与被切割金属的难熔氧化物进行激烈的相互作用，并在短时间内形成易熔、易于被切割氧气流吹出的熔渣。熔剂的成分主要是铁粉、铝粉、硼砂、石英砂等，铁粉与铝粉在氧气流中燃烧时放出大量的热，使难熔的被切割金属的氧化物熔化，并与被切割金属表面的氧化物熔在一起；加入硼砂等可使熔渣变稀，易于流动，从而保证切割过程的顺利进行。

氧-熔剂气割方法的操作要点在于除了有切割氧气的气流外，同时还有由切割氧气流带出的粉末状熔剂吹到切割区，利用氧气流与熔剂对被切割金属的综合作用，借以改善切割性能，达到切割不锈钢、铸铁等金属的目的。氧-熔剂气割所用的设备、器材与普通气割设备大体相同，但比普通氧-燃气切割多了熔剂及输送熔剂所需的送粉装置。切割厚度＜300mm 的不锈钢可以使用一般氧气切割用的割炬和割嘴（包括低压扩散形割嘴）；切割更厚的工件时，则需使用特制的割炬和割嘴。氧-熔剂切割按照输送熔剂的方式不同，可将氧-熔剂切割分为体内送粉式和体外送粉式两种［图 2-44（a）、（b）］。

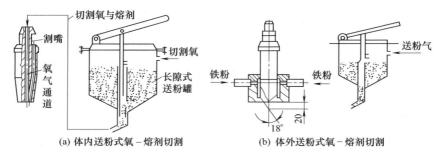

(a) 体内送粉式氧-熔剂切割   (b) 体外送粉式氧-熔剂切割

图 2-44 金属粉末切割的工作原理

1. 体内送粉式

体内送粉式氧-熔剂切割是利用切割氧通入长隙式送粉罐后，把熔剂粉带入割炬而喷到切割部位的。为防止铁粉在送粉罐中燃烧，一般采用 0.5～1mm 的粗铁粉，由于铁粉粒度大，送粉速度快，铁粉不能充分燃烧，只适于切割厚度＜500mm 的工件。

2. 体外送粉式

体外送粉式氧-熔剂切割是利用压力为 0.04～0.06MPa 的空气或氮气，单独将细铁粉（＞140 目）由嘴芯外部送入火焰加热区的。由于铁粉粒度小，送粉速度慢，铁粉能充分燃烧放出大量的热量，有效地真坏切口表面的氧化膜，因此，体外送粉式氧-熔剂气割可用于切割厚度＞500mm 的工件。

采用氧-熔剂气割不锈钢、铸铁，其切割厚度可大大提高，目前，国内已能切割厚度 1200mm 的金属材料。体内送粉式和体外送粉式氧-熔剂不锈钢的气割参数分别见表 2-16 和表 2-17。

表 2-16　1Cr18Ni9Ti 不锈钢氧-熔剂的气割参数（体内送粉式）

气割参数项目	板厚/mm					
	10	20	30	40	70	90
割嘴号码	1	1	2	2	3	3
氧气压力/kPa	440	490	540	590	690	780
氧气耗量/(kL/h)	1.1	1.3	1.6	1.75	2.3	3.0
燃气（天然气）/(kL/h)	0.11	0.13	0.15	0.18	0.23	0.29
铁粉耗量/(kg/h)	0.7	0.8	0.9	1.0	2.0	2.5
切割速度/(mm/min)	230	190	180	1 60	120	90
切口宽度/mm	10	10	11	11	12	12

注：铁粉粒度 0.05～0.1mm。

表 2-17　18-8 不锈钢氧-熔剂的气割参数（体外送粉式）

气割参数项目	板厚/mm				
	5	10	30	90	200
氧气压力/kPa	245	315	295	390	490
氧气耗量/(kL/h)	2.64	4.68	8.23	14.9	23.7
乙炔压力/kPa	20	20	25	25	40
乙炔耗量/(kL/h)	0.34	0.46	0.73	0.90	1.48
铁粉耗量/(kg/h)	9	10	10	12	15
切割速度/(mm/min)	416	366	216	150	50

注：铁粉粒度 0.05～0.1mm。

切割不锈钢及高铬钢时，可采用铁粉作为熔剂；切割高铬钢时，可采用铁粉与石英砂按 1:1 比例混合的熔剂。切割时，割嘴与金属表面距离应比普通气割时稍大些，为 15～20mm，否则容易引起回火。切割速度比切割普通低碳钢稍低一些，预热火焰能率比普通气割高 15%～

25%。氧-熔剂气割铸铁时，所用熔剂为 65%～70% 的铁粉加 30%～35% 的高炉磷铁，割嘴与工件表面的距离为 30～50mm。与普通气割参数相比，氧-熔剂气割的预热火焰能率要大 15%～25%，割嘴倾角为 5°～10°，割嘴与工件表面距离要大些，否则，容易引起割炬回火。氧-熔剂气割铜及其合金时，应进行整体预热，割嘴距工件表面的距离为 30～50mm。

铸铁氧-熔剂的气割参数见表 2-18。

表 2-18　铸铁氧-熔剂的气割参数

气割参数项目	厚度/mm					
	20	50	100	150	200	300
切割速度 /(mm/min)	80～130	60～90	40～50	25～35	20～30	15～22
氧气消耗量 /(m³/h)	0.70～1.80	2～4	4.50～8	8.50～14.50	13.5～22.5	17.50～43
乙炔消耗量 /(m³/h)	0.10～0.16	0.16～0.25	0.30～0.45	0.45～0.65	0.60～0.87	0.90～1.30
熔剂消耗量 /(kg/h)	2～3.50	3.50～6	6～10	9～13.5	11.50～14.50	17

氧-熔剂气割紫铜、黄铜及青铜时，采用的熔剂成分是铁粉 70%～75%、铝粉 15%～20%、磷铁 10%～15%。切割时，先将被切割金属预热到 200～400℃。割嘴和被切割金属之间的距离根据金属的厚度决定，一般在 20～50mm。

五、快速优质切割

氧气切割中，铁在氧气中燃烧形成熔渣被高速氧气吹开而达到被切割的目的。通过割嘴的改造，使之获得流速更高的气流，强化燃烧和排渣过程，可使切割速度进一步提高的方法称为快速气割或高速气割。

1. 快速割嘴的结构和工作原理

图 2-45 为 GK 及 GKJ 系列快速割嘴的结构，图中（括弧外数字为 30°尾锥面割嘴的配合尺寸；括弧内数字为 45°尾锥面割嘴的配合尺寸）快速割嘴可与国家相关标准规定的割炬配套使用。

快速割嘴的工作原理：根据氧-乙炔气割原理，如果要大大提高气割速度，就必须增加气割氧射流的流量和动能，以加速金属的燃烧过程和增强吹除氧化熔渣的能力。普通割嘴气割氧孔道由于是直孔形，所以对气割氧射流的流量的动能没有增强作用。而快速优质气割割嘴的气割

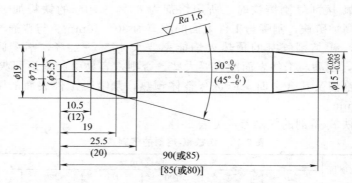

图 2-45　GK 及 GKJ 系列快速割嘴的结构

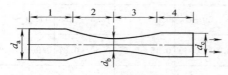

图 2-46　快速割嘴气割氧孔道

1—稳定段；2—收缩段；3—扩散段；4—平直段；
d_a—入口直径；d_b—喉部直径；d_c—出口直径

氧孔道为拉瓦尔喷管形，即通道呈喇叭喷管形式，如图 2-46 所示。当具有一定压力的氧气流流经收缩段时，处于亚音速状态，通过喉部后，气流在扩散段内膨胀、扩散、加速形成超音速气流。出口处超音速气流的静压力等于外界大气压，因此气流的边界将不再膨胀，保持气流在一段较长的距离内平行一致。这就增加了沿气流方向的动量，增强了切割气流的排渣能力，切割速度显著提高。快速割嘴更适用于大厚度气割和精密气割。

2. 快速气割的特点

快速气割的途径是向气割区吹送充足的、高纯度的高速氧气流，以加快金属的燃烧过程。与普通气割相比，特点是：采用快速气割，切割速度比普通气割高出 $30\%\sim40\%$，切割单位长度的耗氧量与普通气割并无明显差别，切割厚板时，成本还有所降低；切割速度快，传到钢板上的热量较少，降低切口热影响区宽度和气割件的变形；氧气的动量大，射流长，有利于切割较厚的钢板；切口表面粗糙度可达 $Ra3.2\sim6.3\mu m$，并可提高气割件的尺寸精度。

3. 快速割嘴喉部直径的选择

快速割嘴的喉部直径 d_b 取决于被气割钢板厚度，见表 2-19。扩散段出口马赫数（气流速度与声速的比值）取决于气割氧管道供气压力对气割速度的要求。一般取马赫数为 2 或更低些，当要求气割速度更高时，可选用 2.5 或更高值。出口直径 d_c 取决于喉部直径 d_b 和出口马赫数。

表 2-19 快速割嘴喉部直径的选择

钢板厚度/mm	5～50	50～100	100～200	200～300	300 以上
喉部直径/mm	0.5～1	1～1.5	1.5～2	2～3	＞3

4. 快速气割对设备、气体及火焰的要求

要求调速范围大、行走平稳、体积小、质量轻等。行车速度在 200～1200mm/min，可调；为保证气流量的稳定，一般以 3～5 瓶氧气经汇流排供气。使用高压、大流量减压器。氧气橡胶管要能承受 2.5MPa 的压力，内径在 4.8～9mm；采用射吸式割炬 G01-100 型改装，也可采用等压式割炬；乙炔压力应＞0.1MPa，最好采用乙炔瓶供应乙炔气。当预热火焰调至中性焰时，应保证火焰形状匀称且燃烧稳定；切割氧气流在正常火焰衬托下，目测时应位于火焰中央，且挺直、清晰、有力，在规定的使用压力下，可见切割氧气流长度应符合表 2-20。

表 2-20 可见切割氧气流长度

割嘴规格号	1	2	3	4	5	6	7
可见切割氧气流长度/mm	≥80		≥100		≥120	≥150	≥180

5. 快速气割的工艺特点

气割时，气割氧压力只取决于气割氧出口马赫数并保持在设计压力范围内，不随气割厚度的变化而变化。如马赫数为 2.0 的系列割嘴，氧气压力只能为 0.7～0.8MPa，过高或过低都会使气割氧气流边界成锯齿形，导致气割速度和气割质量下降。直线气割 30mm 以下厚度的钢板，割炬后倾角为 5°～30°，以利于提高气割速度。对于 30mm 以上的钢板，不宜用后倾角。气割速度加快时，后拖量增加，切口表面质量下降，所以应在较宽范围内根据切口表面质量的不同来选择气割速度，气割速度对切口表面粗糙度的影响见表 2-21。

表 2-21 气割速度对切口表面粗糙度的影响

气割速度/(cm/min)	20	30	40	50
纹路深度/μm	14.3～18.4	17.7～19.5	19.8～22	41.9
表面粗糙度 Ra/μm	3.2	3.2	6.3	12.5

6. 快速气割参数的选择

采用马赫数为 2.0 的系列快速割嘴气割不同厚度钢板时的气割参数

见表 2-22。大轴和钢轨的气割参数见表 2-23。

表 2-22　马赫数为 2.0 的快速割嘴气割参数

钢板厚度 /mm	割嘴喉部直径/mm	气割氧压力 /MPa	燃气压力 /MPa	气割速度 /(cm/min)	切口宽度 /mm
≤5 5～10 10～20 20～40 40～60	0.7	0.75～0.8		110.0 110.0～85.0 85.0～60.0 60.0～35.0 35.0～25.0	≈1.3
20～40 40～60 60～100	1	0.75～0.8	0.02～0.04	65.0～45.0 45.0～38.0 38.0～20.0	≈2.0
60～100 100～150	1.5	0.7～0.75		43.0～27.0 27.0～20.0	≈2.8
100～150 150～200	2	0.7		30.0～25.0 25.0～17.0	≈3.5

表 2-23　大轴和钢轨的气割参数

割件	割嘴孔径 /mm	切割氧压力 /MPa	预热氧压力 /MPa	燃气压力 /MPa	切割速度 /(mm/min)
大轴	4	1.0～1.2	0.3	0.04	120～180
钢轨	2.5	0.55～0.6	0.15	0.04	120[①]，430[②]

① 采用 CG2-150 型仿形气割机。

② 大轴气割机，可采用钢棒引割。

第五节 | 气割操作训练实例

一、各种厚度钢板的气割

1. 薄板切割

切割 2～4mm 的薄板时，因板薄，加热快，散热慢，容易引起切口边缘熔化，熔渣不易吹掉，粘在钢板背面，冷却后不易去掉，且切割后变形很大。若切割速度稍慢，预热火焰控制不当，易造成前面割开后面又熔合在一起的现象。因此，气割薄板时，为了获得较为满意的效果，应采取如下措施：

① 应选用 G01-30 型割炬和小号割嘴。

② 预热火焰要小，割嘴后倾角加大到 30°～45°，割嘴与工件距离加大到 10～15mm，切割速度尽可能快些。

③ 如果薄板成批下料或切割零件时，可将薄板叠在一起进行气割。这样，生产率高，切割质量也比单层切割好。叠成多层切割之前，要把切口附近的铁锈、氧化皮和油污清理干净。要用夹具夹紧，不留间隙。

④ 为保证上、下表面两张薄板不致烧熔，可以用两块 6～8mm 的钢板作为上、下盖板叠在一起。为了使开始切割顺利，可将上、下钢板错开使端面叠成 3°～5° 的斜角，如图 2-47 所示。叠板气割可以切割 0.5mm 以上的薄板，总厚度不应大于 120mm。

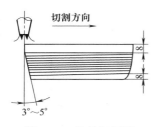

图 2-47　叠板切割图

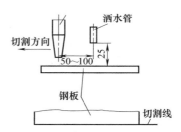

图 2-48　切割薄板时洒水管的配置

用切割机对厚度小于 6mm 的零件进行成形气割，为获得必要的尺寸精度，可在切割机上配以洒水管，如图 2-48 所示，边切割边洒水，洒水量为 2L/min。薄钢板的机动气割参数见表 2-24。

表 2-24　薄钢板的机动气割参数

板厚/mm	割嘴号码	割嘴高度/mm	切割速度/（mm/min）	切割氧压力/MPa	乙炔压力/MPa
3.2	0	8	650	0.196	0.02
4.5	0	8	600	0.196	0.02
6.0	0	8	550	0.196	0.02

2. 中厚度碳钢板切割

气割 4～20mm 厚度的钢板时，一般选用 01-100G 型割炬，割嘴与工件表面的距离大致为焰心长度加上 2～4mm，切割氧风线长度应超过工件板厚的 1/3。气割时，割嘴向后倾斜 20°～30°，切割钢板越厚，后倾角应越小。

3. 大厚度碳钢板切割

通常把厚度超过 100mm 的工件切割称为大厚度切割。气割大厚度钢板时，由于工件上下受热不一致，使下层金属燃烧比上层金属慢，切口易形成较大的后拖量，甚至割不透，熔渣易堵塞切口下部，影响气割过程的顺利进行。

　　① 应选用切割能力较大的 G01-300 型割炬和大号割嘴，以提高火焰能率。

　　② 氧气和乙炔要保证充分供应，氧气供应不能中断，通常将多个氧气瓶并联起来供气，同时使用流量较大的双级式氧气减压器。

　　③ 气割前，要调整好割嘴与工件的垂直度，即割嘴与割线两侧平面成 90°夹角。

　　④ 气割时，预热火焰要大。先从割件边缘棱角处开始预热，如图 2-49 所示，并使上、下层全部均匀预热，如图 2-49（a）所示。如图 2-49（b）所示，上、下预热不均匀，会产生图 2-49（c）所示的未割透。大截面钢件气割的预热温度参数见表 2-25。

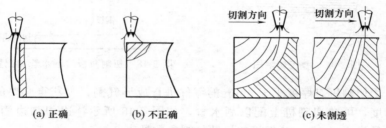

图 2-49　大厚度钢板气割的预热

表 2-25　大截面钢件气割的预热温度

材料牌号	截面尺寸/mm	预热温度/℃
35,45	1000×1000	250
5CrNiMo,5CrMnMo	800×1200	
14MnMoVB	1200×1200	
37SiMn2MoV,60CrMnMo	φ830	450
25CrNi3MoV	1400×1400	

　　操作时，注意使上、下层全部均匀预热到切割温度，逐渐开大切割氧气阀并将割嘴后倾，如图 2-50（a）所示，待割件边缘全部切透时，加大切割氧气流，且将割嘴垂直于割件，再沿割线向前移动割嘴。切割过程中，还要注意切割速度要慢，而且割嘴应作横向月牙形小幅摆动，如图 2-50（b）所示，但此时会造成割缝表面质量下降。当气割结束时，速度可适当放慢，使后拖量减少并容易将整条割缝完全割断。有时，为加快气割速度，可采取先在整个气割线的前沿预热一遍，然后再进行气割。若割件厚度超过 300mm 时，可选用重型割炬或自行改装，

将原收缩式割嘴内嘴改制成缩放式割嘴内嘴，如图 2-51 所示。

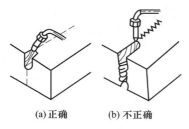

(a) 正确　　(b) 不正确

图 2-50　大厚度割件切割过程

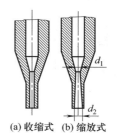

(a) 收缩式　(b) 缩放式

图 2-51　割嘴内嘴

⑤ 手工气割大厚度钢板（300～600mm）的气割参数见表 2-26。在气割过程中，若遇到割不穿的情况，应立即停止气割，以免气窝和熔渣在割缝中旋转使割缝产生凹坑，重新起割时应选择另一方向作为起割点。整个气割过程，必须保持均匀一致的气割速度，以免影响割缝宽度和表面粗糙度。并应随时注意乙炔压力的变化，及时调整预热火焰，保持一定的火焰能率。

表 2-26　手工气割大厚度钢板（300～600mm）的气割参数

工件厚度/mm	喷嘴号码	预热氧压力 /MPa	预热乙炔压力 /MPa	切割氧压力 /MPa
200～300	1	0.3～0.4	0.08～0.1	1～1.2
300～400	1	0.3～0.4	0.1～0.12	1.2～1.6
400～500	2	0.4～0.5	0.1～0.12	1.6～2
500～600	3	0.4～0.5	0.1～0.14	2～2.5

二、钢板开孔的气割

钢板的气割开孔分水平气割开孔和垂直气割开孔两种情况。

1. 钢板水平气割开孔

气割开孔时，起割点应选择在不影响割件使用的部位。在厚度＞30mm 的钢板开孔时，为了减少预热时间，用錾子将起割点铲毛，或在起割点用电焊焊出一个凸台。将割嘴垂直于钢板表面，采用较大能率的预热火焰加热起割点，待其呈亮红色时，将割嘴向切割方向后倾 20°左右，慢慢开启切割氧调节阀。随着开孔度增加，割嘴倾角应不断减小，直至与钢板垂直为止。起割孔割穿后，即可慢慢移动割炬，沿切割线割出所要求的孔洞，如图 2-52 所示。利用上述方法也可以气割图 2-53 所示的 8 字形孔洞。

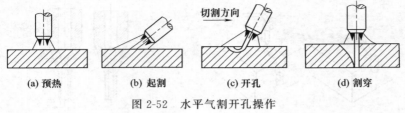

(a) 预热   (b) 起割   (c) 开孔   (d) 割穿

图 2-52　水平气割开孔操作

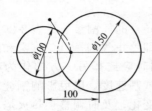

图 2-53　8 字形孔洞的水平气割

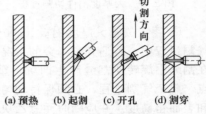

(a) 预热　(b) 起割　(c) 开孔　(d) 割穿

图 2-54　垂直气割开孔操作

2. 钢板垂直气割开孔

处于铅垂位置的钢板气割开孔的操作方法与水平位置气割基本相同，只是在操作时割嘴向上倾斜，并向上运动以便预热待割部分，如图 2-54 所示。待割穿后，可将割炬慢慢移至切割线割出所需孔洞。

三、坡口的气割

1. 钢板坡口的气割

气割无钝边 V 形坡口时，如图 2-55 所示，首先，要根据厚度 δ 单边坡口角度 α 计算划线宽度 b，$b=\delta\tan\alpha$，并在钢板上划线。调整割炬

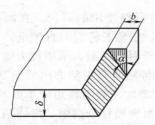

图 2-55　V 形坡口的手工气割

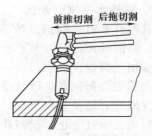

图 2-56　手工气割坡口的操作方法

角度，使之符合 α 角的要求，采用后拖或前推的操作方法切割坡口，如图 2-56 所示。为了使坡口宽度一致，也可以用简单的靠模进行切割，如图 2-57 所示。

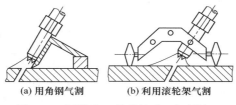

(a) 用角钢气割　　　　(b) 利用滚轮架气割

图 2-57　用辅助工具进行手工气割坡口

2. 钢管坡口的气割

图 2-58 为钢管坡口气割示意图，操作步骤如下：

① 由 $b=(\delta-p)\tan\alpha$，计算划线宽度 b，并沿外圆周划出切割线。

② 调整割炬角度 α，沿切割线切割。

③ 切割时除保持割炬的倾角不变之外，还要根据在钢管上的不同位置，不断调整好割炬的角度。

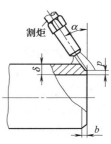

图 2-58　钢管坡口的气割

四、难切割材料的气割

1. 不锈钢的振动气割

不锈钢在气割时生成难熔的 Cr_2O_3，所以不能用普通的火焰气割方法进行切割。不锈钢切割一般采用空气等离子弧切割，在没有等离子弧切割设备或需切割大厚度钢板情况下，也可以采用振动气割法。振动气割法是采用普通割炬使割嘴不断摆动来实现切割的方法。这种方法虽然切口不够光滑，但突出的优点是设备简单、操作技术容易掌握，而且被切割工件的厚度可以很大，甚至可达 300mm 以上。不锈钢振动气割如图 2-59 所示。不锈钢振动气割的操作要点如下：

① 采用普通的 G01-300 型割炬，预热火焰采用中性焰，其能率比气割相同厚度的碳钢要大一些，且切割氧压力也要加大 15%～20%。

② 切割开始时，先用火焰加热工件边缘，待其达到红热熔融状态时，迅速打开切割氧气阀门，稍抬高割炬，熔渣即从切口处流出。

③ 起割后，割嘴应作一定幅度的上下、前后振动，以此来破坏切口处高熔点氧化膜，使铁继续燃烧。利用氧流的前后、上下的冲击作用，不断将焊渣吹掉，保证气割顺利进行。割嘴上下、前后振动的频率一般为 20～30 次/min，振幅为 10～15mm。

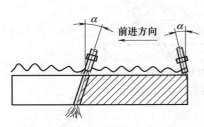

图 2-59　不锈钢振动气割

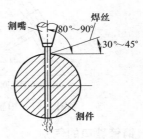

图 2-60　加丝法气割

2. 不锈钢的加丝气割

气割不锈钢还可以采用加丝法，选用直径为 4～5mm 的低碳钢丝 1 根，在气割时由一人将该钢丝以与切割表面成 30°～45°方向不断送入切割气流中，利用铁在氧中燃烧产生最大的热量，使切割处金属温度迅速升高，而燃烧所生成的氧化铁又与三氧化二铬形成熔渣，熔点降低，易于被氧吹走，促使切割顺利进行，如图 2-60 所示。采用加丝法气割时，割炬和割嘴与碳钢相同，不必加大号码。

3. 复合钢板的气割

不锈复合钢板的气割不同于一般碳钢的气割。由于不锈钢复合层的存在，给切割带来一定的困难，但它比单一的不锈钢板容易切割。用一般切割碳钢的气割参数来切割不锈复合钢板，经常发生切不透的现象。保证不锈复合钢板切割质量的关键是使用较低的切割氧气压力和较高的预热火焰氧气压力。因此，应选用等压力式割炬。切割不锈复合钢板时，基层（碳钢面）必须朝上，切割角度应向前倾，以增加切割氧气流所经过的碳钢的厚度，这对切割过程非常有利。操作中应注意将切割氧阀门开得较小一些，而预热火焰调得较大一些。

切割 16mm＋4mm 复合钢板时，采用半自动气割机分别送氧的气割参数：切割氧压力为 0.2～0.25MPa，预热气压力为 0.7～0.8MPa。改用手工气割后所采用的气割参数：切割速度为 360～380mm/min，氧气压力为 0.7～0.8MPa，割嘴直径为 2～2.5mm（G01-300 型割炬，2 号嘴头），嘴头与工件距离为 5～6mm。

4. 铸铁的振动气割

铸铁材料的振动气割原理和操作方法基本上与不锈钢振动切割相同。切割时，以中性火焰将铸铁切口处预热至熔融状态后，再打开切割氧气阀门，进行上、下振动切割。每分钟上、下振动 30 次左右，铸铁厚度在 100mm 以上时，振幅为 8～15mm。当切割一段后，振动次数可逐渐减少，甚至可以不用振动，而像切割碳钢板那样进行操作，直至切割完毕。

切割铸铁时，也可采用沿切割方向前后振动或左右横向振动的方法进行振动切割。如采用横向振动，根据工件厚度的不同，振动幅度可在8～10mm 变动。

第三章
焊条电弧焊

第一节 | 操作基础

　　焊条电弧焊是用手工操纵焊条进行焊接的电弧焊接方法，如图 3-1 所示。操作时，焊条与焊件分别作为两个电极。利用焊条与焊件之间产生的电弧热量来熔化焊件金属，冷却后形成焊缝。它是熔化焊中最基本的一种焊接方法，也是目前焊接生产中使用最为广泛的焊接方法。其所需设备简单，操作方便灵活，适用于各种条件下的焊接，特别适用于形状复杂、焊缝短小、弯曲或各种空间位置的焊缝的焊接。

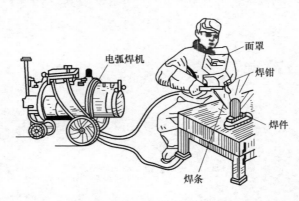

图 3-1　焊条电弧焊操作示意图

一、焊条电弧焊的工作原理

　　焊接时，将焊条与焊件之间接触短路引燃电弧，电弧的高温将焊条与焊件局部熔化，熔化了的焊芯以熔滴的形式过渡到局部熔化的焊件表面，熔合在一起形成熔池。药皮熔化过程中产生的气体和液态熔渣，不仅使熔池和电弧周围的空气隔绝，而且与熔融金属发生一系列冶金反应，随着电弧沿焊接方向不断移动，熔池液态金属逐步冷却结晶，形成符合要求的优质焊缝。焊条电弧焊的过程如图 3-2 所示。

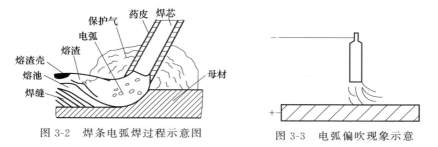

图 3-2　焊条电弧焊过程示意图　　　　图 3-3　电弧偏吹现象示意

二、焊条电弧焊的特点

1. 焊条电弧焊的特点

焊条电弧焊的特点是设备简单，操作方便、灵活，可达性好，能进行全位置焊接，适合焊接多种金属。电弧偏吹是焊条电弧焊时的一种常见现象。电弧偏吹即弧柱轴线偏离焊条轴线的现象，如图 3-3 所示。

电弧偏吹的种类：由于弧柱受到气流的干扰或焊条药皮偏心所引起的偏吹；采用直流焊机，焊接角焊缝时引起的偏吹；由于某一磁性物质改变磁力线的分布而引起的偏吹。

克服偏吹的措施：尽量避免在有气流影响下焊接；焊条药皮的偏心度应控制在技术标准之内；将焊条顺着偏吹方向倾斜一个角度；焊件上的接地线尽量靠近电弧燃烧处；加磁钢块，以平衡磁场；采用短弧焊接或分段焊接的方法。

2. 焊条电弧焊的优点与缺点

（1）焊条电弧焊的优点

① 适应性强　对于不同的焊接位置、接头形式、焊件厚度及焊缝，只要焊条所能达到的任何位置，均能进行方便的焊接。对一些单件、小件、短的、不规则的空间任意位置以及不易实现机械化焊接的焊缝，更显得机动灵活，操作方便。

② 应用范围广　焊条电弧焊的焊条能够与大多数焊件金属性能相匹配，因而接头的性能可以达到被焊金属的性能。不但能焊接碳钢和低合金钢、不锈钢及耐热钢，对于铸铁、高合金钢及有色金属等也可以焊

接。此外，还可以进行异种钢焊接、各种金属材料的堆焊等。

③ 成本较低　焊条电弧焊使用交流或直流焊机进行焊接，这些焊机结构简单，价格便宜，维护保养方便，设备轻便易于移动，且焊接不需要辅助气体保护，并具有较强的抗风能力。因此投资少，成本相对较低，一般小厂和个人都买得起，这是它广泛应用的原因之一。

（2）焊条电弧焊的缺点

① 焊接过程不能连续地进行，生产率低。

② 采用手工操作，劳动强度大，并且焊缝质量与操作技术水平密切相关。

③ 不适合活泼金属、难熔金属及薄板的焊接。

三、焊条电弧焊的应用范围

焊条电弧焊的应用范围见表 3-1。

表 3-1　焊条电弧焊的应用范围

焊件材料	适用厚度/mm	主要接头形式
低碳钢、低合金钢	2~50	对接、T字接、搭接、端接、堆焊
铝、铝合金	≥3	对接
不锈钢、耐热钢	≥2	对接、搭接、端接
紫铜、青铜	≥2	对接、堆焊、端接
铸铁	—	对接、堆焊、补焊
硬质合金	—	对接、堆焊

四、焊条电弧焊的焊接工艺

1. 引弧

焊条电弧焊时的电弧引燃有划擦法和直击法两种方法。划擦法便于初学者掌握，但容易损坏焊件表面，当位置狭窄或焊件表面不允许损伤时，就要采用直击法。直击法必须熟练地掌握好焊条离开焊件的速度和距离。

划擦法将焊条在焊件上划动一下（划擦长度约 20mm）即可引燃电弧。当电弧引燃后，立即使焊条末端与焊件表面的距离保持在 3~4mm，以后使弧长保持在与所用焊条直径相适应的范围内就能保持电弧稳定燃烧［图 3-4（a）。使用碱性焊条时，一般使用划擦法，而且引弧点应选在焊缝起点 8~10mm 的焊缝上，待电弧引燃后，再引向焊缝起点进行施焊。用划擦法由于再次熔化引弧点，可将已产生的气孔消除。如果用直击法引弧则容易产生气孔。

直击法将焊条末端与焊件表面垂直地接触一下，然后迅速把焊条提起 3～4mm，产生电弧后，使弧长保持在稳定燃烧范围内[图 3-4（b）]。在引弧时，如果发生焊条粘住焊件的现象，不要慌张，只要将

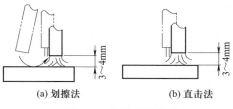

(a) 划擦法　　(b) 直击法

图 3-4　电弧引燃方法

焊条左右摆动几下，就可以脱离焊件。如果焊条还不能脱离焊件，就应立即使焊钳脱离焊条，待焊条冷却后，用手将焊条扳掉。

2. 运条

电弧引燃后，焊条要有三个基本方向的运动，才能使焊缝成形良好。这三个方向的运动是：朝熔池方向逐渐送进，沿焊接方向逐渐移动，作横向摆动，如图 3-5 所示。

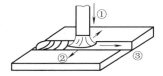

① 朝熔池方向逐渐送进; ② 沿焊接方向逐渐移动; ③ 作横向摆动

图 3-5　焊条的三个基本运动方向

焊条朝熔池方向逐渐送进，主要是为了维持所要求的电弧长度。为此，焊条的送进速度应该与焊条熔化速度相适应；焊条沿焊接方向移动，主要是使熔池金属形成焊缝。焊条的移动速度，对焊缝质量影响很大。若移动速度太慢，则熔化金属堆积过多，加大了焊缝的断面，并且使焊件加热温度过高，使焊缝组织发生变化，薄件则容易烧穿；移动速度太快，则电弧来不及熔化足够的焊条和基本金属，造成焊缝断面太小以及形成未焊透等缺陷。所以，焊条沿着焊接方向移动的速度，应根据电流大小、焊条直径、焊件厚度、装配间隙及坡口形式等来选取。

焊条横向摆动主要是为了获得一定宽度的焊缝，其摆动范围与所要求的焊缝宽度、焊条直径有关。摆动范围越大，所得焊缝越宽。运条方法应根据接头形式、间隙、焊缝位置、焊条直径与性能、焊接电流强度及焊工技术水平等确定，常用的运条方法有直线形运条法、直线往复运

条法、锯齿形运条法、月牙形运条法、三角形运条法、圆圈形运条法、8 字形运条法等，具体见表 3-2。

表 3-2　运条方法及应用

名称		图　示	特点及应用
直线形运条法	普通直线运条		焊接时要保持一定弧长，并沿焊接方向作不摆动的直线前进 由于焊条不作横向摆动，电弧较稳定，所以能获得较大的熔深，但焊缝的宽度较窄，一般不超过焊条直径的 1.5 倍。此法仅用于板厚 3～5mm 的不开坡口的对接平焊，多层焊的第一层焊道或多层多道焊
	往复运条	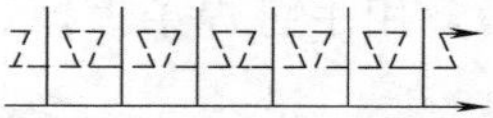	焊条末端沿焊缝的纵向作来回直线形摆动 焊接速度快、焊缝窄、散热快。此法适用于薄板和接头间隙较大的多层焊的第一层焊道
	小波浪运条		适用于焊接填补薄板焊缝和不加宽的焊缝
锯齿形运条法			焊条末端作锯齿形连续摆动及向前移动，并在两边稍停片刻，以获得较好的焊缝成形 操作容易，所以在生产中应用较广，大多数用于较厚钢板的焊接。其适用范围有：平焊、仰焊、立焊的对接接头和立焊的角接接头
月牙形运条法		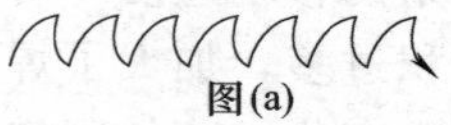 图(a) 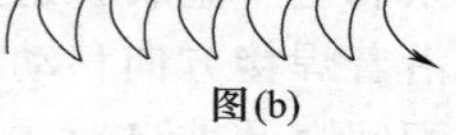 图(b)	使焊条末端沿着焊接方向作月牙形的左右摆动，摆动速度要根据焊缝的位置、接头形式、焊缝宽度和电流强度来决定。同时，还要注意在两边作片刻停留，使焊缝边缘有足够的熔深，并防止产生咬边现象 图(a)：余高较高，金属熔化良好，有较长的保温时间，易使气体析出和熔渣浮到焊缝表面上来，对提高焊缝质量有好处，适用于平焊、立焊和焊缝的加强焊 图(b)：余高较高，金属熔化良好，有较长的保温时间，易使气体析出和熔渣浮到焊缝表面上来，对提高焊缝质量有好处，主要在仰焊等情况下使用

名称		图示	特点及应用
三角形运条法	斜三角形	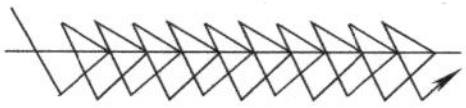	焊条末端作连续的三角形运动,并不断向前移动。能够借焊条的摇动来控制熔化金属,促使焊缝成形良好,适用于焊接平、仰位置的 T 字接头的焊缝和有坡口的横焊缝
	正三角形	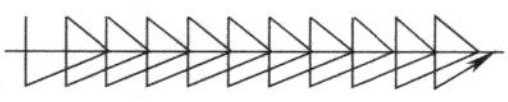	焊条末端作连续的三角形运动,并不断向前移动。一次能焊出较厚的焊缝断面,焊缝不易产生夹渣等缺陷,有利于提高生产效率,只适用于开坡口的对接接头和 T 字接头焊缝的立焊
圆圈形运条法	正圆圈		焊条末端连续作圆圈形运动,并不断前移。熔池存在时间长,熔池金属温度高,有利于熔解在熔池中的氧、氮等气体析出和便于熔渣上浮。只适用于焊接较厚焊件的平焊缝
	斜圆圈	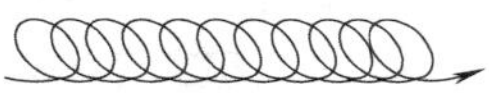	焊条末端连续作圆圈形运动,并不断前移。有利于控制熔化金属不受重力的影响而产生下淌,适用于平、仰位置的 T 字接头焊缝和对接接头的横焊缝
	椭圆圈	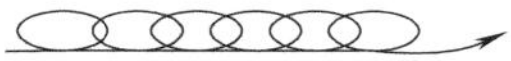	焊条末端连续作圆圈形运动,并不断前移。适用于对接、角接焊缝的多层加强焊
	半圆圈		焊条末端连续作圆圈形运动,并不断前移。适用于平焊和横焊位置
8 字形运条法	单 8 字形	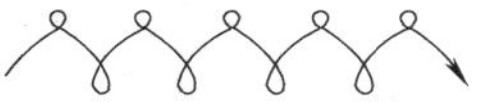	焊条末端连续作 8 字形运动,并不断前移。适用于厚板有坡口的对接焊缝。如焊两个厚度不同的焊件时,焊条应在厚度大的一侧多停留一会儿,以保证加热均匀,并充分熔化,使焊缝成形良好
	双 8 字形	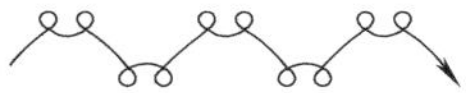	

运条时焊条角度和动作的作用。焊条电弧焊时,焊缝表面成形的好坏、焊接生产效率的高低、各种焊接缺陷的产生等,都与焊接运条的手法、焊条的角度和动作有着密切的关系,焊条电弧焊运条时焊条角度和动作的作用见表 3-3。

表 3-3　焊条电弧焊运条时焊条角度和动作的作用

焊条角度和动作	作用
焊条角度	①防止立焊、横焊和仰焊时熔化金属下坠 ②能很好地控制熔化金属与熔渣分离 ③控制焊缝熔池深度 ④防止熔池向熔池前部流淌 ⑤防止咬边等焊接缺陷

续表

焊条角度和动作	作　　用
沿焊接方向移动	①保证焊缝直线施焊 ②控制每道焊缝的横截面积
横向摆动	①保证坡口两侧及焊道之间相互很好地熔合 ②控制焊缝获得预定的熔深与熔宽
焊条送进	①控制弧长,使熔池有良好的保护 ②促进焊缝形成 ③使焊接连续不断地进行 ④与焊条角度的作用相似

3. 焊缝的起头、接头及收尾

（1）起头操作

焊缝的起头就是指刚开始焊接的部分。在一般情况下，由于焊件在未焊之前温度较低，而引弧后又不能迅速使这部分温度升高，所以起点部分的熔深较浅，使焊缝的强度减弱。因此，应该在引弧后先将电弧稍拉长，对焊缝端头进行必要的预热，然后适当缩短电弧长度进行正常焊接。

（2）接头操作

由于焊缝接头处温度不同和几何形状的变化，使接头处最容易出现未焊透、焊瘤和密集气孔等缺陷。当接头处外形出现高低不平时，将引起应力集中，故接头技术是焊接操作技术中的重要环节。焊缝接头方式可分四种，如图3-6所示。

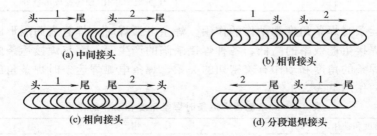

图 3-6　焊缝接头的方式

如何使焊缝接头均匀连接，避免产生过高、脱节、宽窄不一致的缺陷，这就要求焊工在焊缝接头时选用恰当的方式，见表3-4。

表 3-4　焊缝接头的类型及说明

接头类型	说　　明
中间接头	这种接头方式是使用最多的一种。在弧坑前约 10mm 处引弧,电弧可比正常焊接时略长些(低氢型焊条电弧不可拉长,否则容易产生气孔),然后将电弧后移到原弧坑的 2/3 处,填满弧坑后即向前进入正常焊接[图 3-7(a)]。采用这种接头法必须注意后移量:若电弧后移太多,则可能造成接头过高;若电弧后移太少,会造成接头脱节、弧坑未填满。此接头法适用于单层焊及多层焊的表层接头 　　在多层焊的根部焊接时,为了保证根部接头处能焊透,常采用的接头方法有:当电弧引燃后将电弧移到图 3-7(b)中 1 的位置,这样电弧一半的热量将一部分弧坑重新熔化,电弧另一半热量将弧坑前方的坡口熔化,从而形成一个新的熔池,此法有利于根部接头处的焊透 　　当弧坑存在缺陷时,在电弧引燃后应将电弧移至图 3-7(b)中 2 的位置进行接头。这样,由于整个弧坑重新熔化,有利于消除弧坑中存在的缺陷。用此法接头时,焊缝虽然较高些,但对保证质量有利。在接头时,更换焊条愈快愈好,因为在熔池尚未冷却时进行接头,不仅能保证接头质量,而且可使焊缝外表美观 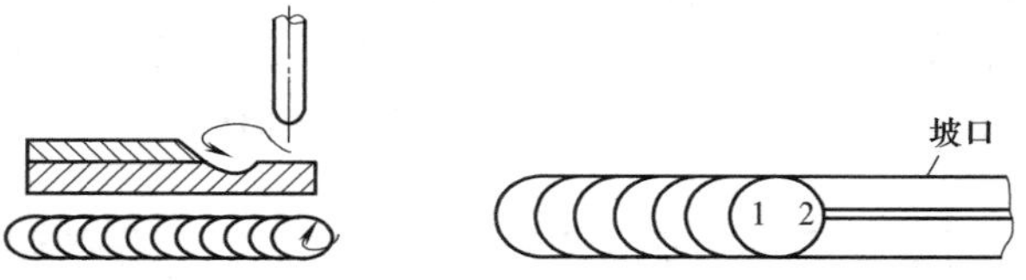 (a) 焊缝表层接头方法　　　(b) 焊缝根部接头方法 图 3-7　从焊缝末尾处起焊的接头方法
相背接头	相背接头是两条方向不同的焊缝,在起焊处相连接的接头。这种接头要求先焊的焊缝起头处略低些,一般削成缓坡,清理干净后,再在斜坡上引弧。先稍微拉长电弧(但碱性焊条不允许拉长电弧)预热,形成熔池后,压低电弧,在交界处稍顶一下,将电弧引向起头处,并覆盖前焊缝的端头处,即可上铁水,待起头处焊缝平后,再沿焊接方向移动(图 3-8)。若温度不够高就上铁水,会形成未焊透和气孔缺陷。上铁水后,停步不前,则会出现塌腰或焊瘤以及熔滴下淌等 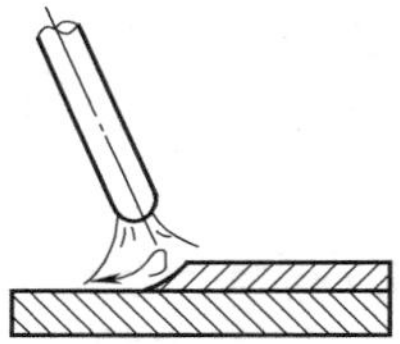 图 3-8　从焊缝端头处起焊的接头方式
相向接头	相向接头是两条焊缝在结尾处相连接的接头。其接头方式要求后焊焊缝焊到先焊焊缝的收尾处时,焊接速度应略慢些,以便填满前焊缝的弧坑,然后以较快的焊接速度再略向前焊一些,熄弧,如图 3-9 所示。对于先焊焊缝由于处于平焊,焊波较低,一般不再加工,关键在于后焊焊缝靠近平焊时的运条方法。当间隙正常时,采用连焊法、强规范,使先焊焊缝尾部温度急升,此时,对准尾部压低电弧,听见“噗”的一声,即可向前移动焊条,并用反复断弧收尾法收弧 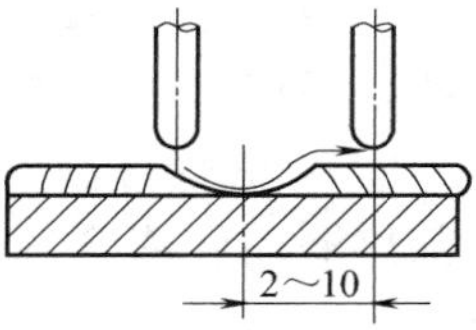 图 3-9　焊缝端头处的熄弧方式

接头类型	说　　明
分段退焊 接头	分段退焊接头的特点是焊波方向相同，头尾温差较大。其接头方式与相向接头方式基本相同，只是前焊缝的起头处，与第二种情况一样，应略低些。当后焊焊缝靠近先焊焊缝起头处时，改变焊条角度，使焊条指向先焊焊缝的起头处，拉长电弧，待形成熔池后，再压低电弧，往回移动，最后返回原来熔池处收弧。接头连接的平整与否，不但要看焊工的操作技术，而且还要看接头处温度的高低。温度越高，接的越平整。所以中间接头要求电弧中断时间要短，换焊条动作要快。多层焊时，层间接头要错开，以提高焊缝的致密性

（3）收尾操作

焊缝的收尾是指一条焊缝焊完时，应把收尾处的弧坑填满的操作。如果收尾时立即拉断电弧，则会形成低于焊件表面的弧坑。过深的弧坑使焊缝收尾处强度减弱，容易造成应力集中而导致产生裂纹。因此，在焊缝收尾时不允许有较深的弧坑存在。一般收尾方法有以下三种。

① 划圈收尾法　即焊条移至焊缝终点时，作圆圈运动，直到填满弧坑再拉断电弧。此法适用于厚板收尾。

② 反复断弧收尾法　即焊条移到焊缝终点时，在弧坑处反复熄弧、引弧数次，直到填满弧坑为止。此法一般用于薄板和大电流焊接。但碱性焊条不宜采用此法，否则容易产生气孔。

③ 回焊收尾法　即焊条移至焊缝收尾处立即停住，并且改变焊条角度回焊一小段后灭弧。此法适用于碱性焊条

4. 打底焊

打底焊是在对接焊缝根部或其背面先焊一道焊缝，然后再焊正面焊缝。

① 平的对接焊缝背面打底焊时，焊接速度比正面焊缝要快些。

② 横对接焊缝的打底焊，焊条直径一般选用 3.2mm，焊接电流稍大些，采用直线运条法。

③ 一般焊件的打底焊，在焊接正面焊缝前可不铲除焊根，但应将根部熔渣彻底清除，然后用直径 3.2mm 焊条焊根部的第一道焊缝，电流应稍大一些。

④ 对重要结构的打底焊，在焊正面焊缝前应先铲除焊根，然后焊接。

⑤ 不同长度焊缝及多层焊的焊接顺序见表 3-5。

表 3-5 不同长度焊缝及多层焊的焊接顺序

名 称	简 图	焊缝长度及层数
直通焊缝	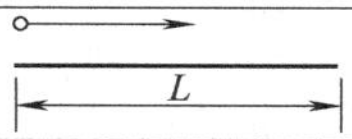 L	短焊缝（＜1000mm）
分段退焊	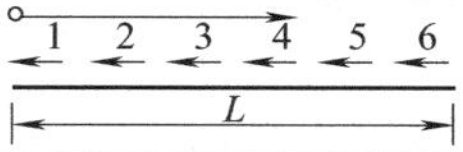 1 2 3 4 5 6　L	中长焊缝（300～1000mm）
从中间向两端（逆向焊）	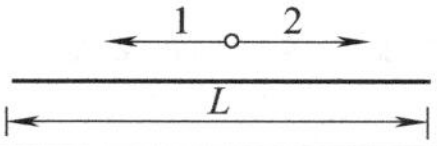 1 2　L	中长焊缝（300～1000mm）
从中间向两端分段退焊	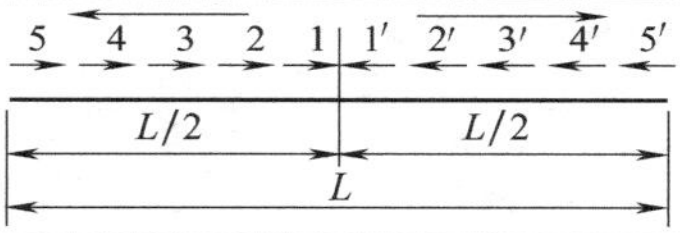 5 4 3 2 1 1′ 2′ 3′ 4′ 5′　$L/2$　$L/2$　L	长焊缝（＞1000mm）
直通式	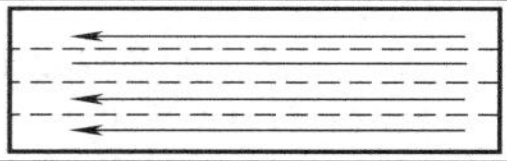	多层焊
串级式	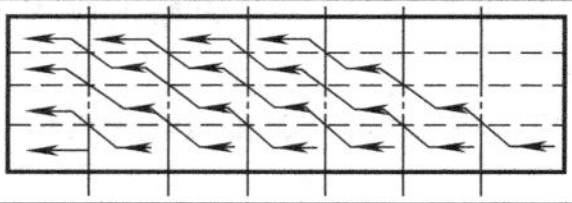	多层焊
驼峰式	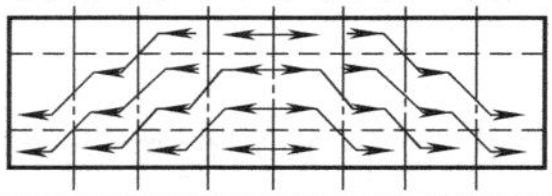	多层焊

第二节 | 操作技能

一、对接焊

1. 平板对接焊单面焊双面成形

（1）单面焊双面成形操作技术的特点

锅炉及压力容器等重要构件，要求采用全焊透焊缝，即在构件的厚度方向上要完全焊透。全焊透焊缝可以采用以下两种焊接工艺来完成：对于一些大型容器，可以采用双面焊接工艺，即在一面焊接后，用碳弧气刨在另一面挑除焊根再进行焊接；但是对于一些直径较小的容器（如容器内径小于500mm，此时人无法进入内部施焊）及管道，内部无法进行焊接，只能在外面单向焊接。此时为了达到全焊透的要求，焊工就要以特殊的操作方法，在坡口背面不采用任何辅助装置（如加垫板）的条件下进行焊接，使背面焊缝有良好的成形，这种只从单面施焊而获取正反两面成形良好的高效施焊方法叫作单面焊双面成形。

　　单面焊双面成形是焊条电弧焊中难度较大的一种操作技能。平板对接平焊位置的单面焊双面成形操作，是板状试件各种位置以及管状构件单面焊双面成形操作的基础，因此焊工应该熟练掌握这种技术。

　　（2）焊前准备

　　平板对接焊单面焊双面成形焊前准备见表 3-6。

表 3-6　平板对接焊单面焊双面成形焊前准备

操作项目	操 作 技 能
选焊机	选用直流弧焊机，其参考型号为 ZX5-400 或 ZX-315。焊机上必须装设经过定期校核并在合格使用期内的电流表和电压表
选焊条	一律采用 E5015 碱性焊条，直径为 3.2mm 和 4mm 两种。焊条焊前应经 400℃烘干，保温 2h，入炉或出炉温度应≤100℃，使用时需将焊条放在焊条保温筒内，随用随取。焊条在炉外停留时间不得超过 4h，并且反复烘干次数不能多于 3 次，药皮开裂和偏心度超标的焊条不得使用
选焊件	采用 Q235A 低碳钢板，厚度为 12～16mm，长×宽为 300mm×125mm，用剪床或气割下料，然后用刨床加工成 Y 形坡口。若气割下料，坡口边缘的热影响区应刨去
辅助工具和量具	角向磨光机、焊条保温筒、錾子、敲渣锤、钢丝刷、划针、样冲、焊缝万能量规等

　　（3）装配定位

　　平板对接焊单面焊双面成形焊装配定位方法见表 3-7。

表 3-7　平板对接焊单面焊双面成形焊装配定位方法

操作项目	操 作 技 能
准备试板	装配定位的目的是，将两块试板装配成合乎要求的 Y 形坡口试样 将每块试板的坡口面及坡口边缘 20mm 以内处用角向磨光机打磨，将表面的铁锈、油污等清除干净，露出金属光泽。然后将试板夹在台虎钳上磨削钝边，根据焊工个人操作技能要求，钝边尺寸为 0.5～1mm。最后在距坡口边缘一定距离（如 100mm）的钢板表面，用划针划上与坡口边缘平行的平行线，并打上样冲眼，作为焊后测量焊缝坡口每侧增宽的基准线
装配	将两块试板装配成 Y 形坡口的对接接头，装配间隙起焊处为 3.2mm，终焊处为 4mm，如图 3-10 所示（方法是分别用直径为 3.2mm 和 4mm 的焊条芯夹在两头）。放大装配间隙的目的是克服试板在焊接过程中的横向收缩，否则终焊处会由于焊缝的横向收缩使装配间隙减少，影响反面焊缝质量。将装配好的试板在坡口两侧距端头 20mm 以内处进行定位焊，定位焊用直径为 3.2mm 的 E5015 焊条，定位焊缝长 10～15mm 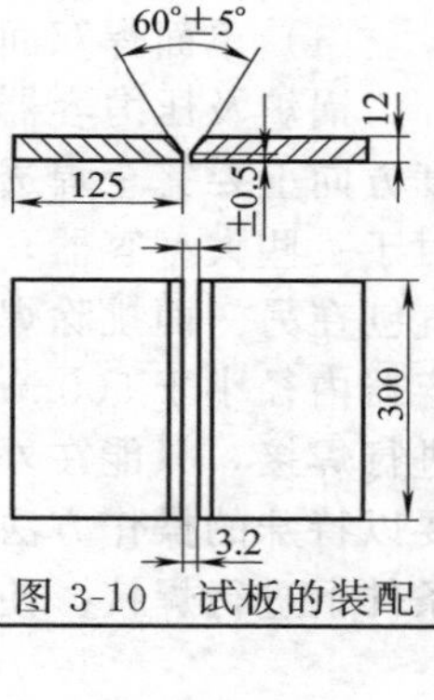 图 3-10　试板的装配

续表

操作项目	操作技能
反变形	试板焊后,由于焊缝在厚度方向上的横向收缩不均匀,两侧钢板会离开原来位置向上翘起一个角度,这种变形叫角变形,如图3-11所示。角变形的大小用变形角 α 来度量。对于厚度为12~16mm的试板,变形角应控制在3°以内,为此需采取预防措施,不然焊后的角变形值肯定要超差。常用的预防措施是采用反变形法,即焊前将钢板两侧向下折弯,产生一个与焊后角变形相反方向的变形。方法是用两手拿住其中一块钢板的两端,轻轻磕打另一块,使两板之间呈一夹角,作为焊接反变形量,反变形角 θ 为4°~5°。θ 如无专用量具测量,可采用下述方法:将水平尺搁于钢板两侧,中间如正好让一根直径为4mm的焊条通过,则反变形角合乎要求,如图3-12所示 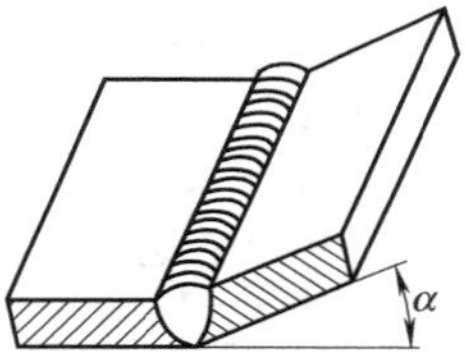 图3-11　试板的角变形 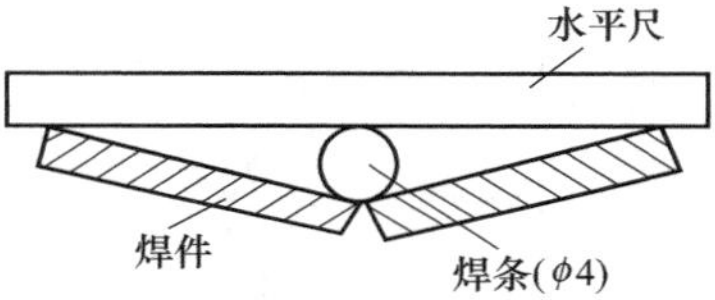　　图3-12　反变形角的测量

（4）焊接操作

单面焊双面成形的主要要求是试板背面能焊出质量符合要求的焊缝,其关键是正面打底层的焊接。打底层的焊接目前有断弧焊和连弧焊两种方法。断弧焊施焊时,电弧时灭时燃,靠调节电弧燃、灭时间的长短来控制熔池的温度,因此工艺参数选择范围较宽,是目前常用的一种打底层方法;连弧焊施焊时,电弧连续燃烧,采取较小的根部间隙,选用较小的焊接电流,焊接时电弧始终保持燃烧而且作有规则的摆动,使熔滴均匀过渡到熔池,整条焊道处于缓慢加热、缓慢冷却的状态。这样,不但焊缝和热影响区的温度分布均匀,而且焊缝背面的成形也细密、整齐,从而保证焊缝的力学性能和内在质量。据经验统计,采用连弧焊焊接的试板,其背弯合格率较高。此外,连弧焊仅要求操作者保持平稳和均匀的运条,手法变化不大,易为焊工所掌握,是目前推广使用的一种打底层焊接方法。

平板对接焊单面焊双面成形的焊接操作方法见表3-8。

表3-8　平板对接焊单面焊双面成形的焊接操作方法

操作项目	操作方法
打底层的断弧法	焊条直径为3.2mm,焊接电流为95~105A。焊接从试板间隙较小的一端开始,首先在定位焊缝上引燃电弧,再将电弧移到与坡口根部相接之处,以稍长的电弧(弧长3.2mm左右)在该处摆动2~3次来回进行预热,然后立即压低电弧(弧长约2mm),约1s后可以听到电弧穿透坡口而发出的"噗噗"声,同时可以看到定位焊缝以及相接的坡口两侧金属开始熔化,并形成熔池,这时迅速提起

操作项目	操作方法
	焊条，熄灭电弧。此处所形成的熔池是整条焊道的起点，常称为熔池座

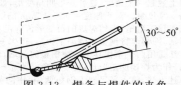

图 3-13　焊条与焊件的夹角

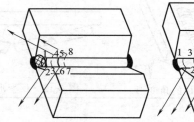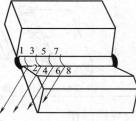

(a) 在坡口两侧引弧　　　　(b) 在坡口一侧引弧

图 3-14　电弧的移动轨迹

打底层的断弧法

熔池座建立后即转入正式焊接。焊接时采用短弧焊，焊条与焊件之间的夹角为 $30°\sim50°$，如图 3-13 所示。正式焊接重新引燃电弧的时间应控制在熔池座金属未完全凝固，熔池中心半熔化，在护目玻璃下观察该部分呈黄亮色的状态。重新引燃电弧的位置在坡口的某一侧，并且压住熔池座金属约 2/3 的地方。电弧引燃后立即向坡口的另一侧运条，在另一侧稍作停顿之后，迅速向斜后方提起焊条，熄灭电弧，这样便完成了第一个焊点的焊接。电弧移动的轨迹，为图 3-14 中从 1 到 2 实线所划箭头。电弧从开始引燃以及整个加热过程，其 2/3 是用来加热坡口的正面和熔池座边缘的金属，使在熔池座的前沿形成一个大于间隙的熔孔。另外 1/3 的电弧穿过熔孔加热坡口背面的金属，同时将部分熔滴过渡到坡口的背面。这样贯穿坡口正、反两面的熔滴，就与坡口根部及熔池座金属形成一个穿透坡口的熔池，灭弧瞬间熔池金属凝固，即形成一个穿透坡口的焊点。熔孔的轮廓由熔池边缘和坡口两侧被熔化的缺口构成。坡口根部被熔化的缺口，只有当电弧移到坡口另一侧的时候，在坡口的这一侧方可看到，因为电弧所在一侧的熔孔被熔渣盖住了。单面焊双面成形焊道的质量，主要取决于熔孔的大小和熔孔的间距。因此，每次引弧的间距和电弧燃、灭的节奏要保持均匀和平稳，以保证坡口根部熔化深度一致，熔透焊道宽窄、高低均匀。平板对接平焊位置时的熔化缺口以 $0.5^{+0.2}_{0}$ mm 为宜，如图 3-15 所示。

一个焊点的焊接，从引弧到熄弧只用 $1\sim1.5$ s，焊接节奏较快，因此坡口根部熔化的缺口不太明显，不仔细观察可能看不到。如果节奏太慢，燃弧时间过长，则熔池温度过高，熔化缺口太大。这样，坡口背面可能形成焊瘤，甚至出现焊穿现象。若灭弧时间过长，则熔池温度偏低，坡口根部可能未被熔透或产生内凹现象。所以灭弧时间应控制到熔池金属尚有 1/3 未凝固就重新引弧

续表

操作项目	操 作 方 法
打底层的断弧法	下一个焊点的焊接操作与上述相同，引弧位置可以在坡口的另一侧，电弧作与上一焊点电弧移动轨迹相对称的动作，如图 3-14(a)所示从 3 到 4 虚线所划箭头。引弧位置也可以在坡口的同一侧，重复上一个焊点电弧移动的动作，其电弧移动轨迹见图 3-14(b) 　　断弧法每引燃、熄灭电弧一次，完成一个焊点的焊接，其节奏应控制在每分钟灭弧 45～55 次。由于每个焊点都与前一焊点重叠 2/3 之多，所以每个焊点只使焊道前进 1～1.5mm。打底层焊道正、反两面的高度应控制在 2mm 左右 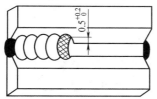 图 3-15　熔孔位置及大小　　　图 3-16　更换焊条时的电弧轨迹 　　当焊条长度只剩下约 50mm 时，需做更换焊条的准备。此时应迅速压低电弧向熔池边缘连续过渡几个熔滴，以便使背面熔池饱满，防止形成冷缩孔，然后动作迅速地更换焊条，并在图 3-16 所示①的位置重新引燃电弧。电弧引燃后以普通焊速沿焊道将电弧移到搭接末尾焊点的 2/3 处的②位置，在该处以长弧摆动两个来回。待该处金属有了"出汗"现象之后，在⑦位置压低电弧，并停留 1～2s，待末尾焊点重熔并听到"噗噗"声时，迅速将电弧沿坡口侧后方拉长并熄灭，此时更换焊条的操作即告结束
打底层的连弧法	焊条直径为 3.2mm，焊接电流为 75～85A，装配间隙起焊端为 3mm，终焊端为 3.2mm，坡口钝边尺寸为 0，反变形角度为 3°～4°。操作时，从定位焊缝上引燃电弧后，焊条即在坡口内作 U 形运条，如图 3-17 所示。电弧从坡口的一侧到另一侧作一次用 U 形运动之后，即完成一个焊点的焊接。焊接频率为每分钟完成 50 个左右的焊点，逐个焊点重叠 2/3，一个焊点可使焊道沿焊接方向增长约 1.5mm。焊接过程中熔池明显可见，坡口根部熔化缺口为 1mm 左右，电弧穿透坡口的"噗噗"声非常清楚，一根焊条可焊长约 80mm 的焊缝 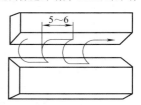 图 3-17　连弧法焊接 电弧运行轨迹 　　接头时，应该先在弧坑后 10mm 处引弧，然后以正常运条速度运至熔池的 1/2 处，将焊条下压，击穿熔池，再将焊条提起 1～2mm，使之在熔化熔孔前沿的同时，向前运条(以弧柱的 1/3 能在试件背面烧为宜)施焊；收弧时，应缓慢将焊条向左或右后方带一下，随后就将其提起收弧，这样可以避免在弧坑表面产生冷缩孔

续表

操作项目	操作 方 法
其他各层的焊接	焊条的直径为 4mm,填充层采用焊接电流为 150～170A,盖面层采用焊接电流为 140～160A,焊条的右倾角应小于 90°,以防熔渣超前而产生夹渣。电弧长度控制在 2mm 左右,过长易产生气孔。层间应用角向磨光机严格清渣,焊道接头处容易超过高度,可进行打磨或采用层间反向焊接。最后一条填充焊道焊完后,其表面应离试板表面约 1.5mm,然后进行盖面层的焊接。盖面层施焊时,电弧的 1/3 弧柱将坡口边缘熔化 1.5～2mm(不能超过)。摆动焊条时,要使电弧在坡口边缘稍作停留,待液态金属饱满后,再运至另一侧,以避免焊趾处产生咬边;板厚为 12mm 的试板可焊四层;板厚为 16mm 的试板可焊五层

2. 厚板对接焊

厚板对接焊的操作技能见表 3-9。

表 3-9　厚板对接焊的操作技能

操作项目		操作 技 能
焊前准备	开坡口	根据设计或工艺需要,在厚板焊件的等焊部位加工成一定几何形状的沟槽叫坡口。坡口的形式很多,常用的有 Y 形、双 Y 形和带钝边的 U 形坡口三种,如图 3-18 所示。开坡口的目的是保证厚板焊接时在厚度方向上能全部焊透 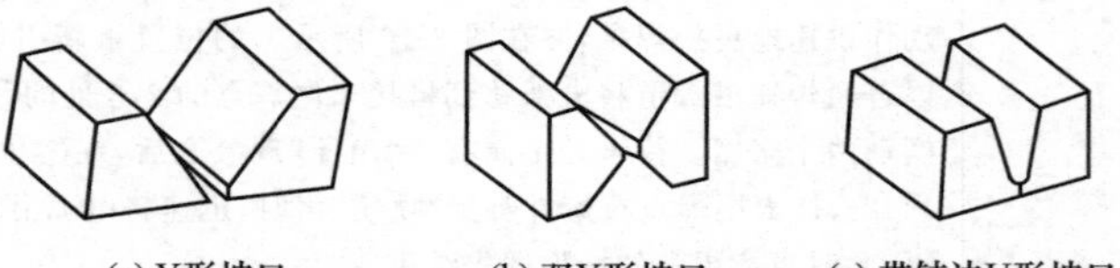 (a) Y形坡口　　(b) 双Y形坡口　　(c) 带钝边U形坡口 图 3-18　厚板常用的坡口形式
	选焊机	选用交、直流弧焊机各一台,其参考型号是 BX1-400、ZX5-400、ZX-315
	选焊条	选用 E4303 和 E5015 两种型号的焊条,直径为 3.2～4mm
	选焊件	焊件选用 Q235A 低碳钢板,厚度为 12～16mm,长×宽为 300mm×125mm,分别加工成 Y 形、双 Y 形和带钝边 U 形坡口
	辅助工具和量具	角向磨光机、焊条保温筒、錾子、敲渣锤、钢丝刷、焊缝万能量规等
焊接操作	—	开坡口的厚板对接可用多层焊法或多层多道焊法,如图 3-19 所示。多层焊是指熔敷两条焊道完成。多层多道焊是指有的层次要由两条以上的焊道所组成 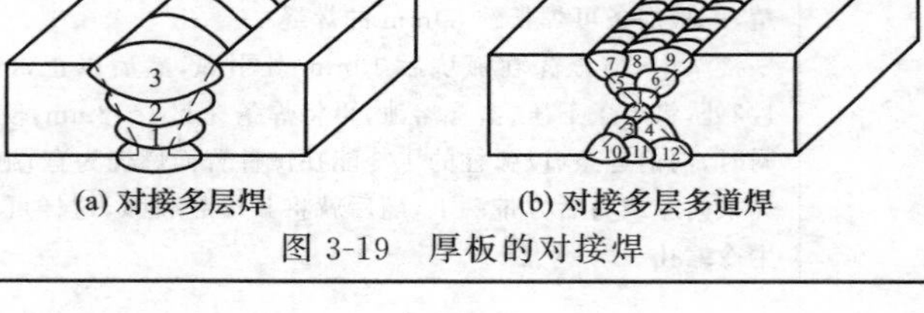 (a) 对接多层焊　　　　(b) 对接多层多道焊 图 3-19　厚板的对接焊

续表

操作项目		操 作 技 能
焊接操作	运条方法	厚板对接焊时,为了获得较宽的焊缝,焊条在送进和移动的过程中,还要作必要的横向摆动,常用的运条方法及应用见本章焊条电弧焊焊接工艺
	操作技能	焊接第一层(打底层)的焊道时,选用直径为 3.2mm 的焊条,运条方法根据装配间隙的大小而定。间隙小时可用直线形运条法;间隙大时,用直线往复形运条穿,以防烧穿。打底层焊接结束后,用角向磨光机或錾子将焊渣清除干净,特别是焊趾处的焊渣。然后陆续焊接二、三、四层,此时焊条直径可增大至 4mm。由于第二层焊道并不宽,可采用直线形或小锯齿形运条,以后各层采用锯齿形运条,但摆动范围应逐渐加宽,每层焊道不应太厚,否则熔渣会流向熔池前面,造成焊接缺陷。多层多道焊时,每条焊道施焊只需采用直线形运条,可不作横向摆动

二、角焊

1. T字、搭接、角接接头角焊

（1）角焊的特点

焊接结构中,除了大量采用对接接头外,还广泛采用 T 字接头、搭接接头和角接接头等接头形式,如图 3-20 所示,这些接头形成的焊缝叫角焊缝。焊工进行这些接头横焊位置角焊缝的焊接,叫作平角焊。角焊时除了焊接缺陷应在技术条件允许的范围之内这个要求之外,主要要求角焊缝的焊脚尺寸符合技术要求,以保证接头的强度。

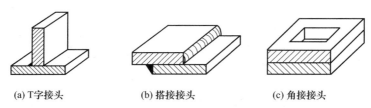

(a) T字接头　　　　(b) 搭接接头　　　　(c) 角接接头

图 3-20　平角焊的接头形貌

角焊缝按其截面形状可分为四种,如图 3-21 所示,应用最多的是截面为直角等腰的角焊缝,焊工在培训过程中应力求焊出这种形状的角焊缝。

（2）焊前准备

① 选焊机　选用交、直流弧焊机各一台,其参考型号为 BX-400、ZX5-400 及 ZX-315。

② 选焊条　选用 E4303 和 E5015 两种型号的焊条,直径为 3.2～5mm。

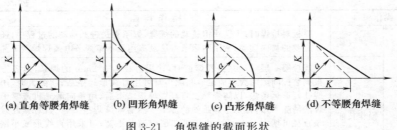

(a) 直角等腰角焊缝   (b) 凹形角焊缝   (c) 凸形角焊缝   (d) 不等腰角焊缝

图 3-21　角焊缝的截面形状

③ 选焊件　采用 Q235A 低碳钢板，厚为 8～20mm，长×宽为 400mm×150mm。钢板对接处用角向磨光机打磨至露出金属光泽。

④ 辅助工具和量具　角向磨光机、焊条保温筒、角尺、錾子、敲渣锤、钢丝刷及焊缝万能量规等。

（3）装配及定位

T 字接头的装配方法如图 3-22 所示。在立板与横板之间预留 1～2mm 间隙，以增加熔透深度。装配时手拿 90°角尺，以检查立板的垂直度，然后用直径为 3.2mm 的焊条进行定位焊，定位焊的位置如图 3-23 所示。

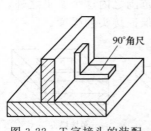

图 3-22　T 字接头的装配

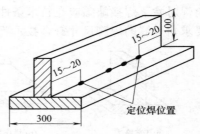

图 3-23　定位焊的位置

（4）焊接操作

角焊焊接时，首先要保证足够的焊脚尺寸。焊脚尺寸值在设计图样上均有明确规定，练习时可参照表 3-10 进行选择。

表 3-10　角焊的焊脚尺寸　　　　　　　单位：mm

钢板厚度	8～9	9～12	12～16	16～20	20～24
最小焊脚尺寸	4	5	6	8	10

注意：角焊操作时，易产生咬边、未焊透、焊脚下垂等缺陷。

角焊的焊接方式有单层焊、多层焊和多层多道焊三种。采用哪一种焊接方式取决于所要求的焊脚尺寸的数值。通常当焊脚尺寸在 8mm 以下时，采用单层焊；焊脚尺寸为 8～10mm 时，采用多层焊；焊脚尺寸大于 10mm 时，采用多层多道焊。

① 单层焊　焊接时的焊接参数见表 3-11。由于角焊焊接热量往板的三个方向扩散，散热快，不易烧穿，所以使用的焊接电流可比相同板厚的对接平焊大 10% 左右。焊条的角度，两板厚度相等时为 45°，两板厚度不等时应偏向厚板一侧，如图 3-24 所示，以便使两板的温度趋向均匀。

表 3-11　单层角焊的焊接参数

焊脚尺寸/mm	3	4			5～6		7～8	
焊条直径/mm	3.2	3.2	4	4	5	4	5	
焊接电流/A	100～120	100～120	160～180	160～180	200～220	180～200	220～240	

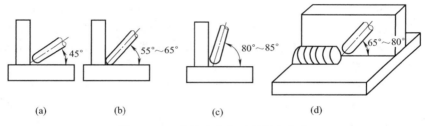

图 3-24　T 字接头角焊时的焊条角度

焊脚尺寸小于 5mm 的焊缝，可采用直线形运条法和短弧进行焊接，焊接速度要均匀，焊条与横板成 45°夹角，与焊接方向成 65°～80°夹角，其中 E4303 焊条采用较小的夹角，E5015 焊条采用较大的夹角。焊条角度过小，会造成根部熔深不足；角度过大，熔渣容易跑到电弧前方形成夹渣。操作时，可以将焊条端头的套管边缘靠在焊缝上，并轻轻地压住它。当焊条熔化时，套管会逐渐沿着焊接方向移动，

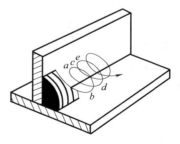

图 3-25　T 字接头平角焊的
斜圆圈形运条法

这样不仅操作方便，而且熔深较大，焊缝外形美观。

焊脚尺寸在 5～8mm 时，可采用斜圆圈形或反锯齿形运条法进行焊接，但要注意各点的运条速度不能一样，否则容易产生咬边、夹渣等缺陷。正确的运条方法如图 3-25 所示。当焊条从 a 点移动至 b 点时，速度要稍慢些，以保证熔化金属和横板熔合良好；从 b 点至 c 点的运条

速度要稍快，以防止熔化金属下淌，并在 c 点稍作停留，以保证熔化金属和立板熔合良好；从 c 点至 d 点的运条速度又要稍慢些，才能避免产生夹渣现象及保证焊透；由 d 点至 e 点的运条速度也稍快，到 e 点处也作停留，如此反复进行练习。在整个运条过程中都应采用短弧焊接，最后在焊缝收尾时要注意填满弧坑，以防产生弧坑裂纹。

② 多层焊　焊脚尺寸为 8～10mm 时，可采用两层两道焊接法。焊第一层时，采用直径 3.2mm 的焊条，焊接电流稍大（100～120A），以获得较大的熔深。采用直线形运条法，收尾时应把弧坑填满或略高些，以便在第二层焊接收尾时，不会因焊缝温度增高而产生弧坑过低的现象。

焊第二层之前，必须将第一层的焊渣清除干净。发现有夹渣时，应用小直径焊条修补后方可焊第二层，这样才能保证层与层之间紧密熔合。焊接第二层时，可采用直径 4mm 的焊条，焊接电流不宜过大，焊接电流过大会产生咬边现象（为 160～200A 时）。运条方法采用斜圆圈形，如发现第一层焊道有咬边时，第二层焊道覆盖上去时应在咬边处适当多停留一些时间，以消除咬边缺陷。

③ 多层多道焊　焊脚尺寸大于 10mm 时，应采用多层多道焊。因为采用多层焊时焊脚表面较宽，坡度较大，熔化金属容易下淌，不仅操作困难，而且也影响焊缝成形，所以采用多层多道焊较合适；焊脚尺寸在 10～12mm 时，可用二层三道焊接。

焊第一层（第一道）焊缝时，可用直径 3.2mm 的焊条和较大的焊接电流，用直线形运条法，收尾时要特别注意填满弧坑，焊完后将焊渣清除干净。

焊第二条焊道时，应覆盖第一层焊缝的 2/3 以上，焊条与水平板的角度要稍大些，如图 3-26 中 a 点所示，一般在 45°～55°，以使熔化金属与水平板熔合良好。焊条与焊接方向的夹角仍为 65°～80°，运条时采用斜圆圈形法，运条速度与多层焊时相同，所不同的是在 c、e 点位置（图 3-25）不需停留。

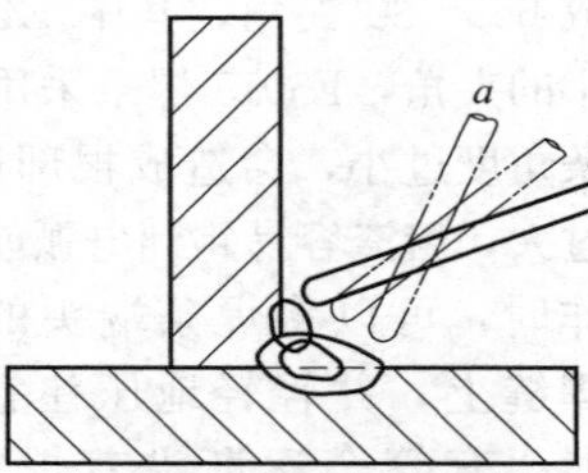

图 3-26　多层多道焊各焊道的焊条角度

焊第三条焊道时，应覆盖第二条焊道的 1/3～1/2。焊条与水平板的角度为 40°～45°，如图 3-26 中 b 点所示。如角度太大易产生焊脚下偏现象。运条仍用直线形，速度要保持均匀，但不宜太慢，否则易产生焊瘤，影响焊缝成形。

如果第二条焊缝覆盖第一层大于 2/3 时，焊接第三道时可采用直线往复形运条，以免第三条焊道过高。如果第二条焊道覆盖第一条太少时，第三条焊道可采用斜圆圈形运条法，运条时在立板上要稍作停留，以防止咬边，并弥补由于第二条焊道覆盖过少而产生的焊脚下偏现象；如果焊脚尺寸大于 12mm 时，可采用三层六道、四层十道焊接。焊脚尺寸越大，焊接层数、道数就越多，如图 3-27 所示。操作仍按上述方法进行，但是过大的焊脚尺寸，非但增加焊接工作量，而且不适于承受重载荷或动载荷，此时比较适合的工艺措施是在立板上开坡口，坡口可开在立板的两侧（双单边 V 形坡口）和开在立板的一侧（单边 V 形坡口），如图 3-28 所示。立板与水平板之间留有 2～3mm 的间隙，以保证焊透。对于开坡口的 T 字接头，其操作方法与多层多道焊相同，只是其焊脚尺寸较小。

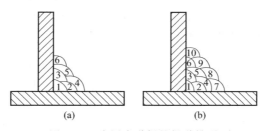

图 3-27　多层多道焊的焊道排列

④ 船形焊　将 T 字接头翻转 45°，使焊条处于垂直位置的焊接，叫做船形焊，如图 3-29 所示。对于练习试样，可用手工翻动焊件；在生产中的大型焊件可用变位器进行翻转。船形焊时，熔池处在水平位置，相当于平焊，焊成的焊缝质量较好，

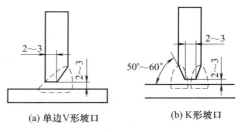

(a) 单边V形坡口　　　(b) K形坡口

图 3-28　大厚板焊件角焊时的坡口

能避免产生咬边、焊缝不等边等缺陷，操作工艺也较简单，同时有利于使用大直径焊条和大电流，这样不但能获得较大的熔深，而且能一次焊成较大断面的焊缝，因此能大大提高焊接生产率。船形焊运条时采用月牙形或锯齿形，焊接第一层焊道采用小直径焊条及稍大的电流，其他各层与对接平焊相似。

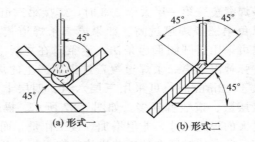

图 3-29　船形焊

　　船形焊焊成的焊缝呈凹形［图 3-29（b）］，如果凹度太大，应在凹处再熔敷一层焊道，以保证焊缝厚度。

　　⑤ 搭接接头与角接接头的焊接技术　搭接接头的焊接技术与 T 字接头基本相似，主要是掌握焊条角度，基本原则是电弧应更多地偏向于厚板的一侧，其偏角的大小可根据板厚来确定，如图 3-30 所示。

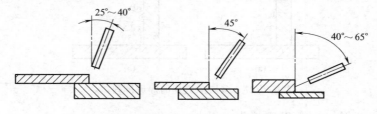

图 3-30　搭接接头焊接时的焊条角度

　　角接接头外侧焊缝的焊接技术与对接接头的焊接技术相似，但此时一块板是立向的，焊接热量分配与对接时不同，故焊条角度与对接时亦应有所区别，目的是使焊件两边得到相同的熔化程度，如图 3-31 所示，内侧焊缝焊接与 T 字接头相同。

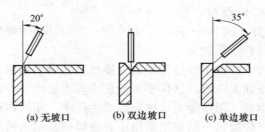

(a) 无坡口　　　(b) 双边坡口　　　(c) 单边坡口

图 3-31　角接接头焊接时的焊条角度

2. 垂直管板焊

（1）垂直管板焊接的特点

由管子和平板（上开孔）组成的焊接接头，叫作管板接头。管板接头的焊接位置可分为垂直俯位和垂直仰位两种；若按焊件的位置转动与否，可分为全位置焊接与水平固定焊。垂直俯位管板试件分插入式和骑座式两种，插入式管板试件焊后仅要求一定的外表成形和熔深；骑座式管板试件则要求全焊透。

（2）插入式管板试件的焊接

插入式管板试件的焊接操作技能见表 3-12。

表 3-12　插入式管板试件的焊接操作技能

操作项目	操作技能
焊前准备	①选焊机　选用直流弧焊机，其参考型号为 ZX5-400、ZX7-400 或 ZX5-315。焊机上必须装设经过定期校核的电流表和电压表 ②选焊条　焊条选用一律采用 E5015 碱性焊条，直径为 2.5～3.2mm，焊前经 400℃烘干，使用时存放于焊条保温筒内，随用随取 ③选焊件　管子采用 $\phi32mm\times3mm\sim\phi60mm\times5mm$ 的 20 无缝钢管，平板采用厚度为 12～16mm 的 Q235A 低碳钢板，并在钢板上钻孔，孔径应比管径大 0.5mm，以便管子插入装配 ④辅助工具和量具　角向磨光机、焊条保温筒、角尺、錾子、敲渣锤、钢丝刷及焊缝万能量规等
焊接操作	焊接层次共两层。先采用直径为 2.5mm 的焊条进行定位焊（定位焊一点的长度为 5～10mm），接着在定位焊缝的对面进行起焊，用直径为 2.5mm 的焊条进行打底层的焊接，焊接电流为 85～100A，焊条与平板的夹角为 40°～45°，焊条不作摆动，操作方法与平角焊基本相同，焊完后用敲渣锤进行清渣，再用钢丝刷清扫焊缝表面，焊接接头处可用角向磨光机磨去凸起部分，然后焊接盖面层。盖面层用直径为 3.2mm 的焊条，焊接电流为 110～125A，焊条与平板的夹角为 50°～60°。焊接时焊条采用月牙形摆动，以保证一定的焊脚尺寸 插入式管板试件有固定和转动两种形式。对这种试件固定焊接时，试件本身不动，操作者依着焊接位置挪动身体；转动焊接时，试件放在变位器上依所需的焊接速度进行转动，简单的可用手进行转动。对焊工进行培训时，这两种形式都应该进行训练，先练习转动式，再练习固定式，并应以固定式为主，因为这种形式操作难度较大

（3）骑座式管板试件的焊接

骑座式管板试件的焊接操作技能见表 3-13。

表 3-13　骑座式管板试件的焊接操作技能

操作项目	操作技能
焊前准备	将管子置于板上，中间留有一定的间隙，管子预先开好坡口，以保证焊透，所以是属于单面焊双面成形的焊接方法，焊接难度要比插入式管板试件大得多 焊机型号、焊条型号、试件材料和规格以及辅助工具和量具与插入式管板试件相同。但管子应预先用加工机开成单边 V 形坡口，坡口角度为 50°，并用角向磨光机在管子端部磨出 1～1.5mm 的钝边

操作项目	操作技能
装配和定位焊	管子和平板间要预留 3～3.2mm 的装配间隙,方法是直接用直径为 3.2mm 的焊芯填在中间。定位焊只焊一点,焊接时用直径为 2.5mm 的焊条,先在间隙的下部板上引弧,然后迅速地向斜上方拉起,将电弧引至管端,将管端的钝边处局部熔化。在此过程中产生 3～4 滴熔滴,然后即熄弧,一个定位焊点即焊成。焊接电流为 80～95A。
焊接操作	焊接分两层。打底焊采用直径为 2.5mm 的焊条,焊接电流为 80～95A,焊条与平板的倾斜角度为 15°～25°,采用断弧法。先在定位焊点上引弧,此时管子和平板之间为固定装配间隙而放的定位焊芯不必去掉。焊接时,将焊条适当向里伸,听到"噗噗"声即表示已经熔穿。由于金属的熔化,即可在焊条根部看到一个明亮的熔池,如图 3-32 所示。每个焊点的焊缝不要太厚,以便第二个焊点在其上引弧焊接,如此逐步进行打底层的焊接。当一根焊条焊接结束收尾时,要将弧坑引到外侧,否则在弧坑处往往会产生缩孔。收尾处可用锯片在弧坑处来回锯几下,或用角向磨光机磨削弧坑,然后换上焊条,再在弧坑处引弧焊接。当焊到管子周长的 1/3 处,即可将间隙中的填充焊芯去掉,继续进行焊接 　　打底层焊完后,可用角向磨光机进行清渣,再磨去接头处过高的焊缝,然后进行盖面层的焊接。盖面层采用直径为 3.2mm 的焊条,焊接电流 110～125A,与平板的倾角为 40°～45°,操作方法与插入式管板试件相同

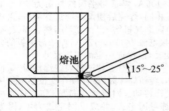

图 3-32　骑座式管板的打底焊

A面为金相宏观检查面图

图 3-33　管板试件金相试样的截取位置

（4）质量标准

对焊缝的外表要求是：焊缝两侧应圆滑过渡到母材,焊脚尺寸对于插入式管板试件为管子壁厚＋(2～4mm)；对于骑座式管板试件为管子壁厚＋(3～6mm)。焊缝凸度或凹度不大于 1.5mm,焊缝表面不得有裂纹、未熔合、夹渣、气孔和焊瘤,咬边深度应≤0.5mm,总长度不超过焊缝长度的 20%。对于骑座式管板试件焊后应进行通球检验,通球直径为管内径的 85%。两种管板试件焊后均应进行金相宏观检验,金相试样的截取位置如图 3-33 所示。试样的检查面应用机械方法截取、磨光，再用金相砂纸按由粗到细的顺序磨制，然后用浸蚀剂浸蚀，使焊缝金属和热影响区有一个清晰的界限，该面上的焊接缺陷用肉眼或 5 倍放大镜检查。每个金相试样检查面经宏观检验应符合下列要求：

① 没有裂纹和未熔合。

② 骑座式管板试件未焊透的深度不大于 15％管子壁厚；插入式管板试件在接头根部熔深不小于 0.5mm。

③ 气孔或夹渣的最大尺寸不超过 1.5mm；气孔或夹渣大于 0.5mm、不大于 1.5mm 时，其数量不多于一个，只有小于或等于 0.5mm 的气孔或夹渣时，其数量不多于三个。

（5）管板焊接的操作注意事项

① 管板试件的焊缝是角焊缝，垂直俯位的焊接位置适于平角焊，但其操作比 T 字接头的横角焊更困难。所以参加培训的焊工应在掌握 T 字接头平角焊的基础上，再进行管板接头的焊接。

② 焊接插入式管板试件时，一律要焊两层，不应用大直径焊条焊一层。因为在产品上，这种接头往往要承受内压，如果只焊一层，虽然可以达到所需的焊脚尺寸，但由于焊缝内部存在缺陷，工作时往往会发生焊缝泄漏、渗水、渗气和渗油的现象。

③ 管板试件垂直俯位的焊接位置虽适于平角焊，但其焊缝轨迹是圆弧形，若操作不当，在焊接过程中焊条倾角、焊接速度等会发生改变，影响焊缝质量，所以其难度比焊直缝要大。

④ 骑座式管板的操作难度比插入式管板大得多，因为其打底层焊缝要达到双面成形的要求，并且操作方法与平板对接单面焊双面成形也不一样，焊工应在培训过程中注意摸索掌握。但是骑座式管板焊后只做金相宏观检验，不做射线探伤和弯曲试验，所以其试样合格率相对要高一些。

三、立焊

1. 厚板的对接立焊

（1）厚板对接立焊的焊接特点

厚板开坡口的目的是达到在焊件厚度方向上全焊透。焊层分为打底层、填充层和盖面层三个层次。打底层焊道要求能熔透焊件根部，所以是一种单面焊双面成形的操作工艺。

（2）焊前准备

① 选焊机　采用直流弧焊机，其参考型号是 ZX5-400、ZX-315。

② 选焊条　选用 E5015 碱性焊条，直径为 3.2mm。

③ 焊件　采用 Q235A 低碳钢板，尺寸为 10mm × 125mm × 300mm，开 60°Y 形坡口，钝边尺寸为 0，反变形角度为 2°，起弧端和收弧端的装配间隙分别为 2.5mm 和 3.0mm。

④ 焊接参数　各层次的焊接参数是：各层焊条直径为 3.2mm；焊接电流，打底层 70～80A，填充层 100～120A，盖面层 90～110A。

（3）焊接操作技能

厚板的对接立焊操作技能见表 3-14。

表 3-14　厚板的对接立焊操作技能

操作项目		操作技能
焊接操作	打底层的焊接	引燃电弧后,以锯齿形运条作横向摆动并向上施焊。焊条的下倾角为45°～60°,待电弧运动至定位焊点上边缘时,焊条倾角也相应变为90°,同时将弧柱压力往焊缝背面送入,当电弧从坡口的一侧向另一侧运行时,如果听到穿透坡口的"噗噗"声,则表示根部已经熔透。焊接时采用断弧法,灭弧动作要迅速,灭弧时间应控制到熔池中心的金属尚有 1/3 未凝固,就重新引燃电弧;每当电弧移到坡口左(右)侧的瞬间,在右(左)侧可看到坡口根部被熔化的缺口,缺口的深度应控制在 0.8～1mm,如图 3-34 所示。熔孔大小应保持均匀,孔距一致,以保证根部熔透均匀,背面焊缝饱满,宽窄、高低均匀。立焊节奏比平焊稍慢,约每分钟灭弧 30～40 次。每点焊接时,电弧燃烧时间稍长,所以焊肉比平焊厚。操作时应注意观察和控制熔池形状及焊肉的厚度。若熔池的下部边缘由平缓变得下凸,即图 3-35(a)变成图 3-35(b)时,说明熔池温度过高,熔池金属过厚。此时应缩短电弧燃烧时间,延长灭弧时间,以降低熔池温度,使铁水不下坠而出现焊瘤。焊条接头时的操作要领与平焊基本相同,但换焊条后重新引弧的位置应在离末尾熔池 5～6mm 的焊道上。在保证背面成形良好的前提下,焊道越薄越好,因为焊道过厚容易产生气孔 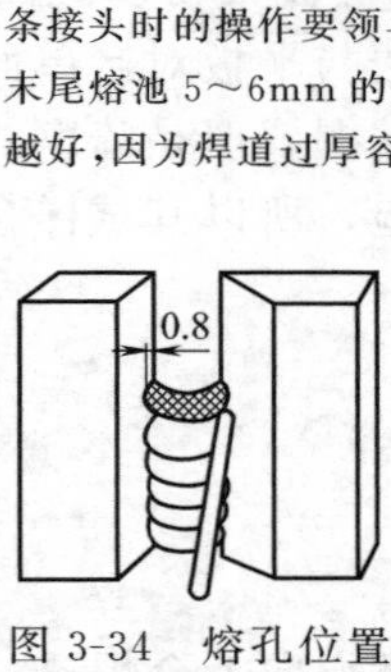 图 3-34　熔孔位置及大小状 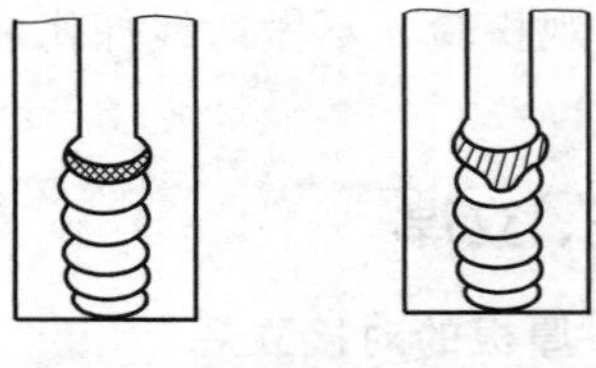　　(a) 温度合适呈椭圆形　(b) 温度过高边缘下凸 图 3-35　熔池边缘的形状
	填充层的焊接	焊条的下倾角为 70°～80°,电弧在坡口两侧停留的时间应稍长。为避免产生夹渣、气孔等内在缺陷,施焊时应压低电弧,以匀速向上运条

操作项目		操作技能
焊接操作	盖面层的焊接	焊条的下倾角为 45°～60°,运条方法可根据对焊缝余高的不同要求加以选择。如要求余高稍大,焊条可作月牙形摆动;如要求稍平,则可作锯齿形摆动。运条速度要均匀,摆动要有规律,如图 3-36 所示,运条到 *a*、*b* 两点时,应将电弧进一步缩短并稍作停留,以有利于熔滴过渡并防止咬边。从 *a* 摆动到 *b* 时,速度应稍快些,以防止产生焊瘤。有时盖面层焊缝也可采用稍大的焊接电流,用快速摆动法采用短弧运条,使焊条末端紧靠熔池快速摆动,并在坡口边缘稍作停留,以防咬边。这样焊出的盖面层焊缝不仅焊肉较薄,而且焊波较细,平整美观

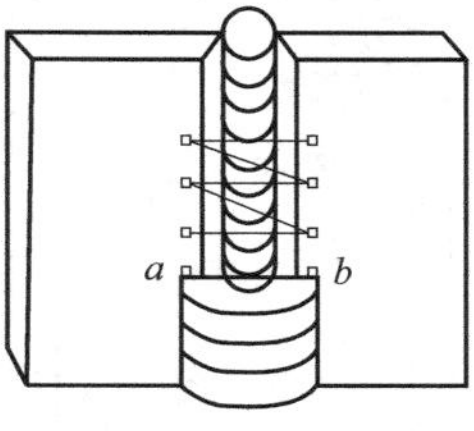

图 3-36　盖面层的运条法

质量标准	厚板对接立焊焊缝的质量要求及检验方法与平板对接平焊位置单面焊双面成形基本相同,只是焊缝的余高可放宽至 0～4mm,余高差为≤3mm

2. 立角焊

（1）焊前准备

① 选焊机　选用直流弧焊机,其参考型号是 ZX5-400、ZX-315。

② 选焊条　选用 E5015 碱性焊条,直径为 3.2mm、4.0mm。

③ 焊件　采用 Q235A 低碳钢板,尺寸为 10mm×125mm×300mm。

④ 焊接参数　立角焊的焊接参数见表 3-15。

表 3-15　立角焊的焊接参数

焊接参数	焊层		
	第一层焊缝	其他各层焊缝	封底焊缝
焊条直径/mm	3.2　　　　4.0	4.0	3.2
焊接电流/A	90～120　　120～160	120～160	90～120

（2）焊接操作技能

　　立角焊与对接立焊的操作有相似之处,如都应采用小直径焊条和短弧焊接。其本身的操作特点如下：

　　① 由于立角焊电弧的热量向焊件的三向传递,散热快,所以在与对接立焊相同的条件下,焊接电流可稍大些,以保证两板熔合良好。

　　② 焊接过程中应保证焊件两侧能均匀受热,所以应注意焊条的位置和倾斜角度。如两焊件板厚相同,则焊条与两板的夹角应左右相等,

而焊条与焊缝中心线的夹角保持 75°～90°。

③ 立角焊的关键是控制熔池金属。焊条要按熔池金属的冷却情况有节奏地上、下摆动。施焊过程中，当引弧后出现第一个熔池时，电弧应较快地提高，当看到熔池瞬间冷却成为一个暗红点时，应将电弧下降到弧坑处，并使熔池下落处与前面熔池重叠 2/3，然后再提高电弧，这样就能有节奏地形成立角焊缝。操作时应注意，如果前一个熔池尚未冷却到一定程度，就急忙下降焊条，会造成熔滴之间熔合不良；如果焊条的位置放得不正确，会使焊波脱节，影响焊缝美观和焊接质量。

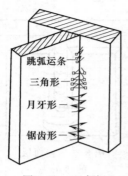

图 3-37 立角焊
焊条运条法

④ 焊条的运条方法应根据不同板厚和焊脚尺寸进行选择。对于焊脚尺寸较小的焊缝，可采用直线往复形运条法；对于焊脚尺寸较大的焊缝，可采用月牙形、三角形和锯齿形等运条法，如图 3-37 所示。为了避免出现咬边等缺陷，除选用合适的电流外，焊条在焊缝的两侧应稍停留片刻，使熔化金属能填满焊缝两侧边缘部分。焊条摆动的宽度应不大于所要求的焊脚尺寸，例如要求焊出 10mm 宽的焊脚时，焊条摆动的宽度应在 8mm 以内。

⑤ 当遇到局部间隙超过焊条直径时，可预先采取向下立焊的方法，使熔化金属把过大的间隙填满后，再进行正常焊接。这样做一方面可提高效率，另一方面还可大大减少金属的飞溅和电弧的偏吹（由两板连接窄缝中的气流所引起的电弧偏吹）。

3. I 形坡口对接立焊

（1）I 形坡口对接立焊的焊接特点

焊缝倾角为 90°（立向上）、270°（立向下）的焊接位置叫作立焊位置。当对接接头焊件板厚＜6mm 时，且处于立焊位置时的操作，叫作 I 形坡口的对接立焊。

立焊时的主要困难是熔池中的熔化金属受重力的作用下淌，使焊缝成形困难，并容易产生焊瘤以及在焊缝两侧形成咬边。由于熔化金属和熔渣在下淌的过程中不易分开，在焊缝中还容易产生夹渣。因此，与平焊相比，立焊是一种操作难度较大的焊接方法。

（2）焊前准备

① 选焊机　选用交、直流弧焊机各一台，其参考型号为 BX-330、

ZX5-400 或 ZX-315。

② 选焊条 焊条选用一律采用 E4303 酸性焊条和 E5015 碱性焊条两种型号的焊条，直径为 3.2mm 和 4.0mm。

③ 选焊件 采用 Q235A 低碳钢板，厚度＜6mm，长×宽为 300mm×125mm。

④ 辅助工具和量具 角向磨光机、焊条保温筒、錾子、敲渣锤、钢丝刷和焊缝万能量规等。

4. Ⅰ形坡口对接立焊操作技能

Ⅰ形坡口对接立焊操作技能见表 3-16。

表 3-16 Ⅰ形坡口对接立焊操作技能

操作项目		操 作 技 能
焊接操作	操作要领	立焊的操作方法有两种：一种是由下而上施焊；另一种是由上向下施焊。目前生产中应用最广泛的是由下而上施焊，焊工培训中应以此种施焊方法为重点 立焊操作时，焊钳夹持焊条后，焊条与焊钳应成一直线，焊工的身体不要正对焊缝，要略偏向左侧，以使握焊钳的右手便于操作 ①对接接头立焊时，焊条与焊件的角度左、右方向各为 90°，向下与焊缝成60°～80°；而角接接头时，焊条与两板之间各为45°，向下与焊缝成60°～90°。立焊时的焊条角度如图 3-38 所示 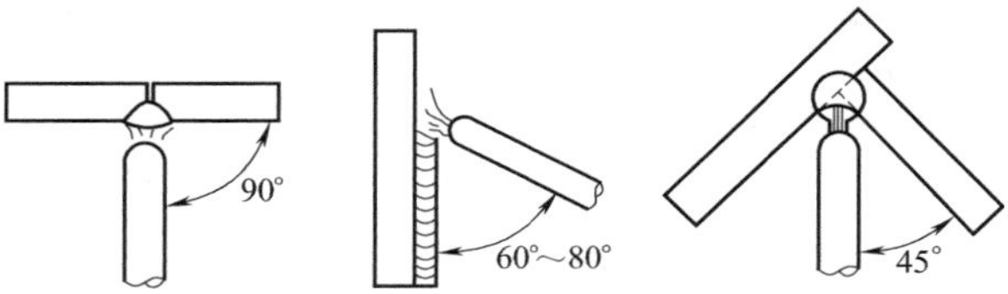 图 3-38 立焊时的焊条角度 ②焊接时采用较小直径的焊条，常用焊条直径为 2.5～4mm，很少采用直径为 5mm 的焊条 ③采用较小的焊接电流，通常比对接平焊时要小 10%～15% ④尽量采用短弧焊接，即电弧长度应短于焊条直径，利用电弧的吹力托住熔化的液态金属，缩短熔滴过渡到熔池中去的距离，使熔滴能顺利到达熔池
	操作手法	Ⅰ形坡口的对接立焊有跳弧法和灭弧法两种操作手法 ①跳弧法 如图 3-39 所示为立焊跳弧法。其要领是当熔滴脱离焊条末端过渡到对面的熔池后，立即将电弧向焊接方向提起，使熔化金属有凝固的机会（通过护目玻璃可以看到熔池中白亮的熔化金属迅速凝固，白亮部分迅速缩小），随后即将电弧拉向熔池，当熔滴过渡到熔池后，再提起电弧。为了不使空气侵入熔池，电弧离开熔池的距离应尽可能短些，最大弧长不应超过 6mm。运条方法采用月牙形运条法和锯齿形运条法

操作项目		操作技能

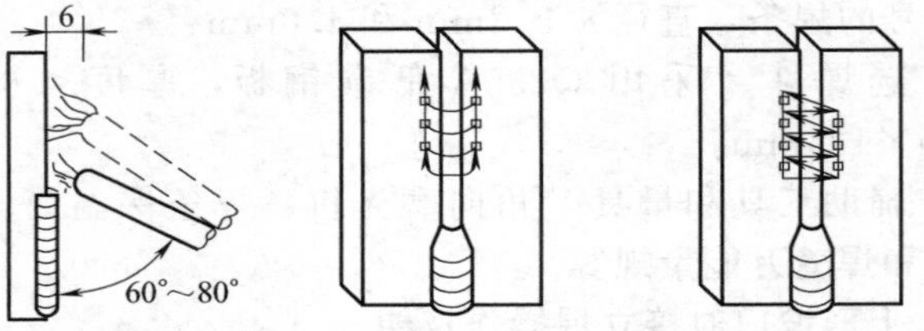

(a) 直线形跳弧法   (b) 月牙形运条法   (c) 锯齿形运条法

图 3-39　立焊跳弧法

②灭弧法　其要领是当熔滴脱离焊条末端过渡到对面的熔池后,立即将电弧拉断熄灭,使熔化金属有瞬时凝固的机会,随后重新在弧坑处引燃电弧,使燃弧-灭弧交替地进行。灭弧的时间在开始焊接时可以短些,随着焊接时间的增长,灭弧时间也要稍长一些,以避免烧穿及形成焊瘤。在焊缝收尾时灭弧法用得比较多,因为这样可以避免收弧时熔池宽度增加和产生烧穿及焊瘤等缺陷

采用跳弧法和灭弧法进行焊接时,电弧引燃后都应将电弧稍微拉长,以便对焊缝端头进行预热,然后再压低电弧进行焊接。施焊过程中要注意熔池形状,如发现椭圆形熔池的下部边缘由比较平直的轮廓逐渐鼓肚变圆,即表示温度已稍高或过高,如图 3-40 所示,此时应立即灭弧,让熔池降温,以避免产生焊瘤。待熔池瞬时冷却后,在熔池处引弧继续焊接

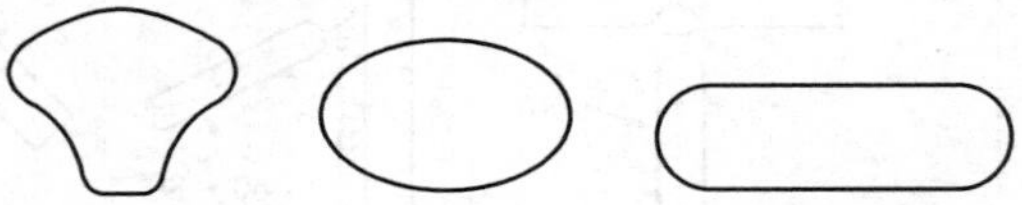

(a) 温度过高   (b) 温度稍高   (c) 温度正常

图 3-40　立焊时熔池形状与熔池温度的关系

对接立焊的焊接接头操作也较困难,容易产生夹渣和焊缝过高凸起等缺陷。因此接头时更换焊条的动作要迅速,并采用热接法。热接法是先用较长的电弧预热接头处,预热后将焊条移至弧坑一侧,接着进行接头。接头时,往往有熔化的金属拉不开或熔渣、熔化的金属混在一起的现象。这种现象主要是接头时更换焊条的时间过长,引弧后预热时间不够以及焊条角度不正确而引起的。此时必须将电弧稍微拉长一些,并适当延长在接头处的停留时间,同时将焊条角度增大(与焊缝成 90°),使熔渣自然滚落下来便于接头

左侧列（竖排）：焊接操作　操作手法

四、薄板的焊接

由于电弧温度高, 热量集中, 所以焊接 3mm 以下的薄板时, 很容

易产生烧穿现象，有时也产生气孔。对厚度 2mm 以下的薄板焊件，最好用弯边焊接方法焊接，如图 3-41 所示。

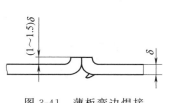

图 3-41　薄板弯边焊接

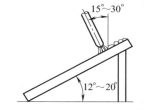

图 3-42　薄板垫高一端的焊接

① 先将焊件按下列方法弯边。直线的弯边可用弯边机压制或在方钢上手工弯边，手工弯边的操作和设备简单，通常用榔头在成形方钢或圆钢上进行；有几何形状的曲线弯边，可用冲模在冲床上进行，几何形状复杂的弯边需要在专用的模具上进行。

② 将弯边焊件对齐修平进行定位焊。一般每隔 50～100mm 定位焊一点。铁板越薄，定位点应越密。

③ 焊接时，最好用直流反接，不留间隙。先用 2～3mn 焊条快速短弧焊接，焊条沿焊缝作直线运动。如果焊缝较长，可固定在模具上焊接，以防变形。

④ 除焊接各种容器外，在不影响质量的情况下，可采用断续焊接方法焊接薄板焊件。也可将焊件一端垫高 12°～20°，加大焊条直径及焊接电流，提高焊速，从高处往低处施焊。焊条应向焊接方向倾斜 15°～30°，如图 3-42 所示，但焊接时要防止熔渣流到熔池的前方，造成夹渣及气孔等缺陷。

五、两低合金钢管正交相接固定焊

1. 技术要求

焊件形状与尺寸如图 3-43 所示。具体要求如下：

① 材料：16Mn 钢管。

② 焊接要求采用焊条电弧焊。

③ 接管为单面全焊透结构。

2. 焊前准备

① 焊接方法　焊条电弧焊，边弧焊手法。

② 焊接电源　直流电弧焊机，型号为 ZX-500，直流反接。

③ 选焊条　选用 E5015，规格 $\phi 2.5 \sim 3.2\text{mm}$；焊条烘干温度为 $300 \sim 350℃$，然后保温 $1 \sim 2\text{h}$。

④ 坡口　按图 3-44 给定的形状和尺寸，采用机械法制备。

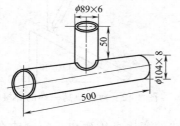

图 3-43　焊件形状和尺寸

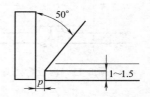

图 3-44　接管坡口形式及尺寸

⑤ 焊前清理　焊前，对坡口及两侧各 30mm 范围内的油污、铁锈及其污物，进行打磨或清洗，使焊件露出金属光泽。

⑥ 组装定位焊　由于钢管正交时的交线是空间曲线，组装较困难，组装后不应有很大的缝隙。在组件尺寸基本合适后，要点固焊三处，即分别在起焊点的 $90°$、$180°$、$270°$。

3. 焊接规范

各层的焊接工艺参数见表 3-17。

表 3-17　焊接工艺参数

层次（道数）	焊条直径/mm	焊接电流/A	电弧电压/V
打底层（1）	3.2	90～120	22～26
盖面层（2）	4.0	140～170	22～26

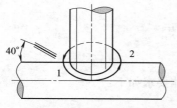

图 3-45　钢管的焊接方法

4. 焊接操作

① 整条焊缝可分两半圈完成，如图 3-45 所示。

② 首先进行图中"1"的操作，在平焊位置起弧，其焊条角度为水平管间 $40°$；起焊处注意拉长电弧，稍做预热后，压低电弧焊接，使起焊处熔合良好。焊接过程中，焊缝位置不断变化，焊条角度也要不断变化。

③ 为避免焊件烧穿，可采用挑弧法施焊。结尾时，已接近平焊位置，由于钢管温度较高，收尾动作要快，在焊缝碰头连接时，应重叠

10～15mm，并要注意接头平整圆滑。

5. 焊接质量要求

① 用焊缝检验尺测量，焊脚高度为 7～10mm。

② 目测焊缝表面，不允许有气孔、裂纹等缺陷。

③ 焊缝咬边深度小于 0.5mm，且咬边累计长度不应超过总长的 20%。

④ 焊件上不允许有引弧划伤痕迹。

⑤ 焊缝无损检验，按 NB/T 47013—2015 标准进行 100%着色探伤，符合 Ⅰ 级等级为合格。

第三节 操作训练实例

一、铸铁柴油机盖裂纹的补焊

1. 技术要求

具体要求如下：

① 材料：灰口铸铁（HT-300）。

② 清除裂纹后补焊。

③ 补焊后保证强度和韧性。

④ 衬缝密封性良好。

⑤ 采用加热减应法补焊。

2. 焊前准备

① 焊接方法。根据补焊件成分、性能、用途、使用条件和铸件形状、尺寸以及焊后进行机械加工等方面考虑，选用焊条电弧焊方法，用 EZNi-1 "铸 308" 或 EZNiFe-1 "铸 408" 镍基焊条。

② 焊接电源。直流电弧焊机，型号为 ZX-500，直流反接。

③ 认真检验补焊件缺陷，并做好位置标记。

④ 按缺陷情况制备补焊坡口。其原则是尽量开成 V 形或 U 形小坡口。

⑤ 焊条烘干。焊前，焊条进行 200℃烘干备用。

⑥ 准备辅助工具。手锤、扁铲、角向磨光机等。

3. 补焊操作

（1）冷焊法

① 补焊前，在裂纹两端各钻一个止裂孔。

② 焊接采用短弧、短焊道（每次只焊 10～15mm）、断续焊或分段焊法，焊后及时锤击焊缝。焊前不预热，焊接过程中也不需辅助加热。焊接过程中要尽可能减小熔合比。

③ 在保证熔合良好的情况下，尽量要选用小电流、快焊速，补焊区的层间温度要低于 60℃。

④ 镍芯铸 308 焊条的工艺参数见表 3-18。

表 3-18　铸铁补焊的焊条电流值

焊条牌号	焊条直径/mm		
	2.5	3.2	4.0
铸 308	60～80A	90～100A	120～150A

(2) 半热焊法

补焊也可采用"半热焊法"。这种方法采用钢芯强石墨化型铸铁焊条，如铸 208 等。焊前需预热 400℃左右；用较大的电流和弧长，连续焊、慢速焊，焊后保温缓冷，不能用锤击焊缝。焊后需进行机械加工时，要进行 200℃退火处理，然后用干燥石棉布覆盖，保温 12h。

(3) 退火焊道法

对需进行机械加工的补焊件，还可采用大直径铸铁芯焊条，选用大电流，在焊缝表面进行加焊退火焊道，以使焊道缓冷，这种方法叫作"退火焊道前段软"。如果缺陷较浅，只能焊一层时，可将先焊的焊道上部铲除一些再焊。不预热、大电流补焊的工艺参数见表 3-19。

表 3-19　铸铁大电流补焊的电流值

焊条直径/mm	5	8
焊接电流/A	250～350	380～600

4. 补焊结果

采用上述方法补焊后，硬度、强度和焊道的色彩与铸铁材料一致，但焊道处刚性较大时，容易出现裂纹。当操作手法适当，铸件的尺寸和位置合适时，一般可获得满意的补焊效果。

二、不锈钢复合板的焊接

1. 技术要求

图 3-46 为焊件的形状和焊缝结构。具体要求如下：

① 材料：16MnR＋0Cr18Ni9。

② 储槽壳体材料：基体为 16MnR；复层：0Cr18Ni9。

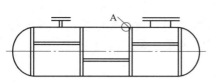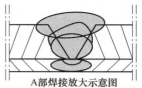

A部焊接放大示意图

图 3-46　焊件形状和焊缝结构

③ 焊接采用焊条电弧焊。

2. 焊前准备

① 焊接方法及设备　焊接采用焊条电弧焊；弧焊机采用 ZX7-315 型逆变弧焊机。

② 焊条选择　复合板焊接的主要问题是过渡层焊缝的焊材选用。过渡层金属要保证复层焊缝金属不被基层母材和焊缝所稀释并具有足够的抗裂性，以减少碳迁移能力。所以，焊接过渡层选用 25-13 型 E309-15（A307）焊条；复层选用 E308-15（A107）焊条；基层则用 E5015（J507）焊条。

③ 坡口形式　因为焊接要从基层开始。所以坡口选为单面 V 形，其坡口形状如图 3-47、图 3-48 所示。

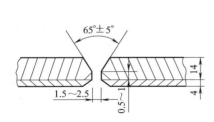

图 3-47　复合钢板对接焊缝坡口形式

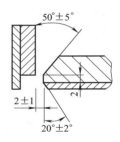

图 3-48　接管与壳体角焊缝拼凑

④ 焊前清理　焊前，坡口两侧各 30mm 范围内的油污、铁锈等，用角向磨光机打磨干净，露出金属光泽。

⑤ 点固定位焊　定位焊缝只允许在基层母材上进行。

⑥ 焊材烘干　焊接复合板所用的低氢型焊条，均应经 300～350℃ 烘干，保温 1h 备用。

3. 焊接操作

① 焊接顺序。不锈钢复合板的焊接顺序按图 3-49 进行。焊接的原则是：先焊基层；然后从背面（复层侧）碳弧气刨清根，并用角向磨光机打磨干净，经检验合格，焊接过渡层；最后焊接复层。

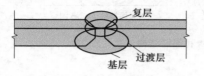

图 3-49 复合板焊缝部位及顺序

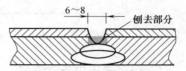

图 3-50 清根气刨沟槽形状

② 由于复合板中两种金属成分的物理性能和力学性能有很大差别，所以基层的焊接以保证接头的力学性能为原则，一般可参照低合金钢的焊接工艺。复层的焊接既要接头的耐腐蚀性能，又要获得满意的力学性能，焊接过程要遵守不锈钢的焊接工艺。

③ 基层焊接时，要避免熔化至不锈钢复层，复层焊接时要防止金属熔入焊缝而降低铬、镍含量，从而降低复层的耐腐蚀性能和塑性。

④ 基层焊完后，要用碳弧气刨清除焊根，并打磨渗碳层和氧化皮，气刨沟槽形状如图 3-50 所示。

⑤ 过渡层焊缝，需要同时熔合基层焊缝、基层母材和复层母材，且应盖满基层焊缝和基层母材。焊接要采用较小的电流，以限制基体母材对焊缝的稀释作用。

⑥ 焊接工艺。不锈钢复板各焊层的焊条电弧焊工艺参数见表 3-20。

表 3-20 不锈钢复板焊条电弧焊的工艺参数

焊接层次	基 层		复 层	
	焊条直径/mm	焊接电流/A	焊条直径/mm	焊接电流/A
1	3.2	100~130	3.2	90~120
2	4	150~170	4	130~150
3	4	150~170	—	—
4	5	200~250	—	—

4. 焊接质量要求

① 外观。目测焊缝表面，无气孔、夹渣、咬边及电弧划伤等缺陷。

② 焊缝经 100%X 光探伤，按 NB/T 47013—2015 标准，评定等级达到 Ⅱ 级以上为合格。

③ 对复层焊缝，按《不锈钢硫酸-硫酸铜试验方法》（GB/T 4334—2008）进行晶间腐蚀试验，其结果在弯曲后不得有腐蚀倾向。

三、不锈钢耐腐蚀层的焊接

1. 技术要求

某单位乙醇换热器，由于管程选用耐介质腐蚀的不锈钢材料（壳程为低碳钢），其管板采用堆焊不锈钢工艺。图 3-51 为焊件的形状和焊缝结构。具体要求如下：

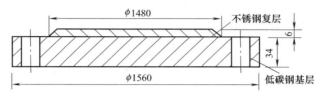

图 3-51 焊件形状和焊缝结构

① 材料：Q235＋0Cr18Ni9。
② 焊接采用焊条电弧焊。
③ 堆焊层由过渡层和基层组成。
④ 堆焊层化学成分需符合 0Cr18Ni9 的要求。

2. 焊前准备

① 焊接方法及设备。焊接采用焊条电弧焊；电弧焊机采用 ZX7-315 型逆变弧焊机，直流反接电源。

② 焊条。一般堆焊优先选用低氢焊条（也可采用钛钙型），以利于堆焊金属的抗氧化性以及层间清渣性能。因此，过渡层选用高铬、镍的 E309-15 焊条，以补偿低碳钢的稀释；表面层使用 E308-15 奥氏体不锈钢焊条焊接。

③ 不锈钢焊条需在 250℃下烘干，恒温 1h，然后保温待用。

④ 焊前清理。低碳钢基层要进行除锈、去污、去油，使堆焊面清洁干净。

3. 堆焊

① 堆焊要从中间开始，向两侧堆焊，每条焊道都要压过上一条相邻焊道，重叠一部分，称为焊道节距，如图 3-52 所示。

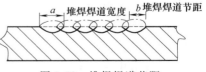

图 3-52 堆焊焊道节距

② 过渡层堆焊时，对基材的熔深要尽量减少。所以，堆焊要选用较小的电流，快焊速，并采用 S 形

运条法，均衡熔池温度；控制好搭边量（搭边量在 1/2 焊道宽时，稀释率为 15％），以减小稀释率。

③ 堆焊过程中，焊接电流、电弧电压、堆焊速度、运条方法、堆焊顺序、弧长、节距等工艺参数，对堆焊质量和稀释率，都有一定影响。因此，要注意这些参数的选用。焊条电弧焊堆焊镍、铬不锈钢时，其焊接工艺参数见表 3-21。

④ 堆焊工艺措施。堆焊过程主要采取以下措施：采用小的电流；缩小堆焊层节距；降低熔合比等，以此保证堆焊层质量。

表 3-21　焊条电弧堆焊的工艺参数

焊条型号	焊条直径/mm	堆焊层次	堆焊电流/A	备　注
E309-15	4	过渡层	110～160	堆焊大件时要预热
E308-15	5	表面工作层	160～200	150～200℃

4. 质量要求

① 外观　目测焊道之间是否平滑过渡，无裂纹、气孔等缺陷。

② 无损探伤　应按国家相关规定的标准，对堆焊表面进行 100％ PT（着色）检验。评定等级达到Ⅰ级为合格。

③ 堆焊层化学成分分析　在焊态表面进行化学分析时，按图 3-53 所示的位置取样。化学分析按《钢的化学分析用试样取样方法及成品化学成分允许偏差》中国家相关规定的标准进行评定。

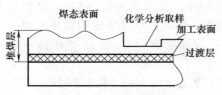

图 3-53　化学分析取样位置

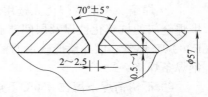

图 3-54　对接管子的坡口形状及尺寸

四、低合金钢管斜 45°位置固定焊接

1. 技术要求

① 材料：12CrMo。

② 焊接采用焊条电弧焊。

③ 在坡口内定位焊，但不允许在焊缝最低处定位焊。

④ 焊件离地面高度 800mm；斜度为 45°。

⑤ 单面焊双面成形。

2. 焊前准备

① 焊接方法　焊条电弧焊，连弧焊手法。

② 焊接电源　直流电弧焊机，型号为 ZX-500，直流反接。

③ 焊条　选用 E5515，规格 2.5～3.2mm；焊条烘干温度为 300～350℃，然后保温 12h。

④ 坡口　按图 3-54 给定的形状和尺寸，采用机械法制备。

⑤ 焊前清理　焊前，对坡口及两侧各 30mm 范围内的油污、铁锈及其污物，进行打磨或清洗，使焊件露出金属光泽。

⑥ 组装定位焊　定位焊两点，位置在两侧相距 120°处，定位焊缝长度为 8～12mm。余高 3mm，高度太小，容易开裂；太大则对以后的正式焊接带来困难。点焊电流为 90～130A，起焊处要有足够的温度，以防止黏合。收尾时弧坑要填满。

3. 焊接操作

（1）打底层焊接

焊前，首先采用錾子、锉刀或砂轮等，把定位焊处打出缓坡，以保证接头质量。打底层采用直径 2.5mm 焊条，先在前半圈仰焊部位开始，在坡口边上用直击法引弧，然后将电弧引至坡口中间，用长弧烤热点焊处，经 2～3s，坡口两侧接近熔化状态（即金属表面有"汗珠"）时，立即压低电弧，当坡口内形成熔池，随即将焊条抬起，熔池温度下降变小，再压低电弧往上顶，成第二个熔池。如此反复，一直向前移动焊条。当发现熔池温度过高，熔化金属有下淌趋势时，采取灭弧手法，待熔池稍变暗，即在熔池的前面重新引弧；为了消除和减少仰焊部位的内凹现象，除了合理选用坡口角度和焊接电流外，引弧动作要准确和稳定，灭弧动作要果断，并要保持短弧，电弧在坡口两侧停留时间不宜过长；从下向上焊接的过程，焊接位置在不断变化，焊条角度必须相应调节，到了平焊位置，容易在背面产生焊瘤。此时，焊条可作不大的横向摆动，使背面有较好的成形。

后半部的操作方法与前半部相似，但要完成两个焊道接头，每一个都是仰焊部位，它比平焊难度更大些，也是整个焊缝的关键。为便于接头，在焊前半部分时，仰焊和平焊部位的起头、收弧处，都要超过垂直方向中心线 5～15mm。在焊接仰焊时，把起焊处的厚度用电弧割去一部分（约 10mm 长）。这样，既割去了可能存在的焊接缺陷，又形成了缓坡形割槽，便于接头。操作时，先用长弧烤热接头处，运条至接头中心，立即拉平焊条压住熔化金属，依靠电弧吹力把液态金属推走，形成一个缓坡形割槽。焊接到接口中心时，切忌灭弧，必须将焊条向上顶一下，以击穿未熔合（或夹渣）部分的根部，使接头完全能熔合。当焊条至斜立焊位置时，要采用顶弧焊，并稍作横向摆动。当距接头处 3～5mm 即将封闭时，绝不可灭弧，应把焊条向里压一下。这时可听到电弧打穿焊缝根部的"噗噗"声，焊条在接头处要作摆动，填满弧坑后引至坡口一侧熄弧。

（2）盖面层焊接

焊好盖面层不只是为了焊缝美观，也为了焊缝质量。45°管固定焊有一些独特之处。首先是起头焊道较宽，在管子的最低处起焊，焊层要薄，并平滑过渡，形成良好的"人"字形接头。另外是运条，不论管子倾斜大小，工艺上一律要求焊波成水平面或接近水平，焊条总是保持垂直位置并在水平线上摆动，从而获得平整的焊缝成形。

由于 12CrMo 钢管壁厚较薄，所以焊接前可不预热。在打底层和盖面层焊接过程中，要连续焊完，如必须间断时，要采取保温缓慢冷却措施，以防止产生裂纹。焊后缓冷，一般是在焊后立即用石棉覆盖焊缝和热影响区，保温数小时即可。

4. 工艺参数

各层的焊接工艺参数见表 3-22。

表 3-22　焊接工艺参数

层次（道数）	焊条直径/mm	焊接电流/A	电弧电压/A
打底层(1)	2.5	90～120	22～26
盖面层(2)	3.2	110～130	22～26

5. 焊缝质量要求

① 用焊缝检验尺测量，焊缝表面尺寸要求按表 3-23 规定。

② 目测焊缝表面，不得有气孔、咬边、裂纹等缺陷。

③ 焊缝内部缺陷检验，经 X 射线照相无损探伤，按 NB/T 47013—2015 标准，底片评定等级达到Ⅱ级以上为合格。

表 3-23　斜 45°位置固定焊缝表面尺寸要求

	焊缝宽度/mm	余高/mm	余高差/mm	焊缝宽度差/mm
正面	比坡口每侧增宽 0.5～2mm	0～3	<3	<2
背面	通球检验 0.85$D_内$	<2	<2	<2

注：背面陷坑深度小于等于 20%δ（板厚），且小于等于 2mm。

五、奥氏体不锈钢 0Cr18Ni9（304）对接平焊

1. 技术要求

图 3-55 为焊件形状和尺寸，具体要求如下：

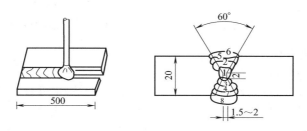

图 3-55　焊件形状及尺寸

① 材质：0Cr18Ni9；厚度：$\delta=20mm$。

② 采用常规焊条电弧方法。

③ 双面焊全焊透焊缝。

④ 焊缝外观质量按国家相关规定的标准焊接规程的规定。

⑤ 焊缝内部质量按国家相关标准中 X 射线探伤中的 II 级要求。

2. 焊前准备

① 焊接设备　选择直流电弧焊机，型号 ZX-500。辅助工具有尖锤、砂轮、碳弧气刨机、炭棒。接地线要与焊件牢固连接，以防止焊接过程中，由于接地线坚固不牢，引起打火，影响焊件的表面质量，进而影响不锈钢的耐腐蚀性。

② 选焊条　选用 E308 焊条。焊条直径分别为 $\phi 4mm$、$\phi 5mm$。焊前焊条应进行 200℃ 烘干，保温 1h 备用。

③ 坡口的加工　采用机械方法加工出双面对称坡口，其加工尺寸如图 3-56 所示。

④ 组装前清理　将坡口及两侧焊接区的油、水、污物清除，并在定位焊接前，把坡口两侧各 100mm 范围内，涂刷白垩粉（钛白粉），以便于清理焊渣及飞溅物。

⑤ 组装定位　组装间隙为 2.0～3.5mm；定位焊缝间距为 100mm；长度为 30mm。要采用正式焊接工艺焊接定位焊缝，其中不允许存在缺陷，否则要彻底清除。由于采用双面对称坡口形式，所以组对时，不必留出反变形量。

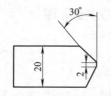

图 3-56　坡口形状与尺寸

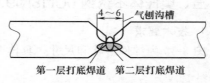

图 3-57　气刨清根示意

3. 焊接操作

(1) 引弧打底

焊接在坡口内划擦引弧，以避免起弧划伤不锈钢母材，以保证不锈钢的耐晶间腐蚀性能。焊接时，选取小的焊接线能量，即采用小电流、快速焊、多层、多道焊。打底层采用直线运条，用直径 4.0mm 焊条，先在正面焊接两道，注意收弧时要填满弧坑。

(2) 填充层焊接

为防止焊接变形过大，难以纠正，要正、反两面交替焊接，焊接背面时，要采用碳弧气刨清根，沟槽深度为 3～4mm，其形状如图 3-57 所示。气刨后，刨槽应用砂轮打磨，清除渗碳层，直至露出不锈钢金属光泽，否则渗碳层的存在，会影响焊缝的耐腐蚀性。

焊接过程中，为防止在 450～850℃ 范围内停留时间过长，应采用小电流、快焊速（焊接电流一般比碳钢小），焊条不要摆动。焊后可采取急冷措施，或等前道焊缝冷却后再焊接下一道。

(3) 盖面层焊接

焊接盖面层主要考虑表面成形美观，形状、尺寸适当，无超标焊接缺陷。其各层的焊接工艺参数见表 3-24。

表 3-24　0Cr18Ni9 钢焊接工艺参数

层次（道数）	焊接方法	焊接材料	材料规格/mm	电源种类	焊接电流/A	电弧电压/V	焊接速度/(cm/min)	层间温度/℃
正面 1(1)	SMAW	E308	φ4.0	DCEP	140～160	24～26	14～18	≤60
正面 2(1)			φ5.0		170～190		16～20	
背面 3(1)			φ4.0		140～160		14～18	
背面 4(1)			φ5.0		170～190		16～20	
正面 5～6(1)			φ5.0		170～190		16～20	
背面 7～8(1)			φ5.0		170～190		16～20	

4. 焊缝质量要求

① 焊缝表面光洁，宽窄一致。用焊缝检测尺测量：焊缝宽度为

24~28mm，表面高度小于 3mm；焊缝表面不允许存在咬边、未熔合、气孔、焊穿、裂纹等缺陷，不应有急剧的形状变化，要呈圆滑过渡。

② 焊缝经 X 光检测，应符合国家相关标准，评定级别达到Ⅱ级以上为合格。

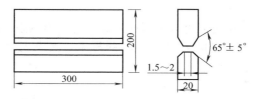

图 3-58　低温钢板对接平焊形状及尺寸

六、低温钢 09MnNiDR 的焊接

1. 技术要求

图 3-58 为低温钢板对接平焊形状及尺寸，具体要求如下：

① 材质：09MnNiDR。

② 焊接方法：焊条电弧焊。

③ 焊后经无损探伤检验，达到Ⅱ级以上为合格。

2. 焊前准备

① 焊接设备　采用直流电弧焊机，型号为 ZX-500，直流反接。

② 焊条选择　焊接 09MnNiDR 钢板，应选用低氢、碱性焊条，牌号 W707Ni。这种 W707Ni 焊条的化学成分如表 3-25 所示。

③ 焊条烘干　焊接之前，应将焊条在 350℃温度下烘干，保温 1h，然后放于保温箱中备用。

表 3-25　W707Ni 焊条化学成分

成分	C	Mn	Si	Ni	S	P
含量/%	0.06	1.08	0.26	2.65	0.011	0.019

④ 坡口加工　焊接板厚为 20mm 的对接焊缝，焊接坡口采用刨床机械加工而成。为了保证组对及焊接质量，必须严格按图示要求加工双面对称坡口。钝边为 2mm，单边坡口角度为 30°。

⑤ 焊接辅助用具　辅助工具有清渣尖锤、角向磨光机、碳弧气刨机、炭棒等。

⑥ 组对定位焊接　定位焊时，要选择与正式焊接时相同的焊接工艺。组对时，坡口间隙要保证在 1.5~2mm，焊缝对口错边量小于等于

3mm。定位焊缝要在坡口内焊接，定位焊缝的间距为100mm，长度为30mm。如果定位焊缝存在裂纹等缺陷，要将定位焊缝清除掉，重新焊接。

3. 焊接操作

（1）打底层焊接

焊接时，正面第1层可以采用连弧焊。直线形运条。焊接电流要小一些，以防止焊穿。焊接采用 $\phi4mm$ 的焊条，注意观察熔深和钝边熔化情况，防止底层夹渣。

（2）填充层焊接

第2～4层采用 $\phi5mm$ 的焊条。采用锯齿形运条方法，焊条稍微摆动。运条过程要将焊条向坡口两边靠，以保证与坡口边缘充分熔合，否则易产生咬边。正面焊缝完成后，反面采用碳弧气刨清根。

（3）清根

采用 $\phi8mm$ 的炭棒清根，直流反接，刨削电流 500～600A，压缩空气的压力为 0.4～0.6MPa。炭棒倾角为 25°～45°。炭棒刨割速度一般为 0.5～1.2m/min。如果太快，会产生"夹碳"现象；如果太慢，则刨削深度太大。刨出的坡口，应使用角向磨光机打磨渗碳层，使之露出金属光泽。然后再用 $\phi4mm$ 的焊条焊接第5层，不必摆动，采用 $\phi5mm$ 的焊条焊接第6～8层。焊接第6、7层时，可以稍微摆动焊条。每一层的熔敷金属不可过高，焊接速度比低碳钢的焊接速度要快一些，如果速度太慢，熔池停留时间太长，会造成中间焊缝起包、两边出现凹沟现象，还会产生夹渣。

（4）盖面层焊接

焊接盖面层时，不摆动焊条。焊接低温钢的关键问题是如何保证焊缝及热影响区的低温冲击韧性。要保证焊缝冲击韧性，主要是通过控制焊接线能量来实现。因为焊接线能量与焊接电流、电弧电压成正比，而与焊接速度成反比，所以为了控制焊接线能量，要在保证焊缝的内在质量前提下，尽量减小焊接电流及电弧电压，增大焊接速度，并控制好各焊层之间的温度不大于100℃。所以，焊接时，应采用多层、多道焊方法，因为后一层焊道对前一层焊道起到了正火的作用，可以细化晶粒，从而提高焊缝金属的冲击韧性。焊接 09MnNiDR 钢材时的线能量要求限制在 15～30kJ/cm。

（5）焊接工艺参数

各层的焊接工艺参数见表 3-26。

表 3-26 09MnNiDR 钢的焊接工艺参数

层次	焊接方法	焊接材料	材料规格 /mm	焊接电流 /A	电弧电压 /V	焊接速度 /(cm/min)	层间温度 /℃
1	SMAW	W707Ni	φ4.0	130～150	24～26	16～18	≤10
2	SMAW	W707Ni	φ5.0	170～190	24～26	14～18	≤10
3～4	SMAW	W707Ni	φ5.0	170～190	24～26	14～18	≤10
5	SMAW	W707Ni	φ4.0	130～150	24～26	16～18	≤10
6	SMAW	W707Ni	φ5.0	170～190	24～26	14～18	≤10
7	SMAW	W707Ni	φ5.0	170～190	24～26	14～18	≤10
8	SMAW	W707Ni	φ5.0	170～190	24～26	14～18	≤10

4. 焊接质量要求

（1）焊缝外观

目测焊缝表面，宽窄应一致。焊缝表面不允许存在咬边、未熔合、气孔、焊穿、裂纹等缺陷。焊缝与母材要呈圆滑过渡。用焊缝检测尺测量，应符合表 3-27 规定。

表 3-27 焊缝表面尺寸要求

	焊缝宽度/mm	余高/mm	余高差/mm	焊缝宽度差/mm
正面	比坡口每侧增宽 0.5～2	0～3	<3	<2
背面	比坡口每侧增宽 0.5～2	≤3	<2	≤2

（2）无损检测

焊缝经 100%X 射线探伤，评定级别达到 Ⅱ 级以上为合格。

七、冲模的合金堆焊

1. 焊件图样及技术要求

冲模一般是采用普通碳素钢制作，然后在刃口部分堆焊合金作为冲裁刃口，经一定热处理后，硬度和韧性可满足工件冲裁要求。其模具形状如图 3-59 所示。其技术要求如下：

① 基体材料：Q235B。

图 3-59 模具形状

② 焊接方法：焊条电弧焊。

③ 堆焊后应经退火处理。

④ 热处理后的堆焊层硬度，应相当于高速工具钢。

2. 焊前准备

① 焊接电源 选用直流电弧焊机，型号 ZX-500，反接极性。

② 堆焊材料 用于堆焊裁模的焊条，应有足够的剪切强度、硬度、耐磨性及冲击韧度。所以，选择碱性低氢型 EDRCrMoWV-A1-15（D327）焊条，其焊条的化学成分为：C≤0.5%；Cr≤5.0%；W＝7%～10%；Mo≤2.5%；V≤1.0%。堆焊后熔敷金属硬度≥55HRC。焊前，焊条经 300℃烘干，保温 2h 备用。

③ 基体加工 堆焊前，对模体要按图示尺寸要求进行粗加工。外圆要留出 2～3mm 堆焊量；厚度应留 2mm 余量。

④ 焊前清理 堆焊前，用角向磨光机清理干净，使堆焊刃口处无污物、铁锈、杂质。

⑤ 焊前预热 堆焊前，将模件放入加热炉中进行预热，加热温度为 450～500℃，保温 1～2h，然后放在水平方向回转盘上，准备堆焊。

3. 堆焊操作

① 堆焊第一层时，焊条的运条采用螺旋式运条法，焊接顺序是由里向外。每堆焊一层，需清渣一次，连续焊完。堆焊过程中，停顿间隔不要超过 10min。当一根焊条用完后，换焊条后也要进行清渣，并要注意接头处的搭接量。

② 焊接要采用短弧、小电压，弧长控制在 1～2mm，以减小堆焊金属的稀释率，并可降低堆焊金属的氮、氧含有量。

③ 堆焊层一般应为 2～3 层，第一层可作为过渡层，然后堆合金层。这样能保证合金工作层的性能要求。

④ 焊接规范。堆焊第一层时，用较细的焊条，以减小熔深；其余层可用大一些的焊条。其堆焊工艺规范见表 3-28。

表 3-28 堆焊工艺规范

堆焊层次	焊条直径/mm	焊接电流/A	电弧电压/V	焊接速度/(cm/min)
1	4	140～170	22～24	15～18
2	5	150～200	23～26	17～22
3	6	150～200	23～26	17～22

4. 焊后处理

① 堆焊后，焊件应立即进炉进行回火处理。回火的时间不要超过 8h。

② 对换模具的堆焊部分进行粗加工，并可检查焊层的缺陷。如有较大的缺陷，可进行补焊。补焊时，先将模体加热到 300℃左右，用原来的焊条、焊机和较小的电流进行补焊，然后再修磨至粗加工尺寸。

5. 模具热处理

焊后的模具应进行退火、淬火、回火处理。经热处理后，堆焊层硬

度可从 54～58HRC 提高到 56～62HRC。退火规范是在箱式炉中加热
到 860～870℃，保温 2～3h，再降到 720～740℃在奥氏体不稳定区域
保温 3～4h，然后空冷到室温；或炉冷降到 400℃左右，再空冷。退火
后硬度为 23～25HRC。

淬火和回火规范是：第一次预热到 840～860℃，再加热到 1240～
1250℃，保温时间以有效厚度 9～11s/mm 计算。保温后风冷到 900℃
左右，淬入植物油中。如此回火 2～3 次，时间均为 1h。回火后硬度达
到 56～60HRC。

6. 堆焊质量要求

模具堆焊、热处理后，取样化学分析结果为：C0.5%；W7%～
10%；V1.0%；Mo2.5%；Si ≤ 0.2%；Cr5%；P ≤ 0.035%；S
≤0.04%。

基体金相组织马氏体＋复合碳化物＋残余奥氏体，晶粒比较粗大，
碳化物呈网状分布在晶粒周围，硬度高，耐磨性好。

这种堆焊层特征相当于高速工具钢，使冲模的使用寿命有显著的
提高。

八、一般灰铸铁的焊补

在日常工作中，经常遇到一些铸铁件、铸钢件的焊补。如某厂在安
装施工中水煤气炉底不慎脱落，将其排渣口部位的法兰及座体撞裂，给
安装带来麻烦，为不影响施工进度，决定进行修补。焊补零件的裂纹位
置如图 3-60 所示，底座的材质为普通灰口铸铁，其裂纹长度为 230mm，
是从法兰延伸至座体，法兰厚度为 45mm，座体的壁厚为 35mm。

1. 焊补方案

座体在正常工作情况下，既承受炉体静载荷，同时还承受排渣时机
械动载荷。由于不是连续排渣，造成该部位温度变化较大，这给焊补造
成很大困难。既要在焊补焊缝及熔合线时有足够的强度和塑性，又要保
其使用寿命，故选用铸 308 焊条，采用冷焊法进行焊补。

2. 焊补工艺

① 焊前准备　首先在裂纹的终端钻一 ϕ3mm 的止裂孔，制备坡
口，采用碳弧气刨沿裂纹边缘刨坡口，或用角向磨光机，沿裂纹开坡
口，直到将裂纹全部磨光，焊前用丙酮清洗坡口内的污物，以防产生
气孔。

② 焊接材料的选择　采用铸 308 焊条，烘干，烘干温度为 150℃，

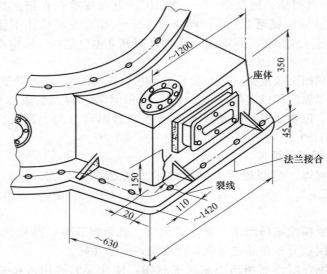

图 3-60 焊补零件的裂纹位置

保温 2h，然后选用交流焊机进行补焊。

③ 焊接电流的选择　采用铸 308 焊条，直径为 $\phi3.2mm$ 或 $\phi4mm$，焊接电流为 90～110A；立焊时，焊接电流还可小些，采用短弧操作。

④ 栽丝　为了提高焊接接头的强度，减少应力，防止焊缝剥离，在断口处栽丝，在法兰与底座交接处坡口内侧栽一只 M10 钢质螺钉。钻孔攻螺纹时，不加润滑油，螺钉拧入 15mm 左右，露出坡口约 5mm。

3. 操作要点及注意事项

焊接时，采用多层多道焊法，同时采用断续、分散焊。每段焊缝（长度≤30mm）焊完后，应进行"锤击减应"，待手摸不烫时，再焊另一段焊道，并加锤击，直至焊完。特别应注意严格控制层间温度和段间温度（手摸不烫）。对于收弧时容易出现的缩孔等，应及时用砂轮清除，对于不平整的焊道也要用砂轮修整。

全部焊补结束后，用砂轮将焊缝余高除去，并将法兰结合面研磨至符合要求。

第四章

埋弧焊

埋弧焊是利用焊丝与焊件之间的焊剂层下燃烧的电弧产生热量，熔化焊丝、焊剂和母材金属而形成焊缝，以达到连接被焊工件的目的。在埋弧焊中，颗粒状焊剂对电弧和焊接区起机械保护和合金化作用，而焊丝则用作填充金属。

埋弧焊的焊接过程如图 4-1 所示。焊剂由软管流出后，均匀地堆敷在装配好的焊件上，堆敷高度一般为 40~60mm。焊丝由送丝机构送进，经导电嘴送往焊接电弧区。焊接电源的两极，分别接在导电嘴和焊件上。而送丝机构、焊丝盘、焊剂漏斗和操纵盘等全部都装在一个行走机构——焊车上。在设置好焊接参数后，焊接时按下启动按钮，焊接过程便可自动进行。

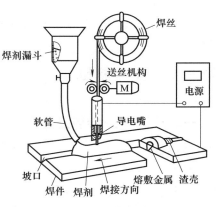

图 4-1　埋弧焊的焊接过程

埋弧焊的电弧是掩埋在颗粒状焊剂下的（图 4-2）。在焊丝和焊件之间引燃电弧，电弧热使焊件、焊丝和焊剂熔化以致部分蒸发，金属焊剂的蒸发气体形成一个气泡，电弧就在这个气泡内燃烧。气泡的上部被一层烧化了的焊剂——熔渣所构成的外膜所包围，这层渣膜不仅很好地隔离了空气跟电弧和熔池的接触，而且使有碍操作的弧光辐射不再散射出来。不仅能很好地将熔池与空气隔开，而且可隔绝弧光的辐射，因此焊缝质量高，劳动条件好。

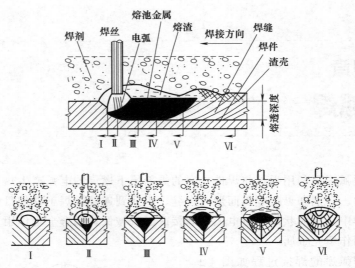

图 4-2 埋弧焊时焊缝的形成过程

第一节 操作基础

一、埋弧焊的特点及应用范围

1. 特点

① 焊缝的化学成分较稳定，焊接规范参数变化小，单位时间内熔化的金属量和焊剂的数量很少发生变化。

② 焊接接头具有良好的综合力学性能。由于熔渣和焊剂的覆盖层使焊缝缓冷，熔池结晶时间较长，冶金反应充分，缺陷较少，并且焊接速度大。

③ 适于厚度较大构件的焊接。它的焊丝伸出长度小，可采用较大的焊接电流（埋弧焊的电流密度达 $100\sim150\text{A}/\text{mm}^2$）。

④ 质量好。焊接规范稳定，熔池保护效果好，冶金反应充分，性能稳定，焊缝成形光洁、美观。

⑤ 减少电能和金属的消耗。埋弧焊时电弧热量集中，减少了向空气中散热及金属蒸发和飞溅造成的热量损失。

⑥ 熔深大，焊件坡口尺寸可减小或不开坡口。

⑦ 容易实现自动化、机械化操作，劳动强度低，操作简单，生产效率高。

2. 应用范围

埋弧焊是工业生产中高效焊接方法之一。可以焊接各种钢板结构。焊接碳素结构钢、低合金结构钢、不锈钢、耐热钢、复合钢材等。在造船、锅炉、桥梁、起重机械及冶金机械制造业中应用最广泛。埋弧焊的应用范围见表 4-1。

表 4-1　埋弧焊的应用范围

焊件材料	适用厚度/mm	主要接头形式
低碳钢、低合金钢	3～150	对接、T字接、搭接、环缝、电铆焊、堆焊
不锈钢	≥3	对接
铜	≥4	对接

二、焊接电源、焊接速度及焊件位置

1. 焊接电源

（1）焊接电源的选用

① 外特性　埋弧自动焊的电源，当选用等速送丝的自动焊机时，宜选用缓降外特性；如果采用电弧自动调节系统的自动焊机时，选用陡降外特性。对于细丝焊接薄板时，则用直流平特性的电源。

② 极性　通常选用直流反接，也可采用交流电源。

（2）焊接电流与相应的电弧电压

焊接电流与相应的电弧电压见表 4-2。

表 4-2　焊接电流与相应的电弧电压

焊接电流/A	600～700	700～850	850～1000	1000～1200
电弧电压/V	36～38	38～40	40～42	42～44

（3）不同直径焊丝适用的焊接电流范围

不同直径焊丝适用的焊接电流范围见表 4-3。

表 4-3　不同直径焊丝适用的焊接电流范围

焊丝直径/mm	2	3	4	5	6
电流密度/(A/mm^2)	63～126	50～85	40～63	35～50	28～42
焊接电流/A	200～400	350～600	500～800	700～1000	800～1200

2. 焊接速度

焊接速度对焊缝成形的影响存在一定的规律，如图 4-3 所示，在其他参数不变的情况下，焊接速度增大时，熔宽和余高明显减小，熔深有所增加。但是，当焊速增大到 40m/h 以上时，熔深则随焊接速度的增大而减小。

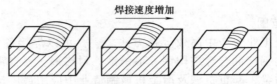

图 4-3　焊接速度对焊缝成形的影响

　　焊接速度是衡量焊接生产率高低的重要指标，从提高生产率的角度考虑，焊接速度当然是越快越好，但是焊接速度过快，电弧对焊件加热不足，使熔合比减小，还会造成咬边、未焊透及气孔等缺陷；减小焊接速度，使气孔易从正在凝固的熔化金属中逸出，能降低形成气孔的可能性；但焊接速度过慢，将导致熔化金属流动不畅，易造成焊缝波纹粗糙和夹渣，甚至烧穿焊件。

3. 焊件位置

　　焊件处于倾斜位置时有上坡焊和下坡焊之分，如图 4-4 所示。上坡焊时，焊缝厚度和余高增大而焊缝宽度减小，形成窄而高的焊缝；下坡焊时，焊缝厚度和余高减小而焊缝宽度增大，液态金属容易下淌。因此，焊件的倾斜角不得超过 6°～8°。焊件位置对焊缝的影响如图 4-5 所示。

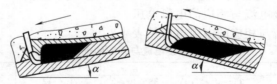

图 4-4　焊件倾斜情况

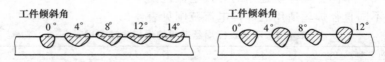

图 4-5　焊件位置对焊缝的影响

三、焊丝直径、倾角及伸出长度

1. 焊丝直径

当焊接电流不变时，随着焊丝直径的增大，电流密度减小，电弧吹力减弱，电弧的摆动作用加强，使焊缝宽度增加而焊缝厚度减小；焊丝直径减小时，电流密度增大，电弧吹力增大，使焊缝厚度增加。故用同样大小的电流焊接时，小直径焊丝可获得较大的焊缝厚度，不同直径的焊丝所适用的焊接电流见表4-3。

2. 焊丝倾角

通常认为焊丝垂直水平面的焊接为正常状态，如果焊丝在焊接方向上具有前倾和后倾，其焊缝形状也不同，前倾焊熔深增大，焊缝宽度和余高减小，如图4-6所示。如果焊接平角焊缝，焊丝还要与竖板成约30°的夹角，如图4-7所示。

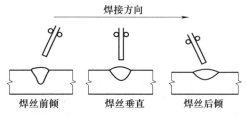

图 4-6　焊丝倾角对焊缝成形的影响

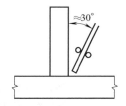

图 4-7　平角焊缝焊丝倾角

3. 焊丝伸出长度

焊丝伸出长度是从导电嘴端算起，伸出导电嘴外的焊丝长度。焊丝伸出过长时，焊丝熔化速度加快，使熔深减小，余高增加；若伸出长度太短，则可损坏导电嘴。一般要求焊丝伸出长度为30~35mm。

四、不同接头形式的焊接

不同接头形式的焊接方法见表4-4。

表 4-4　不同接头形式的焊接方法

接头形式	焊接方法	图示
对接	①单面焊　用于20mm以下中、薄板的焊接。焊件不开坡口，留一定间隙，背面采用焊剂垫或焊剂-铜垫，以达到单面焊双面成形。也可采用铜垫板或锁底对接，如右图所示	(a) 焊剂垫 (b) 铜垫板 (c) 锁底

续表

接头形式	焊接方法	图示
对接	②双面焊　适用于中、厚板焊接。留间隙双面焊的第一面焊缝在焊剂垫上焊接,也可在焊缝背面用纸带承托焊剂,起衬垫作用;也可在焊第二面焊缝前,用碳弧气刨清好焊根后再进行焊接,如右图所示	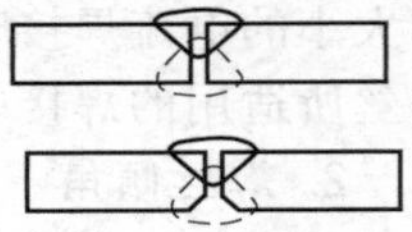
角接	①垂直焊丝船形焊　由于熔融金属容易流入间隙,常用垫板或焊剂垫衬托焊缝,焊后除掉。应掌握组装间隙,最大不超过 1mm,如右图所示	
	②填角焊　每道焊缝的焊脚高度在 10mm 以下。对焊脚大于 10mm 的焊缝,必须采用多层焊,如右图所示	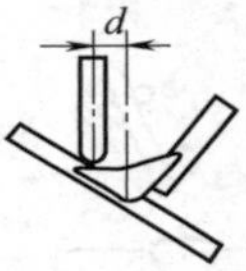
环焊缝	右图为环缝焊接。为防止熔池中液态金属和熔渣从转动的焊件表面流失,焊丝位置要偏离焊件中心线一定距离 a,a 值随焊件直径的增大而减小,可根据试验来确定	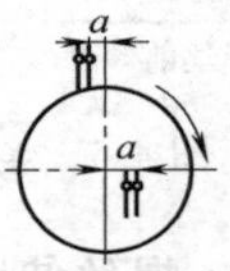

五、装配定位焊和衬垫单面焊双面成形

1. 装配定位焊

焊件的焊前组合装配应尽可能使用夹具,以保证定位焊的准确性。一般情况下,定位焊结束后,应将夹具拆除。若需带夹具进行焊接时,夹具应离焊接部位远些,以免焊上。轻而薄的焊件采用夹具固定或定位焊固定均可;而中等厚度或大而重的焊件,必须采用定位焊固定。由于定位焊的目的是保证焊件固定在预定的相对位置上,因此要求定位焊缝应能承受结构自重或焊接应力而不破裂。而自动焊时,第一道焊道产生的应力比手弧焊时要大得多。因此,对埋弧自动焊定位焊缝的有效长度应按表 4-5 选择。

表 4-5　定位焊连续长度与焊件的关系

焊件厚度/mm	定位焊道长度/mm	备　注
<3.0	40～50	300mm 内 1 处
3.0～25	50～70	300～500mm 内 1 处
≥25	70～90	250～300mm 内 1 处

　　定位焊后，应及时将焊道上的渣壳清除干净，同时还必须检查有无裂纹等缺陷产生。如果发现缺陷，应将该段定位焊道彻底铲除，重新施焊。焊件定位焊固定后，如果接口间隙在 0.8～2mm 时，可先用手弧焊封底，以防自动焊时产生烧穿。如果根部间隙超过 2mm 时，则应去除定位焊道，并用砂轮等工具对坡口面进行整形以后再行组装。定位焊后的焊件，应尽快进行埋弧自动焊。

2. 衬垫单面焊双面成形

　　① 焊剂垫上的单面焊双面成形　埋弧焊时焊缝成形的质量主要与焊剂垫的托力及根部的间隙有关。所用焊剂垫尽可能选用细颗粒焊剂，焊接参数见表 4-6。

　　② 铜衬垫上的单面焊双面成形　铜衬垫的尺寸和焊接参数见表 4-7 和表 4-8。

表 4-6　焊剂垫上单面对接焊的焊接参数

根部/mm	根部间隙/mm	焊丝直径/mm	焊接电流/A	电弧电压/V	焊接速度/(cm/min)	电流种类	焊剂垫压力/kPa
3		1.6	275～300	28～30	56.7		
3		2	275～300	28～30	56.7		81
3	0～0.5	3	400～425	25～28	117		
4		2	375～400	28～30	66.7		101～152
4		4	425～450	28～30	83.3		101
5	0～2.5	2	425～550	32～34	58.3		101～152
5		4	575～625	28～30	76.7		101
6		2	475	32～34	50	交流	
6	0～3.0		600～650	28～32	67.5		101～152
7		4	650～700	30～34	61.7		
8	0～3.5		725～775	0～36	56.7		—
10	3～4		700～750	34～36	50		—
12	4～5		750～800	36～40	45		
14		5	850～900	36～40	42		
16			900～950	38～42	33		
18	5～6		950～1000	40～44	28		
20			950～1000	40～44	25		

表 4-7　铜衬垫的截面尺寸　　　　单位：mm

焊件厚度	槽宽 b	槽深 h	曲率半径 r
4～6	10	2.5	7.0
6～8	12	3.0	7.5
8～10	14	3.5	9.5
12～14	18	4.0	12

表 4-8　铜衬垫的焊接参数

根部/mm	根部间隙/mm	焊丝直径/mm	焊接电流/A	电弧电压/V	焊接速度/(cm/min)
3	2	3	380～420	27～29	78.3
4	2～3	4	450～500	29～31	68
5	2～3	4	520～560	31～33	63
6	3	4	550～600	33～35	63
7	3	4	640～680	35～37	58
8	3～4	4	680～720	35～37	53.3
9	3～4	4	720～780	36～38	46
10	4	4	780～820	38～40	46
12	5	4	850～900	39～40	38
13	5	4	880～920	39～41	36

六、焊接工艺参数对焊缝质量的影响

焊接工艺参数对焊缝质量的影响见表 4-9。

表 4-9　焊接工艺参数对焊缝质量的影响

类别	图　示	说　明
焊接电流 I	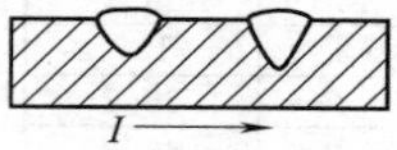 $I \longrightarrow$	焊接电流 I（左图）。I 增大（焊速一定时），生产率提高，熔合比 r 与熔深 t 增大；I 过大，会造成烧穿和增大热影响区
焊接电压 U	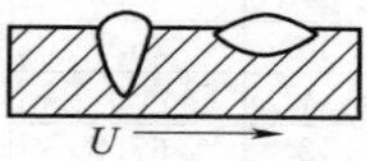 $U \longrightarrow$	焊接电压 U（左图）。U 过大，焊剂熔化量增加，电弧不稳，熔深减小，严重时会产生咬边；电弧过长（即 U 过大）时，还会使焊缝产生气孔
焊接速度 v	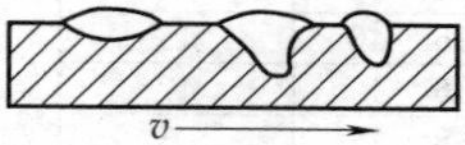 $v \longrightarrow$	焊接速度 v（左图）。v 增大，母材熔合比减小；v 过大容易造成咬边、未焊透、电弧偏吹、气孔等缺陷，焊缝成形变差；v 过小，焊缝增强高度 h 过大，形成大熔池，满溢，焊缝成形粗糙，容易引起夹渣等缺陷。如 v 过小而电压又过大时，容易引起裂纹
焊丝与焊件位置	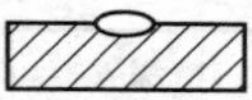 **(a) 前倾位置** 　　**(b) 后倾位置**	焊丝与焊件位置[左图(a)、(b)]。单丝焊时，一般用垂直位置；焊丝前倾，可增大焊缝形状系数，常用于薄板（相当于下坡焊）；焊丝后倾熔深与增强高度增大，熔宽明显减小，焊缝成形不良，一般仅用于多弧焊的前导焊丝（相当于上坡焊）
焊剂层厚度	—	厚度过小，电弧保护不良，易产生气孔和裂纹；厚度过大，焊缝形状变差，形状系数减小

类别	图 示	说 明
焊丝直径与 伸出长度	—	焊丝直径减小(I 一定时),电流密度增加,熔深增大,焊缝形状系数减小;焊丝伸出长度增大,熔敷速度和增强高度增大
装配间隙与 坡口大小	—	间隙与坡口角度增大(当其他参数不变时),熔合比 r 与增强高度 h 减小,同时熔深 t 增大,而焊缝高度($h+t$)保持不变

埋弧焊焊缝坡口的基本形式和尺寸,见表 4-10。

工艺参数对焊缝形状、主焊缝组成比例的影响(交流)见表 4-11。

表 4-10　埋弧焊焊缝坡口的基本形式和尺寸

符号	厚度范围	坡口形式	焊接面积
‖	6~13		单面焊
⊔	6~24		双面焊
⊥	3~12	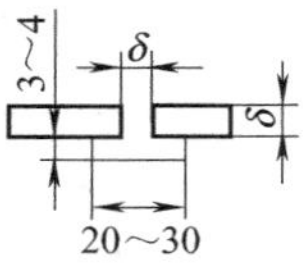	单面焊
Y	10~24	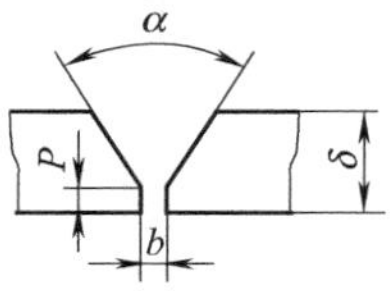	单面焊
⊻	10~30		双面焊
 X	24~60	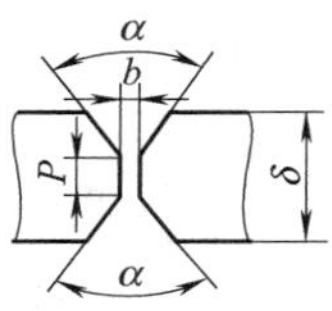	双面焊
Y	>30	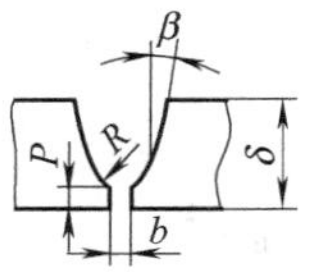	单面焊
⊻	>30		双面焊

续表

符号	厚度范围	坡口形式	焊接面积
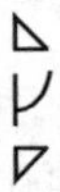	20～50	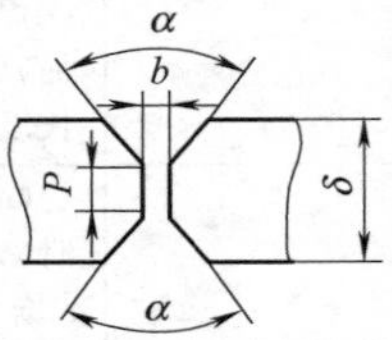	双面焊
	10～20	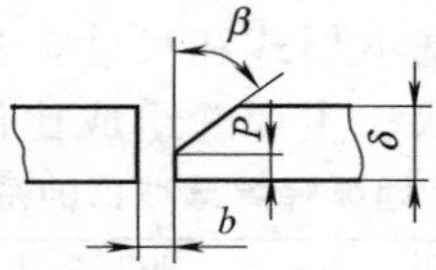	双面焊
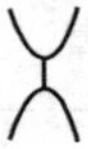	50～160	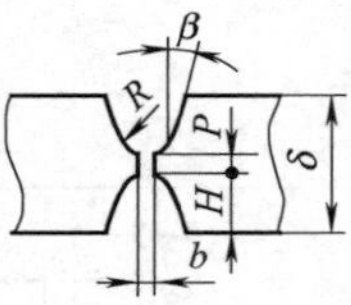	双面焊
	＞30	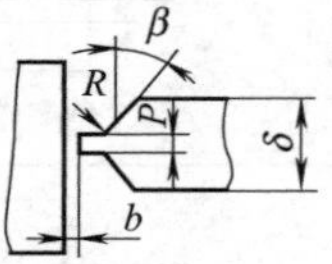	双面焊
	20～30	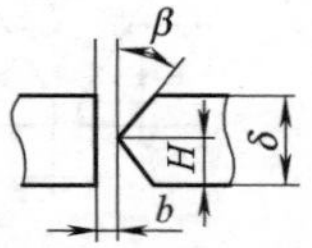	双面焊

表 4-11　工艺参数对焊缝形状、主焊缝组成比例的影响

焊缝特征	当下列各值增大时,焊缝特征的变化									
	焊接电流 ≤1500A	焊丝直径	电弧电压		焊接速度		焊丝后倾角度	焊件倾斜角		间隙和坡口①	焊剂颗粒尺寸②
			22～24V;32～34V	34～36V;50～60V	10～40 m/h	40～100 m/h		下坡焊	上坡焊		
熔化深度	剧增	减	稍增	稍减	几乎不变	减	剧减	减	稍增	几乎不变	稍增
熔化宽度	稍增	增	增	剧增(但直流正接除外)③	减		增	增	稍减	几乎不变	稍增

续表

焊缝特征	焊接电流≤1500A	焊丝直径	电弧电压 22~24V;32~34V	电弧电压 34~36V;50~60V	焊接速度 10~40 m/h	焊接速度 40~100 m/h	焊丝后倾角度	焊件倾斜角 下坡焊	焊件倾斜角 上坡焊	间隙和坡口①	焊剂颗粒尺寸②
增强高度	剧增	减	减	减	稍增	稍增	减	减	稍减	减	稍增
形状系数	剧增	增	增	剧增(但直流正接除外)③	减	稍增	减	增	减	几乎不变	增
$b:h$	剧增	增	增	剧增(但直流正接除外)③	减	减	剧增	增	减	增	增
母材熔合比	剧增	减	稍增	几乎不变	剧增	增	减	减	稍增	减	稍增

① 板缘坡口的深度和宽度都不超过在板上堆焊时的深度和宽度。

② 当其他条件相同时,在浮石状焊剂下焊成的焊缝,与在玻璃状焊剂下焊成的焊缝比较,具有较小的熔深和较大的熔宽。焊剂中含有容易电离物质越多,熔深越大。

③ 采用直流电源反接施焊时,焊缝尺寸和焊缝形状的变化特征,与交流电焊时相同;但直流反接与直流正接相比,反接的熔深要比正接时大。

七、焊接工艺参数的选择方法

由于埋弧自动焊工艺参数的内容较多,而且在各种不同情况下的组合对焊缝成形和焊接质量可产生不同或相似的影响,因此选择埋弧自动焊的工艺参数是一项较为复杂的工作。

选择埋弧自动焊工艺参数时,应达到焊缝成形良好,接头性能满足设计要求,并要有高质量和低消耗。其步骤为:根据生产经验或查阅类似情况下所用的焊接工艺参数作为参考;然后进行试焊,试焊时所采用的试件材料、厚度和接头形式、坡口形式等完全与生产焊件相同,尺寸大小允许不一样,但不能太小;经过试焊和必要的检验,最后确定出合适的工艺参数。

八、埋弧焊的规范选择

焊接规范的选择不仅要保证电弧稳定,焊缝形状尺寸符合要求,焊缝表面成形光洁整齐,无气孔、裂纹、夹渣、未焊透等缺陷,而且要求生产效率高和成本低。在实际生产中,要根据接头的形式、焊接位置和焊件厚度等不同情况，进行焊接工艺评定和制订工艺规程，焊工应按工艺规程施焊。当需要焊工选择焊接规范时，一般有三种方法。

① 查表　查阅类似焊接情况所用的焊接规范表，作为制订新规范的参考。

② 试验　在与焊件相同的焊接试样板上试焊，最后确定规范。

③ 经验　根据焊工在实践中积累的经验，确定最佳焊接规范。

通过上述方法确定的焊接规范，必须在实际生产中加以修正，以便制订出更切合实际的规范。

第二节 │操作技能

一、埋弧焊的焊前准备与操作过程

1. 焊前准备

埋弧焊的焊前准备主要是坡口制备和装配。

由于埋弧焊可使用较大规范，所以焊件厚度 $\delta < 14mm$ 的钢板可以不开坡口；当焊件厚度 $\delta = 14 \sim 22mm$ 时，一般开 V 形坡口；当焊件厚度 $\delta = 22 \sim 50mm$ 时，可开 X 形坡口；更厚的焊件多开 U 形坡口，以减少坡口的宽度。U 形坡口还能改善多层焊第一道焊缝的脱渣性。当要求以小的线能量焊接时，有时较薄的焊件也可开 U 形坡口。V 形和 X 形坡口，角度一般为 $60° \sim 80°$，以利于提高焊接质量和生产效率。

坡口的加工可采用刨边机、气割机、碳弧气刨及其他机械设备，坡口边缘的加工必须符合技术要求，焊前应对坡口及焊接部位的表面铁锈、氧化皮、油污清除干净，以保证焊接质量。对重要产品，应在距坡口边缘 30mm 范围内打磨出金属光泽。

埋弧焊的焊前装配必须给以足够重视，否则会影响焊缝的质量，具体要按产品的技术要求执行。焊件装配要求间隙均匀，高低平整无错边。装配点固焊时要求使用的焊条要与焊件材料性能相符，定位焊缝一般应在第一道焊缝的背面，长度大于 30mm。在直焊缝组装时需要加与坡口形状相似截面的引弧板和收弧板。

2. 基本操作过程

埋弧焊一般采用 MZ-1000 型埋弧焊机，它的操作包括焊前准备、起弧、焊接、停止四个过程，其具体说明见表 4-12。

表 4-12　埋弧焊操作过程

类别	说　明
焊前准备	①把自动焊车放在焊件的工作位置上，将焊接电源的两极分别接在导电嘴和焊件上 ②将准备好的焊剂和焊丝分别装入焊丝盘和焊剂漏斗内。焊丝在焊丝盘中绕制要注意绕向，防止搅在一起，不利于送丝 ③闭合弧焊电源的闸刀开关和控制线路的电源开关 ④焊车的控制是通过改变焊车电动机的电枢电压大小和极性来实现。使焊接小车处在"空载"位置上，设定所需焊速。设定时先测出小车在固定时间内行走的距离，再根据该距离算出小车的速度 ⑤焊丝被夹在送丝滚轮和从动压紧轮之间，夹紧力的大小，可通过弹簧机构调整。焊丝往下送出之后，由矫直滚轮矫直，再经导电嘴，最后进入电弧区。按焊丝向下的按钮，使焊丝对准焊缝，并与焊件接触，但不要太紧。导电嘴的高低可通过升降机构的调节手轮来调节，以保证焊丝有合适的伸出长度 ⑥将开关的指针转动在"焊接"位置上 ⑦按照焊接的方向，将自动焊车的换向开关指针转到向左或向右的位置上 ⑧按照预先选择好的焊接规范进行调整。焊接电流通过调节电流调节旋钮改变直流控制绕组中的电流大小，从而达到电流的调节。电流调节也可实现远控（即在焊接小车上调节），这时需将转换开关打至"远控" ⑨将自动焊车的离合器手柄向下扳，使主动轮与自动焊车减速器相连接 ⑩开启焊剂漏斗的闸门，使焊剂堆敷在预焊部位。调好焊剂的堆积高度，为30～50mm，一般以在焊接时刚好看不见红色熔融状态的熔渣为准，以免黏渣而影响焊缝成形
起弧	焊机的起弧方式有两种：短路回抽引弧和缓慢送丝引弧 ①短路回抽引弧时，引弧前让焊丝与工件轻微接触，按下"焊接"起焊，则为短路回抽引弧。因焊丝与工件短接，导致电弧电压为零，然后焊丝回抽，回抽同时，短路电流烧化短路接触点，形成高温金属蒸气，随后建立的电场形成电弧 ②当焊丝未与工件接触时，按下"焊接"起焊，为缓送丝引弧。这时，弧焊电源输出空载电压，焊接按钮需要持续按下，使送丝速度减小。这样便形成慢送丝。焊丝慢送进直到与工件短接，焊丝回抽，形成电弧，完成引弧过程
焊接	按上面方法使焊丝提起随即产生电弧后，然后焊丝向下不断送进，同时自动焊车开始前进。在焊接过程中，操作者应留心观察自动焊车的行走，注意焊接方向不偏离焊缝外，同时还应控制焊接电流、电弧电压的稳定，并根据已焊的焊缝情况不断修正焊接规范及焊丝位置。另外，还要注意焊剂漏斗内的焊剂量，焊剂在必要时需进行添加，以及焊剂垫等其他工艺措施正常与否，以免影响焊接工作的正常进行
停止	当焊接结束时，应按下列顺序停止焊机的工作 ①关闭焊剂漏斗的闸门 ②按"停止"按钮时，必须分两步进行，首先按下一半（这时手不要松开），使焊丝停止送进，此时电弧仍继续燃烧，接着将自动焊车的手柄向下扳，使自动焊车停止前进。在这过程中电弧慢慢拉长，弧坑逐渐填满，等电弧自然熄灭后，再继续将停止按钮按到底，切断电源，使焊机停止工作 ③扳下自动焊车手柄，并用手把它推到其他位置；同时回收未熔化的焊剂，供下次使用，并清除焊渣，检查焊缝的外观质量

二、对接直缝的焊接

对接直缝的焊接是埋弧焊常见的焊接工艺，该工艺有两种基本类型，即单面焊和双面焊，同时，它们又可分为有坡口、无坡口和有间隙、无间隙等形式。根据焊件厚薄的不同，又可分为单层焊和多层焊；根据防止熔化金属泄漏的不同情况，又有各种衬垫法和无衬垫法。

1. 焊剂垫法埋弧焊

在焊接对接焊时，为防止熔池和熔渣的泄漏，在焊接直缝的第一面时，常用焊剂垫作为衬垫进行焊接。焊剂垫的焊剂应尽量使用适合于施焊件的焊剂，并需烘干及经常过筛和去灰。焊接时焊剂垫必须与焊件背面贴紧，并保持焊剂的承托力在整个焊缝长度上均匀一致。在焊接过程中，要注意防止因焊件受热变形而发生焊件与焊剂垫脱空，以致造成焊穿，尤其应防止焊缝末端出现这种现象。直缝焊接的焊剂垫应用如图4-8所示。

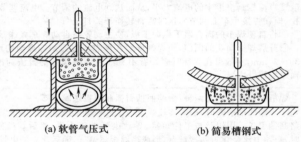

(a) 软管气压式　　　　(b) 简易槽钢式
图4-8　直缝焊接的焊剂垫应用

（1）开坡口预留间隙双面埋弧焊

对于厚度较大的焊件，当不允许使用较大的线能量焊接或不允许有较大的余高时，可采用开坡口焊接，坡口形式由板厚决定。表4-13为开坡口预留间隙双面埋弧焊的单道焊接规范。

表4-13　开坡口预留间隙双面埋弧焊（单道）焊接规范

焊件厚度/mm	坡口形式	焊丝直径/mm	焊接顺序	焊接电流/A	电弧电压/V	焊接速度/(m/h)
14		5	1	830～850	36～38	25
		5	2	600～620	36～38	45
16		5	1	830～850	36～38	20
		5	2	600～620	36～38	45
18		5	1	830～860	36～38	20
		5	2	600～620	36～38	45
22		6	1	1050～1150	38～40	18
		5	2	600～620	36～38	45

续表

焊件厚度/mm	坡口形式	焊丝直径/mm	焊接顺序	焊接电流/A	电弧电压/V	焊接速度/(m/h)
24	70°	6	1	1100	38~40	24
		5	2	800	36~38	28
30	70°	6	1	1000~1100	38~40	18
		6	2	900~1000	36~38	20

（2）无坡口单面焊双面成形埋弧焊

这种焊接工艺，主要是采用较大的焊接电流，将焊件一次焊透，并使焊接熔池在焊剂垫上冷却凝固，以达到一次成形的目的。这样，可提高生产效率、减轻劳动强度、改善劳动条件。

在焊剂垫上单面焊双面成形的埋弧焊，要留一定间隙，可不开坡口，将焊剂均匀地承托在焊件背面。焊接时，电弧将焊件熔透，并使焊剂垫表面的部分焊剂熔化，形成一层液态薄膜，使熔池金属与空气隔开，熔池则在此液态焊剂薄层上凝固成形，形成焊缝。为使焊接过程稳定，最好使用直流反接法焊接，焊剂垫的焊剂颗粒度要细些。另外，焊剂垫对焊剂的承托力对焊缝双面成形的影响较大。如果压力较小，会造成焊缝下塌；压力较大，则会使焊缝背面上凹；压力过大时，甚至会造成焊缝穿孔。无坡口单面焊双面成形埋弧焊所采用的方法主要为：

① 磁平台（焊剂垫法）。即用电磁铁将下面有焊剂垫的待焊钢板吸紧在平台上，适用于 8mm 以下的薄钢板对接焊。其工艺参数见表 4-14。

表 4-14 焊剂垫上单面焊双面成形埋弧焊规格

焊件厚度/mm	装配间隙/mm	焊丝直径/mm	焊接电流/A	电弧电压/V	焊接速度/(m/h)
2	0~1	1.6	120	24~28	43.5
3	0~1.5	2	275~300	28~30	44
		3	400~425	25~28	70
4	0~1.5	2	375~400	28~30	40
		4	525~550	28~30	50
5	0~2.5	2	425~450	32~34	35
		4	575~625	28~30	46
6	0~3	2	475	32~34	30
		4	600~650	28~32	40.5

续表

焊件厚度 /mm	装配间隙 /mm	焊丝直径 /mm	焊接电流/A	电弧电压/V	焊接速度 /(m/h)
7	0～3	4	650～700	30～34	37
8	0～3.5	4	725～775	30～36	34

② 龙门压力架（焊剂铜垫法）。焊缝下部用焊剂-铜垫托住，具体形式见表 4-7。焊件预留一定间隙，利用横跨焊件并带有若干个气压缸或液压缸的龙门架，通过压梁压紧，从正面一次完成焊接，双面成形。采用焊剂-铜垫的交流埋弧焊工艺参数见表 4-15。

表 4-15　焊剂-铜垫的交流埋弧焊工艺参数

焊件厚度 /mm	装配间隙 /mm	焊丝直径 /mm	焊接电流 /A	电弧电压 /V	焊接速度 /(m/h)
3	2	3	380～420	27～29	47
4	2～3	4	450～500	29～31	40.5
5	2～3	4	520～560	31～33	37.5
6	3	4	550～600	33～35	37.5
7	3	4	640～680	35～37	34.5
8	3～4	4	680～720	35～37	32
9	3～4	4	720～780	36～38	27.5
10	4	4	780～820	38～40	27.5
12	5	4	850～900	39～41	23
14	5	4	880～920	39～41	21.5

③ 水冷滑块铜垫法　此法利用装配间隙把水冷短铜滑块贴紧在焊缝背面，并夹装在焊接小车上跟随电弧一起移动，以强制焊缝成形，滑块长度以保持熔池底部凝固不漏为宜。

④ 热固化焊剂衬垫法　是用酚醛或苯酚树脂作热固化剂，在焊剂中加入一定量的铁合金，制成条状的热固化剂软垫，粘贴在焊缝背面，并用磁铁夹具等固定进行焊接的方法，热固化焊剂垫的结构和安装方法如图 4-9 所示。

（3）无坡口预留间隙双面埋弧焊

在焊剂垫上进行无坡口的双面埋弧焊，为保证焊缝，必须预留间隙，钢板厚度越大，间隙也应越大。通常在定位焊的反面进行第一面焊缝的施焊。第一面的焊缝熔深一般要超过板厚的 1/2～2/3，表 4-16 的规范可供施焊时参考。第二面焊缝使用的规范可与第一面相同或稍许减小。对重要产品在焊接第二面时，需挑焊根进行焊缝根部清理。焊根清

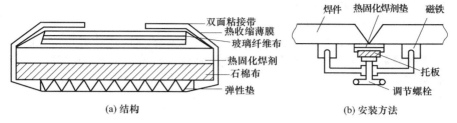

图 4-9 热固化焊剂垫的结构及安装

理可用碳弧气刨、机械挑凿或砂轮打磨。

表 4-16 留间隙双面埋弧焊规范

焊件厚度 /mm	装配间隙 /mm	焊接电流 /A	电弧电压/V		焊接速度 /(m/h)
			交流	直流	
10～12	2～3	750～800	34～36	32～34	32
14～16	3～4	775～825	34～36	32～34	30
18～20	4～5	800～850	36～40	34～36	25
22～24	4～5	850～900	38～42	36～38	23
26～28	5～6	900～950	38～42	36～38	20

为施工方便，焊剂垫可在焊缝背面用水玻璃粘贴一条宽约 50mm 的纸带，起衬垫的作用，也可以采用其他形式的衬垫。

不开坡口的对接缝埋弧焊要求装配间隙均匀平直，不允许局部间隙过大。但实际生产中常常存在对接板缝装配间隙不均匀、局部间隙偏大的情况。这种情况如不及时调整焊接参数，极易造成局部烧穿缺陷，甚至使焊接过程中断，需要进行返修，浪费工时和材料。由于局部间隙过大，即使调节参数焊完这一小段后，还需重新将参数调节到原来规定值。因此焊工在实际操作时非常紧张，不能马上将焊接参数稳定下来，焊接质量也很不稳定。焊接时如遇到局部间隙偏大，可采用右手把停止按钮按下一半的操作方法，其目的是减慢焊丝的给送速度，并保证焊接电弧维持燃烧，使焊接能够进行。操作时可根据间隙大小和具体焊接情况分别对待；也可以采用间断按法，即间断给送焊丝。操作时，一边按按钮，一边观察情况，如果焊机电弧发蓝光，按钮仍按一半；如焊接电弧发红光，表明可能引起烧穿。此时焊工要特别注意控制焊丝的给送，避免烧穿。焊过这一段间隙偏大的板缝后，再松开按钮，恢复正常操作。焊完后应检查焊缝，如发现局部焊缝达不到焊缝尺寸要求时，需进行补焊。如遇到局部间隙偏小也可以同样采取按停止按钮，以控制焊丝给送速度的方法进行焊接。

2. 手工焊封底埋弧焊

对于无法使用焊剂垫进行埋弧焊的对接直缝（包括环缝），可先手工焊封底后再焊。这类焊缝接头可根据板厚的不同，分别采用单面坡或双面坡口，一般在厚板手工封底焊的部分采用 V 形坡口，并保证封底厚度大于 8mm，以免在焊接另一面时被焊穿。

3. 锁底连接法埋弧焊

在焊接无法使用衬垫的焊件时，可采用锁底连接法。焊后可根据设计要求保留或车去锁底的突出部分。焊接规范视坡口情况、锁底厚度及焊件形状等情况而定。

4. 多层埋弧焊

对于较厚钢板，常采用开坡口的多层焊。无论单面或双面埋弧焊，焊接接头都必须留有大于 4mm 的钝边，如果一面用手工焊封底，则钝边可在 2mm 左右。如图 4-10 所示为厚板常用的接头形式。

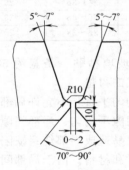

图 4-10　厚板埋弧自动焊接形式

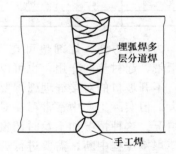

图 4-11　多层埋弧焊道分布

多层焊的质量，很大程度上取决于第一道自动焊焊接的工艺是否合理，以后各层焊道焊接顺序及位置的合理分布、成形恰当与否；多层焊的第一层焊缝既要保证焊透，又要避免焊穿和产生裂纹，故规范需选择适中，一般不宜偏大。同时由于第一层焊缝位置较深，允许焊缝的宽度应较小，否则容易产生咬边和夹渣等缺陷，因此电弧电压要低些。一般多层焊在焊接第一、二层焊缝时，焊丝位置是位于接头中心的，随着层数的增加，应开始采用分道焊（同一层分几道焊，如图 4-11 所示），否则易造成边缘未熔合和夹渣现象。

当焊接靠近坡口侧边的焊道时，焊丝应与侧边保持一定距离，一般约等于焊丝的直径，这样，焊缝与侧边能形成稍具凹形的圆滑过渡，既保证熔合又利于脱渣。随着层数增加可适当增大焊接的线能量，以提高焊接生产效率；但也不宜使焊接的层间温度过高，否则，不仅会影响焊缝成形和脱渣，还会降低接头的强度，尤其在焊接低合金钢时更明显。因此，在焊接过程中应控制层间温度，一般不高于320℃。在盖面焊时，为保证表面焊缝成形良好，焊接规范应适当减小，但应适当提高电弧电压。多层焊的焊接规范见表4-17。

表 4-17 多层焊的焊接规范

焊缝层次	焊接电流/A	电弧电压/V	焊接速度/(m/h)
第一、二层中间各层盖面	600～700 700～850 650～750	35～37 36～38 38～42	28～32 25～30 28～32

5. 悬空焊

当无法或不便采用焊剂垫时，可将坡口钝边增加到8mm左右，不留间隙（或装配间隙小于1mm），在背面无衬托条件下悬空焊接。正面焊缝的熔深通常为焊件厚度的40%～50%，背面焊缝，为保证焊透，熔深应达到板厚的60%～70%。悬空焊焊接规范，可参考表4-18。

表 4-18 悬空焊焊接规范

焊件厚度/mm	焊丝直径/mm	焊接顺序	焊接电流/A	电弧电压/V	焊接速度/(m/h)
15	5	正	800～850	34～36	38
		背	850～900	36～38	26
17	5	正	850～900	35～37	36
		背	900～950	37～39	26
18	5	正	850～900	36～38	36
		背	900～950	38～40	24
20	5	正	850～900	36～38	35
		背	900～1000	38～40	24
22	5	正	900～950	37～39	32
		背	1000～1050	38～40	24

由于在实际操作时，往往无法测出熔深的大小，通常靠经验来估计焊件的熔透与否。如在焊接时，观察熔池背面热场的颜色和形状，或观察焊缝背面氧化物生成的多少和颜色等；对于5～14mm厚度的焊件，在焊接时熔池背面热场应呈红到淡黄色（焊件越薄颜色应越浅）。如果热场颜色呈淡黄或白亮色时，则表明将要焊穿，必须迅速改变焊接规范。如果此时热场前端呈圆形，则可提高焊接速度；若热场前端已呈尖形，说明焊接速度较快，必须立即减小焊接电流，并适当增加电弧电

压。如果焊缝背面热场颜色较深或较暗时，则说明焊速太快或焊接电流太小，应当降低焊接速度或增加焊接电流。上述方法不适用于厚板多层焊的后几层的焊接。

观察焊缝背面氧化物生成的多少和颜色是在焊后进行的。热场的温度越高，焊缝背面被氧化的程度就越严重。如果焊缝背面氧化物呈深灰色且厚度较大并有脱落或裂开现象，则说明焊缝已有足够熔深；当氧化物呈赭红色，甚至氧化膜也未形成，这就说明被加热的温度较低，熔深较小，有未焊透的可能（较厚钢板除外）。

三、角焊缝的焊接

埋弧焊的角焊缝，一般采用斜角焊和船形焊两种形式。

1. 斜角埋弧焊

斜角埋弧焊是在焊件不易翻转情况下采用的一种方法，即焊丝倾斜（图 4-12）。

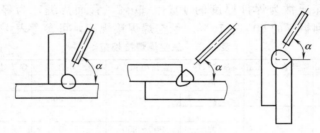

图 4-12　斜角埋弧焊示意

这种工艺对装配间隙的要求不高，但单道焊缝的焊脚高一般不能超过 8mm，所以必须采用多道焊。同时，由于焊丝位置不当，容易产生竖直面咬边或未熔合现象，因此要求焊丝与水平面的夹角 α 不能过大或过小，一般在 45°～75°，并要选择距竖直面适当距离。电弧电压也不宜过高，这样可防止熔渣过多易流失而影响成形。该工艺一般采用细焊丝，可减小熔池体积，防止熔池金属流溢。斜角埋弧自动焊的焊接规范见表 4-19。

表 4-19　斜角埋弧自动焊的焊接规范

焊脚高度/mm	焊丝直径/mm	电源类型	焊接电流/A	电弧电压/V	焊接速度/(m/h)
3	2	直流	200～220	25～28	60
4	2	交流	280～300	28～30	55
4	3	交流	350	28～30	55

续表

焊脚高度/mm	焊丝直径/mm	电源类型	焊接电流/A	电弧电压/V	焊接速度/(m/h)
5	2	交流	375～400	30～32	55
5	3	交流	450	28～30	55
7	2	交流	375～400	30～32	28
7	3	交流	500	30～32	48

2. 船形埋弧焊

图 4-13 为船形埋弧焊示意图。船形埋弧焊容易保证焊接质量，因为焊丝处于垂直状态，熔池处于水平位置，所以一般易于翻转焊件的角焊缝常用这种船形焊法；但电弧电压不宜过高，否则易产生咬边。另外，焊缝的熔宽与熔深的比值（即焊缝形状系数）应小于 2，这样可避免根部未焊透；装配间隙应小于 1.5mm，否则应在焊缝背面设衬垫，以免焊穿或熔池泄漏。船形埋弧焊的焊接规范见表 4-20。

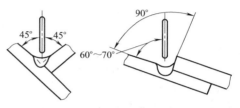

图 4-13 船形埋弧焊示意

表 4-20 船形埋弧焊的焊接规范

焊脚高度/mm	焊丝直径/mm	焊接电流/A	电弧电压/V	焊接速度/(m/h)
6	2	450～475	34～36	40
8	3	550～600	34～36	30
8	4	575～625	34～36	30
10	3	600～650	34～36	23
10	4	650～700	34～36	23
12	3	600～650	34～36	15
12	4	725～775	36～38	20
12	5	775～825	36～38	18

四、埋弧焊的堆焊

埋弧堆焊的方法有三种：单丝埋弧焊、多丝埋弧焊和带极埋弧焊。为达到堆焊层的特殊性能要求，必须要减小焊件金属对堆敷金属的稀释率，即要求熔合比要小，埋弧焊工艺方法的选择和焊接规范的制订，就必须基于这一原则之上。

1. 单丝埋弧焊

适用于堆焊面积小或需要对工件限制线能量的场合。一般使用的焊丝为 ϕ1.6～4.8mm，焊接电流为 160～500A。交、直流电源均可。为了减小堆焊焊缝的稀释率，应尽量减小熔深，可采用降低电流、增加电压、减小焊速、增大焊丝直径、焊丝前倾、采用下坡焊等措施来实现。在不增加焊接电流的前提下，提高焊丝的熔化率，也可减小熔合比值，具体情况如下：

① 加大焊丝的伸出长度，使焊丝在熔化前产生较大的电阻热，以提高焊丝的熔化率，采用专用的导电导向嘴，可把焊丝的伸出长度加大到 100～300mm。

② 在焊丝熔化前，另接电源对焊丝进行连续的电阻加热，即热焊丝。

③ 采用焊丝摆动的方法减少熔深。

④ 还可在单丝焊的同时，向电弧区连续送进冷焊丝，充分利用单丝焊电弧的热量来提高填充金属熔化量，降低熔合比。

2. 多丝埋弧堆焊

多丝埋弧堆焊包括串列双丝双弧埋弧焊、并列多丝埋弧焊和串联电弧堆焊等多种形式。采用串列双丝双弧埋弧焊时，第一个电弧电流较小，而后一电弧采用大电流，这样可使堆焊层及其附近冷却较慢，从而可减少淬硬和开裂倾向；采用并列多丝埋弧焊时，可加大焊接电流，提高生产效率，而熔深可较浅；采用串联电弧堆焊时，由于电弧发生在焊丝之间，因而熔深更浅，稀释率低，熔敷系数高，此时为了使两焊丝均匀熔化，宜采用交流电源，如图 4-14 所示。不锈钢并列双丝埋弧堆焊的焊接规范见表 4-21。

表 4-21　不锈钢并列双丝埋弧堆焊的焊接规范

焊缝层次	焊丝直径/mm	焊接电流/A	电弧电压/V	焊接速度/(cm/min)	焊丝间距/mm
过渡层	3.2	400～450	32～34	38	8
复层	3.2	550～600	38～40	38	8

3. 带极埋弧堆焊

带极埋弧堆焊可进一步提高熔敷速度。焊道宽而平整，外形美观，熔深浅而均匀，稀释率低，最低可达 10%。一般带极厚 0.4～0.8mm，宽约 60mm。如果借助外加磁场来控制电弧，则可用 180mm 宽的带极进行堆焊。带极堆焊设备可用一般自动埋弧焊机改进，也可用专用设备，电源采用直流反接。带极埋弧堆焊如图 4-15 所示。

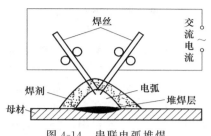

图 4-14 串联电弧堆焊

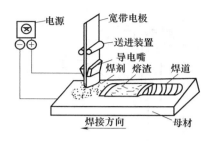

图 4-15 带极埋弧焊示意

焊接时，为便于引弧，应将带极端加工成尖形。焊接时采用较低的焊速，一般以得到相当于或稍大于带极宽度的焊缝为宜，实践证明，提高焊速将明显增大焊缝的稀释率，焊接电流的选择应以不增大焊缝的稀释率为准，电弧电压的变化对稀释率影响不大。为保证焊缝成形良好，减少合金元素的烧损，应该选用适当的电弧电压。带极埋弧堆焊的焊剂消耗量一般是丝极的 $1/2\sim2/3$。对于大面积的带极埋弧堆焊，必须在操作时注意，同一层焊缝每条焊道间的紧密搭边，既要保证堆焊层高度的一致，又要防止焊道间出现凹陷。但堆焊不锈钢时，往往采用过渡层来逐渐获得所需的堆焊成分，在堆焊过渡层时，搭边量不宜过大，以防脆化。后一层堆焊时，必须使上下两层焊道合理交叉，以免产生缺陷。不锈钢带极埋弧堆焊的焊接规范见表 4-22。

表 4-22 不锈钢带极埋弧堆焊的焊接规范

焊缝层次	焊丝直径/mm	焊接电流/A	电弧电压/V	焊接速度/(cm/min)
过渡层	0.6×60	600~650	38~40	15~18
复层	0.6×60	650~700	38~40	15~18

五、环缝对接焊

1. 环缝对接焊的操作特点

圆柱形筒体筒节的对接焊缝叫作环缝。环缝焊接与直缝焊接最大的不同点是，焊接时必须将焊件置于滚轮架上，由滚轮架带动焊件旋转，焊机固定在操作机上不动，仅有焊丝向下输送的动作，如图 4-16 所示。因此，焊件旋转的线速度就是焊接速度。如果是焊接筒体内的环缝，则需将焊机置于操作机上，操作机伸入筒体内部进行焊接。环缝对接焊的焊接位置属于平焊位置。

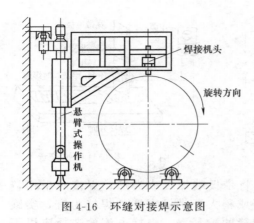

图 4-16 环缝对接焊示意图

环缝焊接时一个重要的技术关键是焊丝相对于筒体的位置。环缝焊接虽属平焊，但当筒体旋转时，常常因焊丝位置不当而造成焊缝成形不良。例如，焊接外环缝时，如将焊丝对准环缝的最高点，如图 4-17 所示，焊接过程中，随着筒体转动，熔池便处于电弧的右下方，所以相当于上坡焊，结果使焊缝厚度和余高增加，宽度减小。同样，焊接内环缝时，如将焊丝对准环缝的最低点，熔池便处于电弧的左上方，所以相当于下坡焊，结果使焊缝厚度变浅，宽度和余高减小，严重时将造成焊缝中部下凹。筒体直径越小，上述现象越突出。解决的方法是：在进行环缝埋弧焊时，在焊丝逆筒体旋转方向相对于筒体中心有一个偏移量 a，如图 4-18 所示，使内、外环缝焊接时，焊接熔池能基本上保持在水平位置凝固，因此能得到良好的焊缝成形。但是，应严格控制焊丝的偏移量，太大或太小的偏移均将恶化焊缝的外表成形，如图 4-19 所示。在外环缝上偏移太小或在内环缝上偏移太大，均会造成深熔、狭窄、凸度相当大的焊缝形状，并且还可能产生咬边。如果外环缝上偏移太大或内环缝上偏移太小会形成浅熔而凹形的焊缝。正确的焊丝偏移量可参照表4-23进行选择。

图 4-17 焊丝位于筒体最高点上

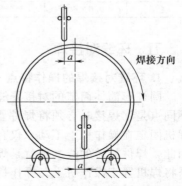

图 4-18 环缝焊接时焊丝偏移量 a

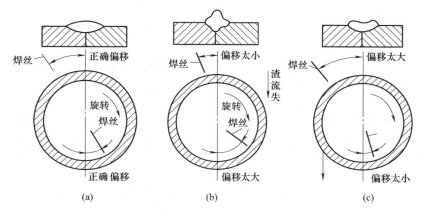

图 4-19 焊丝偏移量对焊缝形状的影响

表 4-23 焊丝相对筒体中心的偏移量 单位：mm

筒体直径	偏移量 a	筒体直径	偏移量 a
800～1000	20～25	<2000	35
<1500	30	<3000	40

环缝对接焊根据焊件的厚度，也可分成不开坡口（I 形坡口）和开坡口两种形式，其焊接方法基本相同。由于环缝对接焊焊后焊件不产生角变形，所以内、外环缝不必交替焊接。为了便于安放焊剂垫，所以总是先焊内环缝，后焊外环缝。

2. 选用材料及装配定位

① 焊件 直径 2000mm 的筒体 2 节，壁厚 16mm，采用 Q235A 低碳钢板。

② 辅助装置 焊接内、外环缝的操作机，焊接滚轮架，内环缝焊接用焊剂垫。

③ 装配定位 焊前首先将接头及边缘两侧的铁锈、油污等用角向磨光机打磨干净至露出金属光泽，再进行装配定位。装配时要保证对接处的错边量在 2mm 以内，以保证焊缝质量。对接处不留间隙，局部间隙不大于 1mm。定位焊采用直径 4mm、型号为 E4303 的焊条，定位焊缝长 20～30mm，间隔 300～400mm，直接焊在筒体外表，不装引弧板和引出板（无法装）。定位焊结束后，清除定位焊缝表面渣壳，用钢丝刷清除定位焊缝两侧的飞溅物。

3. 焊接操作

（1）装设焊剂垫

筒体环缝先焊内环缝，后焊外环缝。焊接内环缝时，为防止间隙和熔渣从间隙中流失，应在筒体外侧下部装设焊剂垫。常用的焊剂垫有连续带式和圆盘式两种。

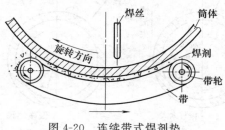

图 4-20　连续带式焊剂垫

① 连续带式焊剂垫　焊剂垫的构造如图 4-20 所示。带宽 200mm，绕在两只带轮上，一只带轮固定，另一只带轮通过丝杠调节机构作横向移动，以放松或拉紧带。使用前，在带的表面撒上焊剂，将筒体压在带上，拉紧可移带轮，使焊剂垫对筒体产生承托力。焊接时，由于筒体的转动带动带旋转，使熔池外侧始终有焊剂承托。焊剂垫上的焊剂在焊接过程中会部分撒落，这时应再添加一些焊剂，以保证焊剂垫上始终有一层焊剂存在。

② 圆盘式焊剂垫　焊剂垫的构造如图 4-21 所示。工作时，将焊剂装在网盘内，圆盘与水平面成 45°角。摇动手柄即可转动丝杠，使圆盘上、下升降。焊剂垫应压在待焊筒体环缝的下面（容器环缝位于圆盘最高部位，略偏里些），焊接时，由于筒体的旋转带动圆盘随之转动，焊剂便不断进到焊接部位。由于圆盘倾角较小，焊剂一般不会流失，但焊

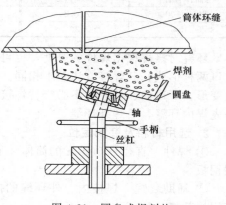

图 4-21　圆盘式焊剂垫

接时仍应注意经常在圆盘上保持有足够的焊剂，升降丝杠必须有足够的行程，以适应不同直径筒体的需要。

圆盘式焊剂垫的主要优点是焊剂能始终可靠地压向焊缝，本身体积较小，使用时比较方便灵活。

（2）选用焊接参数

焊丝牌号 H08A，直径 5mm，焊剂牌号 HJ431，焊接电流 700～720A，电弧电压 38～40V，焊接速度 28～30m/h（筒体旋转的线速度），焊丝相对筒体中心线的偏移量为 35mm。

（3）焊接操作

将焊剂垫安放在待焊部位，检查操作机、滚轮架的运转情况，全部正常后，将装配好的筒体吊运至滚轮架上，使筒体环缝对准焊剂垫并压在上面。驱动内环缝操作机，使悬臂伸入筒体内部，调整焊机的送丝机构，使焊丝对准环缝的拼接处。为了使焊机启动和筒体旋转同步，事先应将滚轮架驱动电动机的开关接在焊机的启动按钮上。这样当焊工按下启动按钮时，焊丝引弧和筒体旋转同时进行，可立即进入正常的焊接过程。焊接收尾时，焊缝必须首尾相接，重叠一定长度，重叠长度至少要达到一个熔池的长度。

内环缝焊毕后，将筒体仍置于滚轮架上，然后在筒体外面对接口处用碳弧气刨清根。碳弧气刨清根的工艺参数为：直径 8mm 的圆形实心炭棒，刨削电流 320～360A，压缩空气压力 0.4～0.6MPa，刨削速度控制在 32～40m/h 以内。气刨后的刨槽深度要求 6～7mm，宽度 10～12mm。

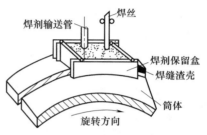

图 4-22　焊剂保留盒

气刨时可随时转动滚轮架，以达到气刨的合适位置。刨槽应力求深浅、宽窄均匀。气刨结束后，应彻底清除刨槽内及两侧的熔渣，用钢丝刷刷干净。

最后焊接外环缝。将操作机置于筒体上方，调节焊丝对准环缝的拼接处，焊丝偏移量为 35mm，操作方法及工艺参数不变。焊前应松开焊剂垫，使其脱离筒体，让筒体在焊接外环缝时能自由灵活转动。全部焊接工作结束后，清除焊缝表面渣壳，检查焊缝外表质量。

（4）小直径筒体的焊接

直径小于 500mm 的筒体进行外环缝焊接时，由于筒体表面的曲率较大，焊剂往往不能停留在焊接区域周围，容易向两侧散失，使焊接过程无法进行。在生产中通常采用一种保留盒，将焊接区域周围的焊剂保护起来，如图 4-22 所示。焊接时，保留盒轻轻靠在筒体上，不随筒体转动。待焊接结束后，再将保留盒去掉。

六、埋弧焊的常见缺陷与预防措施

埋弧焊常见缺陷有焊缝表面成形不良、咬边、未焊透、气孔、裂纹、夹渣等，其产生原因及预防措施见表 4-24。

表 4-24　埋弧焊缺陷的产生原因及预防措施

缺陷名称	产生原因	预防措施	消除方法
宽度不均匀	①焊接速度不均匀 ②焊丝送进速度不均匀 ③焊丝导电不良	①找出原因排除故障 ②找出原因排除故障 ③更换导电嘴被套(导电块)	消除方法根据具体情况，部分可用焊条电弧焊焊补修整并磨光
余高过大	①电流太大而电压过低 ②上坡焊时倾角过大 ③环缝焊接位置相对于焊件的直径和焊接速度不当	①调节规范 ②调整上坡焊倾角 ③相对于一定的焊件直径和焊接速度,确定适当的焊接位置	去除表面多余部分，并打磨圆滑
裂纹	①焊件、焊丝、焊剂等材料配合不当;焊丝中含 C、S 量较高 ②焊接区冷却速度过快而致热影响区硬化 ③多层焊的第一道焊缝截面积过小 ④焊缝形状系数太小;角焊缝熔深太大 ⑤焊接顺序不合理;焊件刚度大	①合理选配焊接材料;选用合格的焊丝 ②适当降低焊速以及焊前预热和焊后缓冷 ③焊前适当预热或减小焊接电流,降低焊速(双面焊适用) ④调整焊接规范和改进坡口;调整规范和改变极性(直流) ⑤合理安排焊接顺序;焊前预热及焊后缓冷	去除缺陷后补焊
中间凸起而两边陷凹	焊剂圈过低并有粘渣,焊接时熔渣被粘渣拖压	升高焊剂圈,使焊剂覆盖高度达 30～40mm	①升高焊剂圈,去除粘渣 ②适当焊补或去除重焊
咬边	①焊丝位置或角度不正确 ②焊接规范不当	①调整焊丝 ②调节规范	打磨，必要时补焊
未熔合	①焊丝未对准 ②焊缝局部弯曲过度	①调整焊丝 ②精心操作	去除缺陷部分后,补焊
未焊透	①焊接规范不当(如焊接电流过小,电弧电压过高) ②坡口不合适 ③焊丝未对准	①调整规范 ②修整坡口 ③调节焊丝	去除缺陷部分后补焊,严重的需要整条退修
焊穿	焊接规范及其他工艺因素配合不当	选择适当规范	缺陷处修整后补焊
内部夹渣	①多层焊时,层间清渣不干净 ②多层分道焊时,焊丝位置不当	①层间清渣彻底 ②每层焊后发现咬边夹渣,必须清除修复	去除缺陷后补焊

续表

缺陷名称	产生原因	预防措施	消除方法
气孔	①接头未清理干净或潮湿 ②焊剂潮湿 ③焊剂（特别是焊剂垫）中混有污物 ④焊剂覆盖层厚度不当或焊剂漏斗阻塞 ⑤焊丝表面清理不够 ⑥电压过高	①接头必须清理干净或加热去潮 ②焊剂按规定烘干 ③焊剂必须过筛、吹灰、烘干 ④调节焊剂覆盖层高度，疏通焊剂漏斗 ⑤焊丝必须清理，清理后应尽快使用 ⑥调整电压	去除缺陷后补焊
焊缝金属焊瘤	①焊接速度过慢 ②电压过大 ③下坡焊时倾角过大 ④环缝焊接位置不当 ⑤焊接时前部焊剂过少 ⑥焊丝向前弯曲	①调节焊速 ②调节电压 ③调整下坡焊倾角 ④相对于一定的焊件直径和焊接速度，确定适当的焊接位置 ⑤调整焊剂覆盖状况 ⑥调节焊丝矫直部分	去除焊瘤后，适当刨槽并重新覆盖

第三节 操作训练实例

一、低合金钢板 16MnR 平对接有垫板埋弧自动焊

1. 技术要求

焊件形状及尺寸如图 4-23 所示。
① 材料：16MnR 低合金钢板。
② 钢板采用双面埋弧自动焊接。
③ 焊缝背面允许清根。
④ 焊接要采用引弧、收弧板；焊缝结构为全焊透。

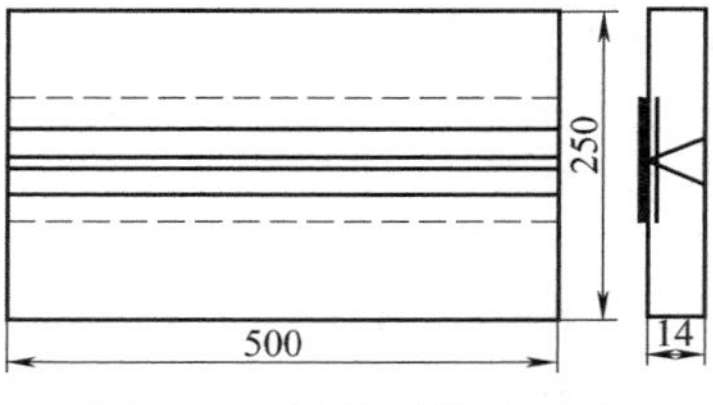

图 4-23　焊件形状及尺寸

2. 焊前准备

① 埋弧选择　焊接需要采用单丝埋弧焊，选用 MZ-1000 交、直流两用埋弧焊机。

② 焊接坡口　对于低合金钢埋弧焊的焊接接头，按《埋弧焊缝坡口的基本形式和尺寸》国家相关标准规定，选用 V 形坡口，其坡口形

状如图 4-24 所示。

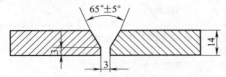
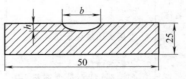

图 4-24　埋弧焊 V 形坡口形状示意　　　图 4-25　铜板垫截面示意

③ 焊接材料　焊丝选用 H10Mn2，直径 ϕ4mm；使用前，焊丝要做除油、去锈处理；焊剂配合熔炼焊剂 HJ-431。焊前，焊剂应进行 200℃烘干，保温备用。

④ 焊前清理　对钢板焊接坡口及两侧的油污、铁锈等，应进行清洗或用角向磨光机打磨干净。以免焊接过程中产生气孔或熔合不良等缺陷。

⑤ 组装定位焊　定位焊可在坡口内及两端引弧、收弧板上进行。点焊缝长度在 30～50mm 之间。装配焊件应保证间隙均匀、高低平整，且应保证定位焊缝质量，要与主焊缝要求一致。

⑥ 焊剂垫准备　一般地，常用的焊剂垫有普通焊剂垫、气压焊剂垫、热固化焊剂垫、纯铜板垫等多种，纯铜板垫最为简单适用，其形状如图 4-25 所示。

铜板垫采用机械加工法，按所需尺寸刨制。常用铜板垫的截面尺寸规格见表 4-25。

表 4-25　铜板垫的截面尺寸　　　　　单位：mm

焊件厚度	宽度 b	深度 h	曲率半径 r	焊件厚度	宽度 b	深度 h	曲率半径 r
4～6	10	2.5	7.0	8～10	14	3.5	9.5
6～8	12	3.0	7.5	12～14	18	4.0	12

3. 焊接操作

① 将定位焊好的工件置于焊接板垫上，调整好焊接电流、电弧电压、焊接速度等各焊接参数，准备施焊。

② 引弧。将焊丝与工件短路接触，打开焊剂阀，使焊剂覆盖在焊接缝上，然后按下启动按钮，焊接开始。

③ 引弧和收弧。埋弧自动焊引弧时，处于焊接的起始阶段，工艺参数的稳定性和使焊道达到熔深要求的数值，需要有一个过程；而在焊道收尾时，由于熔池冷却收缩，容易出现弧坑。这两种情况都会影响焊

接质量。为了弥补这个不足，要在焊口两端采用引弧板和收弧板。焊接结束后，用气割的方法，将引弧板和收弧板去掉。

④ 引弧板和收弧板的厚度要和被焊工件相同，长度为 100～150mm；宽度为 75～100mm。

⑤ 焊接过程中，注意观察控制盘上的焊接电流、电弧电压表，并准备随时调节；用机头上的手轮，调节导电嘴的高低；用小车前侧的手轮调焊丝对准基准线的位置，以防歪斜偏离焊道。

⑥ 采用铜垫法焊接中，焊接电弧在较大的间隙中燃烧，熔渣随电弧前移凝固，形成渣壳，这层渣壳起到保护焊缝的作用。观察焊缝成形时，要注意等焊缝凝固冷却后再除掉渣壳，否则焊缝表面会强烈氧化。

⑦ V 形坡口的工件，要分两层焊完，其焊接工艺参数，见表 4-26。

表 4-26　铜衬垫上对接焊缝的工艺参数

板厚/mm	根部间隙/mm	焊丝直径/mm	焊接电流/A	电弧电压/V	焊接速度/(cm/min)
14	4～5	4	850～900	39～41	38

4. 焊接质量要求

（1）外观

① 宏观金相（目测检查）　焊缝成形美观，焊缝两侧过渡均匀，无任何肉眼可见缺陷。

② 焊缝外形尺寸　焊缝余高为 2.5～3.5mm；焊缝宽度为 16～18mm。

（2）无损探伤

按 NB/T 47013—2015 标准进行 100％RT 探伤，评定等级达到 Ⅱ级以上为合格。

（3）力学性能

埋弧焊接头力学性能试验见表 4-27。

表 4-27　埋弧焊接头力学性能

检验部位	σ_s/MPa	σ_b/MPa	δ_5/%	弯曲（$D=3s$，$\alpha=180°$）	冲击功/J	
					焊缝	热影响区
焊接接头	347～380	527～583	29～34	合格	45～76	32～39

二、中、厚板的平板对接 V 形坡口双面焊

1. 焊前准备

① 焊接设备：MZ-1000 型或 MZ1-1000 型。

② 焊接材料：焊丝 H10Mn2（H08A），焊丝直径 4mm，焊剂

HJ301（HJ431），定位焊用焊条 E4315，直径 4mm。

③ 焊件材料牌号：16Mn 或 20g、Q235。

④ 低碳钢引弧板尺寸为 100mm×100mm×10mm 两块，引弧两侧挡板为 100mm×100mm×6mm 四块。

⑤ 碳弧气刨设备和直径 6mm 镀铜实心炭棒。

⑥ 紫铜垫槽如图 4-26 所示，图中 a 为 40～50mm，$b=14$mm，$r=9.5$mm，h 为 3.5～4mm，$c=20$mm。

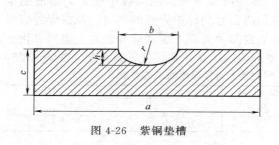

图 4-26　紫铜垫槽　　　　　　　图 4-27　焊件装配要求

2. 焊件装配要求

① 清除焊件坡口面及正反两侧 20mm 范围内油、锈和其他污物，直至露出金属光泽。

② 焊件装配要求如图 4-27 所示。装配间隙 2～3mm，错边量≤1.4mm，反变形为 3°～4°。

3. 焊接参数

中厚板对接埋弧双面焊工艺参数见表 4-28。

表 4-28　中厚板对接埋弧双面焊工艺参数

焊接位置	焊丝直径/mm	焊接电流/A	电弧电压/V	焊接速度/(m/h)	间隙/mm
正面	4	600～700	34～38	25～30	2～3
背面	4	650～750	6～38	25～30	2～3

4. 操作要点及注意事项

① 焊接顺序为焊 V 形坡口的正面焊缝时，应将焊件水平置于焊剂垫上，并采用多层多道焊。焊完正面焊缝后清渣，将焊件翻转，再焊接反面焊缝，反面焊缝为单层单道焊。

② 正面焊时，调试好焊接参数，在离间隙小端 2mm 处起焊，操作步骤为焊丝对中、引弧焊接、收弧、清渣。焊完每一层焊道后，必须清除渣壳，检查焊道，不得有缺陷，焊道表面应平整或稍下凹，与两坡口

面的熔合应均匀，焊道表面不能上凸，特别是在两坡口面处不得有死角，否则易产生未熔合或夹渣等缺陷。

若发现层间焊道熔合不良时，应调整焊丝对中，增加焊接电流或降低焊接速度。施焊时层间温度不得过高，一般应<200℃。

盖面焊道的余高应为0～4mm，每侧的熔宽为（3±1）mm。

③ 反面焊步骤和要求同正面焊。为保证反面焊缝焊透，焊接电流应大些，或使焊接速度稍慢一些，焊接参数的调整既要保证焊透，又要使焊缝尺寸符合规定要求。

三、中厚板对接，不清根的平焊位置双面焊

1. 焊件尺寸及要求

① 焊件材料牌号：16Mn或20g。

② 焊件及坡口尺寸如图4-28所示。

③ 焊接位置为平焊。

④ 焊接要求：双面焊、焊透。

⑤ 焊接材料：焊丝H08MnA（H08A），直径为5mm，焊剂HJ301（原HJ431），定位焊用焊条E5015，直径为4mm。

⑥ 焊机：MZ-1000型或MZ1-1000型。

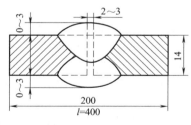

图4-28　焊件及坡口尺寸

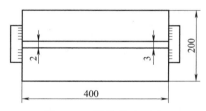

图4-29　焊件装配要求

2. 焊件装配要求

① 清除焊件坡口面及其正反两侧20mm范围内油、锈及其他污物，直至露出金属光泽。

② 焊件装配要求如图4-29所示。装配间隙2～3mm，错边量应≤1.4mm，反变形量3°，在焊件两端焊引弧板与引出板，并做定位焊，尺寸为100mm×100mm×14mm。

3. 焊接参数

焊接参数见表4-29。

表 4-29　焊接参数

焊缝位置	焊丝直径/mm	焊接电流/A	电弧电压/V	焊接速度/(m/h)
背面	5	700～750	交流 36～38	30
正面	5	800～850	直流反接 32～34	30

4. 操作要求及注意事项

将焊件置于水平位置熔剂垫上，进行两层两道双面焊，先焊背面焊道，后焊正面焊道。

（1）背面焊道的焊接

① 垫熔剂垫　必须垫好熔剂垫，以防熔渣和熔池金属流失。所用焊剂必须与焊件焊接用的相同，使用前必须烘干。

② 对中焊丝　使焊接小车轨道中线与焊件中线相平行（或相一致），往返拉动焊接小车，使焊丝都处于整条焊缝的间隙中心。

③ 引弧及焊接　将小车推至引弧板端，锁紧小车行走离合器，按动送丝按钮，使焊丝与引弧板可靠接触，给送焊剂，覆盖住焊丝伸出部分。

按启动按钮开始焊接，观察焊接电流表与电压表读数，应随时调整至焊接参数。焊剂在焊接过程中必须覆盖均匀，不应过厚，也不应过薄而漏出弧光。小车走速应均匀，防止电缆的缠绕阻碍小车的行走。

④ 收弧　当熔池全部达到引出板后开始收弧，先关闭焊剂漏斗，再按下一半停止按钮，使焊丝停止给送，小车停止前进，但电弧仍在燃烧，以使焊丝继续熔化来填满弧坑，并以按下这一半按钮的时间长短来控制弧坑填满的程度，然后继续将停止开关按到底，熄灭电弧，结束焊接。

⑤ 清渣　松开小车离合器，将小车推离焊件，回收焊剂，清除渣壳，检查焊缝外观质量，要求背面焊缝的熔深应达 40%～50%，否则用加大间隙或增大电流，减小焊接速度的方法来解决。

（2）正面焊道的焊接

将焊件翻面，焊接正面焊道，其方法和步骤与背面焊道完全相同，但需注意以下两点：

① 防止未焊透或夹渣要求正面焊道的熔深达 60%～70%，通常以加大电流的方法来实现。

② 焊正面焊道时，可不再用焊剂垫，而采用悬空焊接，在焊接过程中观察背面焊道的加热颜色来估计熔深，也可仍在焊剂垫上进行。

四、乙烯蒸馏塔（低温钢中厚板）的埋弧自动焊

1. 焊件特性及技术要求

特性：乙烯蒸馏塔的工作温度为 $-70℃$ ，工作压力为 0.6MPa ，制造材料为 09Mn2V 正火钢板，板厚为 16mm 。

塔体对接焊缝节点形状如图 4-30 所示。

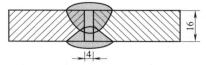

图 4-30　塔体对接焊缝节点形状示意

技术要求：①焊接采用双面埋弧自动焊；②正面焊接时背面加垫板或焊剂垫；③背面清根采用碳弧气刨。

2. 焊前准备

① 焊接需采用单丝埋弧焊，选用 MZ-1000 埋弧焊机，直流反接。焊接坡口采用工形坡口，组对间隙为 4mm 。

② 焊前清理。焊前，将坡口两侧各 50mm 范围内的水分、油、污物清除干净，并用角向磨光机打磨，除掉锈及氧化皮，直至露出金属光泽。

③ 焊材选用。焊丝选择 H08Mn2MoVA ，焊接前应清理表面。焊剂配合 HJ250 熔炼型焊剂；使用前烘干温度为 300～350℃ ，保温 2h 。

④ 定位点固焊采用手工电弧焊。焊条选择 W707 ，点焊前，烘干温度为 300～350℃ ，保温 1h 。点固焊规范：焊条直径为 954mm ；焊接电流为 140～170A ；点固焊时，引弧要在坡口内，引弧点应能在被焊接时得到重熔；缝长度不小于 60mm ；间距为 500～600mm 。装配焊件应保证间隙均匀、高低平整，无错边现象。

3. 焊接操作要点

① 焊接第一层焊缝时，背面加焊剂垫，并应让焊剂垫与筒体钢板紧密贴合，不得留有间隙。

② 焊前，采用氧-乙炔或其他方法对焊件进行 100～150℃ 预热，以防止产生热应力脆裂。

③ 焊接引弧应在引弧板上（环缝时在坡口内），不使电弧破坏母材原始表面。

④ 焊接 09Mn2V 低温钢的工艺规范参数见表 4-30。

⑤ 背面焊前采用碳弧气刨清理焊根。刨槽深度为 6～8mm ，宽度为 14～16mm 。其气刨工艺参数见表 4-31。

表 4-30　09Mn2V 低温钢的工艺规范参数

层　次	焊接电流/A	电弧电压/V	焊接速度/(cm/min)
正面	600	32	50
背面	640	34	45

表 4-31　清根气刨工艺参数

炭棒直径/mm	刨割电流/A	压缩空气压力/MPa	刨削速度/(m/h)
8	350～400	0.5	32～40

⑥ 清根后，用角向磨光机清除刨槽及两侧表面的刨渣，不得留有渗碳层，层间温度应控制在 200～300℃，以防止焊层过热。背面因已除掉了焊剂垫，电流可稍大一点，但热输入量要控制在 30～45kJ/m，其工艺参数见表 4-30。

4. 焊后热处理

为防止产生脆性和消除焊接应力，焊后可进行消除应力热处理（热处理规范略）。

5. 焊缝质量要求

（1）外观

① 宏观金相目测检查：焊缝成形美观，焊缝两侧过渡均匀，无任何肉眼可见缺陷。

② 焊缝外形尺寸　用钢角尺或焊缝专用检测尺测量：焊缝余高为 2.5～3.0mm；焊缝宽度为 12～14mm。

（2）无损探伤

按 NB/T 47013—2015 标准进行 100%RT 探伤，评定等级达到 Ⅱ 级以上为合格。

五、不锈钢对接焊缝的埋弧自动焊

工件形状和焊缝尺寸如图 4-31 所示。

1. 技术要求

① 钢板采用双面埋弧自动焊接。

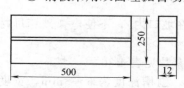

图 4-31　工件形状和焊缝尺寸

② 焊缝背面允许清根。

③ 焊接要采用引弧、收弧板，但必须全焊透。

④ 材料采用 0Cr18Ni9Ti 不锈钢板。

2. 焊前准备

① 焊机选择。焊接需采用单丝埋弧焊，选用 MZ-1000 埋弧焊机，直流反接。

② 焊接坡口采用 I 形坡口，组对间隙为 4mm。

③ 焊丝选用 H0Cr21Ni10，直径 $\phi4mm$；焊前应进行清理，去除油污，焊剂为 HJ260。焊前经 250℃ 烘干 1h，保温待用。

④ 焊前清理。对焊缝两侧各 50mm 范围内的油污、杂物清理干净，不得有影响焊接的杂质。

⑤ 组装定位焊。定位焊采用手工电弧焊。焊条用 E308-16，直径 $\phi4mm$；点焊缝长度在 30～50mm，间距为 500mm。装配焊件应保证间隙均匀、高低平整，无错边现象。

3. 焊接操作

① 焊接不锈钢的主要问题是热裂纹、脆化、晶间腐蚀和应力腐蚀。所以，焊接要采用小的焊接热输入、低层间温度，并采用无氧焊剂。

② 焊接应在引弧板上开始，焊接过程中，为了防止 475℃ 脆化及 σ 相脆性相析出，可采用反面吹风、正面及时水冷等措施，以快速冷却焊缝。

③ 埋弧自动焊接不锈钢的工艺参数见表 4-32。

表 4-32　焊接不锈钢的工艺参数

正　面　焊　缝			反　面　焊　缝		
焊接电流/A	电弧电压/V	焊接速度/(cm/min)	焊接电流/A	电弧电压/V	焊接速度/(cm/min)
600	30	65	650	32	55

4. 焊缝质量要求

① 外观。目测焊缝外观成形整齐、美观，无咬边、焊瘤及明显焊偏现象。

② 测量焊缝外形尺寸。焊缝增高 1.5～3.5mm；宽度为：12～14mm；焊缝两侧无棱角，呈圆滑过渡。

③ 无损探伤。按 NB/T 47013—2015 标准进行 100%RT 探伤，评定标准达到 II 级以上为合格。

④ 焊缝金属按国家相关标准做晶间腐蚀试验，应无腐蚀、裂纹为合格。

六、埋弧自动焊横缝的焊接

图 4-32 为大型立式储罐的焊缝形状及尺寸，大型立式储罐需要在一现场制作安装，其技术要求及操作如下：

1. 技术要求

① 储罐所有筒节现场制作安装。

② 筒节之间环向横焊缝采用埋弧自动焊法焊接。

③ 所用材料为 16MnR 低合金钢。

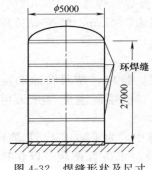

图 4-32 焊缝形状及尺寸

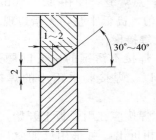

图 4-33 横焊缝埋弧
自动焊坡口形式示意

2. 焊前准备

① 横焊采用 AGW-Ⅱ型自动埋弧焊机 焊机由直流整流电源、控制箱、导轨、焊接主机及连接电缆等组成。

② 焊接材料 焊丝选用 H10Mn2，直径 $\phi3.2\text{mm}$ 和 $\phi2\text{mm}$ 两种；配合焊剂 SJ101。焊前，焊剂经 300℃烘干 2h 备用。

③ 坡口制备 埋弧自动横焊的坡口，应采用机械法制作，但考虑现场制作困难，可用氧-乙炔半自动气割；但割后要用角向磨光机打磨干净，并应保证坡口尺寸准确。上侧应刨成 30°～40°的单边 V 形坡口，下侧则为 90°直边，其组装后的形状如图 4-33 所示。

④ 焊前清理 焊接前对坡口及两侧边缘进行打磨清理，清除水分、油脂及氧化皮，以免影响焊缝成形。

⑤ 装配定位焊 大型立式储罐，一般都是采用倒装法施工，即从上部第一节与第二节开始装配，然后先焊接第一个环缝；等焊完第一节后，吊起上一节，再组装第三节，依次向下组装。这样，焊接时始终在地面进行。所以，每组装一节就点固、焊接一节。点焊缝采用 J507 焊

条，直径 $\phi 3.2mm$；焊接电流为 $80\sim 120A$；点焊长度为 $50\sim 60mm$，间距为 $600mm$。

3. 焊接操作

（1）确定焊缝层次

横焊缝焊接，首先要根据板厚来确定焊接层次。例如 $10mm$ 的钢板，有一层打底层，然后焊接两层；$18mm$ 的钢板，则要焊接 6 层。如图 4-34 所示。

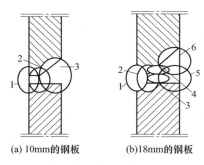

(a) 10mm的钢板　　(b)18mm的钢板

图 4-34 埋弧自动横焊层次示意

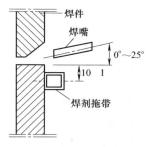

图 4-35 焊丝和拖带位置示意

（2）打底层焊接

焊前要调整焊嘴角度。一般地，焊丝与焊件垂直平面成 $20°\sim 25°$ 的轴向下倾角度，纵向倾角为 $5°\sim 8°$。这样，有利于适合焊缝的坡口角度及焊缝成形，其焊嘴位置如图 4-35 所示。焊丝调整好后，还要调整好焊剂拖带。一般地，拖带在距焊缝以下 $10\sim 15mm$ 的位置上为最好。拖带距焊缝太远，会给焊剂的输送和回收造成负担。

（3）焊丝长度

焊接过程中焊丝的伸出长度应在 $20mm$ 左右。太长，电流太大，会使电弧电压升高；太短，则焊缝成形不良。

埋弧横焊的焊接工艺参数见表 4-33。

表 4-33 埋弧横焊的焊接工艺参数

焊件厚度/mm	焊缝层次	焊丝直径/mm	焊接电流/A	焊接速度/(cm/min)
$\delta =10$	1	2	$300\sim 350$	$42\sim 45$
	2		$300\sim 380$	$42\sim 45$
	3		$300\sim 380$	$45\sim 50$
$\delta =18$	1		$320\sim 380$	$40\sim 44$
	2		$360\sim 420$	$45\sim 52$
	3		$360\sim 420$	$45\sim 52$

续表

焊件厚度/mm	焊缝层次	焊丝直径/mm	焊接电流/A	焊接速度/(cm/min)
	4		360～420	45～52
δ=18	5	2	360～420	45～52
	6		350～400	46～55

4. 焊缝质量要求

① 外观。焊缝经目检，无咬边、焊瘤、弧坑等不良缺陷，焊缝平整光滑

② 焊缝经 100%RT 无损探伤，按 NB/T 47013—2015 标准，评定等级达到 I 级为 60%；其余为 II 级。

③ 焊接接头做力学性能试验，其结果是强度、韧性和塑性均优于母材和手工电弧焊缝。

七、异种钢埋弧自动（带极）堆焊

1. 技术要求

图 4-36 为大厚度管板堆焊件的形状及尺寸。大型管板采用低合金钢 16MnR 钢板为基层材料。与腐蚀介质接触面，则为 0Cr17Ni12Mo2 奥氏体不锈钢堆焊层。其技术要求如下：

① 焊接采用带极堆焊。

② 堆焊由一层过渡层和两层耐腐蚀组成。

③ 堆焊层化学成分应符合 0Cr17Ni12Mo2 材料标准。

④ 所用材料为 16MnR/堆焊 0Cr17Ni12Mo2。

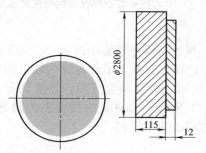

图 4-36　大厚度管板堆焊件的形状及尺寸

2. 焊前准备

① 焊接采用 MZ-1000 埋弧焊机，带极埋弧焊，直流反接电源。

② 焊接材料。过渡层带极选用 H1Cr26Ni10；复层带极为 0Cr17Ni12Mo2。焊带厚度为 0.4～0.6mm，宽度为 60mm；焊剂配合熔炼型焊剂 HJ260，焊前进行 300℃烘干，保温 1h 待用。

③ 焊前清理。采用喷砂或角向磨光机打磨堆焊基体表面，清除水分、油污及氧化皮等，露出金属光泽。焊带用丙酮应进行脱脂处理，然

后干燥备用。

3. 焊接操作要点

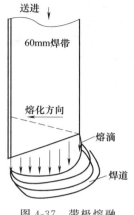

图 4-37 带极熔融
情况示意

① 由于带极在堆焊过程中,电弧是在带极端面呈快速的往返运动,如图 4-37 所示,因此,在引燃电弧前,需要将带极的端头剪成一个 $15°\sim20°$ 的斜角,以利于引弧。堆焊时,熔融金属在钢带宽度方向上成直角熔化,形成一条直行焊道。当焊带偏转一个角度时,就可控制堆焊道的熔深和宽度。

② 堆焊过渡层焊道时,要采用小电流,较低的电弧电压,以减小稀释率,增加成形系数。

③ 堆焊道之间的搭边量,也是一个很重要的参数。搭边量太小时,稀释率就会增大,这将影响堆焊层的耐腐蚀性能。适当的搭边量为焊道宽度的 1/3 左右。

④ 堆焊完过渡层后,要把焊机变换一个 $90°$,然后在过渡层上堆焊耐腐蚀层。这样,可获得均匀平整的堆焊金属层。

不锈钢各层堆焊的工艺参数见表 4-34。

表 4-34 各种堆焊方法的工艺参数

带级牌号	规格/mm	焊接电流/A	电弧电压/V	焊接速度/(cm/min)	带极伸出量/mm	搭边量/mm	带极斜角/(°)	堆焊厚度/mm
1Cr26Ni10	0.5×60	600~800	30~35	22	36~42	4~6	15	4.5
0Cr17Ni12Mo2		650~750	32~38	20		5~8		4~6

4. 焊后热处理

带极堆焊后,为消除焊接残余应力和避免产生裂纹,焊后应进行固溶热处理。在 $1000\sim1050℃$ 的固溶热处理温度下,对于低碳钢和低合金钢,为正火温度,可改善钢的力学性能;而对奥氏体不锈钢,则是固溶温度,将会稳定奥氏体组织。

5. 堆焊质量要求

① 外观。目检堆焊层,焊道应平整,宽度、焊波一致,无焊瘤、气孔、裂纹等缺陷。

② 堆焊层表面，按 NB/T 47013—2015 标准进行 100% RT 探伤，评定级别达到 I 级为合格。

③ 在堆焊层表面，距基层 8mm 处取样，做化学元素分析，符合 0Cr17Ni12Mo2 钢材化学成分。

第五章

氩弧焊

第一节 | 操作基础

一、氩弧焊的特点、分类及应用范围

1. 特点

氩弧焊是利用氩气作为保护气体的气电焊［图 5-1 （a）、（b）］。焊接时，电弧在电极与焊件之间燃烧，氩气使金属熔池、熔滴及钨极端头与空气隔绝。

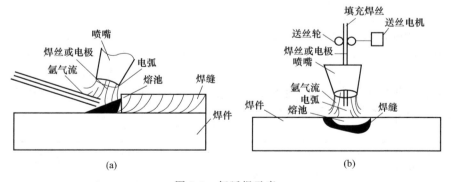

图 5-1　氩弧焊示意

氩气是惰性气体，不溶于液态金属。所以，与其他焊接方法相比，氩弧焊具有如下特点：

① 利用氩气隔绝大气，防止了氧、氮、氢等气体对电弧和熔池的影响，被焊金属及焊丝的元素不易烧损。

② 氩气流对电弧有压缩作用，焊接热量集中。

③ 由于氩气对近缝区的冷却，可使热影响区变窄。

④ 电弧稳定，飞溅少。

⑤ 焊接时不用焊剂，焊缝表面无熔渣；焊接接头组织致密，综合力学性能好。在焊接不锈钢时，焊缝的耐腐蚀性能（特别是晶间腐蚀）好；明弧焊接，操作方便。

2. 分类

$$氩弧焊 \begin{cases} 钨极氩弧焊 \begin{cases} 自动钨极氩弧焊 \\ 手工钨极氩弧焊 \end{cases} 加焊丝和不加焊丝 \\ 熔化极氩弧焊 \begin{cases} 自动熔化极氩弧焊 \\ 半自动熔化极氩弧焊 \end{cases} \end{cases}$$

与钨极氩弧焊相比，熔化极氩弧焊有如下特点。

① 适合厚件的焊接。钨极氩弧焊的焊接电流，受钨极直径的限制，焊件在 6mm 以上时，需开坡口，并要采用多层焊；而熔化极氩弧焊可提高焊接电流，如对铝合金的焊接，当焊接电流为 450～470A 时，熔深可达 15～20mm。

② 熔滴呈射流过渡（或称喷射）。熔化极氩弧焊喷射过渡时，具有熔深大、飞溅小、电弧稳定及焊缝成形好等特点。适于中、厚板的平焊和搭接焊。

③ 容易实现机械化、自动化；生产效率高。

3. 应用范围

氩弧焊几乎可用于所有钢材、有色金属及合金的焊接。通常，多用于焊接铝、镁、钛及其合金以及低合金钢、耐热钢等。对于熔点低和易蒸发的金属（如铅、锡、锌等），焊接较困难。熔化极氩弧焊常用于中、厚板的焊接，焊接速度快，生产效率要比钨极氩弧焊高几倍。氩弧焊也可用于定位点焊、补焊，反面不加衬垫的打底焊等。氩弧焊的应用范围见表 5-1。

表 5-1 氩弧焊的应用范围

焊件材料	适用厚度/mm	焊接方法	氩气纯度/%	电源种类
铝及铝合金	0.5～4	钨极手工及自动	99.9	交流或直流反接
	>6	熔化极自动及半自动	99.9	直流反接
镁及镁合金	0.5～5	钨极手工及自动	99.9	交流或直流反接
	>6	熔化极自动及半自动	99.9	直流反接
钛及钛合金	0.5～3	钨极手工及自动	99.98	直流正接
	>6	熔化极自动及半自动	99.98	直流反接
铜及铜合金	0.5～5	钨极手工及自动	99.97	直流正接或交流
	>6	熔化极自动及半自动	99.97	直流反接
不锈钢及耐热钢	0.5～3	钨极手工及自动	99.97	直流正接或交流
	>6	熔化极自动及半自动	99.97	直流反接

注：钨极氩弧焊用陡降外特性的电源；熔化极氩弧焊用平或上升外特性电源。

二、氩弧焊焊接规范的选择

钨极氩弧焊焊接规范主要是焊接电流、焊接速度、电弧电压、钨极直径和形状、气体流量与喷嘴直径等参数。这些参数的选择主要根据焊件的材料、厚度、接头形式以及操作方法等因素来决定。

1. 电弧电压

电弧电压增加或减小，焊缝宽度将稍有增大或减小，而熔深稍有下降或稍为增加。当电弧电压太高时，由于气体保护不好，会使焊缝金属氧化和产生未焊透缺陷。所以钨极氩弧焊时，在保证不产生短路的情况下，应尽量采用短弧焊接，这样气体保护效果好，热量集中，电弧稳定，焊透均匀，焊件变形也小。

2. 焊接电流

随着焊接电流增加或减小，熔深和熔宽将相应增大或减小，而余高则相应减小或增大。当焊接电流太大时，不仅容易产生烧穿、焊缝下陷和咬边等缺陷，而且还会导致钨极烧损，引起电弧不稳及钨夹渣等缺陷；反之，焊接电流太小时，由于电弧不稳和偏吹，会产生未焊透、钨夹渣和气孔等缺陷。

3. 焊接速度

当焊枪不动时，氩气保护效果如图 5-2（a）所示。随着焊接速度增加，氩气保护气流遇到空气的阻力，使保护气体偏到一边，正常的焊接速度氩气保护情况如图 5-2（b）所示，此时，氩气对焊接区域仍保持有效的保护。当焊接速度过快时，氩气流严重偏移一侧，使钨极端头、电弧柱及熔池的一部分暴露在空气中，此时，氩气保护情况如图 5-2（c）所示，这使氩气保护作用破坏，焊接过程无法进行。因此，钨极氩弧焊采用较快的焊接速度时，必须采用相应的措施来改善氩气的保护效果，如加大氩气流量或将焊枪后倾一定角度，以保持氩气良好的保护效果。通常，在室外焊接都需要采取必要的防风措施。

4. 喷嘴直径和氩气流量

（1）喷嘴直径

喷嘴直径的大小直接影响保护区的范围。如果喷嘴直径过大，不仅浪费氩气，而且会影响焊工视线，妨碍操作，影响焊接质量；反之，喷嘴直径过小，则保护不良，使焊缝质量下降，喷嘴本身也容易被烧坏。一般喷嘴直径为 5～14mm，喷嘴的大小可按经验公式确

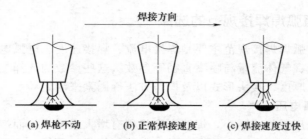

(a) 焊枪不动　　　(b) 正常焊接速度　　　(c) 焊接速度过快

图 5-2　氩气的保护效果

定，即：

$$D = (2.5 \sim 3.5)d$$

式中　D——喷嘴直径，mm；

　　　d——钨极直径，mm。

喷嘴距离工件越近，则保护效果越好。反之，保护效果越差。但过近造成焊工操作不便，一般喷嘴至工件距离为 10mm 左右。

（2）氩气流量

气体流量越大，保护层抵抗流动空气影响的能力越强，但流量过大，易使空气卷入，应选择恰当的气体流量。氩气纯度越高，保护效果越好。氩气流量可以按照经验公式来确定，即：

$$Q = KD$$

式中　Q——氩气流量，L/min；

　　　D——喷嘴直径，mm；

　　　K——系数（$K = 0.8 \sim 1.2$），使用大喷嘴时 K 取上限，使用小喷嘴时取下限。

5. 钨极

（1）钨极的选用及特点

钨极的选用及特点见表 5-2。

表 5-2　钨极的选用及特点

钨极种类	牌　号	特　点
纯钨	W1，W2	熔点和沸点都较高，其缺点是要求有较高的工作电压。长时间工作时，会出现钨极熔化现象
铈钨极	WCe20	纯钨中加入一定量的氧化铈，其优点是引弧电压低，电弧弧柱压缩程度好，寿命长，放射性剂量低
钍钨极	WTh7，WTh10，WTh15，WTh30	由于加入了一定量的氧化钍，使纯钨的缺点得以克服，但有微量放射线

（2）钨极直径

钨极直径的选择主要是根据焊件的厚度和焊接电流的大小来决定。当钨极直径选定后，如果采用不同电源极性时，钨极的许用电流也要做相应的改变。采用不同电源极性和不同直径钍钨极的许用电流范围见表5-3。

表5-3　不同电源极性和不同直径钍钨极的许用电流范围

电极直径/mm	许用电流范围/A		
	交　流	直流正接	直流反接
1.0	15～80	—	20～60
1.6	70～150	10～20	60～120
2.4	150～250	15～30	100～180
3.2	250～400	25～40	160～250
4.0	400～500	40～55	200～320
5.0	500～750	55～80	290～390
6.4	750～1000	80～125	340～525

（3）钨极端部形状

钨极端部形状对电弧稳定性和焊缝的成形有很大影响，端部形状主要有锥台形、圆锥形、半球形和平面形，如图5-3所示，各自的适用范围见表5-4，一般选用锥形平端的效果比较理想。

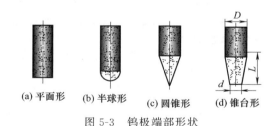

(a) 平面形　　(b) 半球形　　(c) 圆锥形　　(d) 锥台形

图5-3　钨极端部形状

表5-4　钨极端部形状的适用范围

钨极端部形状	适用范围	电弧稳定性	焊缝成形
平面形	—	不好	一般
半球形	交流	一般	焊缝不易平直
圆锥形	直流正接，小电流	好	焊道不均匀
锥台形	直流正接，大电流，脉冲TIG焊	好	良好

三、氩气的保护效果的影响因素

氩气的保护效果的影响因素主要有：喷嘴、焊炬进气方式、喷嘴与焊件距离与夹角、焊接速度、焊接接头形式及直流分量的影响。其提高保护效果要点见表 5-5。

表 5-5 提高保护效果要点

影响因素	提高保护效果要点
喷嘴	氩气保护喷嘴包括:钨极氩弧焊用喷嘴和熔化极氩弧焊用喷嘴,如图 1(a)、(b)所示 (1)钨极氩弧焊用喷嘴 ①圆柱末端锥形部分有缓冲气流作用,可改善保护效果,长度为 1~20mm 为宜 ②圆柱部分的长度 L 不应小于喷嘴孔径,以 1.2~1.5 倍为好 ③喷嘴孔径 d 一般可选用 8~20mm,喷嘴孔径加大,虽然增加了保护区,但氩气消耗增大,可见度变差 ④喷嘴的内壁应光滑,不允许有棱角、沟槽,喷嘴口不能为圆角,不得沾上飞溅物 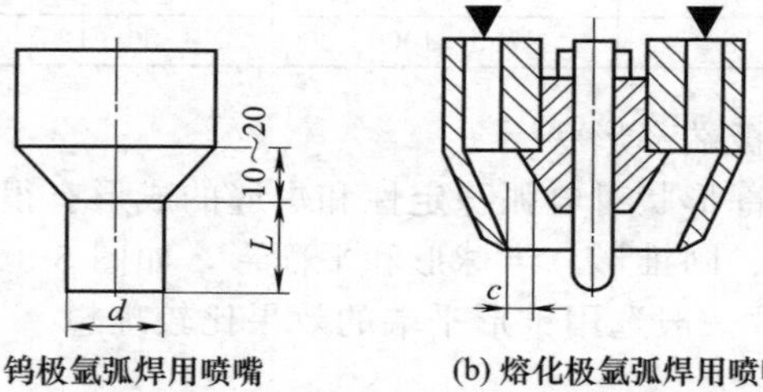 (a) 钨极氩弧焊用喷嘴　　　　(b) 熔化极氩弧焊用喷嘴 图 1　氩气保护喷嘴对气体保护效果的影响 (2)熔化极氩弧焊用喷嘴 ①喷嘴内壁与送丝导管之间的间隙 c,对气流的保护作用有较大的影响。当喷嘴孔径为 25mm 时,间隙 c 在 4mm 左右为宜 ②导电嘴应制成 4°~5°的锥形,其端面距喷嘴端面 4~8mm 为宜 ③导电嘴要与喷嘴同心
焊炬进气方式	焊炬进气方式对气体保护效果的影响如图 2 所示 ①焊炬的进气方式有径向和轴向两种,一般径向进气较好,进气管在焊炬的上部 ②为使氩气从喷嘴喷出时,成为稳定层流,提高气体保护效果,焊炬应有气体透镜(类似过滤装置)或设挡板及缓冲室 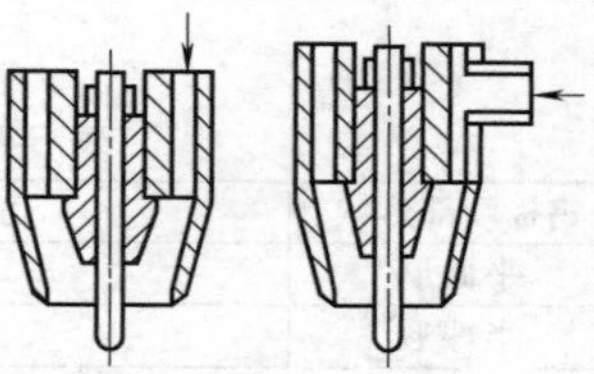 (a) 轴向进气　　(b) 径向进气 图 2　焊炬进气方式
气体流量	①喷嘴孔径一定时,气体流量增加,保护性能提高。但超过一定限度时,反而使空气卷入,破坏保护效果 ②对于孔径为 12mm 左右的喷嘴,气体流量在 10~15L/min,保护效果最好

影响因素	提高保护效果要点
喷嘴与焊件距离和夹角	喷嘴与焊件距离和夹角对气体保护效果的影响如图 3 所示 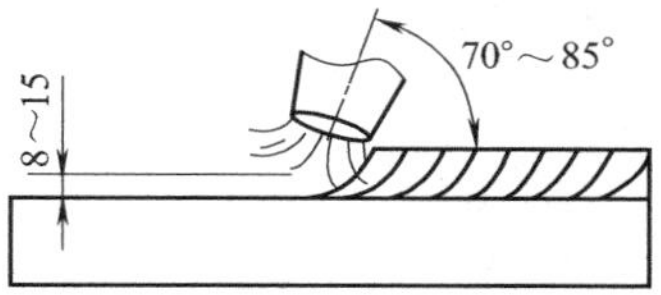 图 3　喷嘴与焊件距离和夹角示意图 ①当喷嘴和流量一定时,喷嘴与焊件距离越小,保护效果越好;但会影响焊工视线 ②喷嘴与焊件距离加大,需增加气体流量 ③对于孔径为 8～12mm 的喷嘴,距离一般不超过 15mm ④平焊时,喷嘴与焊件间的夹角一般为 70°～85°
焊接速度	焊接速度对气体保护效果的影响如图 4 所示 ①为不破坏氩气流对熔池的保护作用,焊接速度不宜太快 ②为提高焊接效率,应以焊后的焊缝金属和母材不被氧化为准则,尽量提高焊接速度 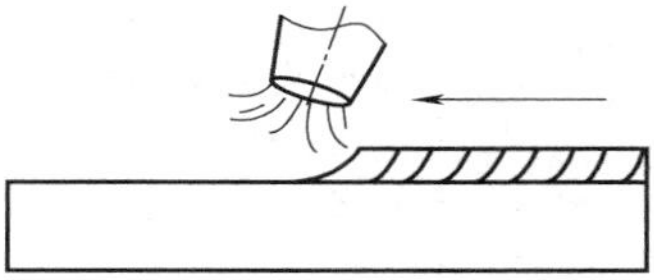 图 4　焊接速度示意图
焊接接头形式	焊接接头形式对气体保护效果的影响如图 5 所示 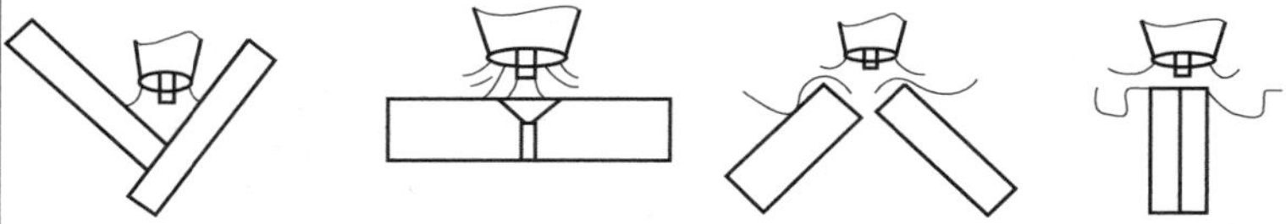 (a) T字接头　(b) 对接接头　(c) 角接接头　(d) 端接头 图 5　焊接接头形式示意图 ①T 字接头、对接接头的保护效果较好 ②角接头、端接头因气流散失大,保护效果较差 ③为提高保护效果,可设临时挡板
直流分量的影响	使用交流焊机焊接铝、镁合金时,由于隔离直流分量的电容损坏,或电瓶电压不足,会使电弧不稳,保护效果恶化

四、氩弧焊焊接操作基础

1. 氩弧焊的基本操作

氩弧焊的基本操作见表 5-6。

表 5-6　氩弧焊的基本操作

焊接工艺	操 作 说 明
引弧与 定位焊	手工钨极氩弧焊的引弧方法有以下两种 ①高频或脉冲引弧法　首先提前送气 3～4s，并使钨极和焊件之间保持 5～8mm 距离，然后接通控制开关，再在高频高压或高压电脉冲的作用下，使氩气电离而引燃电弧。这种引弧方法的优点是能在焊接位置直接引弧，能保证钨极端部完好，钨极损耗小，焊缝质量高。它是一种常用的引弧方法，特别是焊接有色金属时应用更为广泛 ②接触引弧法　当使用无引弧器的简易氩弧焊机时，可采用钨极直接与引弧板接触进行引弧。由于接触的瞬间会产生很大的短路电流，钨极端部很容易被烧损，因此一般不宜采用这种方法，但因焊接设备简单，故在氩弧焊打底、薄板焊接等方面仍得到应用
定位焊	为了固定焊件的位置，防止或减小焊件的变形，焊前一般要对焊件进行定位焊。定位焊点的大小、间距以及是否需要填加焊丝，这要根据焊件厚度、材料性质以及焊件刚性来确定。对于薄壁焊件和容易变形、容易开裂以及刚性很小的焊件，定位焊点的间距要短些。在保证焊透的前提下，定位焊点应尽量小而薄，不宜堆得太高，并要注意点焊结束时，焊枪应在原处停留一段时间，以防焊点被氧化
运弧	手工钨极氩弧焊时，在不妨碍操作的情况下，应尽可能采用短弧焊，一般弧长为 4～7mm。喷嘴和焊件表面间距不应超过 10mm。焊枪应尽量垂直或与焊件表面保持 70°～85°夹角，焊丝置于熔池前面或侧面，并与焊件表面呈 15°～20°夹角，如图 1 所示。焊接方向一般由右向左，环缝由下向上。焊枪的运动形式有 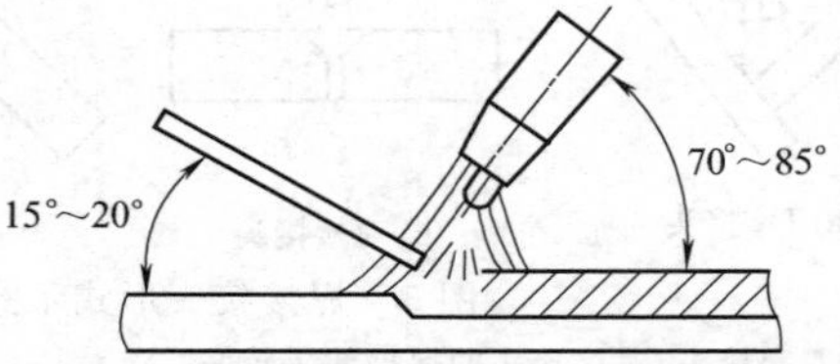 图 1　手工钨极氩弧焊时焊枪、焊丝和焊件间的夹角 ①焊枪等速运行　此法电弧比较稳定，焊后焊缝平直均匀，质量稳定，因此，是常用的操作方法 ②焊枪断续运行　该方法是为了增加熔透深度，焊接时将焊枪停留一段时间，当达到一定的熔深后填加焊丝，然后继续向前移动，此法主要适宜于中厚板的焊接 ③焊枪横向摆动　焊接时，焊枪枪沿着焊缝横向作摆动。此法主要用于开坡口的厚板及盖面层焊缝，通过横向摆动来保证焊缝两边缘良好地熔合 ④焊枪纵向摆动　焊接时，焊枪沿着焊缝纵向往复摆动，此法主要用在小电流焊接薄板时，可防止焊穿和保证焊缝良好成形

续表

焊接工艺	操 作 说 明
填丝	焊丝填入熔池的方法一般有下列几种 ①间歇填丝法　当送入电弧区的填充焊丝在熔池边缘熔化后,立即将填充焊丝移出熔池,然后再将焊丝重复送入电弧区。以左手拇指、食指、中指捏紧焊丝,焊丝末端应始终处于氩气保护区内。填丝动作要轻,不得扰动氩气保护层,防止空气侵入。这种方法一般适用于平焊和环缝的焊接 ②连续填丝法　将填充焊丝末端紧靠熔池的前缘连续送入。采用这种方法时,送丝速度必须与焊接速度相适应。连续填丝时,要求焊丝比较平直,用左手拇指、食指、中指配合动作送丝,无名指和小指夹住焊丝控制方向。此法特别适用于焊接搭接和角接焊缝 ③靠丝法　焊丝紧靠坡口,焊枪运动时,既熔化坡口又熔化焊丝。此法适用于小直径管子的氩弧焊打底 ④焊丝跟着焊枪作横向摆动　此法适用于焊波要求较宽的部位 ⑤反面填丝法　该方法又叫内填丝法,焊枪在外,填丝在里面,适用于管子仰焊部位的氩弧焊打底,对坡口间隙、焊丝直径和操作技术要求较高 　无论采用哪一种填丝方法,焊丝都不能离开氩气保护区,以免高温焊丝末端被氧化,而且焊丝不能与钨极接触发生短路或直接送入电弧柱内;否则,钨极将被烧损或焊丝在弧柱内发生飞溅,破坏电弧的稳定燃烧和氩气保护气氛,造成夹钨等缺陷。为了填丝方便、焊工视野宽和防止喷嘴烧损,钨极应伸出喷嘴端面,伸出长度一般是:焊铝、铜时钨极伸出长度为2～3mm,管道打底焊时为5～7mm。钨极端头与熔池表面距离2～4mm,若距离小,焊丝易碰到钨极。在焊接过程中,由于操作不慎,钨极与焊件或焊丝相碰时,熔池会立即被破坏而形成一阵烟雾,从而造成焊缝表面的污染和夹钨现象,并破坏了电弧的稳定燃烧。此时必须停止焊接,进行处理。处理的方法是将焊件的被污染处,用角向磨光机打磨至露出金属光泽,才能重新进行焊接。当采用交流电源时,被污染的钨极应在别处进行引弧燃烧清理,直至熔池清晰而无黑色时,方可继续焊接,也可重新更换钨极;而当采用直流电源焊接时,发生上述情况,必须重新更换钨极
收弧	收弧时常采用以下几种方法 ①增加焊速法　当焊接快要结束时,焊枪前移速度逐渐加快,同时逐渐减少焊丝送进量,直至焊件不熔化为止。此法简单易行,效果良好 ②焊缝增高法　与上法正好相反,焊接快要结束时,焊接速度减慢,焊枪向后倾角加大,焊丝送进量增加,当弧坑填满后再熄弧 ③电流衰减法　在新型的氩弧焊机中,大部分有电流自动衰减装置,焊接结束时,只要闭合控制开关,焊接电流就会逐渐减小,从而熔池也就逐渐缩小,达到与增加焊速法相似的效果 ④应用收弧板法　将收弧熔池引到与焊件相连的收弧板上去,焊完后再将收弧板割掉。此法适用于平板的焊接

2. 各种位置的焊接操作

各种位置的焊接操作技能见表 5-7。

表 5-7 各种位置的焊接操作

焊接类型	操作说明
平焊	平焊时要求运弧尽量走直线,焊丝送进要求规律,不能时快时慢,钨极与焊件的位置要准确,焊枪角度要适当。几种常见接头形式平焊时,焊枪、焊丝和焊件间的夹角如图1所示 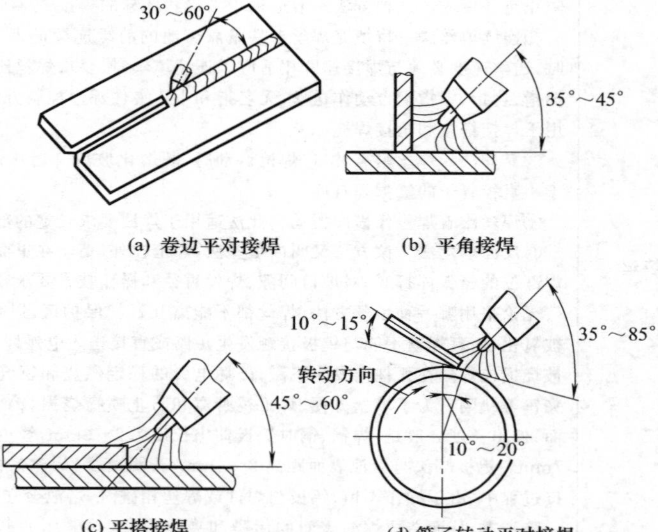 **(a) 卷边平对接焊**　　**(b) 平角接焊** **(c) 平搭接焊**　　**(d) 管子转动平对接焊** 图1 几种常见接头形式平焊时焊枪、焊丝和焊件间的夹角
横焊	横焊虽然比较容易掌握,但要注意掌握好焊枪的水平角度和垂直角度,焊丝也要控制好水平和垂直角度。如果焊枪角度掌握不好或送丝速度跟不上,很可能产生上部咬边,下部成形不良等缺陷
立焊	立焊比平焊难度要大,主要是焊枪角度和电弧长短在垂直位置上不易控制。立焊时以小规范为佳,电弧不宜拉得过长,焊枪下垂角度不能太小,否则会引起咬边、焊缝中间堆得过高等缺陷。焊丝送进方向以操作者顺手为原则,其端部不能离开保护区
仰焊	仰焊的难度最大,对有色金属的焊接更加突出。焊枪角度与平焊相似,仅位置相反。焊接时电流应小些,焊接速度要快,这样才能获得良好的成形

为使氩气有效地保护焊接区,熄弧后须继续送气 3~5s,避免钨极和焊缝表面氧化。

第二节 操作技能

一、手动钨极氩弧焊

1. 基本操作方法

手工钨极焊氩弧焊的基本操作技术主要包括引弧、送丝、运丝和填丝、焊枪的移动、接头、收弧、左焊和右焊、定位焊等。

（1）引弧

手工钨极氩弧焊的引弧方法有高频或脉冲引弧和接触引弧两种，如图 5-4（a）、（b）所示。

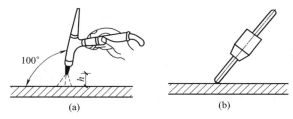

图 5-4 高频或脉冲法和接触法

① 高频或脉冲法 在焊接开始时，先在钨极与焊件之间保持 3～5mm 的距离，然后接通控制开关，在高压高频或高压脉冲的作用下，击穿间隙放电，使氩气电离而引燃电弧。能保证钨极端部完好，钨极损耗小，焊缝质量高。

② 接触法 焊前用引弧板、铜板或炭棒与钨极直接接触进行引弧。接触的瞬间产生很大的短路电流，钨极端部容易损坏，但焊接设备简单。

电弧引燃后，焊炬停留在引弧位置处不动，当获得一定大小不一、明亮清晰的熔池后，即可往熔池里填丝，开始焊接。

（2）送丝

手工钨极氩弧焊送丝方式可分为连续送丝、断续送丝两种，其说明见表 5-8。

（3）运弧和填丝

手工氩弧焊的运弧技术与电弧焊不同，与气焊的焊炬运动有点相似，但要严格得多。焊炬、焊丝和焊件相互间需保持一定的距离，如图 5-5 所示。焊件方向一般由右向左，环缝由下向上，焊炬以一定速度前移，其倾角与焊件表面呈 70°～85°，焊丝置于熔池前面或侧面与焊件表面呈 15°～20°。

表 5-8　手工钨极氩弧焊送丝方式

送丝方式	操　作　方　法
连续送丝	①如图 1(a)所示，用左手的拇指、食指捏住焊丝，并用中指和虎口配合托住焊丝。送丝时，拇指和食指伸直，即可将捏住的焊丝端头送进电弧加热区。然后，再借助中指和虎口托住焊丝，迅速弯曲拇指和食指向上倒换捏住焊丝的位置 ②如图 1(b)所示，用左手的拇指、食指和中指相互配合送丝。这种送丝方式一般比较平直，手臂动作不大，无名指和小指夹住焊丝，控制送丝的方向，等焊丝即将熔化完时，再向前移动 ③如图 1(c)所示，焊丝夹在左手大拇指的虎口处，前端夹持在中指和无名指之间，用大拇指来回反复均匀用力，推动焊丝向前送进熔池中，中指和无名指的作用是夹稳焊丝和控制及调节焊接方向 ④如图 1(d)所示，焊丝在拇指和中指、无名指中间，用拇指捻送焊丝向前连续送进 　　　　(a)　　　　　　(b)　　　　　(c)　　　　　(d) 　　　　　　　图 1　连续送丝方式
断续送丝	如图 2 所示，断续送丝时，送丝的末端始终处于氩气的保护区内，靠手臂和手腕的上、下反复动作，将焊丝端部熔滴一滴一滴地送入熔池内 　　　　　　图 2　断续送丝方式

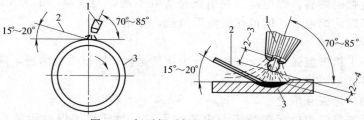

图 5-5　氩弧焊时焊炬与焊丝的位置

焊丝填入熔池的方法有以下几种：

① 焊丝作间歇性运动。填充焊丝送入电弧区，在熔池边缘熔化后，再将焊丝重复送入电弧区。

② 填充焊丝末端紧靠熔池的前缘连续送入，送丝速度必须与焊接速度相适应。

③ 焊丝紧靠坡口，焊炬运动，既熔化坡口又熔化焊丝。

④ 焊丝跟着焊炬作横向摆动。

⑤ 反面填丝或称内填丝，焊炬在外，填丝在里面。

为送丝方便，焊工应视野宽广，并防止喷嘴烧损，钨极应伸出喷嘴端面，焊铝、铜时为 2～3mm；管子打底焊时为 5～7mm；钨极端头与熔池表面距离 2～4mm。距离小，焊丝易碰到钨极。在焊接过程中，应小心操作，如操作不当，钨极与焊件或焊丝相碰时，熔池会被"炸开"，产生一阵烟雾，造成焊缝表面污染和夹钨现象，破坏了电弧的稳定燃烧。

（4）焊枪的移动

手工钨极氩弧焊焊枪的移动方式一般都是直线移动，也有个别情况下作小幅度横向摆动。焊枪的直线移动有匀速移动、直线断续移动和直线往复移动三种，如图 5-6 所示，其适用范围如下：

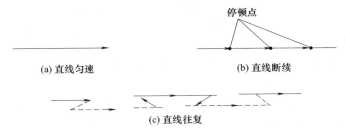

图 5-6 焊枪的移动方式

① 直线匀速 适合不锈钢、耐热钢、高温合金薄钢板焊接。

② 直线断续 适合中等厚度 3～6mm 材料的焊接。

③ 直线往复 主要用于铝及铝合金薄板材料的小电流焊接。

焊枪的横向摆动有圆弧之字形摆动、圆弧之字形侧移摆动和 r 形摆三种，如图 5-7 所示，其适用范围如下：

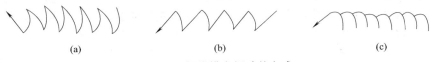

图 5-7 焊枪横向摆动的方式

① 圆弧之字形摆动　适合于大的 T 形角焊缝、厚板搭接角焊缝、Y 形及双 Y 形坡口的对接焊接、有特殊要求而加宽焊缝的焊接。

② 圆弧之字形侧移摆动　适合不平齐的角焊缝、端焊缝，不平齐的角接焊、端接焊。

③ r 形摆动　适合厚度相差悬殊的平面对接焊。

（5）接头

焊接时不可避免会有接头，在焊缝接头处引弧时，应把接头处做成斜坡形状，不能有影响电弧移动的盲区，以免影响接头的质量。重新引弧的位置为距焊缝熔孔前 10～15mm 处的焊缝斜坡上。起弧后，与焊缝重合 10～15mm，一般重叠处应减少焊丝或不加焊丝。

（6）收弧

焊接终止时要收弧，收弧不好会造成较大的弧坑或缩孔，甚至出现裂纹。常用的收弧方法有增加焊速法、焊缝增高法、电流衰减法和应用收弧板法，常用的收弧方法如下：

① 增加焊速法　焊炬前移速度在焊接终止时要逐渐加快，焊丝给进量逐渐减少，直至焊件不熔化时为止。焊缝从宽到窄，此法简易可行，效果良好，但焊工技术要较熟练才行。

② 焊缝增高法　与增加焊速法相反，焊接终止时，焊接速度减慢，焊炬向后倾斜角度加大，焊丝送进量增加，当熔池因温度过高，不能维持焊缝增高量时，可停弧再引弧，使熔池在不停止氩气保护的环境中，不断凝固、不断增高而填满弧坑。

③ 电流衰减法　焊接终止时，将焊接电流逐渐减小，从而使熔池逐渐缩小，达到与增加焊速法相似的效果。如用旋转式直流焊机，在焊接终止时，切断交流电动机的电源，直流发电机的旋转速度逐渐降低，焊接电流也跟着减弱，从而达到衰减的目的。

④ 应用收弧板法　将收弧熔池引到与焊件相连的另一块板上去。焊完后，将收弧板割掉。这种方法适用于平板的焊接。

（7）左焊法和右焊法

左焊法与右焊法，如图 5-8 所示。在焊接过程中，焊丝与焊枪由右端向左端移动，焊接电弧指向未焊部分，焊丝位于电弧运动的前方，称为左焊法。如在焊接过程中，焊丝与焊枪由左端向右施焊，焊接电弧指向已焊部分，填充焊丝位于电弧运动的后方，则称为右焊法。

① 左焊法的优缺点

a. 焊工视野不受阻碍，便于观察和控制熔池情况；

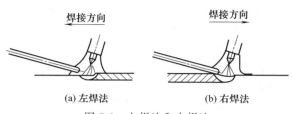

图 5-8　左焊法和右焊法

b. 焊接电弧指向未焊部分，既可对未焊部分起预热作用，又能减小熔深，有利于焊接薄件（特别是管子对接时的根部打底焊和焊易熔金属）；

c. 操作简单方便，初学者容易掌握；

d. 主要是焊大工件，特别是多层焊时，热量利用率低，因而影响提高熔敷效率。

② 右焊法的优缺点

a. 由于右焊法焊接电弧指向已凝固的焊缝金属，使熔池冷却缓慢，有利于改善焊缝金属组织，减少气孔、夹渣的可能性；

b. 由于电弧指向焊缝金属，因而提高了热利用率，在相同的热输入时，右焊法比左焊法熔深大，因而特别适合于焊接厚度较大、熔点较高的焊件；

c. 由于焊丝在熔池运动后方，影响焊工视线，不利于观察和控制熔池；

d. 无法在管道上（特别是小直径管）施焊；

e. 较难掌握。

（8）定位焊

为了防止焊接时工件受热膨胀引起变形，必须保证定位焊缝的距离，可按表 5-9 选择。定位焊缝将来是焊缝的一部分，必须焊牢，不允许有缺陷，如果该焊缝要求单面焊双面成形，则定位焊缝必须焊透。必须按正式的焊接工艺要求焊定位焊缝，如果正式焊缝要求预热、缓冷，则定位焊前也要预热，焊后要缓冷。

表 5-9　定位焊缝的间距　　　　　　　单位：mm

板厚	0.5～0.8	1～2	>2
定位焊缝的间距	约 20	50～100	约 200

定位焊缝不能太高，以免焊接到定位焊缝处接头困难，如果碰到这种情况，最好将定位焊缝磨低些，两端磨成斜坡，以便焊接时易于接

头。如果定位焊缝上发现裂纹、气孔等缺陷，应将该段定位焊缝打磨掉重焊，不允许用重熔的办法修补。

2. 各种位置焊接操作要领

（1）平敷焊焊接操作要领

平敷焊焊接操作要领见表 5-10。

表 5-10　平敷焊焊接操作要领

项目	操作要领
引弧	采用短路方法(接触法)引弧时，为避免打伤金属基体或产生夹钨，不应在焊件上直接引弧。可在引弧点近旁放一块紫铜板或石墨板，先在其上引弧，使钨极端头加热至一定温度后，立即转到待焊处引弧 短路引弧根据紫铜板安放位置的不同分为压缝式和错开式两种。压缝式就是紫铜板放在焊缝上；错开式就是紫铜板放在焊缝旁边。采用短路方法引弧时，钨极接触焊件的动作要轻而快，防止碰断钨极端头，或造成电弧不稳定而产生缺陷 这种方法的优点是焊接设备简单，但在钨极与紫铜板接触过程中会产生很大的短路电流，容易烧损钨极
收弧	焊接结束时，由于收弧的方法不正确，在收弧处容易产生弧坑和弧坑裂纹、气孔以及烧穿等缺陷。因此在焊后要将引出板切除 在使用没有引出板或没有电流自动衰减装置的氩弧焊机时，收弧时，不要突然拉断电弧，要往熔池里多加填充金属，填满弧坑，然后缓慢提起电弧。若还存在弧坑缺陷时，可重复收弧动作。为了确保焊缝收尾处的质量，可采取以下几种收弧方法 ①当焊接电源采用旋转式直流电焊机时，可切断带动直流电焊机的电动机电源，利用电动机的惯性达到衰减电流的目的 ②可用焊枪手把上的按钮断续送电的方法使弧坑填满，也可在焊机的焊接电流调节电位器上接出一个脚踏开关，当收弧时迅速断开开关，达到衰减电流的目的 ③当焊接电源采用交流电焊机时，可控制调节铁芯间隙的电动机，达到使电流衰减的目的
焊接操作	选用 60～80A 焊接电流，调整氩气流量。右手握焊枪，用食指和拇指夹住枪身前部，其余三指触及焊件作为支点，也可用其中两指或一指作为支点。要稍用力握住，这样能使焊接电弧稳定。左手持焊丝，严防焊丝与钨极接触，若焊丝与钨极接触，易产生飞溅、夹钨，影响气体保护效果，焊道成形差 为了使氩气能很好地保护熔池，应使焊枪的喷嘴与焊件表面成较大的夹角，一般为 80°左右，填充焊丝与焊件表面夹角为 10°左右为宜，在不妨碍视线的情况下，应尽量采用短弧焊以增强保护效果，如图 5-9 所示 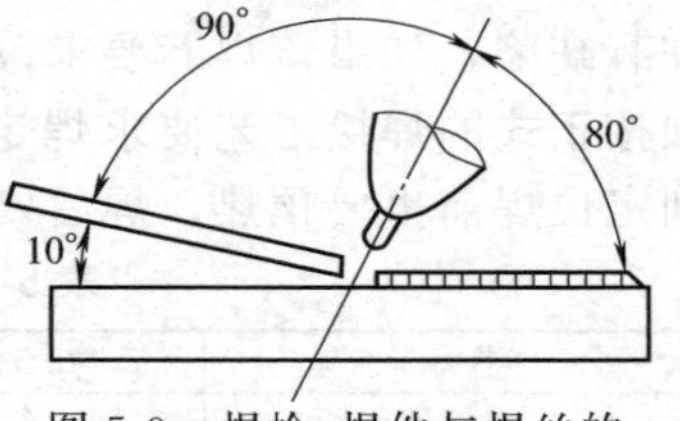 平敷焊时，普遍采用左焊法进行焊接。在焊接过程中，焊枪应保持均匀的直线运动，焊丝作往复运动。但应注意以下事项 ①观察熔池的大小 ②焊接速度和填充焊丝应根据具体情况密切配合好 图 5-9　焊枪、焊件与焊丝的相对位置

续表

项目	操 作 要 领

焊接操作	③应尽量减少接头
	④要计划好焊丝长度,尽量不要在焊接过程中更换焊丝,以减少停弧次数。若中途停顿后,再继焊时,要用电弧把原熔池的焊道金属重新熔化,形成新的熔池后再加焊丝,并与前焊道重叠 5mm 左右,在重叠处要少加焊丝,使接头处圆滑过渡
	⑤第一条焊道到焊件边缘终止后,再焊第二条焊道。焊道与焊道间距为 30mm 左右,每块焊件可焊三条焊道
	    在焊接铝板时,由于铝合金材料的表面覆盖着氧化铝薄膜,阻碍了焊缝金属的熔合,导致焊缝产生气孔、夹渣及未焊透等缺陷,恶化焊缝的成形。因而,必须严格清除焊接处和焊丝表面的氧化膜及油污等杂质。清理方法有化学清洗法和机械清理法两种,其适用场合如下
	    ①化学清洗法 除油污时用汽油、丙酮、四氯化碳等有机溶剂擦净铝表面。也可用配成的溶液来清洗铝表面的油污,然后将焊件或焊丝放在 60~70℃ 的热水中冲洗黏附在焊件表面的溶液,再在流动的冷水中洗干净;除氧化膜时,首先将焊件和焊丝放在碱性溶液中侵蚀,取出后用热水冲洗,随后将焊件和焊丝放在 30%~50% 的硝酸溶液中进行中和,最后将焊件和焊丝在流动的冷水中冲洗干净,并烘干;此方法适用于清洗焊丝及尺寸不大的成批焊件
	    ②机械清理法 在去除油污后,用钢丝刷将焊接区域表面刷净,也可用刮刀清除氧化膜,至露出金属光泽。一般用于尺寸较大、生产周期较长的焊件

(2) 平角焊焊接操作要领

平角焊焊接操作要领见表 5-11。

表 5-11 平角焊焊接操作要领

操作项目	图 示	操 作 要 领
定位焊	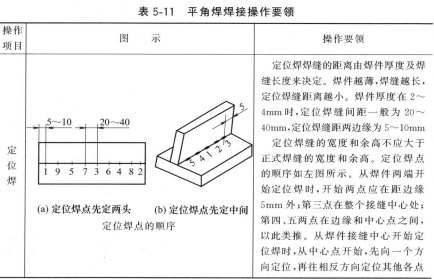 (a) 定位焊点先定两头 (b) 定位焊点先定中间 定位焊点的顺序	定位焊焊缝的距离由焊件厚度及焊缝长度来决定。焊件越薄,焊缝越长,定位焊缝距离越小。焊件厚度在 2~4mm 时,定位焊缝间距一般为 20~40mm,定位焊缝距两边缘为 5~10mm 定位焊缝的宽度和余高不应大于正式焊缝的宽度和余高。定位焊点的顺序如左图所示。从焊件两端开始定位焊时,开始两点应在距边缘 5mm 外;第三点在整个接缝中心处;第四、五两点在边缘和中心点之间,以此类推。从焊件接缝中心开始定位焊时,从中心点开始,先向一个方向定位,再往相反方向定位其他各点

操作项目	图　示	操作要领
校正	—	定位焊后再进行校正,它对焊接质量起着很重要的作用,是保证焊件尺寸、形状和间隙大小,以及防止烧穿的关键
焊接	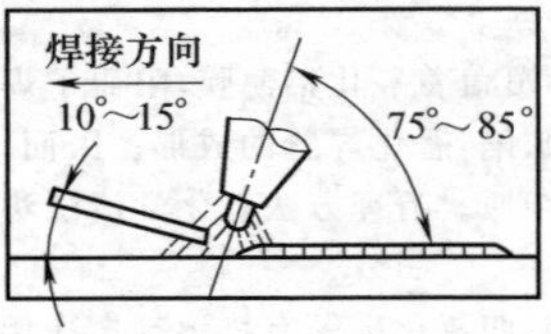 焊接方向 10°~15° 75°~85° (a) 水平面焊 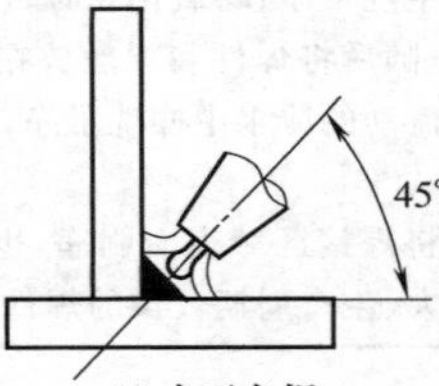 45°~60° (b) 内平角焊 平角焊时焊丝、焊枪与焊件的相对位置	用左焊法,焊丝、焊枪与焊件之间的相对位置如左图所示。进行内平角焊时,由于液体金属容易流向水平面,很容易使垂直面咬边。因此焊枪与水平板夹角应大些,一般为45°~60°。钨极端部偏向水平面上,使熔池温度均匀。焊丝与水平面为10°~15°的夹角。焊丝端部应偏向垂直板,若两焊件厚度不相同时,焊枪角度偏向厚板一边。在焊接过程中,要求焊枪运行平稳,送丝均匀,保持焊接电弧稳定燃烧,以保证焊接质量
船形角焊	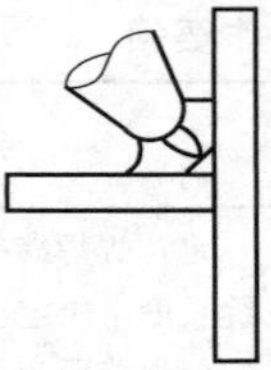	将T字接头或角接接头转动45°,使焊接成水平位置,称为船形焊接,如左图所示。船形焊可避免平角焊时液体金属流到水平表面,导致焊缝成形不良的缺陷。船形焊时对熔池保护性好,可采用大电流,使熔深增加,而且操作容易掌握,焊缝成形也好
外平角焊	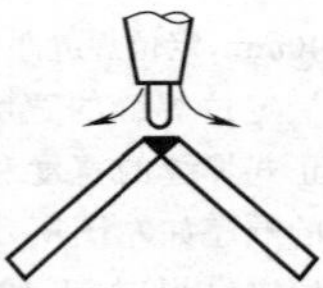 外平角焊 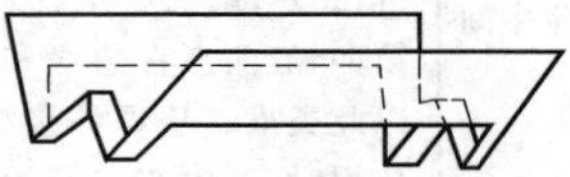 (a) W形挡板	外平角焊是在焊件的外角施焊,操作比内角焊方便。操作方法和平对接焊基本相同。焊接间隙越小越好,以避免烧穿,如左图所示。焊接时用左焊法,钨极对准焊缝中心线,焊枪均匀平稳地向前移动,焊丝断续地向熔池中填充金属 　如果发现熔池有下陷现象,而加速填充焊丝还不能解除下陷现象时,就要减小焊枪的倾斜角,并加快焊接速度。造成下陷或烧穿的原因主要是:

续表

操作项目	图　　示	操作要领
外平角焊	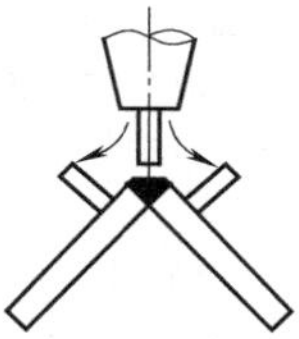 (b) 应用 W 形挡板的应用	电流过大;焊丝太细;局部间隙过大或焊接速度太慢等 　如发现焊缝两侧的金属温度低,焊件熔化不够时,就要减慢焊接速度,增大焊枪角度,直至达到正常焊接 　外平角焊保护性差,为了改善保护效果,可用 W 形挡板,如左图所示

（3）不锈钢薄板的焊接操作要领

不锈钢薄板的焊接操作要领见表 5-12。

表 5-12　不锈钢薄板的焊接操作要领

操作项目	操　作　要　领
矫平	先对焊件进行矫平。为了防止焊缝增碳、产生气孔、降低焊缝的耐腐蚀性,在焊件坡口两侧各 20～30mm 内,用汽油、丙酮,或用质量分数为 50%的浓碱水、体积分数为 15%的硝酸溶液擦洗焊件待焊处表面,将油、垢、漆等污物清理干净,然后用清水冲洗、擦干,严禁用砂轮打磨
技术要求	焊件装配技术要求如下 ①装配平整,单面焊双面成形 ②坡口为 I 形,预留 4°～5°的反变形角,根部间隙为 0～0.5mm,错边量≤0.3mm
定位焊	定位焊时,为了在焊接过程中减小变形、防止定位焊焊缝开裂,定位焊缝数量可以有 3 条,其位置在焊件的两端和中间各一个,其焊接参数见附表 附表　不锈钢薄板焊接参数 <table><tr><td>焊接层数</td><td>焊接电流/A</td><td>焊接速度/(mm/min)</td><td>氩气流量/(L/min)</td><td>钨极直径/mm</td><td>喷嘴直径/mm</td><td>钨极伸出长度/mm</td><td>喷嘴至焊件距离/mm</td></tr><tr><td>定位焊</td><td>65～85</td><td>80～120</td><td>4～6</td><td>2</td><td>10</td><td>5～7</td><td>≤12</td></tr><tr><td>焊全缝</td><td>65～80</td><td>80～120</td><td>4～6</td><td>2</td><td>10</td><td>5～7</td><td>≤12</td></tr></table>
正常焊接	不锈钢薄板 I 形坡口平对接手工钨极氩弧焊采用单面焊双面成形,一般使用短弧左焊法。首先在焊件右端的始焊端定位焊缝处起弧,焊枪不移动,也不加焊丝,对坡口根部进行预热,待焊缝端部及坡口根部熔化并形成一个熔池后,再添加焊丝。填丝时,保持焊丝送丝角度在 15°～20°,沿着坡口间隙尽量把焊丝端部送入坡口根部。此时,电弧沿坡口间隙深入根部并向左移动施焊。焊接过程中,焊枪、焊丝的角度要保持稳定,并随时注意观察熔池的变化,防止产生烧穿、塌陷、未焊透等缺陷

操作项目	操作要领
正常焊接	在焊丝用完或因其他原因而暂时停止焊接时,可以松开焊枪上的按钮开关停止送丝。然后,看焊枪上是否有电流衰减控制功能。当焊枪有电流衰减控制功能时,则仍保持喷嘴高度不变,待焊接电弧熄灭、熔池冷却后再移开焊枪和焊丝;若焊枪没有电流衰减控制功能时,将焊接电弧沿坡口左移后再抬高焊枪灭弧,防止弧坑焊道及焊丝端部高温氧化 焊接接头时,先将焊缝上的氧化膜打磨干净,然后将接头处的弧坑打磨成缓坡形,在弧坑处引弧、加热,使弧坑处焊道重新熔化,与熔池连成一体,然后再填焊丝,转入正常焊接 当焊接到焊缝的最左边(焊件焊缝的终点)时,首先减小焊枪的角度,将电弧的热量集中在焊丝上,使焊丝的熔化量加大,填满弧坑;然后切断电流开关,焊接电流开始衰减,熔池也在不断地缩小,同时应将焊丝抽离熔池,但又不能使焊丝脱离氩气保护区。在氩气延时 3～4s 后,再关闭气阀,移开焊枪和焊丝

二、自动钨极氩弧焊

图 5-10 为小车式自动钨极氩弧焊原理，焊接小车与埋弧焊小车相似，在生产中，为节省成本，也可通过将埋弧焊接小车改造成自动钨极氩弧焊设备使用。

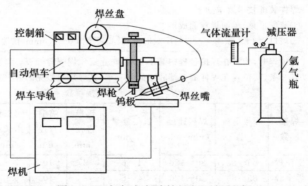

图 5-10　小车式自动钨极氩弧焊示意

根据钨极氩弧焊的特点，电极是不熔化的，所使用的电流密度不大，电弧具有下降并过渡到平直的外特性。因此，只需要一般陡降的外特性电源，便可以保证电弧燃烧和焊接规范的稳定。

焊枪在焊接电流 180A 以下可采用自然冷却，焊接电流在 180A 以上的必须用水冷却；同时，焊枪应要求接触和导电良好，保证有足够的

有效保护区域和气流挺度，焊枪上所有转动零件的同心度不应大于
0.2mm。如果焊接时需加填焊丝，送焊丝的焊丝嘴应随着焊丝直径的
不同而更换。如所使用的焊丝直径为 0.8mm、1mm、1.6mm 和 3mm，
则焊丝嘴的内径相应为 0.9mm、1.1mm、1.65mm 和 2.1mm 适宜。

1. 焊前准备

对于焊件焊前焊缝坡口准备及工件的清理工作与手工钨极氩弧焊相
同，可参考相应内容。但要注意的是，自动钨极氩弧焊对坡口组对的质
量要求高，组对后的错边量越小越好。允许的局部间隙和错边量见表
5-13。如果对接间隙超过表 5-13 所允许的数值，在焊接时容易出现
烧穿。

表 5-13 自动钨极氩弧焊允许的局部间隙与错边量

焊接方式	线材厚度/mm	允许的局部间隙/mm	允许的错边量/mm
不加填焊丝	0.8～1	0.15	0.15
	1～1.5	0.2	0.2
	1.5～2	0.3	0.2
加填焊丝	0.8～1	0.2	0.15
	1～1.5	0.25	0.2
	1.5～2	0.3	0.2

2. 焊接规范的影响

焊接规范参数是控制焊缝尺寸的重要因素。不加填焊丝的自动钨极
氩弧焊的焊缝形状如图 5-11 所示。

要想获得理想的焊缝形状和优质
的焊接接头，除了使用正确的焊接技
术外，还必须选择合适的焊接规范。
影响焊缝尺寸的焊接规范参数有焊接
电流、焊接速度和电弧长度，此外，
钨极直径和对接间隙也有一定的
影响。

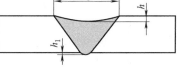

图 5-11 自动钨极氩弧焊
（不加填焊丝）的焊缝形状
c—焊缝宽度；h—凹陷量；
h_1—背部焊透高度

焊接电流 I、电弧长度 L 和焊接速度 v 对焊缝形状及尺寸的影响如
图 5-12 所示。

从图 5-12 中可以看到，随着焊接电流的增加，焊缝形状尺寸相应
地增加；相反，随着焊接电流的减小，焊缝形状尺寸也相应减小，如图
5-12（a）所示。随着电弧长度增加，焊缝宽度稍有增加，而凹陷量和
焊透高度稍有减小；反之，随着电弧长度的减小，焊缝宽度稍有减小，

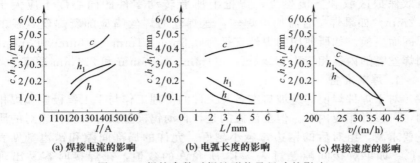

图 5-12　焊接参数对焊缝形状及尺寸的影响

而凹陷量和焊透高度稍有增加，如图 5-12（b）所示。随着焊接速度的增加，焊缝形状尺寸相应地减小；反之，随着焊接速度的减小，焊缝形状尺寸相应地增加，如图 5-12（c）所示。

3. 自动钨极氩弧焊焊接操作

自动钨极氩弧焊的操作技术比手工钨极氩弧焊要容易掌握，但同样需要经过培训才能熟练掌握。其焊接操作技能如下：

① 焊件可用加填焊丝或不加填焊丝的手工钨极氩弧焊进行定位焊，定位焊合格后，要将定位焊点与基本金属打磨齐平后再进行焊接。如果将焊件在焊接夹具上固定后进行焊接，则可不用进行定位焊。

② 焊接前，应使钨极中心对准焊件的对接缝，其偏差不得超过±0.2mm。钨极伸出喷嘴的长度应在 5～8mm，即喷嘴到焊件间的距离应在 7～10mm，钨极端头到焊件间的距离，即电弧长度应在 0.8～3mm。其中，对于不加填焊丝的自动钨极氩弧焊，弧长最好在 0.8～2mm；对于加填焊丝的自动钨极氩弧焊，弧长最好在 2.5～3mm。

③ 引弧前要先送氩气，以吹净焊枪和管路中的空气，并调整好所需要的氩气流量，然后按下"启动"按钮，使焊接电源与自动焊车电源接通。采用高频引弧时，可用高频振荡器引弧，但电弧引燃后，应立即切断振荡器电源，也可采用接触法引弧，用炭棒轻轻触及钨极，使钨极与引弧板短路而引燃电弧。

④ 停止焊接时，按"停止"按钮，切断焊接电源与自动焊车电源。电弧熄灭后，再停止送氩气，以防止钨极被氧化。

⑤ 为了消除直焊缝的起始端和末端的烧缺，应在焊缝的起始端和末端加装引弧板和引出板（熄弧板），引弧板和引出板与焊件材料相同，厚度相同，尺寸约为 30mm×40mm，并在引弧板和引出板上进行引弧

和熄弧的操作。

⑥ 焊接需要保护焊缝背面不氧化的材料（如奥氏体不锈钢）时，应在焊缝背面垫上带沟槽的铜垫板，也可焊接时在焊缝背面通氩气，其流量为焊接时保护气体流量的 30%～50%。铜垫板的沟槽尺寸见表 5-14。

表 5-14　铜垫板的沟槽尺寸

图　　示	线材厚度 /mm	铜垫板沟槽尺寸	
		宽度 a/mm	深度 b/mm
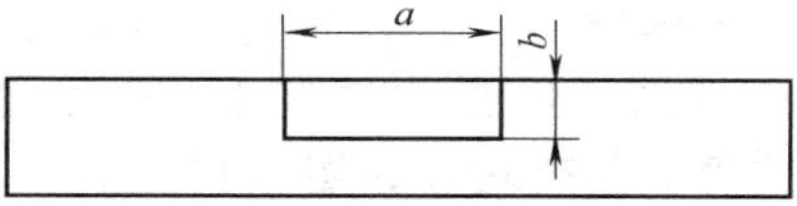 	0.8～1.5	2～4	0.5
	1.5～3	3～6	0.8

⑦ 当自动钨极氩弧焊需加填焊丝时，焊丝表面应清理干净，焊丝应有条理地盘绕在焊丝盘内，并应均匀送进，不应有打滑现象。焊丝伸出焊丝嘴的长度应在 10～15mm，焊丝与钨极的夹角应保持在 85°～90°，焊丝与焊件水平方向的夹角保持在 5°～10°，钨极与焊件水平方向的夹角保持在 80°～85°。钨极自动氩弧焊时焊丝、焊件与钨极的位置如图 5-13 所示。

图 5-13　钨极自动氩弧焊时焊丝、焊件与钨极的位置

⑧ 自动钨极氩弧焊焊接环缝前，焊件必须进行对称定位焊，定位焊点要求熔透均匀。正式焊接前，必须掌握好焊枪与环缝焊件中心之间的偏移角度，其角度的大小主要与焊接电流、焊件转动速度及焊件直径等参数有关。偏移一定的角度便于送丝和保证焊缝的良好成形。在引弧后，应逐渐增加焊接电流到正常值，同时输送焊丝，进行正常焊接。在焊接收尾时，应使焊缝重叠 25～40mm 的长度。重叠开始后，降低送丝速度，同时，衰减焊接电流到一定数值后，再停止送丝切断电源，以防止在收弧时产生弧坑缩孔和裂纹等缺陷。自动钨极氩弧焊焊接环缝示意如图 5-14 所示。

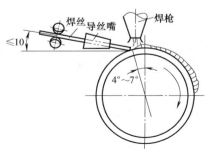

图 5-14　自动钨极氩弧焊焊接环缝示意

三、熔化极氩弧焊

1. 熔化极氩弧焊的特点及焊前准备

（1）熔化极氩弧焊的特点

钨极氩弧焊时，为防止钨极的熔化与烧损，焊接电流不能太大，所以焊缝的熔深受到限制。当焊件厚度在6mm以上时，就要开坡口采取多层焊，故生产效率不高。而熔化极氩弧焊由于电极是焊丝，焊接电流可大大增加且热量集中，利用率高，所以可以用于焊接厚板焊件，并且容易实现自动化。在焊接过程中，通常电弧非常集中，焊缝截面具有较大熔深的蘑菇状，如图5-15所示。

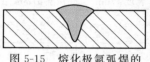

图 5-15　熔化极氩弧焊的
焊缝截面

（2）焊前准备

① 坡口形式　熔化极氩弧焊的坡口形式详见 GB/T 985.1—2008《气焊、焊条电弧焊、气体保护焊和高能束焊的推荐坡口》。

② 焊前清理　焊丝、焊件被油、锈、水、尘污染后会造成焊接过程不稳定、焊接质量下降、焊缝成形变形、气孔、夹渣等缺陷。为此，焊前应将焊丝、焊缝接口及其20mm之内的近缝区，严格地去除金属表面的氧化膜、油脂和水分等脏物，清理方法因材质不同而有所差异。

焊前清理包括脱脂清理、化学清理、机械清理和化学机械清理4种。

2. 熔化极混合气体保护的气体选择

熔化极混合气体保护的气体选择见表5-15。

表 5-15　熔化极混合气体保护的气体选择

保护气体	说　明
碳 钢 及 低 合 金 钢	
氩＋15%～20%二氧化碳	既能实现频率稳定的熔滴过渡，也能实现稳定的无飞溅喷射和脉冲射流过渡。焊缝成形比纯氩或纯二氧化碳好。可焊接细晶结构钢，焊缝力学性能良好
氩＋10%二氧化碳	适合于镀锌铁板的焊接，焊渣极少
氩＋1%～2%氧	可降低焊缝金属含氢量，提高低合金高强钢焊缝韧性
氩＋5%二氧化碳＋2%氧	可实现喷射和脉冲射流过渡
氩＋5%二氧化碳＋6%氧	可用于各种板厚的射流或短路焊接，特别适合薄板焊接，速度高，间隙搭桥性好，飞溅极少。可焊接细晶钢、锅炉钢、船用钢及某些高强钢等
氩＋15%二氧化碳＋5%氧	与上述相似，但熔深大，焊缝成形良好
氩＋5%～15%氧	增加熔深，提高生产率，含氢量低于二氧化碳

保护气体	说　明
不　锈　钢	
氩＋1%～5%氧	用于喷射及脉冲氩弧焊,可改善熔滴过渡,增大熔深,减少飞溅,消除气孔,焊脚整齐
氩＋2%氧＋5%二氧化碳	可改善短路或脉冲焊的熔滴过渡,但焊缝可能有少量增碳现象
铝　及　铝　合　金	
氩＋1%～3%二氧化碳	可简化焊丝和焊件表面清理,能获得无气孔、强度及塑性好的焊缝。焊缝外观较平滑
氩＋0.2%氮	特别有利于消除气孔
氩＋氦	含氦量小于或等于10%,可提高热输入量,宜用于厚板焊接;含氦量大于10%,产生过多飞溅
铜　及　铜　合　金	
氩＋20%氦	可提高热功率,降低焊件预热温度,但飞溅较大
钛、锆　及　其　合　金	
氩＋25%氦	可提高热输入量,使焊缝金属润滑性改善,适用于平位射流过渡焊、全位置脉冲及短路过渡氩弧焊
镍　基　合　金	
氩＋15%～22%氦	可提高热输入量,改善熔滴特性,同时消除熔融不良现象

3. 熔化极氩弧焊焊接规范选择

熔化极氩弧焊主要的焊接参数有焊丝直径、电弧电压、焊接电流、焊接速度、喷嘴孔径、焊丝伸出长度和氩气流量等。

（1）焊丝直径

焊丝直径根据工件的厚度、施焊位置来选择,薄板焊接和空间位置的焊接通常采用细丝（直径≤1.6mm）;平焊位置的中等厚度板和大厚度板焊接通常采用粗丝。在平焊位置焊接大厚度板时,最好采用直径为3.2～5.6mm的焊丝,利用该范围内的焊丝时焊接电流可用到500～1000A,这种粗丝大电流焊的优点是熔透能力大、焊道层数少、焊接生产率高、焊接变形小。焊丝直径的选择见表5-16。

表 5-16　焊丝直径的选择

焊丝直径/mm	工件厚度/mm	施焊位置	熔滴过渡形式
0.8	1～3	全位置	短路过渡
1.0	1～6	全位置、单面焊	
1.2	2～12	双面成形	短路过渡
	中等厚度、大厚度	打底	
1.6	6～25	平焊、横焊或立焊	射流过渡
	中等厚度、大厚度		
2.0	中等厚度、大厚度		

（2）过渡形式

焊丝直径一定时，焊接电流的选择与熔滴过渡类型有关。电流较小时，为细颗粒（滴状）过渡，若电弧电压较低，则为短路过渡；当电流达到临界电流值时，为喷射过渡。MIG 焊喷射过渡的临界电流范围见表 5-17。

表 5-17　MIG 焊喷射过渡的临界电流范围

焊丝材料	焊丝直径/mm			
	1.2	1.6	2	2.5
	电流范围/A			
铝合金	$\dfrac{95\sim105}{220\sim230}$	$\dfrac{120\sim140}{300\sim350}$	$\dfrac{135\sim160}{360\sim370}$	$\dfrac{190\sim220}{400\sim420}$
铜	$\dfrac{120\sim140}{320\sim340}$	$\dfrac{150\sim170}{370\sim380}$	$\dfrac{180\sim210}{410\sim420}$	$\dfrac{230\sim260}{460\sim490}$
不锈钢(18−8Ti)	$\dfrac{190\sim210}{310\sim330}$	$\dfrac{220\sim240}{450\sim460}$	$\dfrac{260\sim280}{500\sim550}$	$\dfrac{320\sim330}{560\sim600}$
碳钢	$\dfrac{230\sim250}{320\sim330}$	$\dfrac{260\sim280}{490\sim500}$	$\dfrac{300\sim320}{550\sim560}$	$\dfrac{350\sim370}{600\sim620}$

注：表中分子为临界值，分母为最大值。

（3）电弧电压

对应于一定的临界电流值，都有一个最低的电弧电压值与之相匹配。电弧电压低于这个值，即使电流比临界电流大很多，也得不到稳定的喷射过渡。最低的电弧电压（电弧长度）根据焊丝直径来选定，其关系式为：

$$L = Ad$$

式中　L——弧长，mm；

　　　d——焊丝直径，mm；

　　　A——系数（纯氩，直流反接，焊接不锈钢时取 2~3）。

常用金属材料熔化极气体保护焊的电弧电压见表 5-18。

（4）焊接电流与极性

由于短路过渡和粗滴过渡存在飞溅严重、电弧复燃困难及焊接质量差等问题，生产中一般不采用，而采用喷射过渡的形式。熔化极氩弧焊时，当焊接电流增大到一定数值，熔滴的过渡形式会发生一个突变，即由原来的粗滴过渡转化为喷射过渡，这个发生转变的焊接电流值称为"临界电流"。不同直径和不同成分的焊丝，具有不同的临界电流值，见表 5-19。低碳钢熔化极氩弧焊的典型焊接电流见表 5-20。

表 5-18　常用金属材料熔化极气体保护焊的电弧电压　单位：V

母材材质	自由过渡(ϕ1.6mm 焊丝)					短路过渡(ϕ0.9mm 焊丝)			
	CO_2	Ar+[O_2]1%～5%	[Ar]25%+[He]75%	Ar	He	CO_2	[Ar]75%+[CO_2]25%	Ar+[O_2]1%～5%	Ar
碳钢	30	28	—	—	—	20	19	18	17
低合金钢									
不锈钢		26		24			21	19	18
镍									
镍-铜合金		—	28	26	30				22
镍-铬-铁合金									
硅青铜		28							
铝青铜	—		30	28	32	—			23
磷青铜		23							
铜			33	30	36				24
铜-镍合金			30	28	32			22	23
铝			29	25	30				19
镁			28	26	—				16

注：表中气体所占比值为体积分数。

表 5-19　不锈钢焊丝的临界电流值

焊丝直径/mm	0.8	1	1.2	1.6	2	2.5	3
临界电流/A	160	180	210	240	280	300	350

表 5-20　低碳钢熔化极氩弧焊的典型焊接电流

焊丝直径/mm	焊接电流/A	熔滴过渡方式	焊丝直径/mm	焊接电流/A	熔滴过渡方式
1.0	40～150	短路过渡	1.6	270～500	射流过渡
1.2	80～180		1.2	80～220	
1.2	220～350	射流过渡	1.6	100～270	脉冲射流过渡

　　焊接电流增加时，熔滴尺寸减小，过渡频率增加。因此焊接时，焊接电流不应小于临界电流值，以获得喷射过渡的形式，但当电流太大时，熔滴过渡会变成不稳定的非轴向喷射过渡，同样飞溅增加，因此不能无限制地增加电流值。另外，直流反接时，只要焊接电流大于临界电流值，就会出现喷射过渡，直流正接时却很难出现喷射过渡，故生产上都采用直流反接。

　　（5）焊接速度
　　焊接速度是重要焊接参数之一。焊接速度与焊接电流适当配合才能得到得良好的焊缝成形。在热输入不变的条件下，焊接速度过大，熔宽、熔深减小，甚至产生咬边、未熔合、未焊透等缺陷。如果焊接速度过慢，不但直接影响了生产率，而且还可能导致烧穿、焊接变形过大等缺陷。

自动熔化极氩弧焊的焊接速度一般为 25～150m/h；半自动熔化极氩弧焊的焊接速度一般为 5～60m/h。

（6）焊丝伸出长度

焊丝伸出长度增加可增强其电阻热作用，使焊丝熔化速度加快，可获得稳定的射流过渡，并降低临界电流。

一般焊丝伸出长度为 13～25mm，视焊丝直径等条件而定。

（7）喷嘴直径及气体流量

熔化极氩弧焊对熔池的保护要求较高，如果保护不良，焊缝表面便起皱皮，所以熔化极氩弧焊的喷嘴直径及气体流量比钨极氩弧焊都要相应地增大，保护气体的流量一般根据电流大小、喷嘴直径及接头形式来选择。对于一定直径的喷嘴，有一最佳的流量范围，流量过大则易产生紊乱；流量过小则气流的挺度差，保护效果不好。通常喷嘴直径为 20mm 左右，气体流量为 10～60L/min，喷嘴至焊件距离为 8～15mm。氩气流量则在 30～60L/min 之间。

气体流量最佳范围通常需要利用实验来确定，保护效果与焊缝表面颜色间的关系见表 5-21。

表 5-21　保护效果与焊缝表面颜色间的关系

母材	最好	良好	较好	不良	最差
不锈钢	金黄色或银色	蓝色	红灰色	灰色	黑色
钛及钛合金	亮银白色	橙黄色	蓝紫色	青灰色	白色氧化钛粉末
铝及铝合金	银白色有光亮	白色（无光）	灰白色	灰色	黑色
紫铜	金黄色	黄色	—	灰黄色	灰黑色
低碳钢	灰白色有光亮	灰色	—	—	灰黑色

（8）喷嘴工件的距离

喷嘴高度应根据电流的大小选择，该距离过大时，保护效果变差；过小时，飞溅颗粒堵塞喷嘴，且阻挡焊工的视线。喷嘴高度推荐值见表 5-22。

表 5-22　喷嘴高度推荐值

电流大小/A	<200	200～250	250～500
喷嘴高度/mm	10～15	15～20	20～25

（9）焊丝位置

焊丝与工件间的夹角角度影响焊接热输入，从而影响熔深及熔宽。

① 行走角　在焊丝轴线与焊缝轴线所确定的平面内，焊丝轴线与焊缝轴线的垂线之间的夹角称为行走角。

② 工作角　焊丝轴线与工件法线之间的夹角称为工作角。

4. 自动熔化极氩弧焊操作要点

平焊位置的长焊缝或环形焊缝的焊接一般采用自动熔化极氩弧焊，但对焊接参数及装配精度都要求较高。

自动熔化极氩弧焊操作要点说明见表 5-23。

表 5-23　自动熔化极氩弧焊操作要点说明

焊接形式	说　明
板对接平焊	焊缝两端加接引弧板与引出板，坡口角度为 60°，钝边为 0～3mm，间隙为 0～2mm，单面焊双面成形。用垫板保证焊缝的均匀焊透，垫板分为永久型垫板和临时性铜垫板两种
环焊缝	环焊缝自动熔化极氩弧焊有两种方法，一种是焊炬固定不动而工件旋转，另一种是焊炬旋转而工件不动。焊前各种焊接参数必须调节恰当，符合要求后即可开机进行焊接 ①焊炬固定不动　焊炬固定在工件的中心垂直位置，采用细焊丝，在引弧处先用手工钨极氩弧焊不加焊丝焊接 15～30mm，并保证焊透，然后在该段焊缝上引弧进行熔化极氩弧焊。焊炬固定在工件中心水平位置，为了减少熔池金属流动，焊丝必须对准焊接熔池，其特点是焊缝质量高，能保证接头根部焊透，但余高较大 ②焊炬旋转工件固定　在大型焊件无法使工件旋转的情况下选用。工件不动，焊炬沿导轨在环行工件上连续回转进行焊接。导轨要固定，安装正确，焊接参数应随焊炬所处的空间位置进行调整。定位焊位置处于水平中心线和垂直中心线上，对称焊 4 点

5. 半自动熔化极氩弧焊操作要点

半自动熔化极氩弧焊操作要点说明见表 5-24。

表 5-24　半自动熔化极氩弧焊操作要点说明

焊接形式	说　明
引弧	常用短路引弧法。引弧前应先剪去焊丝端头的球形部分，否则，易造成引弧处焊缝缺陷。引弧前焊丝端应与工件保持 2～3mm 的距离。引弧时焊丝与工件接触不良或接触太紧，都会造成焊丝成段爆断。焊丝伸出导电嘴的长度：细焊丝为 8～14mm，粗焊丝为 10～20mm
引弧板	为了消除在引弧端部产生的飞溅、烧穿、气孔及未焊透等缺陷，要求在引弧板上引弧，如不采用引弧板而直接在工件上引弧时，应先在离焊缝处 5～10mm 的坡口上引弧，然后再将电弧移至起焊处，待金属熔池形成后再正常向前焊接
定位焊	采用大电流、快速送丝、短时间的焊接参数进行定位焊，定位焊缝的长度、间距应根据工件结构截面形状和厚度来确定

续表

焊接形式	说　明
左焊法和右焊法	根据焊炬的移动方向,熔化极气体保护焊可分为左焊法和右焊法两种。焊炬从右向左移动,电弧指向待焊部分的操作方法称为左焊法。焊炬从左向右移动,电弧指向已焊部分的操作方法称为右焊法。左焊法时熔深较浅,熔宽较大,余高较小,焊缝成形好;而右焊法时焊缝深而窄,焊缝成形不良。因此一般情况下采用左焊法。用右焊法进行平焊位置的焊接时,行走角一般保持在5°~10°
焊炬的倾角	焊炬在施焊时的倾斜角对焊缝成形有一定的影响。半自动熔化极氩弧焊时,左焊法和右焊法时的焊炬角度及相应的焊缝成形情况如图5-16所示。不同焊接接头左焊法和右焊法的比较见表5-25

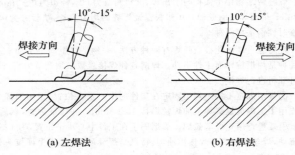

(a) 左焊法　　　　　　　　(b) 右焊法

图 5-16　左焊法和右焊法

表 5-25　不同焊接接头左焊法和右焊法的比较

接头形式	左焊法	右焊法
薄板焊接 ($0.8\sim4.5$, $G\geqslant0$)	可得到稳定的背面成形,焊道宽而余高小;G 较大时采用摆动法易于观察焊接线	易烧穿;不易得到稳定的背面焊道;焊道高而窄;G 大时不易焊接
中厚板的背面成形焊接 (G, R, $G\geqslant0$)	可得到稳定的背面成形,G 大时作摆动,根部能焊得好	易烧穿;不易得到稳定的背面焊道;G 大时最易烧穿
船形焊脚尺寸达10mm以下	余高呈凹形,熔化金属向焊枪前流动,焊趾处易形成咬边;根部熔深浅(易造成未焊透);摆动易造成咬边,焊脚过大时难焊	余高平滑;不易发生咬边;根部熔深大;易看到余高,焊缝宽度、余高均容易控制

接头形式	左焊法	右焊法
 水平角焊缝焊接 **焊脚尺寸8mm以下**	易于看到焊接线而能正确地瞄准焊缝；周围易附着细小的飞溅物	不易看到焊接线，但可看到余高；余高呈圆弧状；基本上无飞溅；根部熔深大
水平横焊	容易看清焊接线；焊缝较大时也能防止烧穿；焊道齐整	熔深大、易烧穿；焊道成形不良、窄而高；飞溅少；焊道宽度和余高不易控制；易生成焊瘤
高速焊接 （平、立、横焊等）	可通过调整焊枪角度来防止飞溅	易产生咬边，且易呈沟状连续咬边；焊道窄而高

6. 不同位置熔化极氩弧焊操作要点

不同位置熔化极氩弧焊操作要点说明见表 5-26。

表 5-26 不同位置熔化极氩弧焊操作要点说明

焊接形式	说　　明
板对接平焊	右焊法时电极与焊接方向夹角为 70°～88°，与两侧表面成 90°的夹角，焊接电弧指向焊缝，对焊缝起激冷作用。左焊法时电极与焊接方向的反方向夹角为 70°～85°，与两侧表面成 90°夹角，电弧指向未焊金属，有预热作用，焊道窄而熔深小，熔融金属容易向前流动。左焊法焊接时，便于观察焊接轴线和焊缝成形。焊接薄板短焊缝时，电弧直线移动，焊长焊缝时，电弧斜锯齿形横向摆动幅度不能太大，以免产生气孔。焊接厚板时，电弧可作锯齿形或圆形摆动
T 字接头平角焊	采用长弧焊右焊法时，电极与垂直板夹角为 30°～50°，与焊接方向夹角为 65°～80°，焊丝轴线对准水平板处距垂直立板根部为 1～2mm。采用短弧焊时，电极与垂直立板成 45°，焊丝轴线直接对准垂直立板根部，焊接不等厚度时电弧偏向厚板一侧
搭接平角焊	上板为薄板的搭接接头，电极与厚板夹角为 45°～50°，与焊接方向夹角为 60°～80°，焊丝轴线对准上板的上边缘。上板为厚板的搭接接头，电极与下板成 45°的夹角，焊丝轴线对准焊缝的根部
板对接的立焊	采用自下而上的焊接方法，焊接熔深大，余高较大，用三角形摆动电弧适用于中、厚板的焊接。自上而下的焊接方法，熔池金属不易下坠，焊缝成形美观，适用于薄板焊接

四、薄板的氩弧焊

1. 焊前准备

薄板水平对接采用钨极氩弧焊时，通常采用 V 形坡口，其坡口形式如图 5-17 所示。焊前要清除焊丝和坡口表面及其正反两侧 20mm 范围的油污、水锈等污物，同时，坡口表面及其正反 20mm 范围还需打磨至露出金属光泽，然后再用丙酮进行清洗。定位焊在焊件反面进行，焊点个数根据具体情况确定，定位焊缝长度一般为 10～15mm。焊接时，将装配好的焊件上间隙大的一端处于左侧，并在焊件的右端开始引弧。引弧用较长的电弧（弧长为 4～7mm），使坡口处预热 4～5s，当定位焊缝左端形成熔池，并出现熔孔后开始送丝。焊丝、焊枪与焊件的角度如图 5-18 所示，其中钨极伸出长度为 3～5mm。

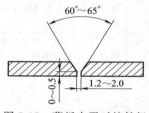

图 5-17　薄板水平对接钨极
氩弧焊的坡口

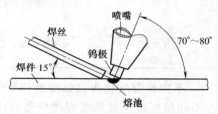

图 5-18　焊丝、焊枪与焊件的角度

2. 打底焊

打底焊要采用较小的焊枪倾角和较小的焊接电流，而焊接速度和送丝速度较快，以免使焊缝下凹和烧穿，焊丝送入要均匀，焊枪移动要平稳，速度要一致，焊接时要密切注意焊接熔池的变化。随时调节有关参数，保证背面焊缝良好成形。当熔池增大焊缝变宽并出现下凹时，说明熔池温度过高，应减小焊枪与焊件夹角，加快焊接速度；当熔池减小时，说明熔池温度较低，应增加焊枪与焊件的倾角，减慢焊接速度。

更换焊丝时，松开焊枪上的按钮，停止送丝，借助焊机的焊接电流衰减熄弧，但焊枪仍需对准熔池进行保护，待其冷却后才能移开焊枪。然后检查接头处弧坑质量，若有缺陷时，则须将缺陷磨掉，并使其前端成斜面，然后在弧坑右侧 15～20mm 处引弧，并慢慢向左移动，待弧坑处开始熔化并形成熔池和熔孔后，开始送进焊丝进行正常焊接。

当焊到焊件左端时，应减小焊枪与焊件夹角，使热量集中在焊丝上，加大焊丝熔化量，以填满弧坑，松开焊枪按钮，借助焊机的焊接电流衰减熄弧。

3. 填充焊

填充层焊接时，其操作与焊打底层相同。焊接时焊枪可作适当的横向摆动，并在坡口两侧稍作停留。在焊件右端开始焊接，注意熔池两侧熔合情况，保证焊道表面平整并且稍下凹，填充层的焊道焊完后应比焊件表面低1～1.5mm，以免坡口边缘熔化，导致盖面焊产生咬边或焊偏现象。焊完后须清理干净焊道表面。

4. 盖面焊

盖面焊时，在焊件右端开始焊接，操作与填充层相同。焊枪摆动幅度应超过坡口边缘1～1.5mm，并尽可能保持焊接速度均匀，熄弧时要填满弧坑。

焊后用钢丝刷清理焊缝表面，观察焊缝表面有无各种缺陷，如有缺陷，要进行打磨修补。表5-27为板厚6mm时的焊接规范。

表 5-27　薄板水平对接钨极氩弧焊的焊接规范（板厚6mm）

焊接步骤	氩气流量/(L/min)	喷嘴直径/mm	焊丝直径/mm	焊接电流/A	电弧电压/V	伸出长度/mm
打底焊	7～9	8～12	2.0	70～100	9～12	4～5
填充焊	7～9	8～12	2.0	90～110	10～13	4～5
盖面焊	7～9	8～12	2.0	100～120	11～14	4～5

五、管板氩弧焊

以插入式管极的氩弧焊为例，插入式管板的形式如图5-19所示。装配前要清除管子待焊处和钢板孔壁及其周围20mm范围内的水锈、油污等污物，并打磨至露出金属光泽，然后将露出金属光泽处及焊丝用丙酮清洗干净。

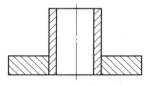

图 5-19　钨极氩弧焊插入式管板的形式

通常，插入式管板钨极氩弧焊的定位焊只需定位焊一处即可，定位焊缝长度为10～15mm，要求焊透并不能有各种缺陷。焊接时，在定位焊缝相对应的位置引弧，焊枪稍作摆动，待焊脚的根部两侧均匀熔化并形成熔池后，开始送进焊丝。采用左焊法，即从右向左沿管子外圆焊接。插入式管板钨板氩弧焊的焊枪角度如图5-20所示。

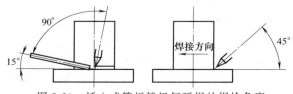

图 5-20　插入式管板钨极氩弧焊的焊枪角度

在焊接过程中，电弧以焊脚根部为中心线作横向摆动，幅度要适当，当管子和孔板熔化的宽度基本相同时，焊脚才能对称。通常，板的壁厚比管子的壁厚要大，这时为防止咬边，电弧应稍偏离管壁，并从熔池上方填加焊丝，使电弧热量偏向孔板。

当更换焊丝时，松开焊枪上的按钮，停止送丝，借助焊机的焊接电流衰减熄弧，但焊枪仍需对准熔池进行保护，待其冷却后才能移开焊枪。检查接头处弧坑质量，若有缺陷时，则须将缺陷磨掉，并使其前端成斜面，然后在弧坑右侧 15～20mm 处引弧，并将电弧迅速左移到收弧处，先不加填充焊丝，当待焊处开始熔化并形成熔池后，开始送进焊丝进行正常焊接。当一圈焊缝快结束时，停止送丝，等到原来的焊缝金属熔化与熔池连成一体后再加焊丝，填满熔池后松开焊枪上的按钮，利用焊机的焊接电流衰减熄弧。

焊后先用钢丝刷清理焊缝表面，然后目测或用放大镜观察焊缝表面，不能有裂纹、气孔、咬边等缺陷，如有要打磨修理或修补。插入式管板钨极氩弧焊的参考焊接规范见表 5-28。

表 5-28 插入式管板钨极氩弧焊的参考焊接规范

管子规格 /mm	电极规格	板厚 /mm	焊丝直径 /mm	氩气流量 /(L/min)	伸出长度 /mm	焊接电流 /A	电弧电压 /V
$\phi50\times6$	12	铈钨极 $\phi2.5$	2.0	6～8	3～4	70～100	11～13

六、管道氩弧焊

1. 小直径管的钨极氩弧焊

小直径管子的钨极氩弧焊通常采用单面焊双面成形的工艺。为了使电弧燃烧稳定，钨极一般磨成圆锥形。坡口一般采用 V 形坡口，管子组对示意如图 5-21 所示。装配时，要清除管子坡口及其端部内外表面 20mm 范围内的水锈、油污等污物，该范围内打磨至露出金属光泽并用丙酮清洗，焊丝同样用丙酮清洗。定位焊在组对合格后进行，一般定位焊接 1～2 点即可，焊缝长度为 10～15mm，要保证定位焊焊透且无任何缺陷。为提高效率，焊接时通常要借助滚轮架使管子转动。焊接时，将装配好的焊件装夹在滚轮架上，使定位焊缝处于 6 点钟的位置。在12 点钟处引弧，管子不转动也不填加焊丝，待管子坡口处开始熔化并形成熔池和熔孔后开始转动管子，并填加焊丝。焊枪、焊丝与管子的角度如图 5-22 所示。

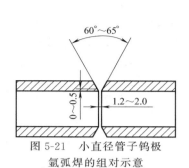

图 5-21　小直径管子钨极
氩弧焊的组对示意

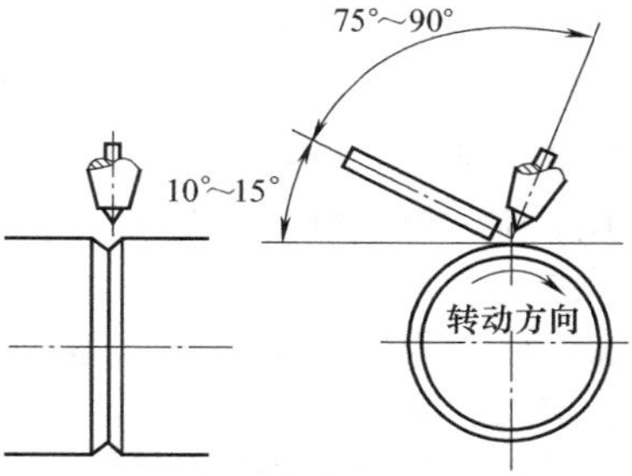

图 5-22　焊枪、焊丝与管子的角度

焊接时，电弧始终保持在 12 点钟位置，并对准坡口间隙，可稍作横向摆动。焊接过程中应保证管子的转速平稳。当焊至定位焊缝处时，应松开焊枪上的按钮，停止送丝，借助焊机的焊接电流衰减装置熄弧，但焊枪仍需对准熔池进行保护，待其冷却后才能移开焊枪。然后检查接头处弧坑质量，若有缺陷时，则需将缺陷磨掉，并使其前端成斜面，然后在斜面处引弧，管子暂时不转动并先不加填充焊丝，待焊缝开始熔化并形成熔池后，开始送进焊丝进行接头正常焊接。当焊完一圈，打底焊快结束时，先停止送丝和管子转动，待起弧处焊缝头部开始熔化时，再填加焊丝，填满接头处再熄弧，并将打底层清理干净。

盖面焊的操作与打底焊基本相同，焊枪摆动幅度略大，使熔池超过坡口棱边 0.5～1.5mm，以保证坡口两侧熔合良好。焊后清理并观察焊缝表面，不能有裂纹、气孔、咬边等缺陷，如有要打磨修理或修补。小直径管子钨极氩弧焊的参考焊接规范见表 5-29。

表 5-29　小直径管子钨极氩弧焊的参考焊接规范（管子壁厚 3mm）

焊接步骤	氩气流量/(L/min)	焊丝直径/mm	喷嘴直径/mm	钨极伸出长度/mm	焊接电流/A	电弧电压/V
打底焊	6～8	2.0	8～12	3～4	70～100	9～12
盖面焊	6～8	2.0	8～12	3～4	70～100	10～13

2. 管道氩弧打底焊

采用钨极氩弧焊焊接管道第一层（即打底焊），然后用焊条电弧焊盖面的方法，对提高管道焊接质量有明显的效果，尤其是对高、中合金钢管道及不锈钢管道的焊接更为显著，目前已广泛应用于机械制造、石油、化工等行业。

氩弧焊打底要求直流正接，采用小规范，电流不超过 150A。为了保护内壁金属在高温时不被氧化，对高合金钢管道打底焊时，管内要充氩气保护。而对于中、低合金钢管道，管内不充氩气保护，也能满足质量要求。

氩弧焊打底的坡口组对有两种情况：一种是坡口留有间隙，焊接过程中全部填丝，坡口组对加工简单，焊接质量可靠，但对焊工技术水平要求较高；另一种是坡口组对不留间隙，基本上不填丝，遇到局部地方有间隙或焊穿时才填丝，其优点是焊接速度快，操作简单，但对坡口组对加工要求很高，同时金属熔化部分较薄，容易产生裂纹。生产中，普遍采用第一种方法，即采用填丝的方法进行打底，效果较好。

管道氩弧打底焊操作方法见表 5-30。

表 5-30　管道氩弧打底焊操作方法

类别	说　明
焊前准备	壁厚小于 2mm 的薄壁管，一般不开坡口，不留间隙，加焊丝一次焊完。而锅炉受热面的薄壁管一般要采用 V 形坡口，大直径的厚壁管(如给水管道、蒸汽管道等)采用 U 形或 X 形坡口。坡口两侧、管壁内外要求无锈斑、油污等，如有条件，焊前最好用酒精清洗一下，以免产生气孔 焊丝采用与管道化学成分相同或相当的焊丝，焊丝直径以 $\phi2.0 \sim 6mm$ 为宜，焊丝表面不得有锈蚀和油污等 需要管内充氩气保护进行焊接的钢管，如高合金钢管要采取有效的充氩措施。对于可不充氩气保护的管道(中、低合金钢)不采取充氩措施，但要采取措施防止空气在管内流动，即防止"穿堂风"
打底焊	氩弧焊打底一般在平焊和两侧立焊位置点固三点，长度 30~40mm，高度 3~4 mm。当采用无高频引弧装置的焊机进行接触引弧时，要看准位置，轻轻一点，不得用力过猛。电弧引燃后，移向始焊位置，稍微停顿 3~5s，待出现清晰熔池后，即可往熔池内送丝。小直径管道的填丝，应采用靠丝法或内填丝法；大直径管道由于焊丝消耗较多，应采用连续送丝法。送丝速度以充分熔化焊丝和坡口边缘为准，与喷嘴保持一定的角度。当焊接大直径厚壁管道时，应尽量由两名焊工对称焊接，如果由一人施焊，要注意采取一定的焊接顺序，以减少焊接应力。焊接结束时，逐渐减小电流，将电弧慢慢转移到坡口侧收弧，不允许突然断弧，防止焊缝出现裂纹而开裂
盖面焊	氩弧焊打底后，应立即进行盖面焊接，若不能及时盖面焊接，再次焊接时应注意检查打底焊表面无油污、锈蚀等污物。通常，打底焊缝的高度为 3mm 左右，对于薄壁管来说，占总体壁厚的 50%~80%，这时的盖面焊既要填满低于表面部分的焊道，又要焊出一定的加强高度，难度较大。对于全位置坡口，施工时通常采用以下方法 ①在保证焊接质量的前提下，选用较小的焊接规范，以防止焊穿 ②焊接时，先在平焊部位焊一段 30~50mm 长的焊缝来为平焊加强面做准备 ③仰焊时，起头的焊缝要尽可能薄，同时仰焊的接头要叠加 10~20mm ④为增加中间部位的填充量，运条主要采用月牙形运条形式 大直径、厚壁管打底焊后的焊接，其工艺、技术与焊条电弧焊相同

七、氩弧焊的缺陷与防止

氩弧焊常见的缺陷有焊缝成形不良、烧穿、未焊透、咬边、气孔和裂纹等。钨极氩弧焊的缺陷产生原因及防止方法见表 5-31。熔化极氩弧焊的缺陷产生及防止方法见表 5-32。

表 5-31 钨极氩弧焊常见缺陷的产生原因及防止方法

缺陷	产生原因	防止方法
焊缝成形不良	①焊接参数选择不当 ②焊枪操作运动不均匀 ③送丝方法不当 ④熔池温度控制不好	①选择正确的焊接参数 ②提高焊枪与焊丝的配合操作技能 ③提高焊枪与焊丝的配合操作技能 ④焊接过程中密切关注熔池温度
咬边	①焊枪角度不对 ②氩气流量过大 ③电流过大 ④焊接速度太快 ⑤电弧太长 ⑥送丝过慢 ⑦钨极端部过尖	①采用合适的焊枪角度 ②减小氩气流量 ③选择合适的焊接电流 ④减慢焊接速度 ⑤压低电弧 ⑥配合焊枪移动速度,同时,加快送丝速度 ⑦更换或重新打磨钨极端部形状
夹钨	①焊接电流密度过大,超过钨极的承载能力 ②操作不稳,钨极与熔池接触 ③钨极直接在工件上引弧 ④钨极与熔化的焊丝接触 ⑤钨极端头伸出过长 ⑥氩气保护不良,使钨极熔化烧损	①选择合适的焊接电流或更换钨极 ②提高操作技能 ③尽量采用高频或脉冲引弧,接触引弧时要在引弧板上进行 ④提高操作技术,认真施焊 ⑤选择合适的钨极伸出长度 ⑥加大氩气流量等保证氩气的保护措施
夹渣或氧化膜夹层	①氩气纯度低 ②焊件及焊丝清理不彻底 ③氩气保护层流被破坏	①更换使用合格的氩气 ②焊前认真清理焊丝及焊件表面 ③采取防风措施等保证氩气的保护效果
未焊透	①坡口、间隙太小 ②焊件表面清理不彻底 ③钝边过大 ④焊接电流过小 ⑤焊接电弧偏向一侧 ⑥电弧过长或过短	①3~10mm 的焊件应留 0.5~2mm 间隙;单面坡口大于 90° ②焊前彻底清理焊件及焊丝表面 ③按工艺要求修整钝边 ④按工艺要求选用焊接电流 ⑤采取措施防止偏弧 ⑥焊接过程中保持合适的电弧长度
焊瘤	①焊接电流太大 ②焊枪角度不当 ③无钝边或间隙过大	①按工艺要求选用焊接电流 ②调整焊枪角度 ③按工艺要求修整及组对坡口

缺陷	产 生 原 因	防 止 方 法
裂纹	①弧坑未填满 ②焊件或焊丝中 C、S、P 含量高 ③定位焊时点距太大，焊点分布不当 ④未焊透引起裂纹 ⑤收尾处应力集中 ⑥坡口处有杂质、脏物或水分等 ⑦冷却速度过快 ⑧焊缝过烧，造成铬镍比下降 ⑨结构钢性大	①收尾时采用合理的方法并填满弧坑 ②严格控制焊件及焊丝中 C、S、P 含量 ③选择合理的定位焊点数量和分布位置 ④采取措施保证根部焊透 ⑤合理安排焊接顺序，避免收尾处于应力集中处 ⑥焊前严格清理焊接区域 ⑦选择合适的焊接速度 ⑧选择合适的焊接参数，防止过烧 ⑨合理安排焊接顺序或采用焊接夹具辅助进行焊接
烧穿	①焊接电流太大 ②熔池温度过高 ③根部间隙过大 ④送丝不及时 ⑤焊接速度太慢	①选用合适的焊接电流 ②提高技能，焊接中密切关注熔池温度 ③按工艺要求组对坡口 ④协调焊丝给进与焊枪的运动速度 ⑤提高焊接速度

表 5-32　熔化极氩弧焊常见缺陷的产生原因及防止方法

缺陷	产 生 原 因	防 止 方 法
焊缝形状不规则	①焊丝未经校直或校直效果不好 ②导电嘴磨损造成电弧摆动 ③焊接速度过低 ④焊丝伸出长度过长	①检修、调整焊丝校直机构 ②更换导电嘴 ③调整焊接速度 ④调整焊丝伸出长度
夹渣	①前层焊缝焊渣未清除干净 ②小电流低速焊接时熔敷过多 ③采用左焊法操作时，熔渣流到熔池前面 ④焊枪摆动过大，使熔渣卷入熔池内部	①认真清理每一层焊渣 ②调整焊接电流与焊接速度 ③改进操作方法使焊缝稍有上升坡度，使熔渣流向后方 ④调整焊枪摆动幅度，使熔渣浮到熔池表面
气孔	①焊丝表面有油、锈和水 ②氩气保护效果不好 ③气体纯度不够 ④焊丝内硅、锰含量不足 ⑤焊枪摆动幅度过大，破坏了氩气的保护作用	①认真进行焊件及焊丝的清理 ②加大氩气流量，清理堵塞喷嘴或更换保护效果好的喷嘴，焊接时注意防风 ③必须保证氩气纯度大于 99.5% ④更换合格的焊丝进行焊接 ⑤尽量采用平焊，操作空间不要太小，加强操作技能

续表

缺陷	产 生 原 因	防 止 方 法
咬边	①焊接参数不当 ②操作不熟练	①选择合适的焊接参数 ②提高操作技术
熔深不够	①焊接电流太小 ②焊丝伸出长度过长 ③焊接速度过快 ④坡口角度及根部间隙过小,钝边过大 ⑤送丝不均匀	①加大焊接电流 ②调整焊丝的伸出长度 ③调整焊接速度 ④调整坡口尺寸 ⑤检查、调整送丝机构
裂纹	①焊丝与焊件均有油、锈、水等 ②熔深过大 ③多层焊时第一层焊缝过小 ④焊后焊件内有很大的应力	①焊前仔细清除焊丝、焊件表面的油锈、水分等污物 ②合理选择焊接电流与电弧电压 ③加强打底层焊缝质量 ④合理选择焊接顺序及做消除内应力热处理
烧穿	①对于给定的坡口,焊接电流过大 ②坡口根部间隙过大 ③钝边过小 ④焊接速度小,焊接电流大	①按工艺规程调节焊接电流 ②合理选择坡口根部间隙 ③按钝边、根部间隙情况选择焊接电流 ④合理选择焊接参数

第三节 操作训练实例

一、低碳钢板手工钨极氩弧焊对接平焊

焊件形状及尺寸如图 5-23 所示。手工钨极氩弧焊的设备构成如图 5-24 所示。

1. 技术要求

① 焊件为不开坡口双面焊全焊透焊缝。

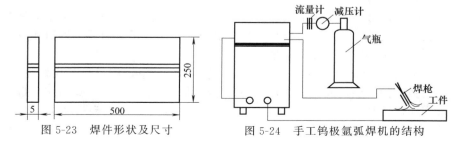

图 5-23　焊件形状及尺寸

图 5-24　手工钨极氩弧焊机的结构

② 焊接采用钨极氩弧焊。

③ 焊件材料采用 Q235A。

2. 焊前准备

① 检查电源线路、水路、气路等是否正确 钨极直径的选择采用 2~3mm 的铈钨极，端部磨成圆锥形，其顶部稍留 0.5~1mm 直径的小圆台为宜。电极的外伸长度为 3~5mm，引弧前应提前 5~10s 输送氩气，借以排除管中及工件被焊处的空气，并调节减压器到所需流量值（由流量计算）。若不用流量计则可凭经验，把喷嘴对准脸部或手心确定气体流量。焊前，应进行定位焊，在被焊工件上暂焊起弧板及引出板。

② 焊材 焊丝选择 H08Mn2Si，直径 2.5mm。

③ 焊前清理 焊件组对前，被焊处的两侧 25~30mm 处用角磨机打磨，清除铁锈、氧化皮及油、污等，焊丝用砂布清除锈蚀及油污。

④ 焊件组对 组对前要检查焊件的平直度，以防组对后间隙过大或错边量超差，影响焊接质量。

⑤ 定位焊 其焊点的厚度、位置、长度对焊接有一定的影响，定位焊点不宜过长、过高、过宽，能够达到点固强度的情况下，焊点越短，高度越低，宽窄越窄越好，这时在焊接时很容易焊透，不会产生未焊透等缺陷。定位焊的长度为 10mm 左右、间隙为 2~2.5mm。

⑥ 校正 因为此焊缝不开坡口，两面焊缝受热基本均匀，所以焊件不需留反变形。

3. 操作要点

在焊接过程中应严格控制钨极伸出长度，太长时气体对熔池的保护受到一定的影响，穿透力减弱，电弧也相对不稳定；对接焊缝无坡口时，要想达到一定的穿透能力，焊接电流适当加大，焊枪采用直线形和小椭圆形摆动，焊接速度稍放慢些；焊接电流过小，熔透深度降低，焊接速度过快时外观成形不良，边缘熔合容易形成咬边现象。

4. 焊接操作

按工件材料及结构形式选择好合适规范，起弧有两种：一种是借高频振荡器引弧；一种是钨极与工件接触引弧。最好不采用后一种引弧方法，以防止钨极在引弧时烧损。

① 手工钨极氩弧焊时，在不妨碍视线的情况下，应尽量采用短弧，以增强保护效果，同时减少热影响区宽度和防止工件变形。焊嘴应尽量垂直或保持与工件表面较大夹角，如图 5-25 所示，以加强气体的保护效果。

② 焊接时，喷嘴和工件表面的距离不超过 10mm，焊接手法可采用左向焊，为了把两面焊缝金属达到重叠的目的，焊枪除作直线运动外，稍作横向摆动，焊接电流可比正常电流稍大一些。氩弧焊焊接工艺规范见表 5-33。

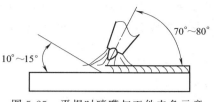

图 5-25 平焊时喷嘴与工件夹角示意

表 5-33 氩弧焊焊接工艺规范

钨极直径/mm	焊接电流/A	电源极性	氩气流量/(L/min)
2	100～180	直流正接	6～8
3	200～280	直流正接	7～9

③ 应该注意的是选择焊丝时，首先考虑到焊口间隙和板厚，焊丝直径太粗会产生夹渣和焊不透现象。焊丝是往复地加入熔池，填充焊丝要均匀，不要扰乱氩气流。焊丝端部应始终放在氩气保护区内，以免氧化。焊接终了时，应多加些焊丝，然后慢慢拉开，防止产生弧坑。

5. 熄弧

焊接完毕，切断焊接电源后，不应立刻将焊炬抬起，必须在 3～5s 内继续送出保护气体，直到钨极及熔池区域稍稍冷却之后，保护气体才停止并抬起焊炬。若电磁气阀关闭过早，则引起炽热的钨极外伸部分及焊缝表面的氧化。

6. 焊缝质量要求

焊缝外观：焊缝表面成形均匀、宽窄一致（第一遍焊透深度应超过板厚的 1/2），无未熔合、焊瘤、气孔、咬边等缺陷；焊缝尺寸：高度为 1～2mm，宽度为 7～9mm。

二、低碳钢薄板手工钨极氩弧焊角接平焊

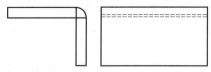

图 5-26 焊件形状及尺寸

焊件形状及尺寸如图 5-26 所示。

1. 技术要求

① 焊接采用手工钨极氩弧焊。

② 焊缝不填丝，一次焊成。

③ 焊件材料采用 Q235B。

2. 焊前准备

① 选择直径为 2～2.5mm 的铈钨极，工件端部留有 1mm 的钝边，

坡口角度为单边 30°，间隙为起弧端 2mm，收弧端为 2.5～3mm，除了不需要引弧板外，其他要求采用训练六。

② 焊材。焊丝选择 H08A，直径 $\phi 2$mm。

③ 焊前清理。焊件组对前，被焊处用角向磨光机打磨，清除铁锈、氧化皮及污物。

④ 定位焊。定位焊前，要检查焊件的平直度，要求焊口越严越好，能够保证焊接质量，定位焊的距离为 50～70mm 为宜。

3. 操作要点

① 焊接焊缝时要求对接焊口越严越好，因为组对时有间隙，在焊接过程中容易渗漏或烧穿，影响表面成形，焊接连续性受到影响。

② 这种焊接方法适合于薄板的角接，一次成形的焊缝不必填加焊丝，具有焊缝美观、变形量小、效率高等优点。

4. 焊接操作

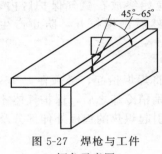

图 5-27　焊枪与工件
倾角示意图

因为此种焊接结构为普通薄板角焊缝，着重外观成形。

① 采用左焊法施焊，它的重要特点是不加焊丝，熔化母材边缘形成美观的焊缝。

② 在焊接过程中，喷嘴角度应倾斜一些以减少熔深，如图 5-27 所示，焊缝达到美观一致，焊枪应作椭圆形摆动，如图 5-28 所示。

③ 采用短弧焊接，增强保护效果，喷嘴的距离在钨极不接触工件的情况下越近越好，焊接工艺规范见表 5-34。

图 5-28　焊枪摆动方式

表 5-34　焊接工艺规范

钨极直径/mm	焊接电流/A	电源极性	氩气流量/(L/min)
2	100～120	直流正接	6～8

5. 熄弧

焊接完毕，切断焊接电源后，不应立刻将焊炬抬起，必须在 3～5s 内继续送出保护气体，直到钨极及熔池区域稍稍冷却之后，保护气体才停止并抬起焊炬。若电磁气阀关闭过早，则引起炽热的钨极外伸部分及焊缝表面的氧化。

6. **焊缝质量要求**

① 外观　焊缝边缘无咬边现象；焊脚饱满光滑。

② 内部质量　不允许产生夹渣；根部应焊透。

三、低碳钢 V 形坡口手工钨极氩弧焊双面焊

焊件形状及尺寸如图 5-29 所示。

1. **技术要求**

① 焊件采用钨极氩弧焊。

② 焊接为双面多层焊。

③ 焊件材料采用 Q235B。

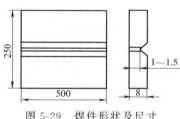

图 5-29　焊件形状及尺寸

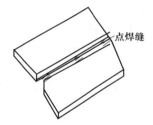

图 5-30　焊件预留反变形示意

2. **焊前准备**

① 钨极直径的选择，采用 2.5～3mm 的铈钨极，工件端面留有 1～1.5mm 锁边以防熔池下坠，焊前应进行定位焊，工件两侧增加引弧板，两块板组对前用手锤校平。

② 焊材。焊丝选择 H08Mn2Si，直径为 2.5～3.0mm。

③ 焊前清理。坡口表面进行除锈，对接时留有间隙，并留有反变形角度。因为此焊缝是单面 V 形坡口，受热面主要在坡口这侧，所以预留反变形能够控制变形量，使工件达到相对平直的效果，如图 5-30 所示。将焊件沿焊缝下折 5°左右，间隙为 0～1mm。

3. **焊接操作**

① 根据不同的焊缝坡口形式，选择相对应的焊接规范和操作方法，焊接第一遍时，因为坡口有一定深度，钨极长度以 4～6mm 为宜，在不影响气体保护熔池和焊接的基础上，可根据实际情况适当加长。焊接过程中遇到焊点时不能跃过去，为了达到焊点能够熔化，必须放慢速度、椭圆形摆动焊枪，以免焊点局部不熔化，产生未熔合现象，给背面清根带来不利的因素。

② 进行层间焊接时应该注意的是，焊接熔池与母材之间的熔合，焊枪的摆动方法参见图 5-28。

③ 在焊接表层焊缝时，要注意边缘熔合不良，填充金属要及时，收弧时把弧坑填满防止产生裂纹。

4. 工艺和措施的应用

① 在焊接带有坡口的工件时，留有钝边是非常重要的，能够避免烧穿，给背面清根创造良好的条件。

② 焊件坡口在一面时，必须留有反变形量，避免一侧受热变形量过大。

③ 焊件在校平过程中，外力过大容易出现裂纹，给焊接质量带来不必要的损失。

5. 焊缝质量要求

① 焊缝余高为 $0 \sim 2mm$；焊缝宽度差小于等于 $2mm$。

② 焊缝表面不得有裂纹、未熔合、气孔和焊瘤。

③ 咬边深度小于等于 $0.5mm$，焊缝两侧咬边长度不超过焊缝总长的 10%。

四、奥氏体不锈钢手工钨极氩弧焊

1. 奥氏体不锈钢手工钨极氩弧焊的基本操作

奥氏体不锈钢采用手工钨极氩弧施焊时，焊接电源采用直流正接（焊件接正极），电极可选用钍钨极或铈钨极，条件许可时，尽量选用钪钨极。对于要求双面成形的焊缝，焊件背面应通氩气加以保护。

（1）引弧

目前常采用高频引弧法或高频脉冲引弧法引燃电弧，其引燃操作如下：

① 先使钨极与焊件保持 $3 \sim 5mm$ 距离，然后按下控制开关，在电源高频、高压的作用下，击穿间隙，引燃电弧。

② 电弧引燃后，应暂将焊枪停留在引弧处，当获得一不定期大小、明亮清晰的熔池后，即可向熔池填加焊丝。为了有效地保护焊接区，引弧时应提前 $5 \sim 10s$ 送气，以便吹净气管中的空气。

（2）焊接操作

施焊时，焊枪、焊丝及焊件相互间应保持的距离及倾角如图 5-31 所示。焊接方向采用自右向左的左焊法，立焊时由下向上，焊枪以一定速度移动。焊枪倾角为 $70° \sim 85°$，焊厚件的焊枪倾角可稍大些，以增加熔深；焊薄件焊枪倾角可小些，并适当提高焊接速度。焊丝置于熔池前面或侧面,焊丝倾角为 $15°\sim20°$。焊接时,在不妨碍操作者视线的情况下,应尽量采用短弧,弧长保持在 $2\sim4mm$。焊枪除了沿焊缝长度方向作直线运动外,还应尽量避免作横向摆动,以免不锈钢过热。不锈钢施焊过程中的填丝方法、操作要点及适用场合见表 5-35。

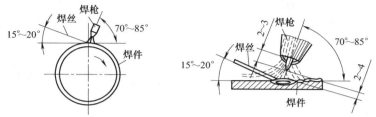

图 5-31 焊接操作示意

表 5-35 不锈钢施焊过程中的填丝方法、操作要点及适用场合

填丝方法	操作要点	适用场合
间隙送丝法	焊丝进入电弧区后,稍作停留,待端部熔化后,再行给送	容易掌握,应用普遍
连续送丝法	焊丝端部紧贴熔池前沿,均匀地连续给送,送丝速度须与熔化速度相适应	操作要求高,适用于细焊丝或自动焊
横向摆动法	焊丝随焊枪作横向摆动,两者摆动的幅度应一致	适用于焊缝较宽的焊件
紧贴坡口法	焊丝紧挨坡口填入,焊枪在熔化焊件金属的同时熔化焊丝	适用于小口径管子的焊接
反面填丝法	焊丝在焊件的反面给送,对坡口间隙、焊丝直径和操作技术的要求较高	适用于仰焊

不论采用哪种方法填丝,焊丝都不应扰乱氩气流,焊丝端头也不应离开保护区,以免高温氧化,影响焊接质量;对于带卷边的薄板焊件、封底焊和密封焊,可以不填加焊丝;焊接过程中,由于操作不慎,使钨极和工件相碰,熔池遭受破坏,产生烟雾,造成焊缝表面污染及夹钨等现象时,必须停止焊接,清理焊件被污染及夹钨处,直至露出金属光泽。钨极须重新更换后,方可继续施焊。

(3) 收尾

焊缝收尾时,要防止产生弧坑、缩孔及裂纹等缺陷。熄弧后不要马上抬起焊枪,应继续维持 $3\sim5s$ 的送气,待钨极与焊缝稍冷却后再抬起焊枪。不锈钢在施焊过程中常用的收弧方法、操作要领及适用范围见表 5-36。

表 5-36　不锈钢在施焊过程中常用的收弧方法、操作要领及适用范围

收弧方法	操作要点	适用场合
焊缝增高法	焊接终止时,焊枪前移速度减慢,向后倾斜度增大,送丝量增加,当熔池饱满到一定程度后再熄弧	应用普遍,一般结构都适用
增加焊接速度法	焊接终止时,焊枪前移速度逐渐加快,送丝量逐渐减少,直至焊件不熔化,焊缝从宽至窄,逐渐终止	适用于管子氩弧焊,对焊工技能要求较高
采用引出板法	在焊件收尾处外接 1 块电弧引出板,焊完焊件时将熔池引至引出板上熄弧,然后割除引出板	适用于平板及纵缝的焊接
电流衰减法	焊接终止时,先切断电源,让发电机的转速逐渐减慢,焊接电流随之减弱,填满弧坑	适用于采用弧焊发电机作电源的场合。如采用弧焊整流器,需另加衰减装置

2. 奥氏体不锈钢手工钨极氩弧焊各种位置的操作

奥氏体不锈钢采用手工钨极氩弧焊可以进行各种位置的操作,其中包括水平固定管的(全位置)对接焊,但主要适用于薄壁的焊接。

(1) 平焊位置的操作

根据接头的形式,平焊位置包括对接平焊和平角焊两种:

① 对接平焊的操作　对接平焊的坡口形式及焊接参数的选用见表 5-37。

试板在装配时,为了防止焊接过程中产生变形,应放在夹具中紧固,并在试件背面安放垫板,垫板上应开设凹槽,内通氩气,保护背面焊缝,如图 5-32 所示。

a. 操作要领。在定位焊点根部后 10mm 左右处开始引燃电弧,运弧至定位焊点根部,此时焊枪划个半圆形的圈,在试板上形成一熔孔,熔孔熔化后向右侧钝边处填焊丝,然后再向左侧运弧,向左侧钝边处填焊丝,再向右侧运弧,如此循环往复,逐渐形成焊缝;操作过程中要保持熔孔始终深入母材 0.5~1.0mm,出现熔孔后应立即填充焊丝,这时形成的焊缝才会成形均匀。填充焊丝过迟,熔孔过大,反面焊缝就过高,甚至产生焊瘤;填充焊丝过早,若还没有形成熔孔,就会产生未焊透。焊接过程中在不妨碍视线的情况下,应尽量采用短弧,以增强氩气的保护效果和提高电弧的穿透能力。钨极端部距熔池表面以 2~3mm 为宜,要注意观察熔池的形状,熔池应保持与焊缝轴线对称,否则焊缝就会偏斜,这时应立即调整焊枪角度和电弧在焊件两侧的停留时间,直至焊缝轴线与熔池对称为止。

b. 焊透的识别。焊接过程中应通过仔细观察熔池的变化来判断是

表 5-37　坡口形式及焊接参数的选用

板厚/mm	坡口形式	层数	坡口尺寸		钨极直径/mm	焊接电流/A	焊接速度/(mm/min)	填充焊丝直径/mm	氩气		备注
			间隙b/mm	钝边p/mm					流量/(L/min)	喷嘴直径/mm	
1	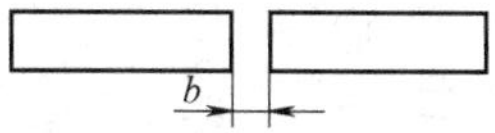	1	0	—	1.6	60~80	100~120	1	4~6	11	单面焊
2.4	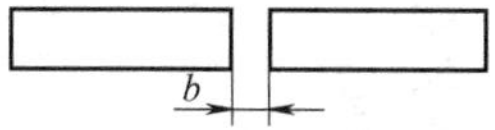	1	0~1	—	1.6	80~120	100~120	1~2	6~10	11	单面焊
3.2	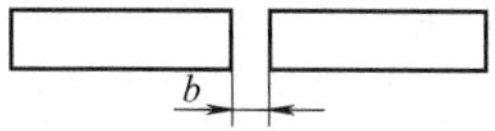	2	0~2	—	2.4	105~150	100~120	2~3.2	6~10	11	双面焊
4	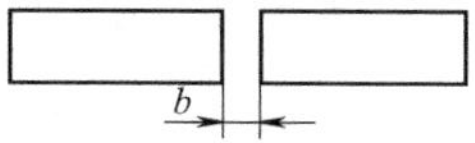	2	0~2	—	2.4	150~200	100~150	3.2~4.0	6~10	11	双面焊
6	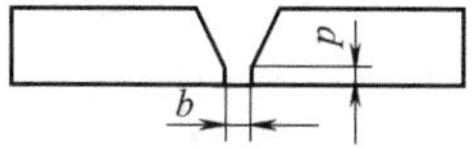	3 (2:1)	0~2	0~2	2.4	50~200	100~150	3.2~4.0	6~10	11	反面挑焊根
	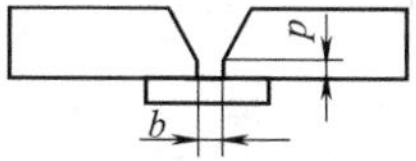	2 (1:1)	0~2	0~2	2.4	180~230	100~150	3.2~4.0	6~10	11	垫板
	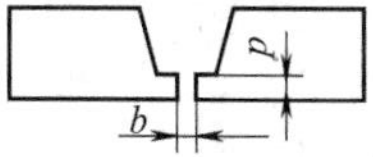	3	0	2	2.4	140~160	120~160	—	6~10	11	气垫
	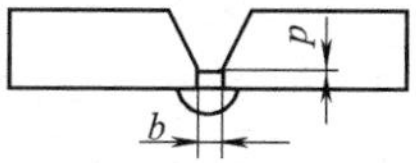	3	1.6	1.6~2	1.6 / 2.4	110~150 / 150~200	60~80 / 100~150	2.6~3.2	10~16	6~8	可熔镶块焊接

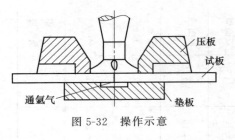

图 5-32　操作示意

压板
试板
通氩气
垫板

否焊透，以达到单面焊双面成形的目的。识别的方法是：当填充焊丝上一颗熔滴落入熔池时，熔池表面位置就升高，随着电弧热量向下传输，基本金属熔化形成熔孔。由于重力使熔池下沉，于是熔池水平面下降，熔池表面积扩张，这是焊透的重要标志。如果没有焊透，熔池便不会下沉。

c. 收弧。当运弧至终焊端的定位焊缝根部 3～5mm 时，焊枪划圈，把定位焊缝根部熔化，然后填充 2～3 滴熔融金属，继续向前施焊 10mm 左右，把定位焊缝表面熔化，最后用电流衰减法收弧。收尾焊缝应在定位焊缝后方 10mm 处左右，以保证接头部位能焊透。

② 平角焊的操作　平角焊的坡口形式及焊接参数的选用见表 5-38。

操作时，焊枪、焊丝和焊件之间的相对位置如 5-33 所示。电弧离熔池的高度为 0.5～1.5mm，焊枪与焊件的倾角为 40°～50°，焊丝送入倾角为 15°～20°。

（2）水平固定管（全位置）对接焊操作

ϕ57mm×4mm 不锈钢管 Y 形坡口水平固定对接焊焊接参数的选用见表 5-39。水平固定管焊接时，假定沿垂直中心线将管子分成前、后两半圈。

① 可熔镶块　由于管子内部很难设置垫板，为保证焊缝根部质量，可采用可熔镶块。采用可熔镶块时的坡口形式及尺寸见图 5-34。

② 定位焊　管子装配留好预定的间隙后，在管子四周的时钟位置 2 点和 10 点两处焊两条定位焊缝，如图 5-35（a）所示；或在时钟 12 点处焊一条定位焊缝，如图 5-35（b）所示。定位焊缝长 5～10mm、厚 3mm 左右，这是正式焊缝的一部分。定位焊缝要求单面焊双面成形，不允许有气孔、夹渣、夹钨、未焊透、未熔合、裂纹等焊接缺陷，否则应把定位焊缝打磨掉，重新焊接。定位焊缝的焊接有两种操作手法：

a. 断续填丝法。在管子的一侧坡口面上引弧，再把电弧拉至始焊部位，焊枪作横向摆动，待根部熔化出现熔孔时，在左、右侧根部交替填充一滴熔滴，焊丝随着焊枪的摆动，断续地、有节奏地向熔池前沿填充，达到一定长度后，在坡口面的一侧收弧。

b. 连续填丝法。在一侧坡口面处引弧，然后把电弧拉至始焊部位，焊枪作横向摆动，待引弧处金属熔化时，连续填丝进行焊接。焊丝端部的熔滴始终与熔池相连，达到一定长度后，在坡口面一侧收弧。

表5-38 平角焊的坡口形式及焊接参数的选用

板厚 /mm	坡口形式	层数	焊脚尺寸 K/mm	坡口尺寸 间隙 b /mm	坡口尺寸 钝边 p /mm	钨极直径 /mm	焊接电流 /A	焊接速度 /(mm/min)	填充焊丝直径 /mm	氩气 流量 /(L/min)	氩气 喷嘴直径 /mm
6		1	6	0~2	—	2.4	180~220	50~100	3.2	6~10	11
12		2	10	0~2	—	2.4	180~220	50~100	3.2	6~10	11
6		3	2	0~2	0~3	2.4	180~220	80~200	3.2~4.0	6~10	11
12		6~7	3	0~2	0~3	2.4	200~250	80~200	3.2~4.0	8~12	13
22		18~21	5	0~2	0~3	2.4	200~250	80~200	3.2~4.0	8~12	13
12		3~4	3	0~2	2~4	2.4	200~250	80~200	3.2~4.0	8~12	13
22		6~7	5	0~2	2~4	2.4	200~250	80~200	3.2~4.0	8~12	13
6		2~3	3	3~6	—	2.4	180~220	80~200	3.2	6~10	13
12		6~7	4	3~6	—	2.4	200~250	80~200	3.2~4.0	8~12	13
22		25~30	6	3~6	—	2.4	200~250	80~200	3.2~4.0	8~12	13

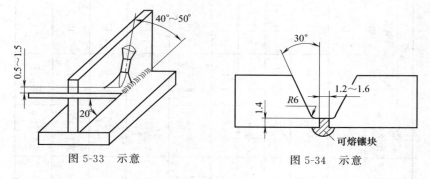

图 5-33 示意

图 5-34 示意

表 5-39   不锈钢管 Y 形坡口水平固定对接焊 （ϕ57mm×4mm）焊接参数的选用

焊丝直径/mm	焊接电流/A	氩气流量/（L/min）	管内氩气流量/（L/min）	装配间隙/mm
2	65～70	9～10	10～13	2.5

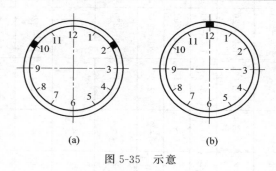

(a)   (b)

图 5-35 示意

③ 焊接

a. 打底焊时，为了保证焊缝根部的质量，通常采用外填丝法焊接，此时焊丝从接头装配间隙中穿入管子内部填丝，如图 5-36 所示。焊丝在一侧坡口面上引弧，然后把电弧拉至时钟 6 点左右处，待根部熔化出现熔孔时，左、右两侧各填充一滴熔滴，当这两滴熔滴连在一起时，在熔池前方即出现熔孔，此时随即将焊丝紧贴根部填充一滴熔滴，焊枪略作横向摆动，使焊丝填充的熔滴与左、右两侧母材熔化的熔滴熔合在一起，成为焊缝。如此循环往复，成为 1 条连续的焊缝。

b. 仰焊部位的操作如图 5-37 所示。为了避免在仰焊部位焊缝反面产生内凹，焊丝要紧贴熔合处的根部，使焊丝直接送入管子内壁；立焊部位的操作如图 5-38 所示。此时焊枪和焊丝沿着管壁逐渐往上爬，焊丝端部只要填充到熔合根部即可，不要像仰焊那样压向根部；焊至立焊与平焊部位时，由于试管温度已经较高，因此，应将焊丝端部稍微拉离熔合根部，以免反面焊缝产生焊瘤；焊至距定位焊缝根部 3～5mm 时，为了保证接头熔透，焊枪应划个圈，把定位焊缝根部熔化，但不填焊丝，施焊 10mm 左右在一侧坡口面收弧。管子后半圈的操作与前半圈相同。

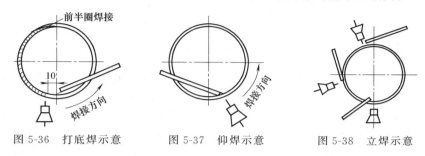

图 5-36 打底焊示意　　　图 5-37 仰焊示意　　　图 5-38 立焊示意

c. 盖面焊的操作是在打底焊道上引弧后，于时钟位置 6 点处始焊，焊枪作月牙形或锯齿形摆动，将坡口边缘及打底焊道表面熔化，形成熔池。焊丝与焊枪同步摆动，在两侧坡口面稍作停留，各加一滴熔滴，保证熔敷金属与母材熔合良好。在仰焊部位每次填充的熔敷金属要少些，以免熔敷金属下坠。立焊部位操作时，焊枪的摆动频率要适当加快，以防熔滴下淌。平焊部位操作时，每次填充的金属要多些，以防平焊部位焊缝不饱满。

④ 收弧　采用电流衰减法收弧。盖面焊缝的收尾方法是：盖面焊缝封闭后，要继续向前施焊 10mm 左右，并逐渐减少焊丝的填充量，以避免收弧部位产生弧坑、裂纹和缩孔，并且氩气流的冷却作用有助于防止产生晶间腐蚀。

⑤ 氩气保护措施　焊接不锈钢管，必须向管内通氩气，以防止反面合金元素氧化、烧损，降低耐蚀性。一种管子焊接的充氩装置如图5-39 所示。在试管的两端加上端盖，靠端盖上的弹簧钢丝把端盖固定在管子的两端。进气端是一个气阀，与氩气瓶相连。为了防止氩气流入时产生射吸作用把空气带入管内，可把气阀的出口堵死，再径向钻 2 个小孔，使氩气从气阀侧面充入管内。为了使氩气在管内缓慢流动，在出气端的端盖上钻 1 个直径为 2mm 的小孔。焊前须提前向管内通氩气，要待管内空气完全排除后再焊接。焊接过程中要不停地向管内通氩气，焊缝即将封闭时，关断氩气源。

（3）骑座式管-管的焊接

焊件形式及定位焊缝的位置如图 5-40 所示。定位焊缝的数量、间

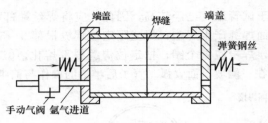

图 5-39 充氩装置

距的大小，应由焊件结构尺寸及管壁的厚度决定。定位焊缝应沿管子圆周均匀布置，间距为 5～15mm。如管壁厚大于 2mm 时，定位间距可适当加大，但一定要焊透，避免焊接过程中在定位焊缝处产生未焊透；如立管在横管的中间，则引弧点应选在时钟位置 9 点处。如立管偏向横管一端，引弧点应选在时钟位置 3 点处，如图 5-41 所示。焊接方向由 3 点经 12 点至 9 点，再由 3 点经 6 点至 9 点。实践证明，这种焊接顺序变形最小。

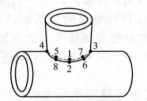

图 5-40 焊件形式及定位焊缝的位置示意

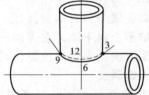

图 5-41 引弧点位置示意

五、4 立方纯铝容器的手工钨极氩弧焊

该容器筒身分三节，每节由 6mm 厚的纯铝板 L4 焊成。封头是 8mm 厚的纯铝板（相当于 L4）拼焊后压制而成。产品外形见图 5-42。

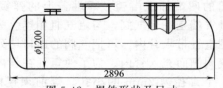

图 5-42 焊件形状及尺寸

1. 技术要求

① 焊接采用手工钨极氩弧焊。

② 壳体铝板厚度为 8mm，全部选用对接节点组装。

③ 材料为 L2 工业纯铝。

2. 焊接方法的选择

因工件厚度不大，就选用了气焊及手工钨极氩弧焊进行试验。气焊的优点是使用方便，比较经济，焊后的焊缝质量也基本上满足要求。但气焊焊缝的组织比较粗大，变形也大。试制封头时，焊缝经压制变形后均出现裂纹。而且气焊要用焊粉，焊接后接头处的残渣很难清理彻底。手工钨极氩弧焊的优点是焊缝质量较高，焊后不需要做特殊处理，耐腐蚀性能好。和气焊相比它的生产率高，变形小。缺点是目前氩气还比较贵。经对比，确定选用手工钨极氩弧焊。

3. 焊丝和氩气的选择

焊丝采用和母材同牌号的 L4 铝丝（为提高焊缝的抗腐蚀性能，有些单位选用纯度比母材高一些的焊丝）；氩气采用氩含量为 99.89%，氮不超过 0.105%，氧不超过 0.0031%，使用时未进一步提纯。

4. 焊前清理

由于工件较大，化学清理有困难，因此采用了机械清理方法。先用丙酮除掉油污，然后用钢丝刷将坡口及其两侧来回刷几次，再用刮刀将坡口内清理干净。在焊接过程中是用风动的钢丝轮来清理的，它的清理效率高，质量好。钢丝刷或钢丝轮的钢丝直径小于 0.15mm，钢丝为不锈钢。机械清理后最好马上焊接。实践证明，只要机械清理做得较细致彻底，是能够获得高质量的焊缝的。

焊丝用碱洗法清洗，步骤如下：①用丙酮除去焊丝表面油污；②在 15% 氢氧化钠水溶液中清洗 10～15min（室温）；③冷水冲洗；④在 30% 硝酸溶液中清洗 2～5min；⑤冷水冲洗；⑥烘干。

清洗过的焊丝在 24h 内没有使用时，必须再进行清洗才能使用。

5. 接头间隙及坡口

6mm 板厚（筒身）不开坡口，装配点固后的间隙为 2mm。8mm 板厚（封头），选用 70°V 形坡口（钝边为 1～1.5mm）。点固后的间隙保证在 3mm 左右。焊完正面焊缝后，反面挑焊根再焊一层。

6. 焊接操作

采用 NSA-300 型交流氩弧焊机，焊接工艺参数见表 5-40。

表 5-40 焊接工艺参数

工件厚度 /mm	焊丝直径 /mm	钨极直径 /mm	焊接电流 /A	喷嘴直径 /mm	电弧长度 /mm	预热温度 /℃
6	5～6	5	190	14	2～3	不预热
8	6	6	260～270	14	2～3	150

7. 焊缝中气孔的预防

纯铝焊接时，气孔是常见缺陷。而气孔主要是由液态铝溶解氢过多所引起。氢主要来自于水汽，所以，要消除铝焊缝气孔，必须杜绝或减少水汽来源。为此，可从以下几方面着手。

① 使用高纯度氩气。

② 工件及焊丝在焊前彻底清理并烘干。

③ 焊前预热有助于去掉铝件表面氧化膜中的水分，同时预热能使熔池缓冷，从而有利于熔池中气体的逸出。

8. 焊后检验

容器所有环缝、纵缝经煤油试验及 100% X 射线检验；力学性能检验表明：焊缝抗拉强度为 $7.1\sim7.2$kgf/mm^2（6mm 厚板）及 $10\sim10.1$kgf/mm^2（8mm 厚板），都高于母材抗拉强度的下限；取 4mm 铝板的氩弧焊焊缝做腐蚀试验，用 98% 的硝酸在室温下腐蚀 120h，每 24h 测定一次，结果见表 5-41。

表 5-41　氩弧焊焊缝的腐蚀速度

单位	第一周期	第二周期	第三周期	第四周期	第五周期
g/m^3	0.7036	0.7036	0.7037	0.4465	0.4465

注：母材的腐蚀速度为 0.576g/m^3。

在焊接铝及铝合金构件时，所采用的焊接电源必须是交流电源。因为铝的熔点为 658℃，而铝表面的氧化膜（Al_2O_3），其熔点高达 2050℃，只有采用交流电源才能达到良好的效果。交流电源的特性是频率正负 50 周波交替进行，能对铝及其合金起到一个阴极破碎作用，破坏氧化膜，能够达到一个很理想的焊缝成形。

六、铝及铝合金手工钨极氩弧焊

手工钨极氩弧焊是铝及铝合金薄板结构较为完善的熔焊方法。由于氩气的保护作用和氩离子对熔池表面氧化的阴极破碎作用，所以不用熔剂，因而避免了焊后残渣对接头的腐蚀，使焊接接头形式可以不受限制。另外，焊接时氩气对焊接区域的冲刷，促使焊接接头加速冷却，改善了接头的组织和性能，并减少焊件变形，所以氩弧焊焊接接头的质量较高，并且操作技术也比较容易掌握。但由于不用熔剂，所以对焊前清理的要求比其他焊接方法严格。

1. 焊接参数的选用

铝、铝合金手工钨极氩弧焊焊接参数的选用见表 5-42。

表 5-42　铝、铝合金手工钨极氩弧焊焊接参数的选用

板厚 /mm	焊丝直径 /mm	钨极直径 /mm	预热温度 /℃	焊接电流 /A	氩气流量 /(L/min)	喷嘴孔径 /mm
1	1.6	2	—	40～60	7～9	8
1.5	1.6～2.0	2	—	50～80	7～9	8
2	2～2.5	2～3	—	90～120	8～12	8～12
3	2～3	3	—	150～180	8～12	8～12
4	3	4	—	180～200	10～15	8～12
5	3～4	4	—	180～240	10～15	10～12
6	4	5	—	240～280	16～20	14～16
8	4～5	5	100	220～260	16～20	14～16
10	4～5	5	100～150	240～280	16～20	14～16
12	4～5	5～6	150～200	260～300	18～22	16～20
14	5～6	5～6	180～200	240～280	20～24	16～20
16	5～6	6	200～220	240～280	20～24	16～20
18	5～6	6	200～240	260～400	25～30	16～20
20	5～6	6	200～260	260～400	25～30	20～22
16～20	5～6	6	200～260	300～380	25～30	16～20
22～25	5～6	6～7	200～260	260～400	30～35	20～22

2. 铝及铝合金手工钨极氩弧焊操作要点

铝及铝合金手工钨极氩弧焊一般采用交流电源，氩气纯度（体积分数）应不低于 99.9%。

（1）焊前检查

开始焊接以前，必须检查钨极的装夹情况，调整钨极的伸出长度为 5mm 左右。钨极应处于焊嘴中心，不准偏斜，端部应磨成网锥形，使电弧集中，燃烧稳定。

（2）引弧、收弧和熄弧

采用高频振荡器引弧，为了防止引弧处产生裂纹等缺陷，可先在石墨板或废铝板上点燃电弧，当电弧稳定地燃烧后，再引入焊接区。焊接中断或结束时，应特别注意防止产生弧坑裂纹或缩孔。收弧时，应利用氩弧焊机上的自动衰减装置，控制焊接电流在规定的时间内缓慢衰减和切断。衰减时间通过安装在控制箱面板上的"衰减"旋钮调节。弧坑处应多加些填充金属，使其填满。如条件许可，可采用引出板。

熄弧后，不能立即关闭氩气，必须要等钨极呈暗红色后才能关闭，

这段时间为 5～15s，以防止母材及钨极在高温时被氧化。

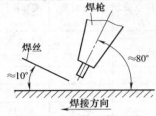

图 5-43　焊枪、焊丝及
焊件的相对位置

（3）焊接操作

焊枪、焊丝和焊件的相对位置，既要便于操作，又要能良好地保护熔池，如图 5-43 所示。焊丝相对于焊件的倾角在不影响送丝的前提下，越小越好。若焊丝倾角太大，容易扰乱电弧及气流的稳定性，通常以保持 10°为宜，最大不要超过 15°。

操作时，钨极不要直接触及熔池，以免形成夹钨。焊丝不要进入弧柱区，否则焊丝容易与钨极接触而使钨极氧化、焊丝熔化的熔滴易产生飞溅并破坏电弧的稳弧性，但焊丝也不能距弧柱太远，否则不能预热焊丝，而且容易卷入空气，降低熔化区的热量。最适当的位置，是将焊丝放在弧柱周围的火焰层内熔化。施焊过程中，焊丝拉出时不能拉离氩气保护范围之外，以免焊丝端部氧化。焊接过程中断重新引弧时，应在弧坑的前面 20～30mm 的焊缝上引弧，使弧坑得到充分的再熔化。

3. 各种焊件的焊接操作实例

（1）基本手法的操作

铝及铝合金手工钨极氩弧焊基本手法的操作方法见表 5-43。

表 5-43　铝及铝合金手工钨极氩弧焊基本手法的操作方法

类别	说　明
引弧	焊机上装有高频振荡器时，应采用高频引弧。操作时，焊工将焊枪移近焊件，待钨极端头与焊件的距离为 2～3mm 时，按动焊枪上的电源开关，电弧就开始引燃。当焊机没有装设高频振荡器时，只能采用短路引弧，方法是：将焊枪喷嘴下面一点部分与待焊部位接触，以此接触点为支点，焊枪绕支点使钨极与焊件瞬间接触短路，引燃电弧，抬起焊枪并保持与焊件间距 2～4mm，进行正常焊接，如图 5-44 所示 图 5-44　焊枪与焊件的间距
始焊与接头	先从距焊件端部 10～30mm 处采用右向焊法焊至端面收尾，然后采用左向焊法从始焊处开始焊接。接头应从始焊处引弧，待电弧稳定燃烧后向右移 5～15mm。再往左移动焊枪，待始焊处形成熔池后，即添加填充焊丝，进行焊接，如图 5-45 所示。接头处焊缝的余高和宽度不宜过高和过宽，否则影响焊缝的外形

类别	说　明
始焊与接头	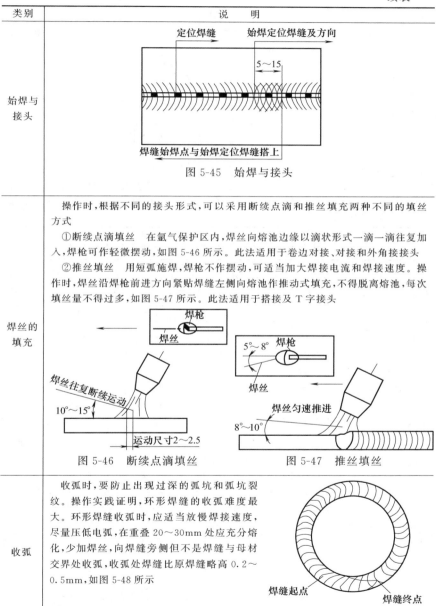
焊丝的填充	操作时,根据不同的接头形式,可以采用断续点滴和推丝填充两种不同的填丝方式 　　①断续点滴填丝　在氩气保护区内,焊丝向熔池边缘以滴状形式一滴一滴往复加入,焊枪可作轻微摆动,如图 5-46 所示。此法适用于卷边对接、对接和外角接接头 　　②推丝填丝　用短弧施焊,焊枪不作摆动,可适当加大焊接电流和焊接速度。操作时,焊丝沿焊枪前进方向紧贴焊缝左侧向熔池作推动式填充,不得脱离熔池,每次填丝量不得过多,如图 5-47 所示。此法适用于搭接及 T 字接头
收弧	收弧时,要防止出现过深的弧坑和弧坑裂纹。操作实践证明,环形焊缝的收弧难度最大。环形焊缝收弧时,应适当放慢焊接速度,尽量压低电弧,在重叠 20～30mm 处应充分熔化,少加焊丝,向焊缝旁侧但不是焊缝与母材交界处收弧,收弧处焊缝比原焊缝略高 0.2～0.5mm,如图 5-48 所示

图中标注：
图 5-45　始焊与接头
图 5-46　断续点滴填丝
图 5-47　推丝填丝
图 5-48　收弧

续表

类别	说　明
操作要点	用短弧施焊,弧长为 2～4mm,焊枪与焊件倾角为 70°～85°,喷嘴离焊件表面距离不超过 10mm,采用左向焊法焊接,如图 5-49 所示 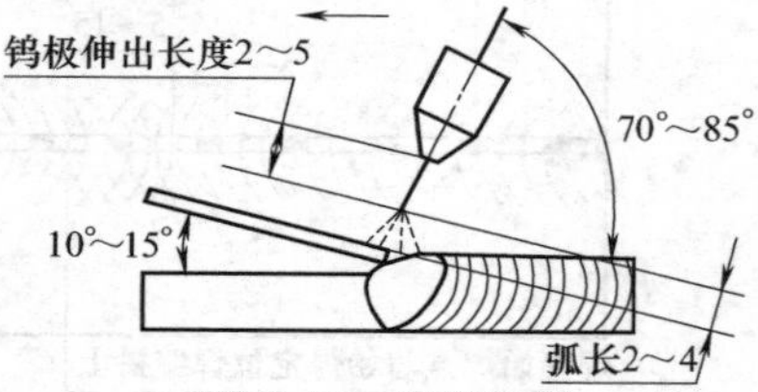 图 5-49　短弧施焊
定位焊	定位焊缝采用点接触式引弧。定位焊缝的宽度不得超过正式焊缝宽度的 2/3,定位焊缝距离视焊件厚度、管径而定。板状焊件和管状工件定位焊缝尺寸和数量的选用分别见表 5-44

表 5-44　板状焊件和管状工件定位焊缝尺寸和数量的选用

板状	定位焊缝形状	板材厚度/mm	定位焊缝尺寸及间距/mm		管状	管子直径/mm	定位焊缝点数
			尺寸 a	间距 b			
	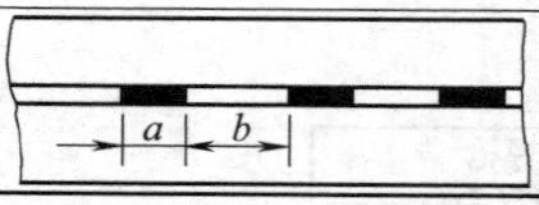	<1.5	3～7	10～30		10～20	2～3
		1.6～3.0	6～10	30～50		22～60	4～6
		3.1～5.0	6～15	50～80		—	—

（2）对接平焊的操作

铝及铝合金手工钨极氩弧焊对接平焊的操作方法见表 5-45。

表 5-45　铝及铝合金手工钨极氩弧焊对接平焊的操作方法

类别	说　明
薄板(小于 3mm)对接平焊的操作	焊丝需经机械矫直,然后切成 800～1000mm 长度,并对表面进行清理。操作时,用左手指轻握焊丝前端约 250mm 处,不断地将焊丝向下捻送,捻送焊丝要连续均匀,如图 5-50 所示。一根焊丝快用完时,焊枪暂不抬起,右手按下电流衰减开关,左手迅速更换新焊丝置于焊丝填充位置,恢复焊接电流即可继续施焊,这样既可减少引弧次数,又可提高生产效率。其操作要点如下 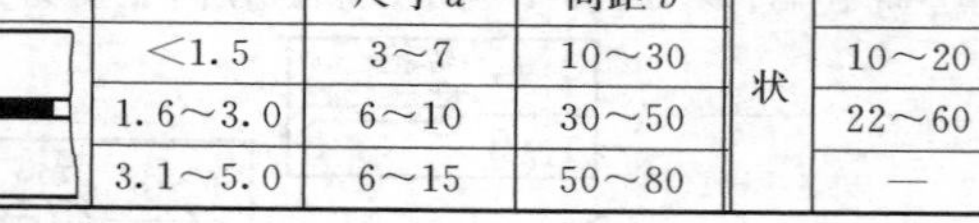 图 5-50　薄板对接平焊

类　　别	说　　明
薄板(小于3mm)对接平焊的操作	①操作过程中,应始终保持焊枪、焊丝和焊件的相对倾角和相对位置,如图5-50所示 ②焊接方向为从右向左的左向焊法。在始焊端的焊点处电弧要停留一段时间,待焊件温度上升到形成熔池时,再填充焊丝,移动焊枪 ③对于要求单面焊双面成形的焊缝,必须保证熔透匀称。遇有定位焊缝处,可适当抬高焊枪,加大焊枪与焊件间的倾角,达到基本垂直,以增大焊透率 ④钨丝绝不可以与钨极相碰,以防焊丝夹钨 ⑤操作施焊过程中,若发现熔池扩大过快,应立即按下衰减开关,降低焊接电流,减少热输入量。对已烧穿的焊缝,应从烧穿边缘逐步向空穴堵好,补焊过程中严禁出现虚焊现象,即表面补好了,但内部仍有空穴 ⑥收弧处要防止产生弧坑裂纹。一旦发现出现弧坑裂纹时,应趁热重新引弧,填充焊丝,将形成的弧坑裂纹熔化消除掉
厚板(大于3mm)对接平焊的操作	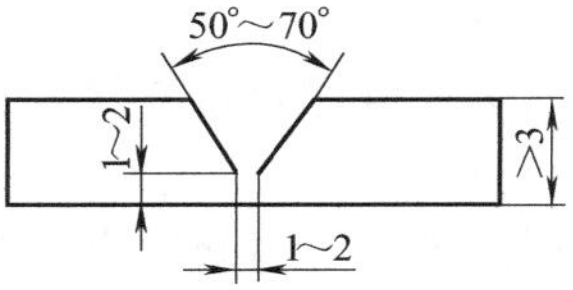 厚度为4～6mm的铝及铝合金板对接平焊时,应按要求开坡口。操作时,钨极应伸入坡口根部,以保证钝边焊透,如图5-51所示。操作时,使用水冷式焊枪,钨极直径3.5mm,焊件的坡口角度、钝边高度及装配间隙如图5-52所示。施焊时,采用短弧和较大的焊枪角度,钨极伸出长度为5～6mm。焊丝必须在电弧将钝边熔化形成熔孔后填充,填充焊丝时,焊丝应在熔池边缘作纵向轻微搅动。焊接速度要慢,在保证充分焊透的情况下,保持一定的焊缝余高 收弧时,应在距焊缝终端30mm处开始衰减电流,防止在终端处焊缝下沉产生焊瘤 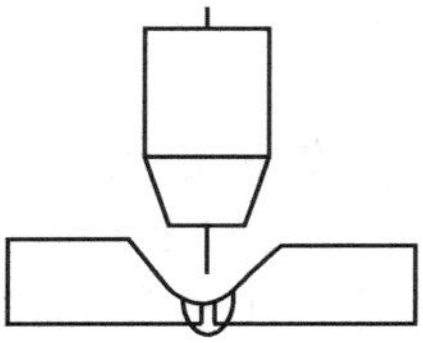

图 5-51　厚板对接平焊

图 5-52　焊件尺寸

（3）T字接头平角焊的操作

关键是掌握焊枪角度和焊丝的填充速度，既要保证尖角处的熔深，又要防止在立板一侧产生咬边和横板一侧产生焊瘤。其操作要领如下：

① 焊枪应略偏于横板，并使焊枪与横板保持55°～65°的倾角，当结构要求焊缝较窄时，宜采用直径为2.0～2.5mm的细直径焊丝，填充焊丝与横板的倾角为10°左右，如图5-53所示。

② 为了避免T字接头尖角处产生未焊透的现象，必须待尖角处母材熔化后才开始填加焊丝，但焊丝不宜填充过多。薄板推荐用推丝填丝

法；厚板则应采用断续点滴填丝法填加焊丝。

③ T 字接头平角焊如果放置位置不受限制，最好采用船形位置焊接。操作时，焊枪应对准尖角处并与焊件保持 75°～85°的倾角。使用短弧焊接，并用推丝填丝法添加焊丝，焊接速度不宜太快，氩气流量亦应调小些。

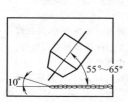
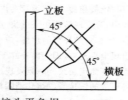

图 5-53　T 字接头平角焊

图 5-54　T 字接头立角焊

（4）T 字接头立角焊的操作

立角焊时，熔滴金属会因自重而下淌，容易形成焊瘤，使焊缝成形失控，因此操作难度较大；T 形接头立角焊时，焊枪、焊丝相对焊件的倾角如图 5-54 所示。其操作要领如下：

① 焊枪沿焊件的对接线由下向上直线运动，使焊枪向下倾斜成 70°～85°的倾角。

② 采用短弧焊接，熔池温度由衰减装置来控制。焊接电流比平焊时小 10%～15%。

③ 立角焊时氩气保护效果较好，为防止氩气流产生的漩涡和回流压力对电弧稳定性的影响，可适当减小氩气的流量。

④ 送丝采用断续点滴填丝法。焊枪向上移动速度与焊丝每次的填充量要协调，一环套一环向上运行，不允许摆动。

（5）管子对接焊的操作

根据焊接位置的不同，管子的对接焊可分为水平转动管、垂直固定管和水平固定管的全位置焊三种形式，其操作方法见表 5-46。

七、纯铜手工钨极氩弧焊

由于氩气对熔池的保护作用好、热量集中、焊接热影响区窄、焊件变形小，所以焊成的接头质量较高。但是过大的焊接电流会使钨极烧损，所以钨极氩弧焊多用于焊接较薄的焊件和厚件底层焊道的焊接，是焊接厚度小于 3mm 薄件结构的最有效方法。

表 5-46 管子对接焊的操作方法

类别	说　明	图　示
水平转动管的焊接	此时相当于平焊位置的焊接。焊接时,将管子平放在焊接托架上,整圈焊缝分成 3 段焊完(如放在转动胎架上,边焊边转动管子,则可一次焊完)。每段的焊枪位置有上坡平焊、平焊和下坡平焊三部分,如右图所示。操作时,焊枪与焊丝的倾角始终保持在 90°左右,焊枪与焊件之间的倾角为 75°～85°。电弧长度控制在 2～3mm,用断续点滴填丝法添加焊丝。焊接 5A02 铝镁合金时,焊接速度要快,并要避免过多的尖角形焊缝	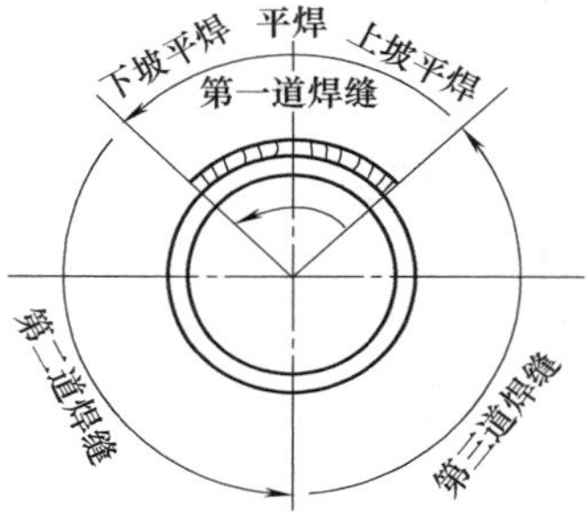
水平固定管的焊接	此时管子相当于全位置焊。焊接位置包括立焊、平焊和仰焊三种,操作时,从仰焊位置开始,将管子分两半圈焊接,在起弧端和熄弧端的焊缝要部分重叠,如右图所示 其操作要领:应将电弧长度尽可能地压短,用短弧操作。操作过程中,焊枪相对于焊件的角度应按不同的焊接位置做相应的调整,用断续点滴填丝法添加焊丝。每次焊丝的添加量要少,但添加次数要多,以确保焊缝成形	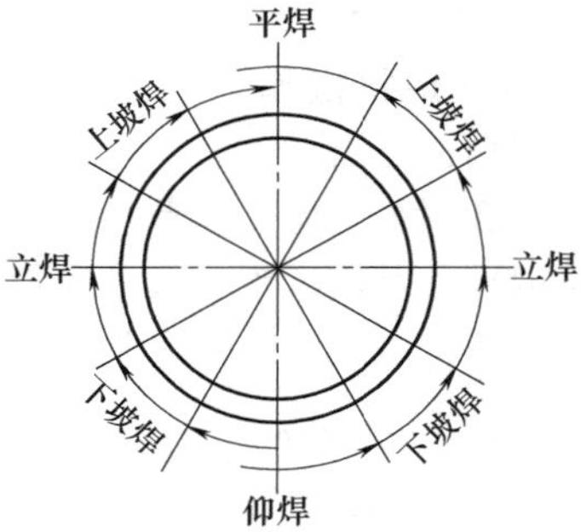
垂直固定管的焊接	此时相当于横焊位置的焊接。其操作要领如下 ①采用较小的焊接电流、较快的焊接速度,严格控制熔池温度,防止熔池下沉 ②焊件的施焊位置必须与焊工视线相平齐或略高些 ③操作时每施焊一小段焊缝,焊工必须移动脚步,使两手正对待焊接的焊口 ④施焊过程中,焊枪不作摆动并略下倾斜,与焊件的倾角保持在 70°～80°,用断续点滴填丝法添加焊丝,如右图所示 ⑤焊接方向采用左向焊法	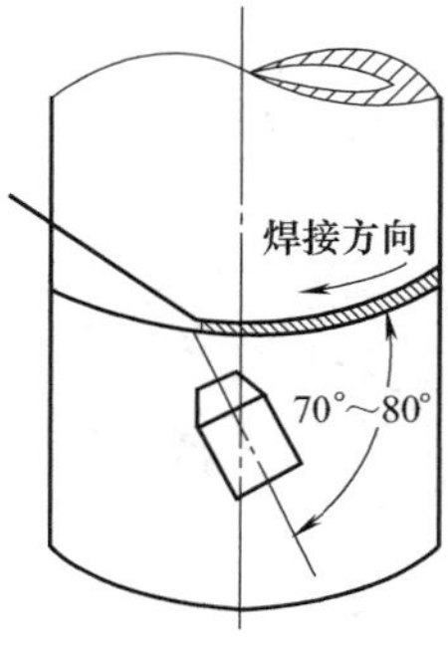

1. 焊接参数的选用

纯铜手工钨极氩弧焊焊接参数的选用见表 5-47。

表 5-47　纯铜手工钨极氩弧焊焊接参数的选用

板厚 /mm	焊丝直径 /mm	钨极直径 /mm	预热温度 /℃	焊接电流 /A	氩气流量 /(L/min)	备　　注
0.3～0.5	—	1	不预热	30～60	8～10	卷边接头
1	1.6～2.0	2	不预热	120～160	10～12	—
1.5	1.6～2.0	2～3	不预热	140～180	10～12	—
2	2	2～3	不预热	160～200	14～16	—
3	2	3～4	不预热	200～240	14～16	双面成形
4	3	4	300～350	220～260	16～20	双面焊
5	3～4	4	350～400	240～320	16～20	双面焊
6	3～4	4～5	400～450	280～360	20～22	—
10	4～5	5～6	450～500	340～400	20～22	—
12	4～5	5～6	450～500	360～420	20～24	—

2. 焊接操作

（1）引弧

在引弧处旁边应首先设置石墨块或不锈钢板，电弧应先在石墨板或不锈钢板上引燃，待电弧燃烧稳定后，再移到焊接处。不要将钨极直接与焊件引弧，以防止钨极粘在焊件上或钨极成块掉入坡口使焊缝产生夹钨。

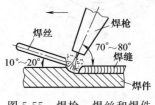

图 5-55　焊枪、焊丝和焊件之间的相对位置（一）

（2）施焊

操作时采用左向焊法，即自右向左焊。焊接平焊缝、管子环缝、搭接角焊缝时，焊枪、焊丝和焊件之间的相对位置分别如图 5-55～图 5-57 所示。喷嘴与焊件间的距离以 10～15mm 为宜。这样既便于操作、观察熔池情况，又能使焊接区获得良好的保护。

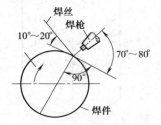

图 5-56　焊枪、焊丝和焊件之间的相对位置（二）

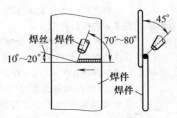

图 5-57　焊枪、焊丝和焊件之间的相对位置（三）

开始焊接时,焊接速度要适当慢一些,以使母材得到一定的预热、保证焊透和获得均匀一致的良好成形,然后再逐步加快焊接速度。为了防止焊缝始端产生裂纹,在开始焊一小段焊缝(长 20～30mm)后稍停,使焊缝稍加冷却再继续焊接;或者把焊缝的始焊端部分留出一段不焊,先焊其余部分,最后以相反方向焊接始焊端部分。在操作过程中,焊枪始终应均匀、平稳地向前作直线移动,并保持恒定的电弧长度。进行不添加焊丝的对接焊时,弧长保持为 1～2mm;添加焊丝时,弧长可拉长至 2～5mm,以便焊丝能自由伸进。焊枪移动时,可作间断的停留,当母材达到一定的熔深后,再添加焊丝,向前移动。添加焊丝时要配合焊枪的运行动作,当焊接坡口处尚未达到熔化温度时,焊丝应处于熔池前端的氩气保护区内;当熔池加热到一定温度后,应从熔池边缘送入焊丝。如发现熔池中混入较多杂质时,应停止添加焊丝,并将电弧适当拉长,用焊丝挑去熔池表面的杂质。熔池不清时,不添加焊丝;纯铜焊接时,严禁将钨极与焊丝或钨极与熔池直接接触,不然会产生大量的金属烟尘,落入熔池后,焊道上会产生大量蜂窝状气孔和裂纹。如果产生这种现象,应立即停止焊接,并更换钨极或将钨极尖端重新修磨,达到无铜金属为止,还应将受烟尘污染的焊缝金属铲除干净。

焊接厚度较大的焊件时,可使焊件倾斜 45°,先让其中一个焊工专门从事预热操作,用氧-乙炔焰加热焊件,如图 5-58 所示。或者将焊件直立,然后由两名焊工从两侧对接头的同一部位进行焊接,如图 5-59 所示,这样既能提高生产率,又能改善劳动条件,并且还可以不清焊根。

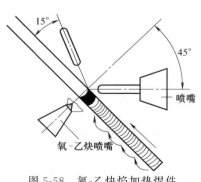

图 5-58 氧-乙炔焰加热焊件

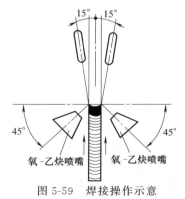

图 5-59 焊接操作示意

3. 典型零件的焊接操作

(1) 纯铜薄板的焊接操作

为提高焊接接头的质量，焊前可在焊件坡口面上涂一层铜焊熔剂，但在引弧处的 10～15mm 不涂熔剂，以防在引弧时将焊件烧穿。装配时，应将薄板放在专用夹具上进行对接拼焊，并在夹具上施焊，这样焊件可在刚性固定下焊接，以减少变形。焊件背面由在石棉底板上铺设的埋弧焊剂（HJ431）衬垫来控制成形。厚度为 2mm 的薄板所用的焊接参数为：钨极直径 3mm、焊丝直径 3mm、焊接电流 150～220A、电弧电压 18～20V、焊接速度 12～18m/h、氩气流量 10～12L/min。操作时应适当提高焊接速度，有利于防止产生气孔。

（2）纯铜管的焊接操作

纯铜管的焊接分纵缝和环缝两部分。

① 纵缝焊接操作　管壁厚为 10mm 的纯铜管纵缝焊接时，开 70°Y 形坡口，钝边小于 1.5mm，间隙 1～2mm，坡口两侧的错边量小于 1.5mm，为获得良好的焊缝背面成形，管内可衬一条石墨衬垫，其断面尺寸为 70mm×70mm，成形槽尺寸为宽 8mm、深 1.5mm。填充焊丝牌号为 HS201，直径 4.0mm。焊丝及纯铜管先在烧碱溶液及硫酸溶液中清洗，然后将焊丝放入 150～200℃ 的烘箱内烘干。焊前将管子放在箱式电炉内加热至 600～700℃，进行预热。出炉后置于焦炭炉上进行焊接，使层间温度保持为 600～700℃。为使底层焊道充分焊透，并有良好的背面成形，操作时将铜管倾斜 15°左右，进行上坡焊。焊接参数为：钨极直径 5mm，焊接电流 300～350A，氩气流量 25L/min，共焊三层。焊后立即将纯铜管垂直吊入水槽内冷却，以提高接头的韧性。

② 环缝焊接操作　坡口形式、尺寸、焊接参数等与纵缝焊接相同。预热方法是用两把特大号的氧-乙炔焊炬，在管子接头两侧各 500mm 范围内进行局部加热，加热温度为 600℃；操作时，接头内侧应衬以厚度为 50mm 的环形石墨衬垫，衬垫必须紧贴纯铜管内壁。

为了防止底层焊接时产生纵向裂纹，管子周向不安装夹具，也不采用定位焊缝定位，使管子处于自由状态下进行焊接。钨极指向为逆管子旋转方向，与管子中心线呈 25°倾角。为充分填满弧坑，收弧处应超越引弧点约 30mm。焊后立即在管子内、外侧用流动水冷却。

纯铜管的纵、环缝也可采用无衬垫焊接。此时应时刻注意防止根部出现焊瘤，所以操作时要随时掌握好熔化、焊透的时机。当发现熔池金属有下沉低于母材平面的趋势时，说明已经焊透，此时应立即给送焊丝并向前移动焊枪，施焊过程中应始终保持这种状态，便能得到成形良好的焊缝，如图 5-60 所示。如果焊接速度稍慢或不均匀，就会出现未焊透，根部出现焊瘤或烧穿等缺陷，如图 5-61 所示。

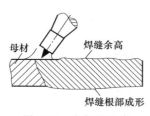

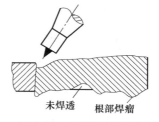

图 5-60　良好缝示意　　　　　　图 5-61　根部焊接缺陷

八、有色铜板手工钨极氩弧焊

1. 紫铜板对接平焊钨极氩弧焊

焊件结构形式如图 5-62 所示。采用手工钨极氩弧焊焊接紫铜，可以获得高质量的焊接接头，并有利于减小焊件变形。

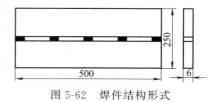

图 5-62　焊件结构形式

（1）技术要求

① 焊接采用手工钨极氩弧焊。

② 焊缝为单面 V 形坡口，双面，全焊透结构。

③ 材料为 T2 紫铜。

（2）焊前准备

① 工件和焊丝的表面清理　工件焊接边缘和焊丝表面的氧化膜、油污等脏物，在焊前必须清理干净，否则会引起气孔、夹渣等缺陷，使焊缝的性能降低。清理有两种方法：第一种为机械清理法。用风动钢丝轮、钢丝刷或细砂纸清理，直到露出金属光泽为止；第二种为化学清理法。将焊接边缘和焊丝放入 30% 硝酸水溶液中浸蚀 2～3min，然后在流动的冷水中用清洁的布或棉擦洗干净。

② 坡口的制备　对接接头板厚小于 3mm 时，不开坡口。板厚为 3～10mm 时，开 V 形坡口，坡口角度为 60°～70°；板厚小于 10mm 时，开 X 形坡口，坡口角度为 60°～70°。为避免未焊透现象，一般不留钝边。

③ 装配　根据板厚和坡口尺寸，对接接头的装配间隙在 0.5～1.5mm 选取。留间隙方法有两种：第一种为等距离间隙，即按板厚留出大小一定的间隙 a，并做定位焊，如图 5-63（a）所示；第二种为角度间隙法，即按板厚、焊缝的长度，留出间隙 a_1 和 a_2，如图 5-63（b）

所示。a_1 或 a_2 可按下式估算：

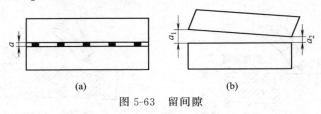

图 5-63　留间隙

当板厚≤3mm、长度 L≤1500mm 时：

$a_1 = (0.5 \sim 1)\text{mm}$；

$a_2 = a_1 + (0.008 \sim 0.012)L$。

当板厚＞3mm、长度 L＞2000mm 时：

$a_1 = (1 \sim 2)\text{mm}$；

$a_2 = 1 + (0.02 \sim 0.03)L$。

第二种方法比第一种方法好，不仅焊接过程顺利，变形较小，并且也免除了定位焊的麻烦。

④ 对于角焊缝和采用角度间隙法有困难的对接焊缝（如环缝），在焊接前做定位焊时，要力求焊透，焊肉不要高，焊点要细而长（长度一般为 20～30mm）。为了防止裂纹和保证定位焊质量，在定位焊时，焊点两旁应适当预热。如果发现焊点有裂纹，应铲掉重焊。

（3）焊丝

正确地选择填充金属，是紫铜氩弧焊获得优质焊缝的必要条件。选择的原则是，首先要保证焊接接头的力学性能及致密性，同时也要考虑到产品的具体要求，如导电性、导热性、表面颜色等。紫铜氩弧焊用的焊丝有两种。

① 含脱氧元素焊丝，有丝 201（特制紫铜焊丝）和 QSn4-0.3（锡锰青铜丝）、QSi3-1（硅锰青铜丝）。

② 紫铜丝，如 T2。采用不含脱氧元素的紫铜丝作填充金属焊接含氧铜时，所得的焊缝金属的力学性能较低，焊缝容易出气孔。为了消除气孔和提高焊缝金属的力学性能，可以使用气焊用的铜焊粉（粉 301）。具体方法是将铜焊粉用无水酒精调成糊状，刷在焊接坡口上。如果焊丝上也涂铜焊粉，则在焊接过程中焊丝稍接近喷嘴，焊粉就会粘到喷嘴上引起偏弧，破坏气体保护区，影响焊接质量。

（4）焊接操作

紫铜手工氩弧焊，通常采用直流正接，即钨极接负极，工件接正极。为了消除气孔，保证焊缝根部可靠的熔合和焊透，必须提高焊接速度，减少氩气消耗量，并预热焊件。板厚小于 3mm 时，预热温度为 150～300℃；板厚大于 3mm 时，预热温度为 350～500℃。预热温度过高，不仅恶化劳动条件，而且使焊接热影响区扩大，降低焊接接头的力学性能。紫铜板手工氩弧焊的工艺参数列于表 5-48。

表 5-48　紫铜板对接平焊工艺参数

板厚/mm	钨极直径/mm	焊丝直径/mm	焊接电流/A	氩气流量/(L/min)
6	5	5	300～400	9～11

（5）焊接要求

通常，紫铜手工氩弧焊是自右向左进行的。为了便于引弧和防止钨极粘在焊件上，或钨极成块掉入坡口而形成焊缝"夹钨"，电弧应先在石墨板或不锈钢上引燃，待电弧稳定后再移入焊接处。焊炬、焊丝与工件之间的位置如图 5-64 所示。焊嘴与工件的距离以 10～15mm 为宜。这样，既便于操作、观察熔池情况，又能使焊接区获

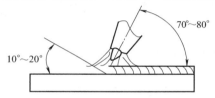

图 5-64　焊接位置示意

得良好的保护；在焊接对接焊缝时，为了防止焊缝始端产生裂纹，在开始焊一小段焊缝（为 20～30mm）后应稍停，使焊缝凉一凉，再继续焊接。或者把焊缝起始部分留出一段不焊，先焊其余部分，最后以相反方向焊接焊缝起始部分；在多层焊的情况下，第一层焊缝的厚度不能过大，一般不超过 2～3mm。焊下一层之前，要用钢丝刷刷掉焊缝表面的氧化物。对于 V 形对接焊缝，应先焊满坡口，然后挑焊根再焊反面焊缝。

2. 黄铜板对接平焊手工钨极氩弧焊

手工氩弧焊可以焊接黄铜结构，也可以进行黄铜铸件缺陷的焊补工作，其焊接工艺和紫铜手工氩弧焊相似（故这里不具体介绍工件的施焊过程）。只是由于黄铜的导热性和熔点比紫铜低，以及含有容易蒸发的元素锌等，所以在填充焊丝和焊接规范等方面有一些不同的要求。

（1）焊丝

黄铜手工氩弧焊可以采用标准黄铜焊丝，丝 221、丝 222 和丝 224，其化学成分和焊缝的力学性能见表 5-49，也可以采用与母材相同成分的材料作填充焊丝。

由于上述焊丝的含锌量较高，所以在焊接过程中烟雾很大，不仅影响焊工的身体健康，而且还妨碍焊接操作的顺利进行。为了减少焊接过

程中锌的蒸发，采用 QSi3-1 青铜作为填充焊丝，可以得到满意的结果。采用 H62 和 QSi3-1 填充焊丝焊接 H62 黄铜，H62 黄铜焊接接头的力学性能见表 5-50。

表 5-49　铜及铜合金焊丝

牌号	名称	焊丝成分/%	熔点/℃
丝 201	特制紫铜焊丝	锡 1.0～1.2；硅 0.35～0.5；锰 0.35～0.5；磷 0.1；铜余量	1050
丝 202	低磷铜焊丝	磷 0.2～0.4；铜余量	1060
丝 221	锡黄铜焊丝	锡 0.8～1.2；硅 0.15～0.35；铜 59～61；锌余量	890
丝 222	铁黄铜焊丝	锡 0.7～1.0；硅 0.05～0.15；铁 0.35～1.20；锰 0.03～0.09；铜 57～59；锌余量	860
丝 224	硅黄铜焊丝	硅 0.30～0.70；铜 61～69；锌余量	905

牌号	名称	焊缝抗拉强度 σ_b/(kgf/mm^2)			主　要　用　途
		母材	合格标准	一般值	
丝 201	特制紫铜焊丝	紫铜	18	21～24	适用于紫铜的氩弧焊及氧-乙炔气焊时作为填充材料。焊接工艺性能良好，力学性能较高
丝 202	低磷铜焊丝	紫铜	18	20～23	通用于紫铜的碳弧焊及氧-乙炔气焊的填充材料
丝 221	锡黄铜焊丝	H62 黄铜	34	38～43	适用于氧-乙炔气焊黄铜和钎焊铜、铜镍合金、灰铸铁和钢，也用于镶嵌硬质合金刀具
丝 222	铁黄铜焊丝	H62 黄铜	34	38～43	用途与丝 221 相同，但流动性较好，焊缝表面略呈黑斑状，焊时烟雾少
丝 224	硅黄铜焊丝	H62 黄铜	34	38～43	用途与丝 221 相同，由于含硅 0.5% 左右，气焊时能有效地控制锌的蒸发，消除气孔，得到满意的力学性能

表 5-50　黄铜焊接接头的力学性能

填充焊丝	抗拉强度 σ_b/(kgf/mm^2)[①]	冷弯角 σ/(°)
H62	32～35	180
QSi3-1	37～37.5	180

① 1kgf/mm$^2 \approx 9.8$MPa。

（2）焊接操作

焊接可以用直流正接，也可以用交流。用交流焊接时，锌的蒸发比直流正接时轻。焊接规范与紫铜焊接相似，但通常焊前不用预热，只是在焊接板厚大于 12mm 的接头和焊接边缘厚度相差比较大的接头时才需预热。而后者只预热焊接边缘较厚的零件。焊接速度应尽可能快。板厚小于 5mm 的接头，最好能一次焊成。

（3）焊后处理

焊件在焊后应加热 $300\sim400℃$ 进行退火处理，消除焊接应力，以防黄铜机件在使用过程中破裂。

第六章
CO₂气体保护焊

第一节 操作基础

  CO_2气体保护焊是利用专门输送到熔池周围的CO_2气体作为介质的一种熔化极电弧焊方法，简称CO_2焊。

  CO_2气体保护焊的焊接过程如图6-1所示。焊接电源和两端分别接在焊枪与焊件上，盘状焊丝由送丝机构带动，经软管与导电嘴不断向电弧区域送给，同时，CO_2气体以一定的压力和流量送入焊枪，通过喷嘴后，形成一股保护气流，使熔池和电弧与空气隔绝，随着焊枪的移动，熔池金属冷却凝固成焊缝。

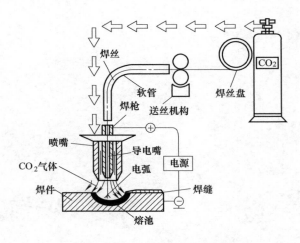

图 6-1　CO₂气体保护焊焊接过程

一、CO₂气体保护焊的特点与应用范围

1. 特点

① 焊接熔池与大气隔绝，对油、锈敏感性降低，可以减少焊件及焊丝的清理工作。电弧可见性良好，便于对中，操作方便，易于掌握熔池溶化和焊缝成形。

② 电弧在气流的压缩下使热量集中，工作受热面积小，热影响区窄，加上 CO_2 气体的冷却作用，因而焊件变形和残余应力较小，特别适用于薄板的焊接。

③ 电弧的穿透能力强，熔深较大，对接焊件可减少焊接层数。对厚 10mm 左右的钢板可以开 I 形坡口一次焊透，角接焊缝的焊脚尺寸也可以相应地减小。

④ 抗锈能力强，抗裂性能好，焊缝中不易产生气孔，所以焊接接头的力学性能好，焊接质量高。CO_2 气体价格低，焊接成本低于其他焊接方法，仅相当于埋弧焊和焊条电弧焊的 40% 左右。

⑤ 焊后无焊接熔渣，所以在多层焊时就无需中间清渣。焊丝自动送进，容易实现自动操作，短路过渡技术可用于全位置及其他空间焊缝的焊接，生产率高。

⑥ CO_2 焊机的价格比焊条电弧焊机高。大电流焊接时，焊缝表面成形不如埋弧焊和氩弧焊平滑，飞溅较多。为了解决飞溅的问题，可采用药芯焊丝。或者在 CO_2 气体中加入一定量的氩气形成混合气体保护焊。

⑦ 室外焊接时．抗风能力比焊条电弧焊弱。半自动 CO_2 焊焊炬重，焊工在焊接时劳动强度大。焊接过程中合金元素烧损严重。如保护效果不好，焊缝中易产生气孔。

2. 应用范围

CO_2 焊适用范围广，可进行各种位置焊接。常用于焊接低碳钢及低合金钢等钢铁材料和要求不高的不锈钢及铸铁焊补。不仅适用于焊接薄板，还常用于中厚板焊接。薄板可焊到 1mm 左右，厚板采用开坡口多层焊，其厚度不受限制。CO_2 焊是目前广泛应用的一种电弧焊方法，主要用于汽车、船舶、管道、机车车辆、集装箱、矿山和工程机械、电站设备、建筑等金属结构的焊接。

二、CO₂气体保护焊的分类和比较

1. CO₂气体保护焊的分类

CO₂气体保护焊的分类如图 6-2 所示。

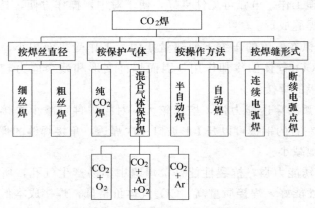

图 6-2　CO₂气体保护焊的分类

2. 不同类别 CO₂ 气体保护焊的比较

不同类别 CO₂ 气体保护焊的比较见表 6-1。

表 6-1　不同类别 CO₂ 气体保护焊的比较

类别	保护方式	焊接电源	熔滴过渡形式	喷嘴	焊接过程	焊缝成形
细丝（焊丝直径＜1.6mm)	气保护	直流反接平或缓降外特性	短路过渡或颗粒过渡	气冷或水冷	稳定、有飞溅	较好
粗丝（焊丝直径≥1.6mm)	气保护	直流陡降或平特性	颗粒过渡	水冷为主	稳定、飞溅大	较好
药芯焊丝	气-渣联合保护	交、直流平或陡降外特性	细颗粒过渡	气冷	稳定、飞溅很少	光滑、平坦

三、CO₂气体保护焊熔滴过渡形式

CO₂气体保护焊有三种溶滴过渡形式：短路过渡、滴状过渡及射流过渡表 6-2。

表 6-2　CO₂气体保护焊熔滴过渡形式

过渡形式	说　明
短路过渡	熔滴短路过渡的形式如图 6-3 所示。CO₂焊时,在采用细焊丝、较小焊接电流和较低电弧电压下,熔化金属首先集中在焊丝的下端,并开始形成熔滴[图 6-3(a)]。然后熔滴的颈部变细加长[图 6-3(b)],这时颈部的电流密度增大,促使熔滴的颈部继续向下伸延。当熔滴与熔池接触时发生短路[图 6-3(c)]时,电弧熄灭,这时短路电流迅速上升,随着短路电流的增加,在电磁压缩力和熔池表面张力的作用下,使熔滴的颈部变得更细。当短路电流增大到一定数值后,部分缩颈金属迅速汽化,缩颈即爆断,熔滴全部进入熔池。同时,电流电压很快回复到引燃电压,于是电弧又重新点燃,焊丝末端又重新形成熔滴[图 6-3(d)],重复下一个周期的过程。短路过渡时,在其他条件不变的情况下,熔滴质量和过渡周期主要取决于电弧长度。随着电弧长度(电弧电压)的增加,熔滴质量和过渡周期增大。如果电弧长度不变,增加电流,则过渡频率增高,熔滴变细 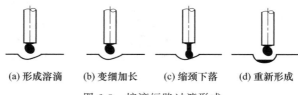 (a) 形成溶滴　　(b) 变细加长　　(c) 缩颈下落　　(d) 重新形成 图 6-3　熔滴短路过渡形式
滴状过渡	CO₂焊熔滴过渡过程如图 6-4 所示。如图(a)所示时,熔滴开始形成,由于阴极喷射的作用,使熔滴偏离轴线位置;如图(b)所示时,熔滴体积增大,仍然偏离轴线的位置;如图(c)所示时,熔滴开始脱离焊丝;如图(d)所示时,熔滴断开,落于熔池或飞溅到熔池外面。 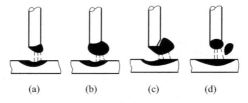 　　(a)　　　(b)　　　(c)　　　(d) 图 6-4　滴状过渡形式 　　CO₂焊在较粗焊丝、较大焊接电流和较高电弧电压焊接时,会出现颗粒状熔滴的滴状过渡。当电流在小于 400A 时,为大颗粒滴状过渡。这种大颗粒呈非轴向过渡,电弧不稳定,飞溅很大,焊缝成形也不好,实际生产中不宜采用。当电流在 400A 以上时,熔滴细化,过渡频率也随之增大,虽然仍为非轴向过渡,但飞溅减小,电弧较稳定,焊缝成形较好,生产中应用较广

过渡形式	说　明
射流 （射滴） 过渡	射滴过渡和射流过渡形式如图 6-5 所示。射滴过渡时,过渡熔滴的直径与焊丝直径相近,并沿焊丝轴线方向过渡到熔池中,这时的电弧呈钟罩形,焊丝端部熔滴大部分或全部被弧根所笼罩。射流过渡在一定条件下形成,其焊丝端部的液态金属呈"铅笔尖"状,细小的熔滴从焊丝尖端一个接一个地向熔池过渡。射流过渡的速度极快,脱离焊丝端部的熔滴加速可达到重力加速度的几十倍;射流过渡和射流过渡形式具有电弧稳定、没有飞溅、电弧熔深大、焊缝成形好、生产效率高等优点,因此适用粗丝气体保护焊。如果获得射流（射滴）过渡以后继续增加电流到某一值时,则熔滴作高速螺旋运动,叫作旋转喷射过渡。CO_2 气体保护焊这三种熔滴过渡形式的特点及应用范围如下: 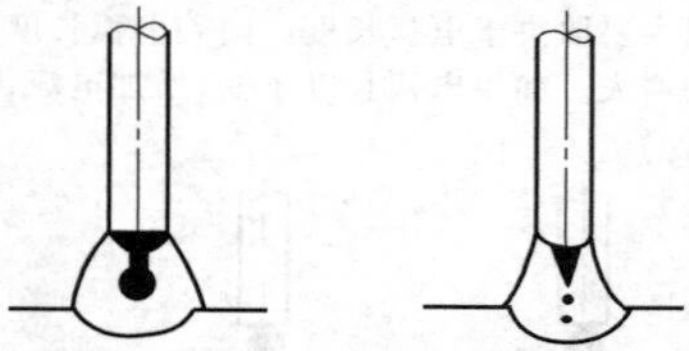 (a) 射滴过渡　　　　(b) 射流过渡 图 6-5　熔滴射流、射滴过渡形式 (1)特点 ①短路过渡　电弧燃烧、熄灭和熔滴过渡过程稳定,飞溅小,焊缝质量较高 ②滴状过渡　焊接电弧长,熔滴过渡轴向性差,飞溅严重,工艺过程不稳定 ③射流（射滴）过渡　焊接过程稳定,母材熔深大 (2)应用范围 ①短路过渡　多用于 $\phi1.4mm$ 以下的细焊丝,在薄板焊接中广泛应用,适合全位置焊接 ②滴状过渡　生产中很少应用 ③射流（射滴）过渡　中厚板平焊位置焊接

四、CO_2气体保护焊的飞溅

CO_2 焊容易产生飞溅,这是由 CO_2 气体的性质决定的。通常颗粒状过渡的飞溅程度,要比短路过渡严重得多。当使用颗粒状过渡形式焊接时,飞溅损失应控制在焊丝熔化量的 10% 以内,短路过渡形式的飞溅量则在 $2\%\sim4\%$。

CO_2 焊时的大量飞溅,不仅增加了焊丝的损耗,而且使焊件表面被金属熔滴溅污,影响外观质量及增加辅助工作量,而且更主要的是容易造成喷嘴堵塞,使气体保护效果变差,导致焊缝产生气孔。如果金属熔滴沾在导电嘴上,还会破坏焊丝的正常给送,引起焊接过程不稳定,使焊缝成形变差或产生焊接缺陷。为此,CO_2 焊必须重视飞溅问题,尽量降低飞溅的不利影响，才能确保 CO$_2$ 焊的生产率和焊缝质量。CO$_2$ 焊产生飞溅的原因及减少飞溅的措施主要有以下几方面（表 6-3）：

表 6-3　CO$_2$焊产生飞溅的原因及减少飞溅的措施

类　别	说　明
由冶金反应引起的飞溅	主要由 CO 气体造成。生产过程中产生的 CO 在电弧高温作用下，体积急剧膨胀，压力迅速增大，使熔滴和熔池金属产生爆破，从而产生大量飞溅。采用含有锰硅脱氧元素的焊丝，并降低焊丝中的含碳量，可减少飞溅
由极点压力产生的飞溅	主要取决于电弧的极性。当使用正极性焊接时（焊件接正极、焊线接负极），正离子飞向焊丝端部的熔滴，机械冲击力大，形成大颗粒飞溅；而反极性焊接时，飞向焊丝端部的电子撞击力小，致使极点压力大为减小，因而飞溅较少。所以 CO$_2$ 焊应选用直流反接焊接
熔滴短路时引起的飞溅	多发生在短路过渡过程中，当焊接电源的动特性不好时，则显得更严重。短路电流增长速度过快，或者短路最大电流过大时，当熔滴刚与熔池接触，由于短路电流强烈加热及电磁收缩力的作用，结果使缩颈处的液态金属发生爆破，产生较多的细颗粒飞溅。如果短路电流增长速度过慢，则短路电流不能及时增大到要求的电流值。此时，缩颈处就不能迅速断裂，使伸出导电嘴的焊丝在电阻热的长时间加热下，成段软化而断落，并伴随着较多的大颗粒飞溅。减少这种飞溅的方法，主要是调节焊接回路中的电感值，若串入焊接回路的电感值合适，则爆声较小，过渡过程比较稳定
非轴向颗粒状过渡造成的飞溅	多发生在颗粒过渡过程中，是由于电弧的斥力作用而产生的。当熔滴在极点压力和弧柱中气流压力的作用下被推到焊丝端部的一边，并抛到熔池外面去，产生大颗粒飞溅
焊接参数选择不当引起的飞溅	因焊接电流、电弧电压和回路电感等焊接参数选择不当引起。只有正确地选择 CO$_2$ 焊的焊接参数，才会减少产生这种飞溅的可能性

五、CO$_2$气体保护焊焊接参数的选用

1. 电源极性的选择

CO$_2$ 焊电源极性的选择见表 6-4。

表 6-4　CO$_2$焊电源极性的选择

电源接法	应用范围	特　点
反接（焊丝接正极）	短路过渡及颗粒过渡的普通焊接过程	电弧稳定、飞溅小、熔深大
正接（焊丝接负极）	高速 CO$_2$ 焊接、堆焊及铸铁衬焊	焊丝熔化率高、熔深小、熔宽及堆高较大

2. 焊接电流与电弧电压的选择

焊接电流的大小主要取决于送丝速度，随着送丝速度的增加，焊接

电流也增加，另外焊接电流的大小还与焊丝伸长、焊丝直径、气体成分等有关。

在 CO_2 气体保护焊中电弧电压是指导电嘴到工件之间的电压降。这一参数对焊接过程稳定性、熔滴过渡、焊缝成形、焊接飞溅等均有重要影响，短路过渡时弧长较短，随着弧长的增加，电压升高，飞溅也随之增加。再进一步增加电弧电压，可达到无短路的过程。相反，若降低电弧电压，弧长缩短，直至引起焊丝与熔池的固体短路。

焊接电流的大小要与电弧电压匹配，不同直径焊丝 CO_2 焊对应的焊接电流和电弧电压见表 6-5。

表 6-5   不同直径焊丝 CO_2 焊对应的焊接电流和电弧电压

焊丝直径/mm	短路过渡		射流过渡	
	焊接电流/A	电弧电压/V	焊接电流/A	电弧电压/V
0.5	30～60	16～18	—	—
0.6	30～70	17～19	—	—
0.8	50～100	18～21	—	—
1.0	70～120	18～22	—	—
1.2	90～150	19～23	160～400	25～38
1.6	140～200	20～24	200～500	26～40
2.0			200～600	26～40
2.5			300～700	28～42
3.0			500～800	32～44

3. 焊接速度

焊接速度对焊缝成形、接头性能都有影响。速度过快会引起咬边、未焊透及气孔等缺陷。速度过慢则效率低，输入焊缝的热量过多，接头晶粒粗大，变形大，焊缝成形差。一般半自动焊速度为 15～40m/h。自动化焊时，焊接速度不超过 90m/h。

4. 焊丝直径

焊丝直径分细丝和粗丝两大类。半自动 CO_2 气体保护焊多用直径 0.4～1.6mm 的细丝；自动 CO_2 气体保护焊多用直径 1.6～5mm 的粗丝；焊丝直径大小根据焊件的厚度和施焊位置进行选择，见表 6-6。

表 6-6   焊丝直径大小的选择

焊丝直径/mm	熔滴过渡形式	可焊板厚/mm	焊缝位置
0.5～0.8	短路过渡	0.4～3.2	全位置
	射滴过渡	2.5～4	平焊、横角
1.0～1.2	短路过渡	2～8	全位置
	射滴过渡	2～12	平焊、横角

焊丝直径/mm	熔滴过渡形式	可焊板厚/mm	焊缝位置
1.6	短路过渡	3~12	全位置
	射滴过渡	>8	平焊、横角
2.0~5.0	射滴过渡	>10	平焊、横角

5. 焊丝干伸长度

焊丝干伸长度应为焊丝直径的 10~20 倍。干伸长度过大，焊丝会成段熔断，飞溅严重，气体保护效果差；过小，不但易造成飞溅物堵塞喷嘴，影响保护效果，还会影响焊工视线。

6. 喷嘴至工件距离的选择

短路过渡 CO₂ 焊时，喷嘴至工件的距离应尽量取得适当小一些，以保证良好的保护效果及稳定的过渡，但也不能过小。因为该距离过小时，飞溅颗粒易堵塞喷嘴，阻挡焊工的视线。喷嘴至工件的距离一般应取焊丝直径的 12 倍左右。

7. 气体流量及纯度

气体流量小，电弧不稳定，焊缝表面成深褐色，并有密集网状小孔；气体流量过大，会产生不规则湍流，焊缝表面呈浅褐色，局部出现气孔；适中的气体流量，电弧燃烧稳定，保护效果好，焊缝表面无氧化色。通常焊接电流在 200A 以下时，气体流量选用 10~15L/min；焊接电流大于 200A 时，气体流量选用 15~25L/min；粗丝大规范自动化焊时则为 25~50L/min；CO₂ 气体保护焊气体纯度不得低于 99.5%。

对接接头半自动、自动 CO₂ 气体保护焊焊接参数的选用见表 6-7。

表 6-7 对接接头半自动、自动 CO₂ 气体保护焊焊接参数的选用

焊件厚度/mm	坡口形式	焊接位置	有无垫板	焊丝直径/mm	坡口或坡口面角度/(°)	根部间隙/mm	钝边/mm	根部半径/mm	焊接电流/A	电弧电压/V	气体流量/(L/min)	自动焊焊接速度/(m/h)	极性
1.0~2.0	I	平	无	0.5~1.2	—	0~0.5	—	—	35~120	17~21	6~12	18~35	直流反接
		平	有	0.5~1.2	—	0~1.0	—	—	40~150	18~23	6~12	18~30	
		立	无	0.5~0.8	—	0~0.5	—	—	35~100	16~19	8~15	—	
		立	有	0.5~1.0	—	0~1.0	—	—	35~100	16~19	8~15	—	
2.0~4.5	I	平	无	0.8~1.2	—	0~2.0	—	—	100~230	20~24	10~15	20~30	
		平	有	0.8~1.6	—	0~2.5	—	—	120~260	21~27	10~15	20~30	
		立	无	0.8~1.0	—	0~1.5	—	—	70~120	17~24	10~15	—	
		立	有	0.8~1.0	—	0~1.5	—	—	70~120	17~20	10~15	—	
5.0~9.0	I	平	无	1.2~1.6	—	1.0~2.0	—	—	200~400	23~40	15~2.0	20~42	
		平	有	1.2~1.6	—	1.0~3.0	—	—	250~420	26~41	15~25	18~35	

续表

焊件厚度/mm	坡口形式	焊接位置	有无垫板	焊丝直径/mm	坡口或坡口面角度/(°)	根部间隙/mm	钝边/mm	根部半径/mm	焊接电流/A	电弧电压/V	气体流量/(L/min)	自动焊焊接速度/(m/h)	极性
10~12	I	平	无	1.6	—	1.0~2.0	—	—	350~450	32~43	20~25	20~42	
5~60	Y	平	无	1.2~1.6	45~60	0~2.0	0~5.0	—	200~450	23~43	15~25	20~42	直流反接
		平	有	1.2~1.6	30~50	4.0~7.0	0~3.0	—	250~450	26~43	20~25	18~35	
		立	无	0.8~1.2	45~60	0~2.0	0~3.0	—	100~150	17~21	10~15		
		立	有	0.8~1.2	35~50	4.0~7.0	0~2.0	—	100~150	17~21	10~15		
		横	无	1.2~1.6	40~50	0~2.0	0~5.0	—	200~400	23~40	15~25		
		横	有	1.2~1.6	30~50	4.0~7.0	0~3.0	—	250~400	26~40	20~25		
		平	无	1.2~1.6	45~60	0~2.0	0~5.0	—	200~450	23~43	15~25	20~42	
		平	有	1.2~1.6	35~60	2~6.0	0~3.0	—	250~450	26~43	20~25	18~35	
		立	无	0.8~1.2	45~60	0~2.0	0~3.0	—	100~150	17~21	10~15		
		立	有	0.8~1.2	35~60	3.0~7.0	0~2.0	—	100~150	17~21	10~15		
10~100	K	平	无	1.2~1.6	40~60	0~2.0	0~5.0	—	200~450	23~43	15~25	20~42	
		立	无	0.8~1.2	45~60	0~2.0	0~3.0	—	100~150	17~21	10~15		
		横	无	1.2~1.6	45~60	0~3.0	0~5.0	—	200~400	23~40	15~25		
	双V	平	无	1.2~1.6	45~60	0~2.0	0~5.0	—	200~450	23~43	15~25	20~42	
		立	无	1.0~1.2	45~60	0~2.0	0~3.0	—	100~150	19~21	10~15		
20~60	U	平	无	1.2~1.6	10~12	0~2.0	2.0~5.0	8.0~10	200~450	23~43	20~25	20~42	
40~100	双U	平	无	1.2~1.6	10~12	0~2.0	2.0~5.0	8.0~10	200~450	23~43	20~25	20~42	

表 6-8　自动 CO₂ 焊推荐焊接参数

接头形式	母材厚度/mm	坡口形式	焊接位置	垫板	焊丝直径/mm	焊接电流/A	电弧电压/V	气体流量/(L/min)	机械化焊焊接速度/(m/h)
对接接头	1~2	I 形	平焊	无	0.5~1.2	35~120	17~21	6~12	18~35
			立焊	有	0.5~0.8	40~150	18~23		18~30
	2~4.5		平焊	无	0.8~1.2	35~100	16~19	8~15	—
			立焊	有	0.8~1.6	100~230	20~26	10~15	20~30
	5~9		平焊	无	0.8~1	120~260	21~27		—
			立焊	有		70~120	17~20		
	10~12	I 形	平焊	无	1.6	200~400	23~40	15~20	20~42
	5~40	单边V形	平焊	无	1.2~1.6	250~420	26~41	15~25	18~35
			立焊	有		350~450	32~43	20~25	—
			横焊			250~450	23~43	20~25	20~42
	5~50	V 形	平焊	无	0.8~1.2	100~150	23~43	10~15	18~35
			立焊		1.2~1.6	200~400	17~21	15~25	—
	18~80	双单边V形	平焊	无	1.2~1.6	200~450	23~40	15~25	20~42
			立焊	有		250~450	23~43	20~25	18~35
			横焊		0.8~1.2	100~150	26~43	10~15	—
	10~100	双V形	平焊	无	1.2~1.6	200~400	17~21	15~25	20~42
			立焊		0.8~1.2	100~150	23~40	10~15	—
	20~60	U 形	平焊	无	1~1.2	200~400	19~21	15~25	20~42
			立焊			100~150	23~43	10~15	—
	40~100	双U形	平焊	无	1.2~1.6	200~450	19~21	20~25	20~42
							23~43		

续表

接头形式	母材厚度/mm	坡口形式	焊接位置	垫板	焊丝直径/mm	焊接电流/A	电弧电压/V	气体流量/(L/min)	机械化焊焊接速度/(m/h)
T字接头	1~2	I形	平焊	无	0.5~1.2	40~120	18~21	6~12	18~35
	1~2		立焊		0.5~0.8	35~100	16~19	6~12	—
	1~2		横焊		0.5~1.2	40~120	18~21	6~12	—
	2~4.5		平焊		0.8~1.6	100~230	20~26	10~15	20~30
	2~4.5		立焊		0.8~1	70~120	17~20	10~15	—
	2~4.5		横焊		0.8~1.6	100~230	20~26	15~25	20~42
	5~60	I形	平焊		1.2~1.6	200~450	23~43	10~15	20~42
	5~60		立焊		0.8~1.2	100~150	17~21	15~25	—
	5~60		横焊		1.2~1.6	200~450	23~43	20~25	—
	5~40	单边V形	平焊	有	1.2~1.6	250~450	26~43	10~15	20~42
	5~40		立焊		0.8~1.2	100~150	17~21	15~25	—
	5~40		横焊		1.2~1.6	200~400	23~40	15~25	—
	5~80	双单边V形	平焊	无	1.2~1.6	200~450	23~43	10~15	18~35
	5~80		立焊		0.8~1.2	100~150	17~21	15~20	—
	5~80		横焊		1.2~1.6	200~400	23~40	15~20	—
角接头	1~2	I形	平焊	无	0.5~1.2	40~120	18~21	6~12	20~42
	1~2		立焊		0.5~0.8	35~80	16~18	6~12	—
	1~2		横焊		0.5~1.2	40~120	18~21	6~12	—
	2~4.5		平焊		0.8~1.6	100~230	20~26	10~15	20~30

续表

接头形式	母材厚度/mm	坡口形式	焊接位置	垫板	焊丝直径/mm	焊接电流/A	电弧电压/V	气体流量/(L/min)	机械化焊焊接速度/(m/h)
角接接头	2~4.5	I形	立焊	无	0.8~1	70~120	17~20	10~15	—
			横焊	无	0.8~1.6	100~230	20~26	10~15	—
	5~30	I形	平焊	无	1.2~1.6	200~450	23~43	20~25	20~42
			立焊	无	0.8~1.2	100~150	17~21	10~15	—
			横焊	无	1.2~1.6	200~400	23~40	15~25	20~42
	5~40	单边V形	平焊	有	1.2~1.6	200~450	23~43	20~25	18~35
			横焊	无	1.2~1.6	250~450	26~43	20~25	—
			立焊	无	0.8~1.2	100~150	17~21	10~15	—
			横焊	无	1.2~1.6	200~400	23~40	15~25	20~42
	5~50	V形	平焊	有	1.2~1.6	200~450	23~43	20~25	18~35
			横焊	无	1.2~1.6	250~450	26~43	20~25	—
			立焊	无	0.8~1.2	100~150	17~21	10~15	—
	10~80	双单边V形	平焊	无	1.2~1.6	200~450	23~43	15~25	—
			立焊	无	0.8~1.2	100~150	17~21	10~15	—
			横焊	无	1.2~1.6	200~400	23~40	15~25	—
搭接接头	1~4.5	—	横焊	—	0.5~1.2	40~230	17~26	8~15	—
	5~30	—	横焊	—	1.2~1.6	200~400	23~40	15~25	—

注：电源极性为直流反接。

表 6-9　短路过渡 CO_2 焊接参数

板厚/mm	接头形式	装配间隙/mm	焊丝直径/mm	伸出长度/mm	焊接电流/A	电弧电压/V	焊接速度/(mm/min)	气体流量/(L/min)	备注
1	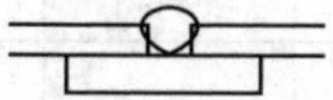	0~0.5	0.8	8~10	60~65	20~21	50	7	1.5mm厚垫板
	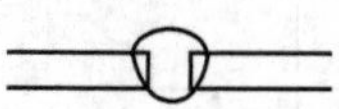	0~0.3	0.8	6~8	35~40	18~18.5	42	7	单面焊双面成形
1.5	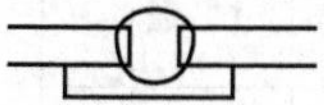	0.5~0.8	1.0	10~12	110~120	22~23	45	8	2mm厚垫板
	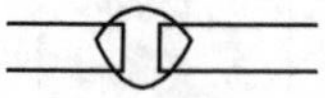	0~0.5	1.0	10~12	60~70	20~21	50	8	单面焊双面成形
		0~0.3	0.8	8~10	65~70 / 45~50	19.5~20.5 / 18.5~19.5	50 / 52	7 / 7	—
			0.8	8~10	55~60	19~20	50	7	—
2	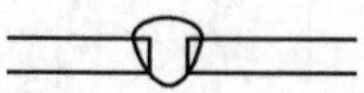	0.5~1	1.2	12~14	120~140	21~23	50	8	—
	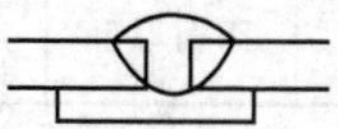	0~0.8	1.2	12~14	130~150	22~24	45	8	2mm厚垫板

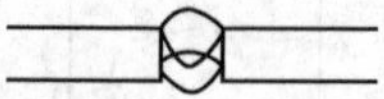

续表

板厚/mm	接头形式	装配间隙/mm	焊丝直径/mm	伸出长度/mm	焊接电流/A	电弧电压/V	焊接速度/(mm/min)	气体流量/(L/min)	备注
2	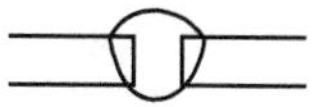	0~0.5	1.2	12~14	85~95	21~22	50	8	单面焊双面成形
			1.0	10~12	85~95	20~21	45	8	—
			0.8	8~10	75~85	20~21	42	7	
		0~0.5	1.0	10~12	50~60 60~70	19~20	50	8	—
3		0~0.8	0.8	8~10	55~60 65~70	19~20	50	7	—
		0~0.8	1.2	12~14	95~105 110~130	21~22	50	8	—
4		0~0.8	1.0	10~12	95~105 100~110	21~22	42	8	
		0~0.8	1.2	12~14	110~130 140~150	22~24	50	8	—
6	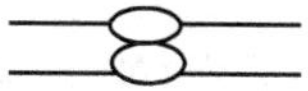	0~1	1.2	15	190 210	10 20	25	15	—

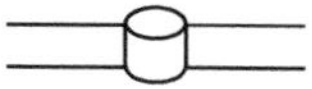

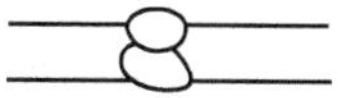

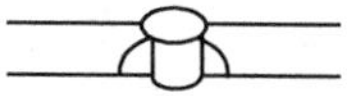

表6-10 射流过渡 CO_2 焊焊接参数（平焊）

钢板厚度/mm	焊丝直径/mm	坡口形式	焊接电流/A	电弧电压/V	焊接速度/(m/h)	气体流量/(L/min)	备注
3~5	1.6	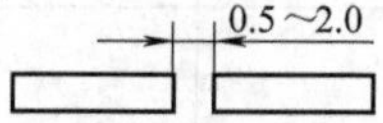 （坡口间隙 0.5~2.0）	140~180	23.5~24.5	20~26	~15	—
6~8	2.0	（坡口间隙 1.8~2.2）	180~200	28~30	20~22	~24	焊接层数 1~2
8	1.6	（90°坡口，钝边3）	280~300	29~30	25~30	16~18	焊接层数 1~2
		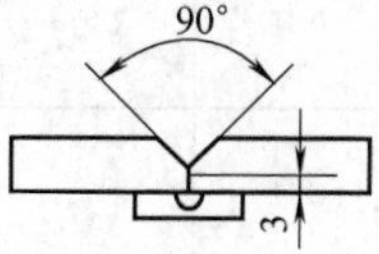 （90°坡口，钝边3）	320~350	40~42	20~40	16~18	—
	2.0	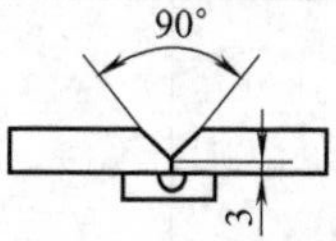 （坡口间隙 1.8~2.2）	450	40~41	29	16~18	用铜垫板，单面焊双面成形
		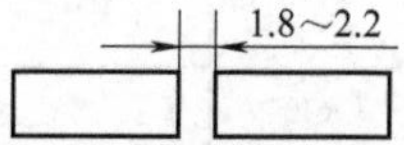 （90°坡口，钝边3）	280~300	28~30	16~20	18~20	焊接层数 2~3
		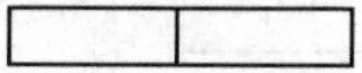	400~420	34~36	27~30	16~18	—
	2.5	（90°坡口，钝边3）	450~460	35~36	24~28	16~18	用铜整板，单面焊双面成形
			300~650	41~42	24	16~20	用铜垫板，单面焊双面成形

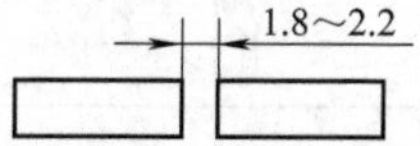

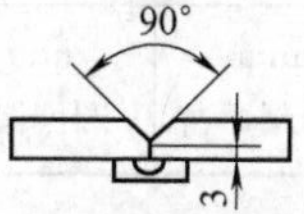

续表

钢板厚度/mm	焊丝直径/mm	坡口形式	焊接电流/A	电弧电压/V	焊接速度/(m/h)	气体流量/(L/min)	备注
8~12	2.0	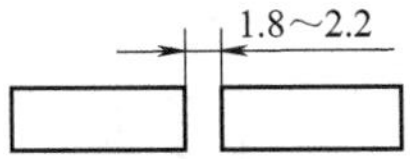	280~300	28~30	16~20	18~20	焊接层数 2~3
16	1.6	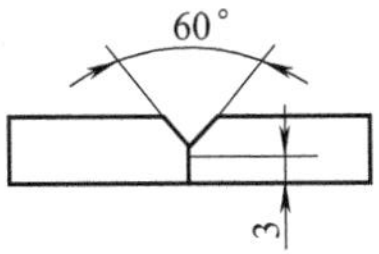	320~350	34~36	16~24	18~20	—
22	2.0	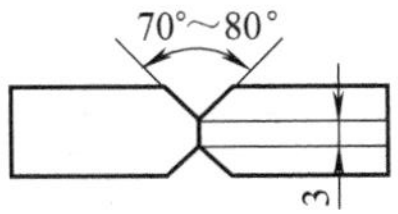	380~400	38~40	24	16~18	双面分层堆焊
32	2.0		600~650	41~42	2	16~20	—
34	4.0	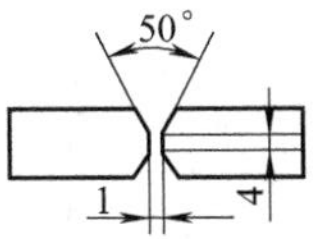	350~900（第一层）950（第二层）	34~36	20	35~40	—

8. 焊炬位置及焊接方向的选择

CO_2焊一般采用左焊法，焊接时焊炬的后倾角度应保持为$10°\sim$ $20°$。倾角过大时，焊缝宽度增大而熔深变浅，而且还易产生大量的飞溅。右焊法时焊炬前倾$10°\sim20°$，过大时余高增大，易产生咬边。

9. 自动 CO_2 焊推荐焊接参数

自动 CO_2 焊推荐焊接参数见表 6-8。

10. 短路过渡 CO_2 焊焊接参数的选择

短路过渡 CO_2 焊焊接参数的选择见表 6-9。

11. 射流过渡 CO_2 焊焊接参数（平焊）

射流过渡 CO_2 焊焊接参数（平焊）的选择见表 6-10。

12. CO_2 焊角焊缝的焊接参数

CO_2 焊角焊缝的焊接参数见表 6-11。

表 6-11　CO_2 焊角焊缝的焊接参数

板厚/mm	焊脚尺寸/mm	焊丝直径/mm	焊接电流/A	电弧电压/V	焊丝伸出长度/mm	焊接速度/(m/h)	气体流量/(L/min)	焊接位置
0.8～1	1.2～1.5	0.7～0.8	70～110	17～19.5	8～10	30～50	6	平、立、仰焊
1.2～2	1.5～2	0.8～1.2	110～140	18.5～20.5	8～12	30～50	6～7	
2～3	2～3	1～1.4	150～210	19.5～23	8～15	25～45	6～8	
4～6	2.5～4		170～350	21～32	10～15	23～45	7～10	平、立焊
≥5	5～6	1.6	260～280	27～29	18～20	20～26	16～18	平焊
	9～11（二层）	2	300～350	30～32	20～24	25～28	17～19	
	13～14（四～五层）						18～20	
	27～30（十二层）					24～26		

注：采用直流反接、I 形坡口、H08Mn2Si 焊丝。

六、坡口的加工和清理

采用 CO_2 气体保护焊焊接的焊件，其坡口可用常规方法进行加工，如机械加工（刨边机、立式车床）、气体火焰加工（手工、半自动、自动切割）和等离子弧切割等方法。坡口面表面应光滑平整，保持一定的精度，坡口面不规则是熔深不足和焊缝不整齐的重要原因。

七、定位焊

定位焊的作用是为装配和固定焊件上的接缝位置。定位焊前应把坡口面及焊接区附近的油污、油漆、氧化皮、铁锈及其他附着物用扁铲、錾子、回丝等清理干净，以免影响焊缝质量。

定位焊缝在焊接过程中将熔化在正式焊缝中，所以其质量将会直接影响正式焊缝的质量，因此，定位焊用焊丝与正式焊缝施焊用焊丝应该相同，而且操作时必须认真细致。为保证焊件的连接可靠，定位焊缝的长度及间隔距离，应该根据焊件的厚度来进行选择（图 6-6）。

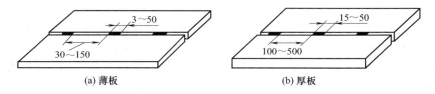

图 6-6　定位焊焊件的选择

八、CO_2气体保护焊的基本操作

1. 焊枪操作的基本要领

（1）焊枪开关的操作

所有准备工作完成以后，焊工按合适的姿势准备操作，首先按下焊枪开关，此时整个焊机开始动作，即送气、送丝和供电，接着就可以引弧，开始焊接。焊接结束时，释放焊枪开关，随后就停丝、停电和停气。

（2）喷嘴与焊件间的距离

距离过大时保护不良，容易在焊缝中产生气孔，喷嘴高度与产生气孔的关系见表 6-12。从表 6-12 中可知，当喷嘴高度超过 30mm 时，焊缝中将产生气孔。但喷嘴高度过小时，喷嘴易黏附飞溅物并且妨碍焊工的视线，使焊工操作时难以观察焊缝。因此操作时，如焊接电流加大，为减少飞溅物的黏附，应适当提高喷嘴高度。不同焊接电流时喷嘴高度的选用见表 6-13。

表 6-12　喷嘴高度与产生气孔的关系

喷嘴高度/mm	气体流量/(L/min)	外部气孔	内部气孔	喷嘴高度/mm	气体流量/(L/min)	外部气孔	内部气孔
10	20	无	无	40	20	少量	较多
20		无	无	50		较多	很多
30		微量	少量	—		—	—

表 6-13 不同焊接电流时喷嘴高度的选用

焊丝直径/mm	焊接电流/A	气体流量/(L/min)	喷嘴高度/mm	焊丝直径/mm	焊接电流/A	气体流量/(L/min)	喷嘴高度/mm
1.2	100	15~20	10~15	1.6	300	20	20
	200	20	15		350	20	20
	300	20	20~25		400	20~25	20~25

（3）焊枪的指向位置

根据焊枪在施焊过程中的指向位置，CO_2 气体保护焊有两种操作方法：焊枪自右向左移动，称为左焊法；焊枪自左向右移动，称为右焊法。左焊法操作时焊工易观察焊接方向，熔池在电弧力的作用下，熔化金属被吹向前方，使电弧不能直接作用在母材上，因此熔深较浅，焊道平坦且变宽，飞溅较大，但保护效果好。右焊法操作时，熔池被电弧力吹向后方，因此电弧能直接作用到母材上，熔深较大，焊道变得窄而高，飞溅略小。左焊法和右焊法时焊枪角度的选择如图 6-7 所示。

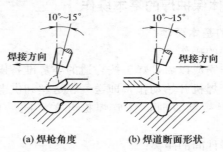

(a) 焊枪角度   (b) 焊道断面形状

图 6-7 左焊法和右焊法时焊枪角度的选择

（4）焊枪的倾角

焊枪倾角的大小，对焊缝外表成形及缺陷影响很大。平板对接焊时，焊枪对垂直轴的倾角应为 10°~15°，如图 6-8 所示。平角焊时，当使用 250A 以下的小电流焊接，要求焊脚尺寸为 5mm 以下，此时焊枪与垂直板的倾角为 40°~50°，并指向尖角处 [图 6-8（a）]。当使用 250A 以上的大电流焊接时，要求焊脚尺寸为 5mm 以上，此时焊枪与垂直板的倾角应为 35°~45°，并指向水平板上距尖角 1~2mm 处 [图 6-8（b）]。准确掌握焊枪倾角的大小，能保持良好的焊缝成形，否则，容易在焊缝表面产生缺陷。例如，当焊枪的指向偏向于垂直板时，垂直板上将会产生咬边，而水平板上易形成焊瘤（图 6-9）。

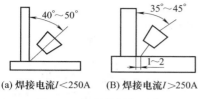

(a) 焊接电流I<250A　(B) 焊接电流I>250A

图 6-8　焊枪的倾角示意

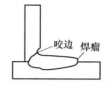

图 6-9　焊瘤的形成示意

（5）焊枪的移动方向及操作姿势

为了焊出外表均匀美观的焊道，焊枪移动时应严格保持既定的焊枪倾角和喷嘴高度（图 6-10）。同时还要注意焊枪的移动速度要保持均匀，移动过程中焊枪应始终对准坡口的中心线。半自动CO_2气体保护焊时，因焊枪上接有焊接电

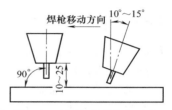

图 6-10　焊枪移动方向示意

缆、控制电缆、气管、水管和送丝软管等，所以焊枪的重量较大，焊工操作时很容易疲劳，时间一长就难以掌握焊枪，影响焊接质量。为此，焊工操作时，应尽量利用肩部、脚部等身体可利用的部位，以减轻手臂的负荷。

2. 引弧

CO_2气体保护焊，通常采用短路接触法引弧。由于平特性弧焊电源的空载电压低，又是光焊丝，在引弧时，电弧稳定燃烧点不易建立，使引弧变得比较困难，往往造成焊丝成段地爆断，所以引弧前要把焊丝伸出长度调好。如果焊丝端部有粗大的球形头，应用钳子剪掉。引弧前要选好适当的引弧位置，起弧后要灵活掌握焊接速度，以避免焊缝始段出现熔化不良使焊缝堆得过高的现象。CO_2气体保护焊的引弧过程如图 6-11所示，具体操作步骤如下：

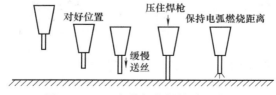

图 6-11　CO_2气体保护焊的引弧过程

① 引弧前先按遥控盒上的点动开关或按焊枪上的控制开关，点动

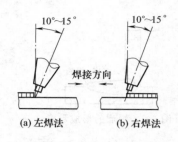

(a) 左焊法 　　(b) 右焊法

图 6-12　左焊法及右焊法

送出一段焊丝，伸出长度小于喷嘴与工件间应保持的距离。

② 将焊枪按要求（保持合适的倾角和喷嘴高度）放存引弧处，此时焊丝端部与工件未接触。喷嘴高度由焊接电流决定。若操作不熟练时，最好双手持枪。

③ 按焊枪上的控制开关，焊机自动提前送气，延时接通电源，保持高电压。当焊丝碰撞工件短路后，自动引燃电弧。短路时，焊枪有自动顶起的倾向，引弧时要稍用力下压焊枪，防止因焊枪抬高，电弧太长而熄火。

3. 左焊法和右焊法

半自动 CO_2 焊的操作方法，按其焊枪的移动方向可分为左焊法及右焊法两种，如图 6-12 所示。采用左焊法时，喷嘴不会挡住视线，焊工能清楚地观察接缝和坡口，不易焊偏。熔池受电弧的冲刷作用较小，能得到较大的熔宽，焊缝成形平整美观。因此，该方法应用得较为普遍。

采用右焊法时，熔池可见度及气体保护效果较好，但因焊丝直指焊缝，电弧对熔池有冲刷作用，易使焊波增高，不易观察接缝，容易焊偏。

4. 运弧

为控制焊缝的宽度和保证熔合质量，CO_2 气体保护焊施焊时也要像焊条电弧焊那样，焊枪要作横向摆动。通常，为了减小热输入、热影响区，减小变形，不应采用大的横向摆动来获得宽焊缝，应采用多层多道焊来焊接厚板。焊枪的主要摆动形式及应用范围见表 6-14。

表 6-14　焊枪的摆动形式及应用范围

摆动形式	应用范围及要点
←	薄板及中厚板打底焊道
←→	薄板根部有间隙，坡口有钢垫板时
eeee	多层焊时的第一层
WWWW	坡口小时及中厚板打底焊道，在坡口两侧需停留 0.5s 左右

续表

摆动形式	应用范围及要点
 ∧∧∧∧∧∧∧∧∧∧∧	厚板焊接时的第二层以后横向摆动,在坡口两侧需停留 0.5s 左右
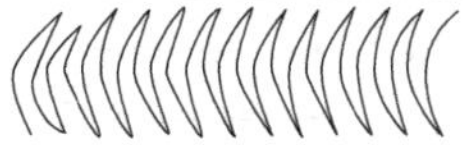 ⫫⫫⫫⫫⫫⫫	坡口大时,在坡口两侧需停留 0.5s 左右
 ⑧　⑥⑦④⑤②　③　①	薄板根部有间隙、坡口有钢垫或板间间隙大时采用

5. 收弧

CO_2气体保护焊机有弧坑控制电路,则焊枪在收弧处停止前进时,同时接通此电路,焊接电流与电弧电压自动变小,待熔池填满时断电。如果焊机没有弧坑控制电路,或因焊接电流小没有使用弧坑控制电路时,在收弧处焊枪停止前进时,并在熔池未凝固时,反复断弧、引弧几次,直至弧坑填满为止。操作时动作要快,如果熔池已凝固才引弧,则可能产生未熔合及气孔等缺陷;收弧时应在弧坑处稍作停留,然后慢慢抬起焊枪,这样就可以使熔滴金属填满弧坑,并使熔池金属在未凝固前仍受到气体的保护。若收弧过快,容易在弧坑处产生裂纹和气孔。

6. 焊缝的始端、弧坑及接头处理

无论是短焊缝还是长焊缝,都有引弧、收弧(产生弧坑)和接头连接的问题。实际操作过程中,这些地方又往往是最容易出现缺陷之处,所以应给予特殊处理。

焊缝的始端、弧坑及接头处理说明见表 6-15。

表 6-15　焊缝的始端、弧坑及接头处理

类　别	说　　明
焊缝始端处理	焊接开始时,焊件温度较低,因此焊缝熔深就较浅,严重时会引起母材和焊缝金属熔合不良。为此,必须采取相应的工艺措施 ①使用引弧板　在焊件始端加焊一块引弧板,在引弧板上引弧后再向焊件方向施焊,将引弧时容易出现缺陷的部位留在引弧板上,如图 6-13(a)所示。这种方法常用于重要焊件的焊接 ②倒退焊接法　在始焊点倒退焊接 15~20mm,然后快速返回按预定方向施焊,如图 6-13(b)所示。这种方法适用性较广 ③环焊缝的始端处理　环焊缝的始端与收弧端应重叠,为了保证重叠处焊缝熔透均匀和表面圆滑,在始焊应以较快的速度焊 1 条窄焊缝,最后在重叠时再形成所需要的焊缝尺寸,始焊处的窄焊道长 15~20mm,如图 6-13(c)所示

续表

类　别	说　明

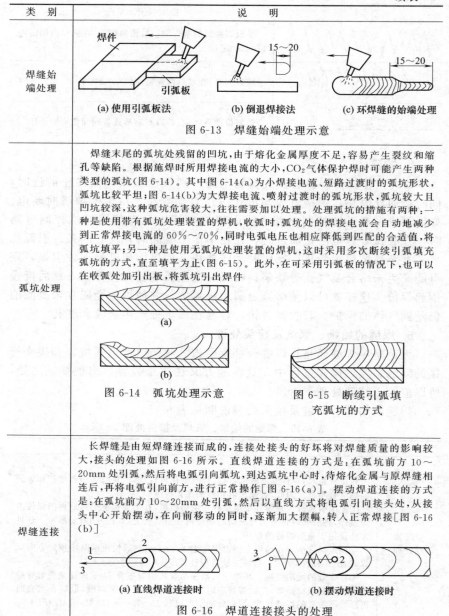

焊缝始端处理

(a) 使用引弧板法　　(b) 倒退焊接法　　(c) 环焊缝的始端处理

图 6-13　焊缝始端处理示意

弧坑处理

焊缝末尾的弧坑处残留的凹坑,由于熔化金属厚度不足,容易产生裂纹和缩孔等缺陷。根据施焊时所用焊接电流的大小,CO_2气体保护焊时可能产生两种类型的弧坑(图 6-14)。其中图 6-14(a)为小焊接电流、短路过渡时的弧坑形状,弧坑比较平坦;图 6-14(b)为大焊接电流、喷射过渡时的弧坑形状,弧坑较大且凹坑较深,这种弧坑危害较大,往往需要加以处理。处理弧坑的措施有两种:一种是使用带有弧坑处理装置的焊机,收弧时,弧坑处的焊接电流会自动地减少到正常焊接电流的 $60\%\sim70\%$,同时电弧电压也相应降低到匹配的合适值,将弧坑填平;另一种是使用无弧坑处理装置的焊机,这时采用多次断续引弧填充弧坑的方式,直至填平为止(图 6-15)。此外,在可采用引弧板的情况下,也可以在收弧处加引出板,将弧坑引出焊件

(a)

(b)

图 6-14　弧坑处理示意　　　图 6-15　断续引弧填充弧坑的方式

焊缝连接

长焊缝是由短焊缝连接而成的,连接处接头的好坏将对焊缝质量的影响较大,接头的处理如图 6-16 所示。直线焊道连接的方式是:在弧坑前方 10～20mm 处引弧,然后将电弧引向弧坑,到达弧坑中心时,待熔化金属与原焊缝相连后,再将电弧引向前方,进行正常操作[图 6-16(a)]。摆动焊道连接的方式是:在弧坑前方 10～20mm 处引弧,然后以直线方式将电弧引向接头处,从接头中心开始摆动,在向前移动的同时,逐渐加大摆幅,转入正常焊接[图 6-16(b)]

(a) 直线焊道连接时　　　(b) 摆动焊道连接时

图 6-16　焊道连接接头的处理

第二节 | 操作技能

　　CO_2气体保护焊可以分别进行平焊、立焊、横焊、仰焊等各种位置的操作，在严格掌握焊接参数的条件下，技术熟练的焊工可以完成单面焊双面成形技术。

一、平板对接平焊

1. 单面焊双面成形操作

（1）悬空焊的操作

　　无垫板的单面焊称为悬空焊。悬空焊时，一是要保证焊缝能够熔透，二是要保证焊件不致被烧穿，所以是一种比较复杂的操作技术，不但对焊工的操作水平有较高的要求，并且对坡口精度和焊接参数也提出了严格要求。

　　单面焊时，焊工只能看到熔池的上表面情况，对于焊缝能否熔透，是否要发生烧穿等情况，只能依靠经验来判断。操作时，焊工可以仔细观察焊接熔池出现的情况，及时地改变焊枪的操作

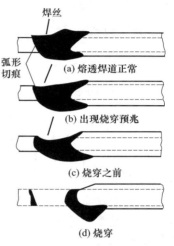

图 6-17　焊道的弧形切示意

方式。焊缝正常熔透时，熔池呈白色椭圆形，熔池前端比焊件表面有少许下沉，出现咬边的倾向，常称为弧形切［图 6-17（a）、（b）］。当弧形切痕深度达到 0.1～0.2mm 时，熔透焊道正常。当切痕深度达到 0.3mm 时，开始出现烧穿征兆。随着弧形切痕的加深，椭圆形熔池也变得细长，直至烧穿［图 6-17（c）、（d）］。焊接过程中弧形切痕的深度尺寸难以测量，焊工只能通过实践去掌握。一旦发现烧穿征兆，就应加大振幅或增大前、后摆动来调整对熔池的加热。

　　坡口间隙对单面焊双面成形有着重大的影响。坡口间隙小时，应设法增大穿透能力，使之熔透，所以焊丝应近乎垂直地对准熔池的前部。坡口间隙大时，应注意防止烧穿，焊丝应指向熔池中心，并适当进行摆动。当坡口间隙为 0.2～1.4mm 时，采用直线式焊接或者是焊枪作小幅摆动。当坡口间隙为 1.2～2.0mm 时，采用月牙形的小幅摆动焊接［图 6-18（a）］。焊枪摆动时在焊缝的中心移动稍快，而在两侧要停留片

刻，为 0.5～1s，坡口间隙更大时，摆动方式应在横向摆动的基础上增加前、后摆动，并采用倒退式月牙形摆动［图 6-18（b）］。这种摆动方式可避免电弧直接对准间隙，以防止烧穿。不同板厚时允许使用的根部间隙见表 6-16。

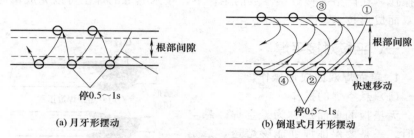

图 6-18　焊丝的摆动方式

表 6-16　不同板厚时允许使用的根部间隙

板厚/mm	0.8	1.6	2.4	3.2	4.5	6.0	10.0
根部间隙/mm	0.2	0.5	1.0	1.6	1.6	1.8	2.0

单面焊双面成形的典型焊接参数见表 6-17。表中所列数据均为细焊丝短路过渡，适用于平焊和向下立焊。薄板焊接时容易产生的缺陷及预防措施见表 6-18。

表 6-17　单面焊双面成形的典型焊接参数

坡口形状	焊接参数		
	焊丝直径/mm	焊接电流/A	电弧电压/V
	0.8～1.0	60～120	16～19
	0.9～1.2	80～150	17～20
	1.2	120～130	18～19

表 6-18　薄板焊接时容易产生的缺陷及预防措施

缺陷名称	产生原因	消除措施
未焊透	①焊枪前倾角过大,使熔化金属流到电弧前方 ②焊接速度过快;焊枪摆幅过大	发现弧形切痕(0.1～0.2mm)后,再以小幅摆动前移焊枪
背面焊缝偏向一侧	焊枪倾角不正确	抬高小臂,使焊枪垂直焊件表面
塌陷	焊接速度过慢	仔细确认弧形切痕的特征
烧穿	焊接速度过慢	焊道未冷却之前,使电弧断续发生引燃,填满孔洞
未焊满咬边	①背面焊缝余高过大(焊接速度过慢) ②焊接速度过快	在未焊满处再以摆动焊道 1 层,即用 2 层焊缝完成

（2）加垫板的操作

加垫板的焊道由于不存在烧穿的问题，所以比悬空焊容易控制熔池，而且对焊接参数的要求也不十分严格。当坡口间隙较小时，可以采用较大的电流进行焊接；当坡口间隙较大时，应当采用比较小的电流进行焊接。

垫板材料通常为纯铜板。为防止纯铜板与焊件焊合到一起，在纯铜板的内腔可采用水冷却。加垫板的熔透焊如图 6-19 所示。如果要求焊件背面焊道有一定值的余高时，可

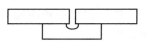

图 6-19　加垫板的熔透焊

使用表面带沟槽的铜垫板。施焊时，熔池表面应保持略高出焊件表面，一旦发现熔池表面下沉，说明有过熔倾向，这是产生焊缝塌陷的预兆。加垫板熔透焊道的焊接参数见表 6-19。其中厚度为 4mm 以下的薄板焊件采用短路过渡。

表 6-19 加垫板熔透焊道的焊接参数

板厚/mm	间隙/mm	焊丝直径/mm	焊接电流/A	电弧电压/V
0.8～1.6	0～0.5	0.9～1.2	80～140	18～32
2.0～3.2	0～1.0	1.2	100～180	18～23
4.0～6.0	0～1.2	1.2～1.6	200～420	23～38
8.0	0.5～1.6	1.6	350～450	34～42

2. 对接焊缝操作

坡口形式根据焊件厚度的不同，分别有 I 形、Y 形、K 形、双 Y 形、U 形和双 U 形等几种。

I 形坡口的对接焊缝可以采用单面焊或双面单层焊，采用单面焊时，其操作技术即为单面焊双面成形操作技术；开坡口的对接焊缝焊接时，由于 CO_2 气体保护焊的坡口角度较小（最小可为 45°），所以熔化金属容易流到电弧的前面造成未焊透，因此在焊接根部焊道时，应该采用右焊法，焊枪作直线式移动 [图 6-20 (a)]。当坡口角度较大时，应采用左焊法，小幅摆动 [图 6-20 (b)]。

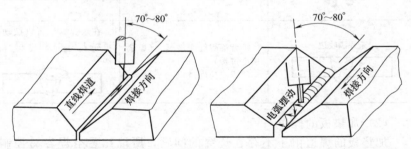

(a) 坡口角度及间隙小时，采用直线式右焊法　(b) 坡口角度及间隙大时，采用小幅摆动左焊法

图 6-20 打底焊道的焊接方法

填充焊道采用多层多道焊，为避免在焊接过程中产生未焊透和夹渣，应注意焊接顺序和焊枪的摆动手法。多层焊的操作如图 6-21 所示。图 6-21 (a) 表示由于焊缝中间凸起，两侧与坡口面之间出现尖角，在此处熔敷焊缝时易产生未焊透。解决的措施是焊枪沿坡口进行月牙式摆动，在两侧稍许停留、中间较快移动（图 6-18），也可采用直线焊缝填充坡口，但要注意焊缝的排列顺序和宽度，防止出现图 6-21 (b) 所示的尖角。焊接盖面焊缝之前，应使焊缝表面平坦，并且使焊缝表面应低于焊件表面 1.5～2.5mm，为保证盖面焊道质量创造良好条件 [图 6-21 (c)]。

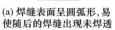
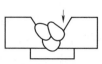

(a) 焊缝表面呈圆弧形，易   (b) 焊道排列次序及   (c) 盖面焊前，焊缝
使随后的焊缝出现未焊透   焊道宽度不合适   表面应低于焊件表面

图 6-21　多层焊的操作示意

3. 水平角焊缝操作

根据工件厚度不同，水平角焊缝可分单道焊和多层焊。

（1）单道焊

当焊脚高度小于 8mm 时，可采用单道焊。单道焊时根据工件厚度的不同，焊枪的指向位置和倾角也不同（图 6-22）。当焊脚高度小于 5mm 时，焊枪指向根部［图 6-22（a）］。当焊脚高度大于 5mm 时，焊枪指向如图 6-22（b）所示，距离根部 1～2mm。焊接方向一般为左焊法。

水平角焊缝由于焊枪指向位置、焊枪角度及焊接工艺参数使用不当，将得到不良焊道。当焊接电流过大时，铁水容易流淌，造成垂直角的焊脚尺寸小和出现咬边，而水平板上焊脚尺寸较大，并容易出现焊瘤。为了得到等长度焊脚的焊缝，焊接电流应小于 350A，对于不熟练的焊工，电流应再小些。

（2）多层焊

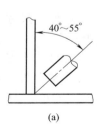
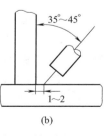
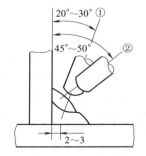

(a)　　　　　(b)

图 6-22　不同角焊缝时焊枪
的指向位置和角度

图 6-23　两层焊时焊
枪的角度及位置

由于水平角焊缝使用大电流受到一定的限制，当焊脚尺寸大于8mm时，就应采用多层焊。多层焊时为了提高生产率，一般焊接电流都比较大。大电流焊接时，要注意各层之间及各层与底板和立板之间要熔合良好。最终角焊缝的形状应为等焊脚，焊缝表面与母材过渡平滑。根据实际情况要采取不同的工艺措施。例如焊脚尺寸为8～12mm的角焊缝，一般分两层焊道进行焊接。第一层焊道电流要稍大些，焊枪与垂直板的夹角要小，并指向距离根部2～3mm的位置。第二次焊道的焊接电流应适当减小，焊枪指向第一层焊道的凹陷处（图6-23），并采用左焊法，可以得到等焊脚尺寸的焊缝。

当要求焊脚尺寸更大时，应采用三层以上的焊道，焊接次序如图6-24所示。图6-24（a）是多层焊的第一层，该层的焊接工艺与5mm以上焊脚尺寸的单道焊类似，焊枪指指向距离根部1～2mm处，焊接电流一般不大于300A，采用左焊法。图6-24（b）为第二层焊缝的第一道焊缝，焊枪指向第一层焊道与水平板的焊趾部位，进行直线形焊接或稍加摆动。焊接该焊道时，注意在水平板上要达到焊脚尺寸要求，并保证在水平板一侧的焊缝边缘整齐，与母材熔合良好。图6-24（c）为第二条焊道。如果要求焊脚尺寸较大时，可按图6-24（d）所示焊接第三道焊道。

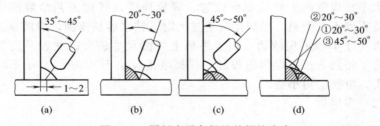

图6-24　厚板水平角焊缝的焊接次序

一般采用两层焊道可焊接14mm以下的焊脚尺寸，当焊脚尺寸更大时，还可以按照图6-24（d），完成第三层、第四层的焊接。

船形角焊缝的焊接特点与V形对接焊缝相似，其焊脚尺寸不像水平焊缝那样受到限制，因此可以使用较大的焊接电流。船形焊时可以采用单道焊，也可以采用多道焊，采用单道焊时可焊接10mm厚度的工件。

二、平板对接立焊

根据工件厚度不同，CO_2气体保护焊可以采用向下立焊或向上立焊。一般小于 6mm 厚的工件采用向下立焊,大于 6mm 厚的工件采用向上立焊。立焊时的关键是保证铁水不流淌,熔池与坡口两侧熔合良好。

1. 向下立焊操作

向下立焊时,为了保证熔池金属不下淌,一般焊枪应指向熔池,并保持图 6-25 所示的倾角。电弧始终对准熔池的前方,利用电弧的吹力来托住铁水,一旦有铁水下淌的趋势时,应使焊枪前倾角增大,并加速移动焊枪。利用电弧力将熔池金属推上去。向下立焊主要使用细焊丝、较小的焊接电流和较快的焊接速度,典型的焊接规范如表 6-20 所示。

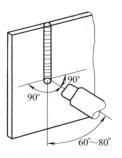

图 6-25　向下立焊
时的焊枪角度

表 6-20　向下立焊时对接焊缝的焊接规范

工件厚度 /mm	根部间隙 /mm	焊丝直径 /mm	焊接电流 /A	电弧电压 /V	焊接速度 /(cm/min)
0.8	0	0.8	60～70	15～18	55～65
1.0	0	0.8	60～70	15～18	55～65
1.2	0	0.8	65～75	16～18	55～65
1.6	0	1.0	75～190	17～19	50～65
1.6	0	1.2	95～110	16～18	80～85
2.0	1.0	1.0、1.2	85～95	18～19.5	45～55
2.0	0.8	1.2、1.0	110～120	17～18.5	70～80
2.3	1.3	1.0、1.2	90～105	18～19	40～50
2.3	1.5	1.2、1.0	120～135	18～20	50～60
3.2	1.5	1.2、1.0	140～160	19～20	35～45
4.0	1.8	1.2、1.0	140～160	19～20	35～40

薄板的立角焊缝也可采用向下立焊,与开坡口的对接焊缝向下立焊类似。一般焊接电流不能太大,电流大于 200A 时,熔池金属将发生流失。焊接时尽量采用短弧和提高焊接速度。为了更好地控制熔池形状,焊枪一般不进行摆动,如果需要较宽的焊缝,可采用多层焊。

向下立焊时的熔深较浅,焊缝成形美观,但容易产生未焊透和焊瘤。

2. 向上立焊操作

当工件的厚度大于 6mm 时,应采用向上立焊。向上立焊时的熔深较大,容易焊透。但是由于熔池较大,使铁水流失倾向增加,一般采用较小的规范进行焊接,熔滴过渡采用短路过渡形式。

　　向上立焊时焊枪位置及角度很重要，如图 6-26 所示。通常向上立焊时焊枪都要作一定的横向摆动。直线焊接时，焊道容易凸出，焊缝外观成形不良并且容易咬边，多层焊时，后面的填充焊道容易焊不透。因此，向上立焊时，一般不采用直线式焊接。向上立焊时的摆动方式为图 6-27（a）所示的中幅度摆动，此时热量比较集中，焊道容易凸起，因此在焊接时，摆动频率和焊接速度要适当加快。严格控制熔池温度和大小，保证熔池与坡口两侧充分熔合。如果需要焊脚尺寸较大时，应采用图 6-27（b）所示的月牙形摆动方式，在坡口中心移动速度要快，而在坡口两侧稍加停留，以防止咬边。要注意焊枪摆动要采用上凸的月牙形，不要采用图 6-27（c）所示的下凹月牙形。因为下凹月牙形的摆动方式容易引起铁水下淌和咬边，焊缝表面下坠，成形不好。向上立焊的单道焊时，焊道表面平整光滑，焊缝成形较好，焊脚尺寸可达到 12mm。

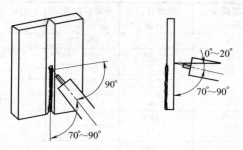

图 6-26　向上立焊焊枪角度

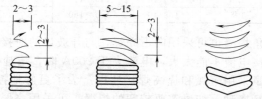

(a) 小幅度锯齿形摆动　(b) 上凸月牙形摆动　(c) 不正确的月牙形摆动

图 6-27　向上立焊时的摆动方式

　　当焊脚尺寸较大时，一般要采用多层焊接。多层焊接时，第一层打底焊时要采用小直径的焊丝、较小的焊接电流和小摆幅进行焊接，注意控制熔池的温度和形状，仔细观察熔池和熔孔的变化，保证熔池不要太大。填充焊时焊枪的摆动幅度要比打底焊时大，焊接电流也要适当加大，电弧在坡口两侧稍加停留，保证各焊道之间及焊道与坡口两侧很好地熔合。一般最后一层填充焊道要比工件表面低 1.5～2mm，注意不要破坏坡口的棱边。

焊盖面焊道时，摆动幅度要比填充时大，应使熔池两侧超过坡口边缘 0.5～1.5mm。

三、平板对接横焊

横焊时，熔池金属在重力作用下有自动下垂的倾向，在焊道的上方容易产生咬边，焊道的下方易产生焊瘤。因此在焊接时，要注意焊枪的角度及限制每道焊缝的熔敷金属量。

1. 单层单道焊操作

对于较薄的工件，焊接时一般进行单层单道横焊，此时可采用直线形或小幅度摆动方式。单道焊一都采用左焊法，焊枪角度如图 6-28 所示。当要求焊缝较宽时，可采用小幅度的摆动方式，如图 6-29 所示。横焊时摆幅不要过大，否则容易造成铁水下淌，多采用较小的规范参数进行短路过渡。横向对接焊的典型焊接规范见表 6-21。

表 6-21　横向对接焊的焊接规范

工件厚度/mm	装配间隙/mm	焊丝直径/mm	焊接电流/A	电弧电压/V
≤3.2	0	1.0～1.2	100～150	18～21
3.2～6.0	1～2	1.0～1.2	100～160	18～22
≥6.0	1～2	1.2	110～210	18～24

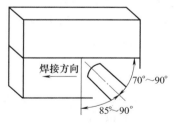

焊接方向

70°～90°

85°～90°

图 6-28　横焊时的焊枪角度

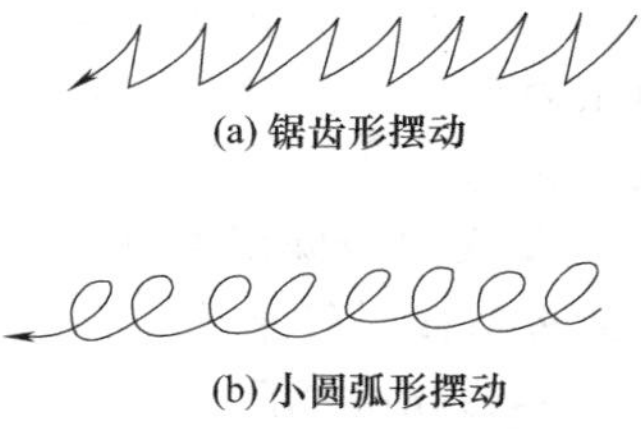

(a) 锯齿形摆动

(b) 小圆弧形摆动

图 6-29　横焊时的摆动方式

2. 多层焊操作

对于较厚工件的对接横焊，要采用多层焊接。焊接第一层焊道时，焊枪的角度如图 6-30（a）所示。焊枪的仰角为 0°～10°，并指向顶角位置，采用直线形或小幅度摆动焊接，根据装配间隙调整焊接速度及摆动幅度。

　　焊接第二层焊道的第一条焊道时，焊枪的仰角为 0°～10°，如图 6-30（b）所示，焊枪杆以第一层焊道的下缘为中心作横向小幅度摆动或直线形运动，保证下坡口处熔合良好。

　　焊接第二层的第二条焊道时，如图 6-30（c）所示。焊枪的仰角为 0°～10°，并以第一层焊道的上缘为中心进行小幅度摆动或直线形移动，保证上坡口熔合良好。第三层以后的焊道与第二层类似，由下往上依次排列焊道［图 6-30（d）］。在多层焊接中，中间填充层的焊道焊接规范可稍大些，而盖面焊时电流应适当减小，接近于单道焊的焊接规范。

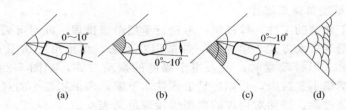

图 6-30　多层焊时焊枪的角度及焊道排布

四、平板对接仰焊

　　仰焊时，操作者处于一种不自然的位置，很难稳定操作；同时由于焊枪及电缆较重，给操作者增加了操作的难度；仰焊时的熔池处于悬空状态，在重力作用下很容易造成铁水下落，方要靠电弧的吹力和熔池的表面张力来维持平衡，如果操作不当，容易产生烧穿、咬边及焊道下垂等缺陷。

1. 单面单道仰焊焊缝操作

　　薄板对接时经常采用单面焊，为了保证焊透工件，一般装配时要留有 1.2～1.6mm 的间隙，使用直径 0.9～1.2mm 的细焊丝，使用细焊丝短路过渡焊接。采用的焊接电流为 120～130A，电弧电压为 18～19V。

　　焊接时焊枪要对准间隙或坡口中心，焊枪角度如图 6-31 所示，采用右焊法。应以直线形或小幅度摆动焊枪，焊接时仔细观察电弧和溶池，根据熔池的形状及状态适当调节焊接速度和摆动方式。

　　单面仰焊时经常出现的焊接缺陷及原因见表 6-22。

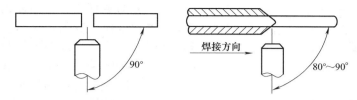

图 6-31 仰焊时焊枪的角度

表 6-22 单面仰焊时经常出现的焊接缺陷及原因

类别	说明
未焊透	产生未焊透的主要原因是:焊接速度过快;焊枪角度不正确或焊接速度过慢造成的熔化金属流到前面
烧穿	烧穿的主要原因是:焊接电流和电弧电压过大,或者是焊枪的角度不正确
咬边	咬边的主要原因是:焊枪指向位置不正确;摆动焊枪时两侧停留时间不够或在两侧没有停留;焊接速度过快以及规范过大
焊道下垂	焊道下垂一般是由焊接电流、电压过高或焊接速度过慢所致,焊枪操作不正确及摆幅过小时也可造成焊道下垂

2. 多层仰焊的操作

厚板仰焊时采用多层焊。多层仰焊的接头形式有无垫板和有垫板两种，无垫板的第一层焊道类似于单面仰焊；有垫板时，焊件之间应留有一定的间隙，焊接电流值可略大些，通常为 130～140A，与之匹配的电弧电压为 19～20V，熔滴为短路过渡。

有垫板的第一层焊道施焊时，焊枪应对准坡口中心，焊枪与焊件间的倾角如图 6-32 所示。采用右焊法，焊枪匀速移动。操作时，注意垫板与坡口面根部必须充分熔透，并不应出现凸形焊道。焊枪采用小幅摆动，在焊道两侧应作少许停留，焊成的焊道表面要光滑平坦，以便为随后的填充焊道施焊创造良好的条件。

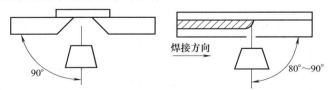

图 6-32 焊枪与焊件间的角度

第二、三层焊道都以均匀摆动焊枪的方式进行焊接。但在前一层焊缝与坡口面的交界处应作短时停留，以保证该处充分熔透并防止产生咬边。选用的焊接参数为：焊接电流 120～130A，电弧电压 18～19V；第

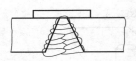

图 6-33　焊缝形式

四层以后，由于焊缝的宽度增大，所需的焊枪摆幅也随之要加大，这样很容易产生未焊透和气孔。所以在第四层以后，每层焊缝可焊两条焊道（图 6-33）。在这两条焊道中，第一条焊道不应过宽，否则将造成焊道下垂和给第二条焊道留下的坡口太窄，使第二条焊道容易形成凸形焊道和产生未焊透。所以焊成的第一条焊道只能略过中心，而第二条焊道应与第一条焊道搭接上。

盖面焊道为修饰焊道，应力求美观。为此应确保盖面焊道的前一层焊道表面平坦，并使该焊道距焊件表面 1～2mm。盖面焊道也采用两条焊道完成，焊这两条焊道时，电弧在坡口两侧应稍作停留，防止产生咬边和余高不足。焊接第二条焊道时应注意与第一条焊道均匀地搭接，防止焊道的高度和宽度不规整。盖面焊道的焊接参数应略小，常取焊接电流为 120～130A，电弧电压为 18～19V。

五、环缝焊接

CO_2 气体保护焊环缝焊接是指焊管子的技术。根据管子的位置及管子在焊接过程中是否旋转，可以分为垂直固定管焊接、水平转动管焊接和水平固定管焊接三种方式，其中垂直固定管焊接的焊接位置属于横焊，其操作技术见"横焊操作"部分。

1. 水平转动管的焊接

焊接时焊枪不动，管子作水平转动，焊接位置相当于平焊。焊接厚壁管时，焊枪应错离时钟 12 点位置一定距离 l，以保证熔池旋转至 12 点处于平位时开始凝固（图 6-34）。距离 l 是一个重要的参数，通过调节 l 值的大小可调节焊道形状（图 6-35）。

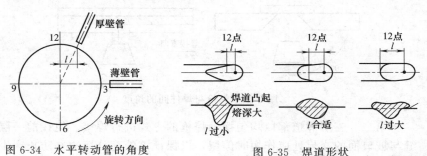

图 6-34　水平转动管的角度　　　　图 6-35　焊道形状

当距离 l 过小时，焊道深而窄，余高增大。l 值过大时熔深较浅，并且容易产生焊瘤。操作过程中，应通过观察焊道的形状，适当调整 l 值。管子直径增大时，l 值减小。焊接薄壁管时，焊枪应指向 3 点处，焊接位置相当于向下立焊，熔深浅，焊道成形良好，而且能以较高速度焊接。

2. 水平固定管的焊接

焊接位置属于全位置。焊接时应保证在不同空间位置时熔池不流淌、焊缝成形良好、焊缝厚度均匀、充分焊透而不烧穿。焊薄壁管时，使用直径 $0.8 \sim 1.0mm$ 的细焊丝，焊厚壁管时一律使用直径 $1.2mm$ 的焊丝。焊接参数：焊接电流 $80 \sim 140A$，电弧电压 $18 \sim 22V$。管壁厚为 3mm 以下的薄壁管，可以采用向下立焊的焊接。管子全位置焊接的焊接参数见表 6-23。

表 6-23　管子全位置焊接的焊接参数

管子	I 形坡口	Y 形坡口
薄壁管	向下立焊焊接 焊接电流 $80 \sim 140A$ 电弧电压 $18 \sim 22V$ 无间隙 焊丝 $\phi 0.9 \sim 1.2mm$	—
中、厚壁管	向上立焊焊接 焊接电流 $120 \sim 160A$ 电弧电压 $19 \sim 23V$ 装配间隙 $0 \sim 2.5mm$ 焊丝 $\phi 1.2mm$	单面焊双面成形 ①第一层（向上焊接） 焊接电流 $100 \sim 140A$ 电弧电压 $18 \sim 22V$ 装配间隙 $0 \sim 2mm$ 焊丝 $\phi 1.2mm$ ②第二层以上（向上焊接） 焊接电流 $120 \sim 160A$ 电弧电压 $19 \sim 23V$ 焊丝 $\phi 1.2mm$

六、CO₂电弧点焊焊接技术

CO_2 电弧点焊是利用在 CO_2 气体保护中燃烧的电弧来熔化两块相互重叠的金属板材，而在厚度方向上形成焊点。由于焊接过程中焊炬不移动，焊丝熔化时，在上板的表面形成的焊

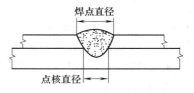

图 6-36　CO₂电弧点焊焊点形状

点与铆钉头的形状相似，故 CO_2 电弧点焊又称 CO_2 电铆焊。有时，

CO_2电弧点焊也用来焊接金属构件相互紧挨的侧面，在长度方向上形成断续的焊点。CO_2电弧点焊焊点形状如图 6-36 所示。

1. CO_2电弧点焊的特点及应用范围

CO_2电弧点焊与电阻点焊相比具有以下优点：

① 不需要特殊加压装置，焊接设备简单，对电源功率要求较小。不受焊接场所和操作位置的限制，操作灵活、方便。不受焊点距离及板厚的限制，有较强的适应性。

② 抗锈能力较强，对工件表面质量要求不高。焊点尺寸易控制，焊接质量好，焊点强度较高。

CO_2电弧点焊主要用来焊接低碳钢、低合金钢的薄板和框架结构，如车辆的外壳、桁架结构及箱体等。在汽车制造、农业和化工机械制造、造船工业中有着较广泛的应用。

2. CO_2电弧点焊工艺

（1）接头形式

CO_2电弧点焊的常见接头形式如图 6-37 所示。

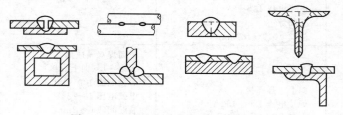

图 6-37　CO_2电弧点焊的常见接头形式

（2）焊接参数

CO_2电弧点焊的焊接参数主要有焊丝直径、焊接电流、电弧电压及点焊时间。焊接电流及电弧电压的选择与一般 CO_2 焊大体相同，应根据板厚、接头形式和焊接位置进行选择，板厚越大，选择的焊丝直径、电流越大，点焊时间也应越长。进行仰面位置点焊时，应尽量采用大电流、低电压、短时间和大的气体流量，以防止熔池金属坠落。进行垂直位置的点焊时，焊接时间要比仰焊时更短。低碳钢 CO_2 电弧点焊焊接参数见表 6-24。

（3）点焊过程

CO_2电弧点焊的焊接过程是提前送气→通电、送丝→点焊计时→停止送丝→焊丝回烧→断电→滞后停气。点焊时，以上过程均是自动进行的。其中，最重要的是要准确控制点焊时间和回烧时间，点焊时间的长短直接影响焊点的熔深和焊点的直径。焊丝回烧是为了防止焊丝与焊点粘在一起，回烧时间过长，会使焊丝末端的熔滴尺寸迅速增大，相当于增大了焊丝的直径，从而使再次引弧困难，并引起大颗粒飞溅。回烧时间一般应控制在 0.1s 以内。

表 6-24　低碳钢 CO_2 电弧点焊焊接参数

	板厚/mm		焊丝直径/mm	焊接时间/s	焊接电流/A	电弧电压/V	保护气流量/(L/min)		单点抗剪强度/(N/点)	焊点尺寸/mm			直径/熔宽/%
	上板	下板					CO_2	O_2		熔深	熔宽	直径	
水平点焊	1.2	3.2	1.6	0.9	440	31~32	20	1	18200	2.3	15.0	5.9	39.6
		4.5			460				18700	3.2	15.0	7.2	47.7
	1.6	3.2		0.98	400				19000	1.9	15.3	6.3	40.9
		4.5							21000	2.3	14.4	6.5	42.1
	2.3	3.2		1.17					20400	1.8	16.1	6.9	42.8
		4.5			420				21000	2.2	14.6	6.2	43.0
	3.2	4.5		1.33	480	33			23400	2.4	16.0	8.7	54.3
立式点焊	1.6	3.2	1.2	0.78	360	31~32	24		18000	2.1	12.2	6.3	51.9
		4.5							18800	2.2		6.1	51.7
	2.3	3.2		1.47	410				23500	2.4		6.8	54.0
		4.5							26300	2.5		6.6	54.0

（4）工艺措施

CO_2 电弧点焊的工艺措施见表 6-25。

表 6-25　CO_2 电弧点焊的工艺措施

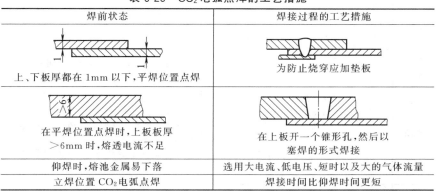

焊前状态	焊接过程的工艺措施
上、下板厚都在 1mm 以下，平焊位置点焊	为防止烧穿应加垫板
在平焊位置点焊时，上板板厚>6mm 时，熔透电流不足	在上板开一个锥形孔，然后以塞焊的形式焊接
仰焊时，熔池金属易下落	选用大电流、低电压、短时以及大的气体流量
立焊位置 CO_2 电弧点焊	焊接时间比仰焊时间更短

七、CO_2 焊的常见焊接缺陷及预防措施

CO_2 焊的常见焊接缺陷及预防措施见表 6-26。

表 6-26 CO_2 焊的常见焊接缺陷及预防措施

缺陷	产生原因	预防措施
咬边	①焊速过快 ②电弧电压偏高 ③焊炬指向位置不对 ④摆动时,焊炬在两侧停留时间太短	①减慢焊速 ②根据焊接电流调整电弧电压 ③注意焊炬的正确操作 ④适当延长焊炬在两侧的停留时间
焊瘤	①焊速过慢 ②电弧电压过低 ③两端移动速度过快,中间移动速度过慢	①适当提高焊速 ②根据焊接电流调整电弧电压 ③调整移动速度,两端稍慢,中间稍快
熔深不够	①焊接电流太小 ②焊丝伸出长度太小 ③焊接速度过快 ④坡口角度及根部间隙过小,钝边过大 ⑤送丝不均匀 ⑥摆幅过大	①加大焊接电流 ②调整焊丝的伸出长度 ③调整焊接速度 ④调整坡口尺寸 ⑤检查送丝机构 ⑥正确操作焊炬
气孔	①焊丝或焊件有油、锈和水 ②气体纯度较低 ③减压阀冻结 ④喷嘴被焊接飞溅堵塞 ⑤输气管路堵塞 ⑥保护气被风吹走 ⑦焊丝内硅、锰含量不足 ⑧焊炬摆动幅度过大,破坏了 CO_2 气体的保护作用 ⑨CO_2 流量不足,保护效果差 ⑩喷嘴与母材距离过大	①仔细清除油、锈和水 ②更换气体或对气体进行提纯 ③在减压阀前接预热器 ④注意清除喷嘴内壁附着的飞溅物 ⑤注意检查输气管路有无堵塞和弯折处 ⑥采用挡风措施或更换工作场地 ⑦选用合格焊丝焊接 ⑧培训焊工操作技术,尽量采用平焊,焊工周围空间不要太小 ⑨加大 CO_2 气体流量,缩短焊丝伸出长度 ⑩根据电流和喷嘴直径进行调整
夹渣	①前层焊缝焊渣去除不干净 ②小电流低速焊时熔敷过多 ③采用左焊法焊接时,熔渣流到熔池前面 ④焊炬摆动过大,使熔渣卷入熔池内部	①认真清理每一层焊渣 ②调整焊接电流与焊接速度 ③改进操作方法使焊缝稍有上升坡度,使熔渣流向后方 ④调整焊炬摆动量,使熔渣浮到熔池表面
烧穿	①对于给定的坡口,焊接电流过大 ②坡口根部间隙过大 ③钝边过小 ④焊接速度小,焊接电流大	①按工艺规程调整焊接电流 ②合理选择坡口根部间隙 ③按钝边、根部间隙情况选择焊接电流 ④合理选择焊接参数

缺陷	产生原因	预防措施
裂纹	①焊丝与焊件均有油、锈及水分 ②熔深过大 ③多层焊第一道焊缝过薄 ④焊后焊件内有很大内应力 ⑤CO₂气体含水量过大 ⑥焊缝中 C、S 含量高,Mn 含量低 ⑦结构应力较大	①焊前仔细清除焊丝及焊件表面的油、锈及水分 ②合理选择焊接电流与电弧电压 ③增加焊道厚度 ④合理选择焊接顺序及做消除内应力热处理 ⑤焊前对储气钢瓶应进行除水,焊接过程中对 CO₂气体应进行干燥 ⑥检查焊件和焊丝的化学成分,调换焊接材料,调整熔合比,加强工艺措施 ⑦合理选择焊接顺序,焊接时敲击、振动,焊后热处理
飞溅	①电感量过大或过小 ②电弧电压太高 ③导电嘴磨损严重 ④送丝不均匀 ⑤焊丝和焊件清理不彻底 ⑥电弧在焊接中摆动 ⑦焊丝种类不合适	①调节电感至适当值 ②根据焊接电流调整电弧电压 ③及时更换导电嘴 ④检查调整送丝系统 ⑤加强焊丝和焊件的焊前清理 ⑥更换合适的导电嘴 ⑦按所需的熔滴过渡状态选用焊丝
电弧不稳	①导电嘴内孔过大或磨损过大 ②送丝轮磨损过大 ③送丝轮压紧力不合适 ④焊机输出电压不稳 ⑤送丝软管阻力大 ⑥网路电压波动 ⑦导电嘴与母材间距过大 ⑧焊接电流过低 ⑨接地不牢 ⑩焊丝种类不合适 ⑪焊丝缠结	①更换导电嘴,其内孔应与焊丝直径相匹配 ②更换送丝轮 ③调整送丝轮的压紧力 ④检查整流元件和电缆接头,有问题及时处理 ⑤校正软管弯曲处,并清理软管 ⑥一次电压变化不要过大 ⑦该距离应为焊丝直径的 10~15 倍 ⑧使用与焊丝直径相适应的电流 ⑨应可靠连接(由于母材生锈,有油漆及油污使得焊接处接触不好) ⑩按所需的熔滴过渡状态选用焊丝 ⑪仔细解开
焊丝与导电嘴粘连	①导电嘴与母材间距太小 ②起弧方法不正确 ③导电嘴不合适 ④焊丝端头有熔球时起弧不好	①该距离由焊丝直径决定 ②不得在焊丝与母材接触时引弧(应在焊丝与母材保持一定距离时引弧) ③按焊丝直径选择尺寸适合的导电嘴 ④剪断焊丝端头的熔球或采用带有去球功能的焊机

续表

缺陷	产生原因	预防措施
未焊透	①焊接电流太小 ②焊接速度太快 ③钝边太大，间隙太小 ④焊丝伸出长度太长 ⑤送丝不均匀 ⑥焊炬操作不合理 ⑦接头形状不良	①增加电流 ②降低焊接速度 ③调整坡口尺寸 ④减小伸出长度 ⑤修复送丝系统 ⑥正确操作焊炬，使焊炬角度和指向位置符合要求 ⑦接头形状应适合于所用的焊接方法
焊缝形状不规则	①焊丝未经校直或矫直不好 ②导电嘴磨损而引起电弧摆动 ③焊丝伸出长度过大 ④焊接速度过低 ⑤操作不熟练，焊丝行走不均匀	①检修焊丝矫正机构 ②更换导电嘴 ③调整焊丝伸出长度 ④调整焊接速度 ⑤提高操作水平，修复小车行走机构

第三节 操作训练实例

一、板对接平焊，单面焊双面成形

1. 焊件尺寸及要求

① 焊件材料牌号为 Q345。

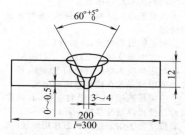

图 6-38 焊件及坡口尺寸

② 焊件及坡口尺寸如图 6-38 所示。

③ 焊接位置为平焊。

④ 焊接要求单面焊双面成形。

⑤ 焊接材料为 H08Mn2SiA，$\phi1.2mm$。

⑥ 焊机为 NBC-400。

⑦ 气体采用 CO_2 气体，要求 CO_2 气体纯度不得低于 99.5%，使用前应进行提纯处理。

2. 焊件装配

① 钝边 0～0.5mm。清除坡口内及坡口正反两侧 20mm 范围内油、锈、水分及其他污物，直至露出金属光泽。

② 装配间隙为 3～4mm。采用与焊件材料牌号相同的焊丝进行定

位焊,并点焊于焊件坡口两端,焊点长度为10~15mm。

③ 预置反变形量30°,错边量≤1.2mm。

3. 焊接参数

对接平焊焊接参数见表6-27。

表 6-27 对接平焊焊接参数

焊接层次	焊丝直径 /mm	焊丝伸出 长度/mm	焊接电流 /A	电弧电压 /V	气体流量 /(L/min)
打底焊	1.2	20~25	90~110	18~20	10~15
填充焊	1.2	20~25	220~240	24~26	20
盖面焊	1.2	20~25	230~250	25	20

4. 操作要点及注意事项

采用左焊法,焊接层次为三层三道(表 6-28),焊炬角度如图 6-39所示。

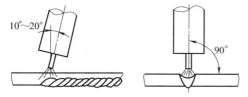

图 6-39 焊炬角度图

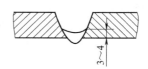

图 6-40 打底焊道两侧形状

表 6-28 左焊焊接方法

类别	说 明
打底焊	将焊件间隙小的一端放于右侧。在离焊件右端点焊焊缝约 20mm 坡口的一侧引弧,然后开始向左焊接打底焊道,焊炬沿坡口两侧作小幅度横向摆动,并控制电弧在离底边 2~3mm 处燃烧,当坡口底部熔孔直径达 3~4mm 时,转入正常焊接。打底焊时应注意事项如下 ①电弧始终在坡口内作小幅度横向摆动,并在坡口两侧稍微停留,使熔孔直径比间隙大 0.5~1mm,焊接时应根据间隙和熔孔直径的变化调整横向摆动幅度和焊接速度,尽可能维持熔孔直径不变,以获得宽窄和高低均匀的反面焊缝 ②依靠电弧在坡口两侧的停留时间,保证坡口两侧熔合良好,使打底焊道两侧与坡口结合处稍下凹,焊道表面平整。打底焊道两侧形状如图 6-40 所示 ③打底焊时,要严格控制喷嘴的高度,电弧必须在离坡口底部 2~3mm 处燃烧,保证打底层厚度不超过 4mm
填充焊	调试填充层焊接参数,在焊件右端开始焊填充层,焊枪的横向摆动幅度稍大于打底层,注意熔池两侧熔合情况,保证焊道表面平整且稍下凹,并使填充层的高度低于母材表面 1.5~2mm,焊接时不允许烧化坡口棱边

续表

类别	说　明
盖面焊	调试好盖面层焊接参数后,从右端开始焊接,需注意下列事项: ①保持喷嘴高度焊接熔池边缘应超过坡口棱边 0.5～1.5mm,并防止咬边 ②焊枪横向摆动幅度应比填充焊时稍大,尽量保持焊接速度均匀,使焊缝外形美观 ③收弧时一定要填满弧坑,并且收弧弧长要短,以免产生弧坑裂纹

二、板横焊单面焊双面成形

1. 焊前准备

① 选焊机:选用 NBC-350 型 CO_2 气体保护焊机。

② 焊丝:CO_2 药芯焊丝 (TWE-711),规格直径 1.2mm。

③ CO_2 气体纯度不小于 99.5%。

④ 焊件材料:采用 Q235 低碳钢板,厚度为 12mm,长为 300mm,宽为 125mm,用剪板机或气割下料,然后再用刨床加工成 V 形 65°坡口 (图 6-41)。

⑤ 辅助工具和量具:CO_2 气体流量表,CO_2 气瓶,角向打磨机,打渣锤,钢板尺,焊缝万能规等。

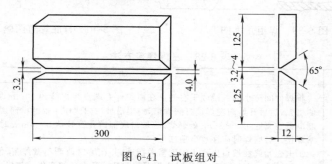

图 6-41　试板组对

2. 焊前装配定位

装配定位的目的是把两块试板装配成合乎焊接技术要求的 V 形坡口的试板。

(1) 试板准备

用角向打磨机将试板两侧坡口面及坡口边缘 20～30mm 范围内的油、污、锈、垢清除干净,使之呈现出金属光泽。然后在钳工台虎钳上修磨坡口钝边,使钝边尺寸保证在 1～1.5mm。试板装配:装配间隙始

焊端为 3.2mm，终焊端为 4mm
（可以用直径 3.2mm 或直径
4mm 焊条头夹在试板坡口的钝
边处，定位焊牢两试板，然后用
敲渣锤打掉定位焊的焊条头即
可），定位焊缝长为 10～15mm

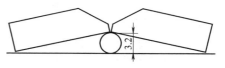

图 6-42　CO₂药芯焊横焊反变形尺寸

（定位焊缝在正面焊缝处），对定位焊缝焊接质量要求与正式焊缝一样。
　　（2）反变形
　　反变形量的组对如图 6-42 所示。
　　3. 焊接操作
　　板厚为 12mm 的试板，CO₂药芯对接横焊，焊缝共有 4 层 11 道，
即：第 1 层为打底焊（1 点），第 2、3 层为填充焊（共 5 道焊缝），第 4
层为盖面焊（共 5 道焊缝堆焊而成），焊缝层次及焊道排列如图 6-43 所
示，各层焊接参数见表 6-29。
　　焊接操作方法见表 6-30。

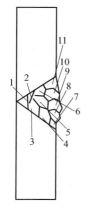

图 6-43　CO₂药芯
焊横焊反变形尺寸

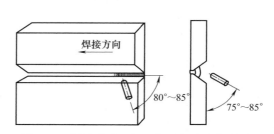

图 6-44　焊枪喷嘴、焊丝与试板的夹角及运丝

表 6-29　焊接参数

焊接层次	焊丝直径/mm	焊丝伸出长度/mm	焊接电流/A	电弧电压/V	气体流量/(L/min)
打底焊	1.2	12～15	115～125	18～19	12
填充层	1.2	12～15	135～145	21～22	12
盖面层	1.2	12～15	130～145	21～22	12

表 6-30　焊接方法

类别	说　　　明
打底焊	调整好打底焊的焊接参数后,焊枪喷嘴、焊丝与试板的夹角及运丝方法如图 6-44 所示,用左向焊法进行焊接 首先在定位焊缝上引弧,焊枪以小幅度划斜圆圈形摆动,从右向左进行焊接,坡口钝边上下边棱各熔化 1～1.5mm 并形成椭圆形熔孔。施焊中密切观察熔池和熔孔的形状,保持已形成的熔孔 图 6-45　打底层焊缝形状 始终大小一致,持焊枪手把要稳,焊接速度要均匀。焊枪喷嘴在坡口间隙中摆动时,其在上坡口钝边处停顿的时间比下坡口钝边停顿的时间要稍长,防止熔化金属下坠,形成下大上小、并有尖角成形不好的焊缝。打底层焊缝形状如图 6-45 所示 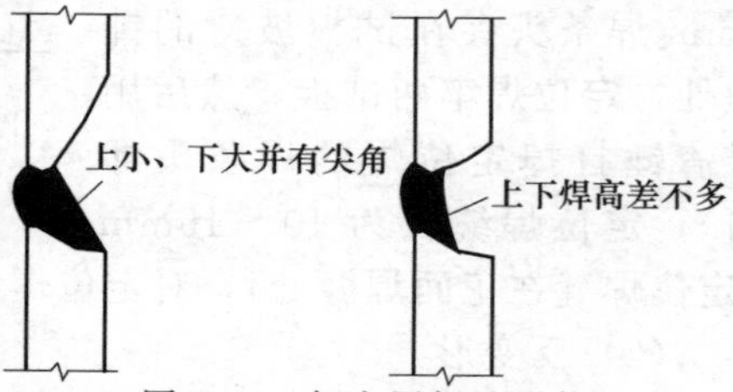 300mm 长的试板焊接中尽量不要中断,应一气呵成。若焊接过程中发生断弧,应从断弧处后 15mm 处重新起弧,焊枪以小幅度锯齿形摆动,当焊至熔孔边沿接上头后,焊枪应往前压,听到"噗噗"声后,稍作停顿,再恢复小倾斜椭圆形摆动向前施焊,使打底焊道完成,焊到试件收弧处时,电弧熄灭,焊枪不能马上移开,待熔池凝固后才能移开焊枪,以防收弧区保护不良而产生气孔
填充焊	将焊道表面的飞溅物和熔渣清理干净,调试好填充焊的焊接参数后,照图 6-46 所示焊枪喷嘴的角度进行填充层第 2 层和第 3 层的焊接。填充层焊接采用右向焊法,这种焊法堆焊填充快。填充层焊接时,焊接速度要慢些,填充层的厚度以低于母材表面 1.5～2mm 为宜,且不得熔化坡口边缘棱角,以利盖面层的焊接 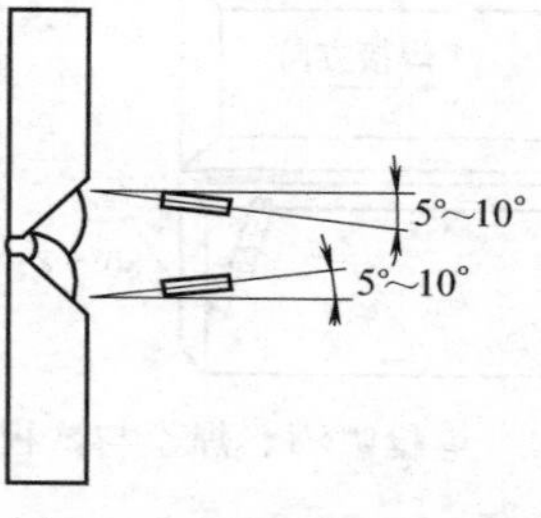 　　 图 6-46　填充层焊枪角度 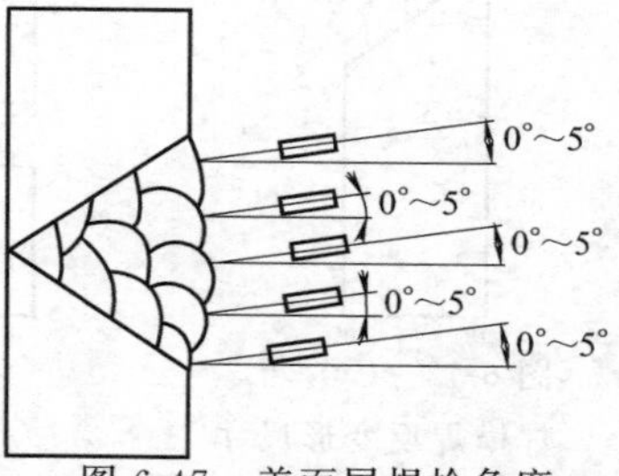　　图 6-47　盖面层焊枪角度
盖面焊	清理填充层焊道及坡口上的飞溅物和熔渣,调整好盖面焊道的焊接参数后,按图 6-47 所示焊枪角度进行盖面 7～11 焊道的焊接,盖面焊的第 1 道焊缝是盖面焊的关键,要求不但要焊直,而且焊缝成形圆滑过渡。左向焊具有焊枪喷嘴稍前倾、从右向左施焊、不挡焊工视线的条件,焊缝成形平缓美观,焊缝平直容易控制。其他各层均采用右向焊,焊枪喷嘴呈划圆圈运动,每层焊后要清渣,各焊层间相互搭接 1/2,防止夹渣及焊层搭接棱沟的出现,以影响表面焊缝成形的美观。收弧时应填满弧坑

4. 焊缝清理

焊缝焊完后，填充焊渣、飞溅，焊缝处于原始状态，在交付专职焊接检验前不得对焊缝表面缺陷进行修改。

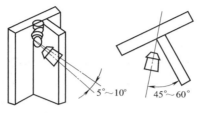

图 6-48　立焊时焊丝的位置

三、板立焊单面焊双面成形

1. 焊前准备

CO_2 焊的立焊有向下立焊和向上立焊两种方式，焊条电弧焊因为向下立焊时需要专门的焊条才能保证焊道成形，故通常只采用向上立焊。而 CO_2 焊，若采用细丝短路过渡（即短弧）焊时，取向下立焊能获得很好的效果。此时，焊丝应向下倾斜一个角度。立焊时焊丝的位置如图 6-48 所示。因为在向下焊时，CO_2 气流也有承托熔池金属的作用，使它不易下坠，而且操作十分方便，焊道成形也很美观，但熔深较浅。此时 CO_2 气流流量应当比平焊时稍大些，焊丝直径在 1.6mm 以下时，焊接电流在 200A 以下，用于焊接薄板。

如果像焊条电弧焊那样，取向上立焊，那么会因铁水的重力作用，熔池金属下淌，再加上电弧吹力的作用，熔深将增加，焊道窄而高，故一般不采用这种操作法。若采用直径为 1.6mm 或更大的焊丝，采用滴状过渡而不采用短路过渡方式焊接时，可取向上立焊。为了克服熔深大，焊道窄而高的缺点，宜采用横向摆动运丝法，但电流需选取下限值，适用于焊接厚度较大的焊件。

立焊有直线移动运丝法和横向摆动运丝法。直线移动运丝法适用于薄板对接的向下立焊，开坡口对接焊的第一层和 T 字接头立焊的第一层。向上立焊的多层焊，一般在第二层以后即采取横向摆动运丝法。为了获得较好的焊道成形，多采用正三角形的摆动运丝法向下立焊的多层焊，或采用月牙形横向摆动运丝法。

立焊操作的难度较大，必须加强练习。先在 250mm × 120mm ×

8mm 的侧立低碳钢板上进行敷焊形式的立焊操作练习。首先反复练习直线移动运丝法，进而再练习用月牙形横向摆动的运丝法进行向下立焊和用正三角形摆动运丝法进行向上立焊。操作练习时，采用直径为 1.2mm 的 H08Mn2Si 焊丝。

2. 焊接参数

直线移动和横向摆动立焊焊接参数见表 6-31。

表 6-31　直线移动和横向摆动立焊焊接参数

运丝方式	电流/A	电压/V	焊接速度/(m/h)	CO_2气体流量/(L/min)
直线移动运丝法	110~120	22~24	20~22	0.5~0.8
小月牙形横向摆动运丝法	130	22~24	20~22	0.4~0.7
正三角形摆动运丝法	140~150	26~28	15~20	0.3~0.6

3. 操作要点及注意事项

操作时应面对焊缝，上身立稳，脚呈半开步，右手握住焊枪后，手腕能自由活动，肘关节不能贴住身体，左手持面罩，准备焊接。注意焊道成形要整齐，宽度要均匀，高度要合适。

（1）T 字接头立焊

板厚为 8mm，采用直径为 1.2mm 的 H08Mn2Si 焊丝，参照表6-31中的焊接参数，可适当增大。运丝时，第一层采用直线移动运丝法，向下立焊，如图 6-49 中的 1 所示；第二层采用小月牙形摆动运丝法，向下立焊，如图 6-49 中的 2 所示；第三层采用正三角形摆动运丝法，向上立焊，如图 6-49 中的 3 所示。

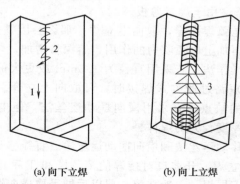

(a) 向下立焊　　　　　(b) 向上立焊

图 6-49　向下立焊与向上立焊

1—直线移动运丝法；2—小月牙形摆动运丝法；3—正三角形摆动运丝法

焊接时要注意每层焊道中的焊脚要均匀一致，并充分注意水平板与立板的熔深合适，不要出现咬边等缺陷。

向下立焊时的焊丝角度如图 6-50 所示，向上立焊参照焊条电弧焊立焊时的焊条角度。

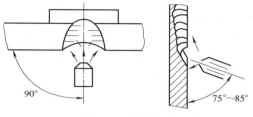

图 6-50　焊丝角度

（2）开坡口对接立焊

焊件与开坡口水平对接焊焊件相同。采用直径为 1.2mm 的 H08Mn2Si 焊丝。焊接参数参照表 6-31 选用，但允许根据实际操作情况适当调整。

操作时焊丝运行中的角度如图 6-50 所示，采用向下立焊法焊接。运丝时第一层采用直线移动，从第二层开始采用小月牙形摆动。施焊盖面焊道时，要特别注意避免咬边和余高过大的现象。

四、板-管（板）T 字接头，插入式水平固定位置的 CO$_2$焊

1. 焊件尺寸及要求

① 焊件及坡口尺寸如图 6-51 所示。

② 焊接位置为水平固定。

③ 焊接要求单面焊双面成形。

④ 焊接材料为 H08Mn2SiA，直径为 1.2mm。

⑤ 焊机为 NBC1-300。

2. 焊件装配

清除坡口及其两侧 20mm 范围内的油、锈及其他污物，直至露出金属光泽。采用与焊件相同牌号的焊丝进行一点定位焊，焊点长度 10～15mm，要求焊透，焊脚不能过高，管子应垂直于管板。

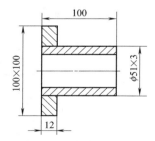

图 6-51　焊件及坡口尺寸

3. 焊接参数

焊接参数见表 6-32。

表 6-32　焊接参数

焊接层次	焊丝直径/mm	焊接电流/A	电弧电压/V	气体流量/(L/min)	焊丝伸出长度/mm
打底焊	1.2	90～110	18～20	10	15～20
盖面焊	1.2	110～130	20～22	15	15～20

4. 焊接要点及注意事项

这是插入式管板最难焊的位置，需同时掌握 T 字接头平焊、立焊、仰焊的操作技能，并根据管子曲率调整焊炬角度。本例因管壁较薄，焊脚高度不大，故可采用单道焊或二层二道焊，即一层打底焊和一层盖面焊。

① 板焊件固定于焊接固定架上，保证管子轴线处于水平位置，并使定位焊缝不得位于时钟 6 点位置。

② 调整好焊接参数，在时钟 7 点处引弧，沿逆时针方向焊至 3 点位置断弧，不必填满弧坑，但断弧后不能移开焊枪。

③ 迅速改变焊工体位，从时钟 3 点位置引弧，仍按逆时针方向由时钟 3 点焊到 0 点。

④ 将时钟 0 点位置焊缝磨成斜面。

⑤ 从时钟 7 点位置引弧，沿顺时针方向焊至 0 点位置，注意接头应平整，并填满弧坑。

若采用两层两道焊，则按上述要求和顺序再焊一次。焊第一层时焊接速度要快，保证根部焊透。焊炬不摆动，使焊脚较小，盖面焊时焊炬摆动，以保证焊缝两侧熔合好，并使焊脚尺寸符合规定要求。

注意上述步骤实际上是一气呵成，应根据管子的曲率变化，焊工要不断地转腕和改变体位连续焊接，按逆、顺时针方向焊完一圈焊缝。焊接时的焊炬角度如图 6-52 所示。

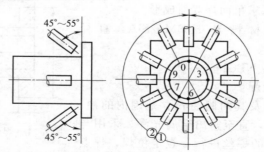

① 从时钟7点位置开始沿逆时针方向焊至0点位置

② 从时钟7点位置开始沿顺时针方向焊至0点位置

图 6-52　焊炬角度

五、大直径管对接单面焊双面成形

1. 焊件尺寸及要求

① 焊件及坡口尺寸如图 6-53 所示。焊炬角度见图 6-54。

② 焊接位置为管子水平转动。

③ 焊接要求单面焊双面成形。

④ 焊接材料为 H08Mn2SiA。

⑤ 焊机为 NBC-400。

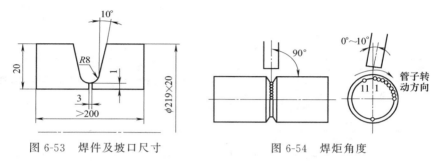

图 6-53　焊件及坡口尺寸　　　　　图 6-54　焊炬角度

2. 焊件装配

① 清除管子坡口面及其端部内外表面 20mm 范围内的油、锈及其他污物，至露出金属光泽。

② 将焊件置于装配胎具上进行装配、定位焊。装配间隙为 3mm，钝边为 1mm。采用与焊件相同牌号的焊丝在坡内进行三点定位焊，各相距 120°；焊点长度为 10～15mm，应保证焊透和无缺陷，其焊点两端最好预先打磨成斜坡，错边量≤2mm。

3. 焊接参数

大直径管水平转动焊焊接参数见表 6-33。

表 6-33　焊接参数

焊接层次	焊丝直径/mm	焊接电流/A	电弧电压/V	气体流量/(L/min)	焊丝伸出长度/mm
打底焊	1.2	110～130	18～20	12～15	15～20
填充焊	1.2	130～150	20～22	12～15	15～20
盖面焊	1.2	130～140	20～22	12～15	15～20

4. 操作要点及注意事项

焊接过程允许管子转动，在平焊位置进行焊接，管子直径较大，故其操作难度不大，其操作要点及注意事项见表 6-34。

表 6-34　操作要点及注意事项

类　别	说　明
焊炬角度	采用左向焊法,多层多道焊,焊炬角度如图 6-54 所示。将焊件置于转动架子上,使一个定位焊点位于 1 点位置
打底焊	按打底焊焊接参数调节焊机,在图 6-54 中时钟 1 点位置的定位焊缝上引弧,并从右向左焊至时钟 11 点位置断弧,立即用左手将管子按顺时针方向转一角度,将灭弧处转到时钟 1 点位置,再行焊接,如此不断地重复上述过程,直到焊完整圈焊缝。最好采用机械转动装置,边转边焊,或一人转动管子,一人进行焊接,也可采用右手持焊枪,左手转动的方法,连续完成整圈打底焊缝。打底焊接注意事项如下 ①管子转动时,需使熔池保持在水平位置,管子转动的速度就是焊接速度 ②打底焊道必须保证反面成形良好,所以焊接过程中要控制好熔孔直径,它应比间隙大 0.5～1mm 为合适 ③除净打底焊道的焊渣、飞溅物,修磨焊道上局部凸起
填充焊	调整好焊接参数,按打底焊方法焊接填充焊道。并应注意如下事项 ①焊枪横向摆动幅度应稍大,并在坡口两侧适当停留,保证坡口两侧熔合良好,焊道表面平整,稍下凹 ②控制好最后一层填充焊道高度,应低于母材 2～3mm,并不得熔化坡口棱边
盖面焊	调整好焊接参数,焊完盖面焊道,并应注意如下事项 ①焊枪摆动幅度比填充焊时大,并在两侧稍停留,使熔池超过坡口棱边0.5～1.5mm,保证两侧熔合良好 ②转动管子的速度要慢,保持水平位置焊接,使焊道外形美观

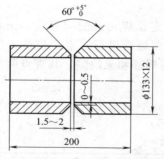

图 6-55　焊件及坡口尺寸

六、中厚壁大直径管组合焊

1. 焊件尺寸及要求

① 焊件及坡口尺寸如图 6-55 所示。

② 焊接位置为水平转动位置。

③ 焊接要求手工钨极氩弧焊打底,CO_2 焊填充,盖面焊,单面焊双面成形。

④ 焊接材料为焊丝 H08Mn2SiA,钨极氩弧焊焊丝直径为 2.5mm;CO_2 焊丝直径为 1.2mm。

⑤ 焊机为 NSA4-400、NBC1-300。

2. 焊件装配

① 钝边为 0～0.5mm,清除坡口及两侧内外表面 20mm 范围内的油、锈及其他污物,直至露出金属光泽,再用丙酮清洗。

② 装配间隙为 1.5～2mm。采用钨极氩弧焊 3 点均布定位焊,定

位焊焊接材料同焊件焊接材料，焊点长度为 $10\sim15mm$，要求焊透并保证无焊接缺陷。焊件错边量应 $\leqslant1.2mm$。

3. 焊接参数

焊接参数见表 6-35。

表 6-35　焊接参数

焊接层次		焊接电流/A	电弧电压/V	气体流量/(L/min)	焊丝直径/mm	钨极直径/mm	喷嘴直径/mm	喷嘴至工件距离/mm	伸出长度/mm
TIG 焊打底		$90\sim95$	$10\sim12$	$8\sim10$	2.5	2.5	8	$\leqslant8$	—
CO₂焊	填充	$130\sim150$	$20\sim22$	15	1.2	—	—	—	$15\sim20$
	盖面	$130\sim140$							

4. 操作要点及注意事项

操作要点及注意事项见表 6-36。

表 6-36　操作要点及注意事项

类别	说　明
钨极氩弧焊打底	调整好打底焊接参数后并按下述步骤施焊： ①将焊件置于可调速的转动架上，使间隙为 1.5mm。打底焊时焊炬角度如图 6-56 所示，一个定位焊点位于 0 点位置 ②在时钟 0 点定位焊点上引弧，管子不转动也不加焊丝，待管子坡口和定位焊点熔化，并形成明亮的熔池和熔孔后，管子开始转动并填加焊丝 ③焊接过程中，填充焊丝以往复运动方式间断地送入电弧内熔池前方，成滴状加入，送进要有规律，不能时快时慢，使焊道成形美观 ④焊缝的封闭，应先停止送进和转动，待原来的焊缝部位斜坡面开始熔化时，再填加焊丝，填满弧坑后断弧 ⑤焊接过程中注意电弧应始终保持在时钟 0 点位置，并对准间隙，焊炬可稍作横向摆动，管子的转速与焊接速度相一致
CO₂焊填充	调整好填充焊的焊接参数，并按以下步骤施焊 ①采用左向焊法，焊炬角度如图 6-57 所示 ②焊炬应横向摆动，并在坡口两侧适当停留，保证焊道两侧熔合良好，焊道表面平整，稍下凹 ③应控制填充焊道高度低于母材表面 2～3mm，并不得熔化坡口棱边
CO₂焊盖面	按焊接参数要求调节好各参数 ①焊枪摆动幅度应比填充焊时大，并在坡口两侧稍停留，使熔池边缘超过坡口棱边 0.5～1.5mm，保证两侧熔合良好 ②管子转动速度要慢，保持在水平位置焊接，使焊道成形美观

七、板平角焊缝的焊接

1. 焊前准备

① 焊接设备　选用 NEW-350、NEW-K500 型 CO₂半自动焊机。

② 焊丝 焊丝选用 H08Mn2Si 直径 1.2mm 的焊丝。

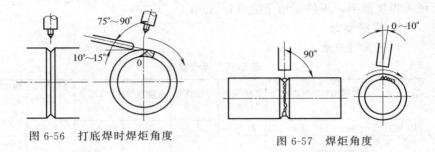

图 6-56 打底焊时焊炬角度

图 6-57 焊炬角度

③ 气体 采用 CO_2 气体，要求 CO_2 气体纯度不得低于 99.5％，使用前应进行提纯处理。

④ 焊接材料 试板为 19Mn 钢板，规格为 350mm × 140mm × 10mm。

2. 焊前试板组对

① 试板为厚 10mm 的 16Mn 钢板，试板接头形式及尺寸如图 6-58 所示。

② 要求两板组对严密结合，立板与底板垂直，在试件两端点固焊牢，不得有油、锈、水分等杂质，并露出金属光泽。

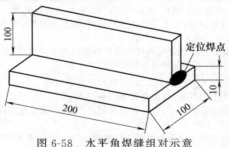

图 6-58 水平角焊缝组对示意

3. 焊接工艺参数

焊接工艺参数见表 6-37，试板单道连续焊 2 层、3 道焊缝，要求焊脚高为 10mm。

表 6-37 水平角焊缝焊接工艺参数

焊层类别	焊接电流/A	电弧电压/V	伸出长度/mm	气体流量/(L/min)
1,2	120	20	12~13	10
3~6	130	20~21	10~12	10

注：表中 1、2 为第 1 层焊缝，3~6 为第 2 层焊缝，如图 6-59 所示。

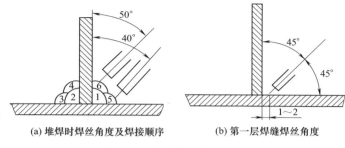

(a) 堆焊时焊丝角度及焊接顺序　　　(b) 第一层焊缝焊丝角度

图 6-59　水平角焊缝组对示意

4. 试板的施焊操作

电弧在始端引燃后，在第 1 层焊道焊丝以直线匀速施焊。焊丝上、下倾角为 45°，焊丝对准水平板侧 1~2mm 处，防止焊偏，以保证两板的熔深均匀，焊缝成形良好。为防止角焊缝不出现偏板（焊缝偏上板或偏下板）、咬边缺陷，保证焊缝成形美观，第 2 层的 3~6 焊道用堆焊形式，直线运动，不作摆动连续焊接完成。

5. 总结

由于国产 CO_2 气体的含水量远远超过日本 CO_2 气体的含水标准（≤0.05%）以及操作不当等，CO_2 焊时容易产生气孔和飞溅，为保证焊缝质量，除做好 CO_2 气体使用前的提纯处理外，还要着重做到以下几点：

① 严格操作工艺规范参数，在每焊接一种工件前，首先做好工艺评定，由焊接技术比较熟练的焊工，试焊出能确保质量的焊接工艺参数，以点代面，共同执行。

② 焊接电流和电弧电压要适中。CO_2 焊时，焊接电流和电弧电压都是重要的工艺参数，选择时必须使二者相互配合恰当。因为二者决定了熔滴过渡形式，对飞溅、气孔、焊缝成形、电弧燃烧的稳定性、熔深及焊接生产率有很大的影响。短路过渡形式焊接时，焊接电流在 80~240A 选择，电弧电压在 18~30V 相匹配。

③ 焊丝伸出长度要适当。焊丝伸出长度取决于焊丝直径，焊丝伸出长度一般等于焊丝直径的 10~11 倍，若过长容易产生飞溅、气孔等缺陷，电弧不稳，影响焊接的正常进行；若过短，电弧作用不好，容易产生未熔合等缺陷。

④ CO_2 气体流量的选择。CO_2 气体流量过大，能加快熔池金属的

冷却速度，使焊缝塑性下降；CO_2气体流量过小，降低其熔池保护效果，容易产生气孔，细丝（直径$0.8\sim1.2mm$）焊接时，一般CO_2气体流量为$8\sim16L/min$。

⑤ 不使用阴天、下雨（雪）天灌制的CO_2气体。

⑥ 严格使用干燥加热器。

⑦ 在灌新CO_2气体以前，应将瓶中剩气倒置放净。

⑧ 配备技术比较熟练的电工维护和保养CO_2焊机，使其始终保持正常焊接。

⑨ 鉴于CO_2半自动焊接方法与普通手工电弧焊有相同之处，建议在培训CO_2焊焊工时，应挑选手工电弧焊技术较好的焊工来参加，这样能缩短培训期，效果好、成功率高。

八、电弧点焊焊接

图 6-60 为薄板与框架焊接的焊件形状及尺寸。

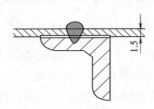

图 6-60　焊件形状及尺寸

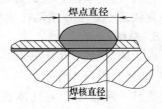

图 6-61　CO_2电弧点焊形状

1. 技术要求

（1）薄板与框架连接采用电弧点焊。

（2）焊接方法为CO_2气体保护点焊。

（3）焊接材料为低碳钢。

2. 焊前准备

（1）点焊设备

CO_2气体保护点焊所用的送丝机构、焊接电源与普通CO_2气体保护焊的焊机基本相同。但点焊机的空载电压要求高一些，一般为70V左右，以保证在焊接过程中频繁地引弧时，能稳定、可靠地进行点焊。

（2）点焊丝

电弧点焊所用的焊丝为普通实心焊丝，对于低碳钢焊件，可采用ER-49-1焊丝。CO_2气体也无特殊要求。

（3）接点形式

电弧点焊的接点常为搭接、角接复合层焊接等。在搭接时，如果上板的厚度大于6mm，则在点焊前要开孔以防止上板焊不透。其接点及开孔形状如图6-61和图6-62所示。焊前，焊点夹层中的氧化物及脏物要清除干净。

（4）装配间隙

装配间隙越小越好，一般控制在0～0.5mm。

（5）点焊喷嘴

为防止点焊过程中飞溅物堵塞和喷嘴过热烧损，应采用图6-63所示形状的喷嘴。

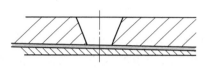

图6-62　在上板开锥形孔然后塞焊

图6-63　点焊嘴（开放式）

3. 焊接操作

（1）焊枪及工件位置

电弧点焊一般是自动进行的，焊枪和焊件在焊接过程中都不动，利用电弧来熔化上、下金属构件。由于焊丝的熔化，在上板表面形成一个铆钉的形状。

（2）焊接参数

选择CO₂电弧点焊的焊接参数时，要考虑焊件所在的空间位置上、下板的厚度、焊接位置等因素。CO₂电弧点焊的焊点直径及熔深，主要靠焊接电流和焊接时间来保证，对于低碳钢平焊位置的CO₂电弧点焊参数，见表6-38。

表6-38　低碳钢平焊位置的CO₂电弧点焊的焊接参数

板厚/mm		焊丝直径 /mm	焊接电流 /A	电弧电压 /V	焊接时间 /s	焊丝伸出 长度/mm	气体流量 /(L/min)
上板	下板						
1.5	4	1.2	325	34	1.5	10	12

4. 焊点质量

CO₂电弧点焊，由于是电弧熔化焊，比电阻焊质量好，对焊件的表面锈蚀影响不敏感，无严格清理要求。焊件的板厚和距离也不会限制电弧点焊，生产成本低、效率高。因此，这是替代电阻焊的理想焊接方法。

第七章

焊接应力与变形

第一节 | 焊接应力与变形的产生及影响

当没有外力存在时，平衡于弹性物体内部的应力叫作内应力，内应力常产生在焊接构件中，焊接构件由焊接而产生的内应力称为焊接应力。金属结构与零件在焊接过程中，常常会产生各种各样的焊接变形以及焊缝的断裂，影响焊接质量。所谓变形，是指物体受到外力作用后，物体本身形状和尺寸发生了变化。

变形分为弹性变形和塑性变形（或永久变形）两种。

弹性变形：物体在外力作用下产生变形，将外力除去后，物体仍能恢复原来的形状。

塑性变形：也叫永久变形，外力除去后，物体不能恢复原来的形状。

焊后焊件中温度冷至室温时残留在焊件中的变形和应力分别称为焊接残余变形和焊接残余应力。焊接变形和应力直接影响焊接结构的制造质量和使用性能，特别是对焊接裂纹的产生，焊接接头处应力水平的提高有着重要的影响。因此，应了解焊接变形和应力产生的原因、种类和影响因素，以及控制和防止的方法。

一、焊接应力与变形的分类

1. 焊接应力的分类
焊接应力有两种分类方法（表 7-1）。

2. 焊接变形的分类
焊接变形因焊接接头的形式、钢板的厚薄、焊缝的长短、焊件的形状、焊缝的位置等原因，会出现各种不同形式的变形。基本上可分为如下两种。

表 7-1　焊接应力的分类

类　别		说　明
按照焊接应力形成的原因分类	温度应力	在焊接时,由于加热不均匀,使各部分热膨胀不一样所引起的应力,也称热应力
	组织应力	在焊接时,由于不同的焊接热循环作用,引起局部金属的金相组织发生转变,随之而出现体积的变化。当这种体积变化受到阻碍时便产生了应力,即组织应力
	凝缩应力	在焊接时,由于金属熔池从液态冷凝成固态,其体积发生收缩而受到限制所产生的应力,称为凝缩应力
按照焊接应力在焊接结构中的作用方向分类	线应力	应力在焊件中只沿一个方向发生,如薄板的对接及在焊件表面上堆焊,焊件存在的应力是单方向的,也称单向应力,如图 7-1(a) 所示
	平面应力	应力存在于焊件中一个平面的不同方向上,如在焊接较厚板的对接焊缝时,焊件存在的应力虽不同向,但均在一个平面内,也称双向应力,如图 7-1(b)所示。薄板上的交叉焊缝中也有平面应力存在
	体积应力	焊接应力在焊件中沿空间三个方向上发生。如焊接厚大焊件的对接焊缝和三个方向焊缝的交叉处,都存在着体积应力,也称三向应力,如图 7-1(c)、(d)所示

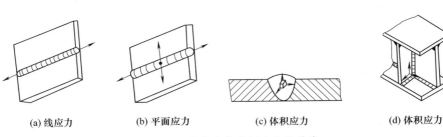

(a) 线应力　　(b) 平面应力　　(c) 体积应力　　(d) 体积应力

图 7-1　焊接应力按作用方向的分类

（1）局部变形

这是指焊接结构的某部分发生变形，它主要包括角变形和波浪变形两种。这种变形对结构影响较小，一般比较容易矫正，如图 7-2 所示。

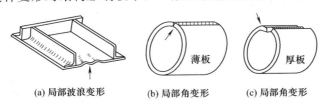

(a) 局部波浪变形　　(b) 局部角变形　　(c) 局部角变形

图 7-2　焊接结构的局部变形

（2）整体变形

这是指整个结构的形状或尺寸发生变化，是由于焊缝在各个方向上的收缩所引起的。它包括缩短、弯曲变形、扭曲变形等，其产生原因及图例见表7-2。

表 7-2　整体变形的种类

名称	产生原因	图示
缩短	由焊缝的纵向及横向收缩所引起	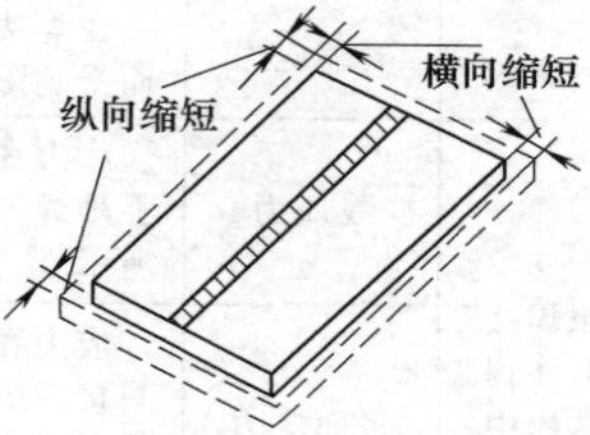
角变形	由焊缝截面形状上下不对称，使焊缝横向收缩上下不均匀而引起，其大小取决于焊缝金属的收缩情况。它与焊接参数、接头形式、坡口角度等因素有关	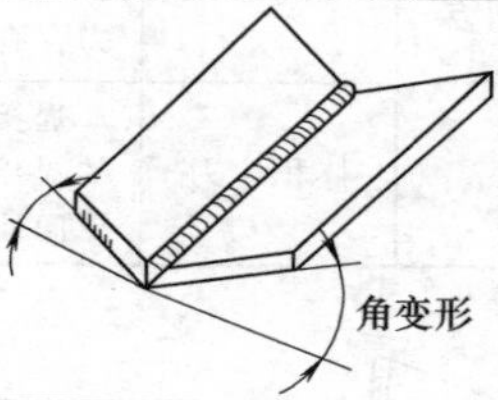
弯曲变形	焊接时的弯曲变形，是由纵向及横向这两方面变形叠加所形成的。在某些情况下，横向收缩就可以造成弯曲变形	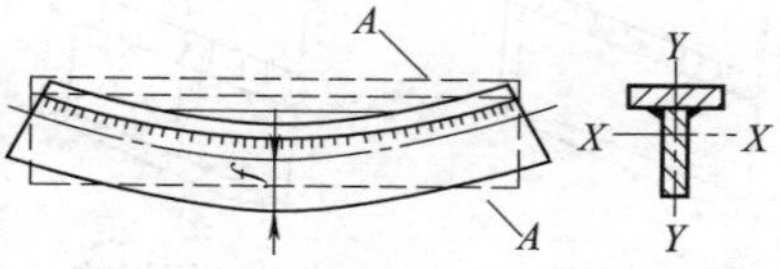
波浪变形	一种是因为焊缝的纵向收缩，对薄板边缘的压应力超过一定数值时，在边缘出现了波浪式的变形；另一种是由焊缝横向收缩所引起的角变形。有些波浪变形是这两种原因共同作用的结果	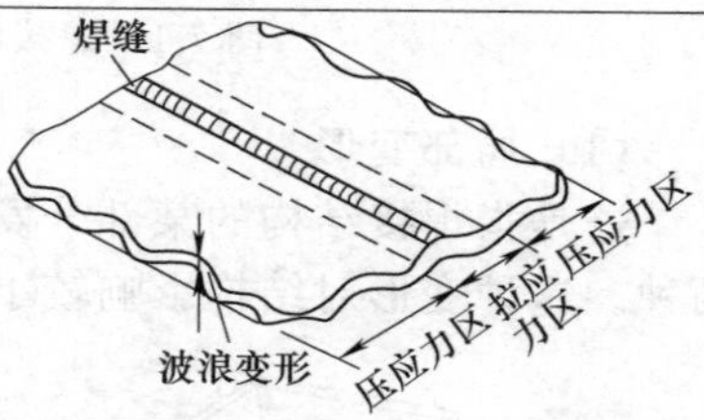
扭曲变形	产生的原因主要是装配质量不好，焊件搁置的位置不当，以及焊接顺序和焊接方向不合理等。其实质是由于焊缝的纵向收缩和横向收缩的缘故	

二、焊接应力与变形产生的原因

变形与内应力通常是同时并存于物体内的。下面举例说明一下内应力和变形产生的机理。

例如有一根钢杆，横放在自由移动的支点上（图 7-3 所示的实线），对整条钢杆均匀加热，由于钢杆受热膨胀，既变粗又伸长，钢杆的支点也随着钢杆的伸长而自由移动（图 7-4 中双点划线）。这时，钢杆内没有内应力产生。当钢杆均匀冷却时，由于冷却收缩，钢杆又恢复到原来的形状，钢杆也不会产生塑性变形。

图 7-3　钢杆自由伸长

图 7-4　钢杆变形

如果将钢杆两端固定，仍对钢杆均匀地进行加热，钢杆受热膨胀而变粗伸长；由于钢杆两端已固定不能伸长了，这时钢杆内就产生了内应力，结果使钢杆发生弯曲和扭曲变形。如果内应力超过了钢的屈服点，钢杆就发生塑性变形，钢杆变粗，截面积增大。同样，当钢杆冷却后，内部会产生受拉的内应力，而钢杆受热产生的弯曲和扭曲变形则相应减小。但因钢杆加热时有塑性变形，所以钢杆的长度不能恢复到原来的形状，若受拉的内应力大于钢的极限应力数值，钢杆就会断裂（图 7-2）。

在焊接过程中，对焊件进行的局部、不均匀的加热和冷却是产生焊接应力和变形的根本原因。焊接以后，焊缝及热影响区的金属收缩（纵向的和横向的），就造成了焊接结构的各种变形。金属内部发生晶粒组织的转变所引起的体积变化也可能引起焊件的变形。因此，实际变形是各种因素综合作用的结果。

焊接残余应力是由于焊缝纵向和横向收缩受到阻碍时，在结构内部产生的一种应力。大多数情况下，焊缝都处在纵向拉应力的状态。

三、焊接应力和变形对焊接结构的影响

1. 焊接应力的影响

在 20 世纪五六十年代间，曾多次发生过船舶、飞机、桥梁、压力容器等焊接结构在瞬间发生断裂破坏的灾难性事故，这是一种远低于材料屈服点的断裂，通常叫作低应力脆断。这种脆断与材料本身的脆性倾

向和在结构应力集中部位，或刚性拘束较大的部位，存在着拉伸残余应力有关。这种残余应力导致产生裂纹并使裂纹迅速发展，最后使结构发生断裂破坏。

焊接应力还会降低结构刚度，降低受压构件的稳定性、降低机械加工精度、使焊后机械加工或使用过程中的构件发生变形，在某些情况下，还会使在腐蚀介质下工作的焊件产生应力腐蚀。

但是必须指出，在一般性结构中存在的焊接应力对结构使用的安全性影响并不大，所以，对于这样的结构，焊后可以不必采取消除应力的措施。

2. 焊接变形的影响

焊接变形对焊接结构的影响可以表现在三个方面：

① 降低装配质量　如筒体纵缝横向收缩，与封头装配时就会发生错边，使装配发生困难。错边量大的焊件，在外力作用下将产生应力集中和附加应力，使结构安全性下降。

② 增加制造成本、降低接头性能　焊件一旦产生焊接变形，常需矫形后才能组装。因此，使生产率下降、成本增加。冷矫形会使材料发生冷作硬化，使塑性下降。

③ 降低结构承载能力　由于焊接变形产生的附加应力会使结构的实际承载能力下降。

四、焊接残余应力的分布与影响

当构件上随局部载荷或经受不均匀加热时，都会在局部区域产生塑性变形；当局部外载撤去以后或热源离去，构件温度恢复到原始的均匀状态时，由于在构件内部发生了不能恢复的塑性变形，因而产生了相应的内应力，即称为残余应力。构件中残留下来的变形，即称为残余变形。

1. 焊接残余应力的分布

一般厚度不大的焊接结构，残余应力是双向的，即纵向应力 σ_x 和横向应力 σ_y，残余应力在焊件上的分布是不均匀的，分布状况与焊件的尺寸、结构和焊接工艺有关。长板上纵向应力 σ_x 的分布如图 7-5 所示，横向应力的 σ_y 的分布如图 7-6 所示。

厚板焊接接头，除纵向应力 σ_x 和横向应力 σ_y 外，还存在较大的厚度方向上的应力 σ_z。三个方向的内应力分布也是不均匀的，如图 7-7 所示。

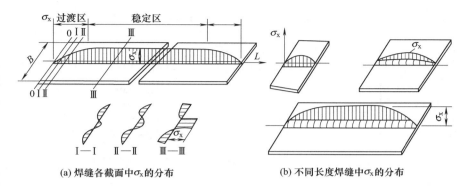

(a) 焊缝各截面中σ_x的分布   (b) 不同长度焊缝中σ_x的分布

图 7-5 焊缝中 σ_x 的分布

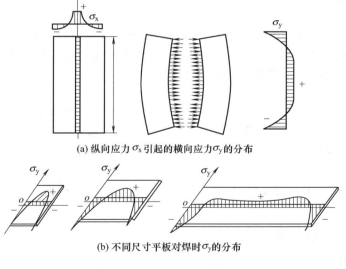

(a) 纵向应力 σ_x 引起的横向应力σ_y的分布

(b) 不同尺寸平板对焊时σ_y的分布

图 7-6 焊缝中 σ_y 的分布

2. 残余应力的影响

① 对静载强度的影响。当材质的塑性和韧性较差处于脆性状态，则拉伸应力与外载叠加可能使局部应力首先达到断裂强度，导致结构早期破坏。

② 对结构风度的影响。当外载产生的应力 σ 与结构中某局部的内

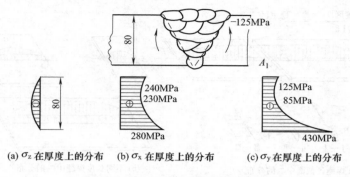

(a) σ_z 在厚度上的分布   (b) σ_x 在厚度上的分布   (c) σ_y 在厚度上的分布

图 7-7   厚板多层焊终审中的应力分布

应力之和达到屈服点时，就使这一区域丧失了进一步承受外载的能力，造成结构的有效截面积减小，结构刚度也随之降低，使结构的稳定性受到破坏。

③ 如果在应力集中处存在拉伸内应力，就会使构件的疲劳强度降低。

④ 构件中存在的残余应力，在机械加工和使用过程中，由于内应力发生了变化，而可能引起结构的几何延续发生变化，将使结构尺寸失去稳定性。

⑤ 在腐蚀介质中工作的结构，在拉伸应力区会加速腐蚀而引起应力腐蚀的低应力脆断。在高温工作的焊接结构（如高温容器）残余应力又会起加速蠕变的作用。

第二节 | 防止和减少焊接应力与变形的措施

一、设计措施

① 尽量减少焊缝的数量和尺寸，采用填充金属少的坡口形式。

② 焊缝布置应避免过分集中，焊缝间应保持足够的距离，如图 7-8 所示，尽量避免三轴交叉的焊缝，如图 7-9 所示，并且不把焊缝布置在工作应力最严重的区域。

③ 采用刚性较小的接头形式，如图 7-10 所示，使焊缝能够自由地收缩。

④ 在残余应力为拉应力的区域内，应尽量避免几何不连续性，以免内应力在该处进一步增高。

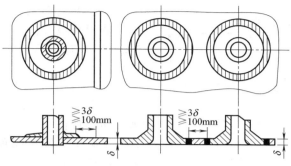

图 7-8 容器接管焊缝布置

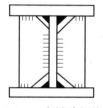

图 7-9 工字梁肋板接头

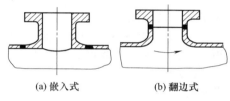

(a) 嵌入式 (b) 翻边式

图 7-10 焊接管连接

二、工艺措施

1. 采用合理的焊接顺序和方向

合理的焊接顺序就是能使每条焊缝尽可能地自由收缩。应该注意以下几点：

① 在具有对接及角焊缝的结构中（图 7-11），应先焊收缩量较大的焊缝，使焊缝能较自由地收缩，后焊焊缝。

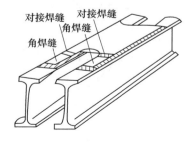

图 7-11 按收缩量大小确定焊接顺序

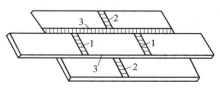

图 7-12 拼板时选择合理的焊接顺序

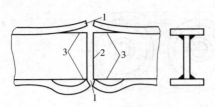

图 7-13 按受力大小确定焊接顺序

② 拼板焊时（图 7-12），先焊错开的短焊缝 1、2，后焊直通长焊缝 3，使焊缝有较大的横向收缩余地。

③ 工字梁拼接时，先焊在工作时受力较大的焊缝，使内应力合理分布。如图 7-13 所示，在接拼处两端留出一段翼缘角焊缝不焊，先焊受力最大的翼缘对接焊缝 1，然后再焊腹板对接焊缝 2，最后焊翼缘顶留的角焊缝 3。这样，焊后可使翼缘的对接焊缝承受压应力，而腹板对接焊缝承受拉应力，角焊缝最后焊可保证腹板有一定收缩余地，这样焊成的梁疲劳强度高。

④ 焊接平面上的焊缝时，应使焊缝的收缩比较自由，尤其是横向收缩更应保证自由。对接焊缝的焊接方向，应当指向自由端。

2. 预热法

预热法是在施焊前，预先将焊件局部或整体加热至 150～650℃。对于焊接或焊补那些淬硬倾向较大的材料的焊件，以及刚性较大或脆性材料焊件时，为防止焊接裂纹，常常采用预热法。

3. 冷焊法

冷焊法是通过减少焊件受热来减少焊接部位与结构上其他部位间的温度差。具体做法有：尽量采用小的热输入方法施焊，选用小直径焊条，小电流、快速焊及多层多道焊。另外，应用冷焊法时，环境温度应尽可能高，防止裂纹的产生。

4. 留裕度法

焊前，留出焊件的收缩裕度，增加收缩的自由度，以此来减少焊接残余应力。图 7-14 所示的封闭焊缝，为减少其切向应力峰值和径向应力，焊接前可将外板进行扳边，如图 7-14（a）所示，或将镶块做成内凹形，如图 7-14（b）所示，使之储存一定的收缩裕度，可使焊缝冷

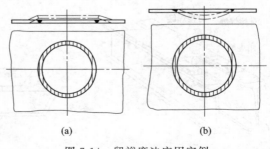

(a)   (b)

图 7-14 留裕度法应用实例

却时较自由地收缩，达到减少残余应力的目的。

5. 开减应力槽法

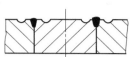
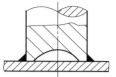

对于厚度大、刚度大的焊件，在不影响结构强度的前提下，可以在焊缝附近开几个减应力槽，以此降低焊件局部刚度，达到减少焊接残余应力的目

图 7-15　开减应力槽法应用实例

的。图 7-15 为两种开减应力槽的应用实例。

6. 锤击焊缝

焊后可用头部带有小圆弧的工具锤击焊缝，使焊缝得到延展，从而降低内应力。锤击应保持均匀适度，避免锤击过分，以防止产生裂缝。一般不锤击第一层和表面层。

7. 加热"减应区"法

在焊接结构的适当部位加热，使之伸长，加热区的伸长带动焊接部件，使它产生一个与焊缝收缩方向相反的变形，在冷却时，加热区的收缩与焊缝的收缩方向相同。焊缝就可能比较自由地收缩（图 7-16），从而减少内应力。

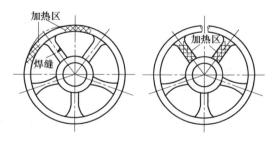

图 7-16　局部加热以降低轮辐、轮缘断口焊接应力

三、防止和减少焊接应力与变形的实例

1. 防止和减少焊接应力的实例

图 7-17 是从焊接结构的设计方面来减小焊接接头的刚性，从而减少了焊接应力的实例。图 7-17 中所示的是带法兰的管座的容器壳体上的连接，翻边式比插入式的焊接应力小。图 7-18 是从工艺上采用先焊错开的短焊缝 1、2，后焊直通长焊缝 3，从而减少焊接应力的实例。

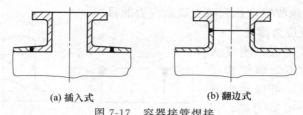

(a) 插入式   (b) 翻边式

图 7-17 容器接管焊接

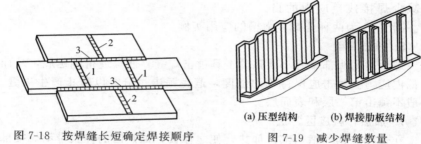

图 7-18 按焊缝长短确定焊接顺序

(a) 压型结构   (b) 焊接肋板结构

图 7-19 减少焊缝数量

2. 防止和减少焊接变形的实例

图 7-19 是从设计上考虑尽可能减少焊缝的数量,从而防止和减少焊接变形的实例,图 7-19 是采用压型的薄板结构 [图 7-19 (a)] 代替肋板结构 [图 7-19 (b)]。图 7-20 是槽钢与板条焊接时,为防止和减少变形,在工艺上所采用的两种反变形措施的实例。

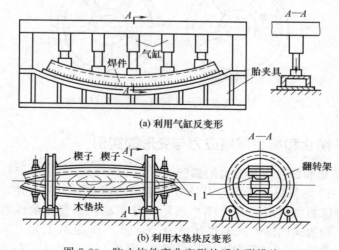

(a) 利用气缸反变形

(b) 利用木垫块反变形

图 7-20 防止构件弯曲变形的反变形措施

第三节 焊接残余应力与变形的消除和矫正

一、消除焊接残余应力的方法

1. 整体高温回火

处理温度按材料种类选择，见表 7-3。

表 7-3 各种材料的回火温度

材料种类	碳钢及低、中合金钢①	奥氏体钢	铝合金	镁合金	钛合金	铌合金	铸铁
回火温度/℃	580～680	850～1050	250～300	250～300	550～600	1100～1200	600～650

① 含钒低合金钢在 600～620℃ 回火后，塑性、韧性下降，回火温度宜选 550～600℃。

高温保温时间按材料的厚度确定。钢按每 $1\sim2\min/mm$ 计算，一般不少于 $30\min$，不高于 $3h$。为使板方向上的温度均匀地升高到所要求的温度，当板材表面达到所要求的温度后，还需要一定的均温时间。

热处理一般在炉内进行。对于大型容器，也可以采用在容器外壁覆盖绝热层，而在容器内部用火焰或电阻加热的办法来处理。

整体高温回火可将残余应力消除 $80\%\sim90\%$。

2. 局部高温回火

将焊缝及其附近应力较大的局部区域加热到高温回火温度，然后保温及缓慢冷却。多用于比较简单、拘束度较小的接头，如管道接头、长的圆筒容器接头，以及长构件的对接接头等。局部高温回火可以采用电阻、红外线、火焰和工频感应加热等。

局部高温回火难以完全消除残余应力，但可降低其峰值使应力的分布比较均匀。消除应力的效果取决于局部区域内温度分布的均匀程度。为了取得较好的降低应力效果，应保持足够的加热宽度。例如：圆筒接头加热区宽度一般采取 $B=5\sqrt{R\delta}$，长板的对接接头取 $B=W$，如图 7-21所示。R 为圆筒半径，δ 为管壁厚度，B 为加热区宽度，W 为对接构件的宽度。

3. 机械拉伸法

焊后对焊接构件加载，使具有较高拉伸残余应力的区域产生拉伸塑性变形，卸载后可使焊接残余力降低。加载应力越高，焊接过程中形成的压缩塑性变形就被抵消得越多，内应力也就消除得越彻底。

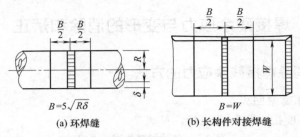

$$B=5\sqrt{R\delta}$$
(a) 环焊缝

$$B=W$$
(b) 长构件对接焊缝

图 7-21　局部热处理的加热区宽度

　　机械拉伸消除内应力对一些焊接容器特别有意义。它可以通过在室温下进行过载的耐压试验来消除部分焊接残余应力。

4. 温差拉伸法

　　在焊缝两侧各用一个适当宽度的氧-乙炔焰炬加热，在焰炬后一定距离外喷水冷却。焰炬和喷水管以相同速度向前移动（图 7-22）。由此，可造成一个两侧高、焊缝区低的温度场。两侧的金属因受热膨胀，对温度较低的焊接区进行拉伸，使之产生拉伸塑性变形，以抵消原来的压缩塑性变形，从而消除内应力。本法对焊缝比较规则、厚度不大（<40mm）的容器、船舶等板、壳结构具有一定的实用价值，如果工艺参数选择适当，可取得较好的消除应力效果。

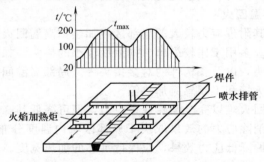

图 7-22　温差拉伸法

5. 锤击焊缝法

　　在焊后用手锤或一定半径半球形风锤锤击焊缝，可使焊缝金属产生延伸变形，能抵消一部分压缩塑性变形，起到减少焊接应力的作用。锤击时注意施力应适度，以免施力过大而产生裂纹。

6. 振动法

　　本法利用由偏心质量和变速电动机组成的激振器，使结构发生共振所产生的循环应力来降低内应力。其效果取决于激振器和构件支点的位置、激振频率和时间。本法设备简单、价廉、处理成本低、时间短，也没有高温回火时金属表面氧化的问题。但是如何控制振动，使之既能降低内应力，而又不使结构发生疲劳破坏等，尚需进一步研究。

二、焊接残余变形的形式、因素及矫正措施

焊接残余变形产生主要由焊接热循环中产生的压缩塑性变形所致，由于塑性变形不可恢复，导致结构收缩而缩短。

1. 焊接残余变形的基本形式

焊接残余收缩主要表现在两个方面：

① 沿焊缝长度方向的收缩，称为纵向收缩。

② 沿着垂直于焊缝长度方向的收缩的综合效果。焊接残余变形的表现形式大致可分为下列七类，即焊件在焊缝方向发生的纵向收缩变形 ［图 7-23 （a）］；焊件在垂直焊缝方向发生的收缩变形 ［图 7-23 （b）］；挠曲变形（翘曲变形如图 7-24 所示）；焊件的平面围绕焊缝产生的角位移，称为角变形（图 7-25）；发生在承受压力薄板结构中的波浪变形或

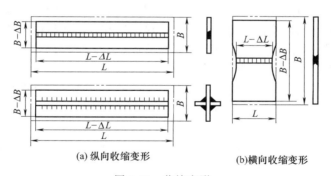

(a)纵向收缩变形　　　　　　　(b)横向收缩变形

图 7-23　收缩变形

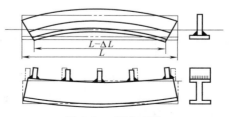

图 7-24　翘曲变形

失稳变形（图 7-26）；两焊件的热膨胀不一致，发生的长度方向的错边，或厚度方向的错边（图 7-27）；以及焊件发生的扭曲变形（图 7-28）。

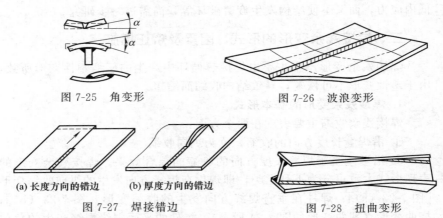

图 7-25　角变形　　　　　　　图 7-26　波浪变形

(a) 长度方向的错边　　(b) 厚度方向的错边

图 7-27　焊接错边　　　　　　图 7-28　扭曲变形

开放型的断面结构（如工字梁）如果在点焊固定后不采用适当的夹具夹紧和正确的焊接顺序可能会产生螺旋变形，这是因为角变形沿焊缝长度逐渐增加，使构件扭转。改变焊接次序和方向，把两个相邻的焊缝同时向同一方向焊接，可以克服这种变形。

2. 焊接变形的计算及影响因素

从理论上精确计算焊接残余变形量的大小目前是十分困难的，在工程上通常采用经验公式进行简化计算。

（1）纵向收缩变形

纵向收缩变形收缩量的大小，取决于焊缝及其附近的高温区产生的压缩塑性变形量。影响纵向收缩量大小的因素很多，主要包括焊接方法、焊接参数、焊接顺序以及材料的热物理参数。其中焊接热输入是主要的因素，在一般情况下它与焊接热输入成正比。多层焊时，由于产生的塑性变形区相互重叠，以重叠系数予以修正。对于同样截面积的焊缝，分层越多，每层所用的热输入就越小，因此多层焊所引起的纵向收缩比单层焊小。

间断焊的纵向收缩变形比连续焊小，其效果随 a/e 的减小而提高（a 为分段焊缝的长度，e 为焊缝间距）。在工程上，通常根据结构的形式，利用经验公式进行简化计算。

对于钢质细长构件，如梁、柱等结构的纵向收缩可以通过下式估算背单层焊的纵向收缩量 ΔL：

$$\Delta L = \frac{k_1 A_H L}{A}$$

式中　A_H——塑性变形区面积，mm^2；

　　　　L——构件长度，mm；

　　　　A——焊缝截面积，mm^2。

修正系数 k_1 与焊接方法和材料有关，见表 7-4。

表 7-4　修正系数 k_1 与焊接方法和材料的关系

焊接方法	CO_2	埋弧焊	焊条电弧焊	
材料	低碳钢		低碳钢	奥氏体钢
k_1	0.043	0.071~0.076	0.048~0.057	0.076

多层焊的纵向收缩量，将上式中 A_H 改为一层焊缝金属的截面积，并将所计算的结果乘以修正系数 k_2。其中：$k_2 = 1 + 85\varepsilon_s n$

式中，$\varepsilon_s = \dfrac{\sigma_s}{E}$，$n$ 为层数。

对于两面有角焊缝的 T 字接头，由公式 $\Delta L = \dfrac{k_1 A_H L}{A}$ 计算的收缩量乘以系数 1.15~1.40（公式 $\Delta L = \dfrac{k_1 A_H L}{A}$ 的 A_H 系指一条角焊缝的截面积）。奥氏体钢的热膨胀系数大于低碳钢，其变形比低碳钢大。

（2）横向收缩变形

横向收缩变形的计算比较复杂，有很多经验公式，下面给出一个对接接头的横向收缩量的估算公式，可作参考：

$$\Delta B = 0.18 \frac{A_H}{\delta}$$

式中　ΔB——对接接头的横向收缩量，mm；

　　　　A_H——焊缝截面积，mm^2；

　　　　δ——板厚，mm。

（3）挠曲变形（弯曲变形）

当塑性变形区偏离构件截面形心时，导致纵向收缩或横向收缩的假想应力偏离构件截面的中性轴线方向而产生的弯曲变形，构件的挠曲计算公式为：

$$f = \frac{ML^2}{8EI} = \frac{P_f e L^2}{8EI}$$

对于钢制构件单道焊缝的挠度可用下式估算：

$$f = \frac{k_1 A_H e L^2}{8I}$$

多层焊或双面焊缝的挠度以上式的结果乘以与纵向收缩公式中相同的系数 k_2。

（4）角变形

角变形的计算比较困难，不同形式的接头，角变形具有不同的特点。角变形的大小通常根据实验以及经验数据来确定。

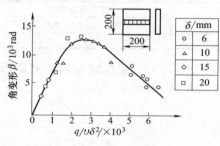

图 7-29　角变形 $q/v\delta^2$ 的关系

① 堆焊　堆焊是在焊接的表面进行的金属熔敷，因此，堆焊时焊缝正面的温度明显高于背面的温度，会产生较大的角变形。其温度差越大，角变形越大。由于温度与焊接热输入有关，所以热输入较大时，角变形也相应较大。但是，当热输入增大到某一临界值时，角变形不再增加，出现减小的现象，如图 7-29 所示。这是因为热输入的进一步增加，使得沿厚度方向的温度梯度减小所致。

② 对接接头　对接接头的坡口角度和焊缝截面积形状对角变形的影响较大。坡口越大，厚度方向的横向收缩越不均匀，角变形越大。对称的双 Y 形比 V 形角变形小，但不一定能够使角变形完全消除。对接接头的角变形不但与坡口形式和焊缝截面积有关，还与焊接方式有关。同样的板厚和坡口形式，多层焊比单层焊的角变形大，层数越多，角变形越大；多道焊比多层焊的角变形大。要采用双 Y、双 U 形式的坡口，如果不采用合理的焊接顺序，仍然会产生角变形。一般应两面交替焊接，最好的方法是两面同时焊接。薄板焊接时，由于正反两面温度差较小，角变形没有明显的规律性。

③ T 字接头　T 字接头的角变形包括筋板相对于主板的角变形和主板自身的角变形两部分。前者相当于对接接头的角变形，不开坡口的角焊缝相当于坡口 90°的对接接头产生的角变形，如图 7-30（b）中 β' 所示。主板的角变形相当于堆焊产生的角变形，如图 7-30（c）中 β'' 所示。通过开坡口，可以减小筋板与主板之间的焊缝夹角，降低 β'' 值。

低碳钢各种板厚和焊脚 K 的 T 字接头的角变形可参照图 7-31 估计。

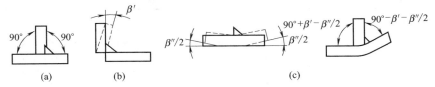

图 7-30 T 字接头角焊缝产生的各种角变形

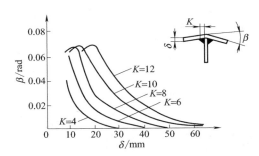

图 7-31 板厚及焊脚与 T 字接头角变形的关系曲线

3. 焊接残余变形的控制与矫正

焊接残余变形的存在对焊接结构的制造精度及使用性能有很大的影响，因此常常在生产过程中采用一些措施对变形进行控制，在生产后对焊接残余变形进行矫正。

（1）控制焊接变形的措施

控制焊接变形的措施见表 7-5。

表 7-5 控制焊接变形的措施

措 施		说 明
设计措施	合理选择焊件尺寸	焊件的长度、宽度和厚度等尺寸对焊接变形有明显影响。以角焊缝为例，板厚对于角焊缝的角变形影响较大，当厚度达到某一数值（钢，约为 9mm；铝，约为 7mm）时，角变形最大。另外，在焊接薄板结构时会产生较大的波浪变形。在焊接细长结构时，会产生弯曲变形。因此，需要精心设计焊接结构的尺寸参数（如厚度、宽度、长度和间距等）

措　施	说　明
设计措施	合理选择焊缝尺寸和坡口形式

<table>

焊缝尺寸过大,焊接工作量大,填充金属消耗量大,焊接变形也越大。因此,在设计焊缝尺寸时,在保证结构承载能力的条件下,应尽量采用较小的焊缝尺寸。但是,较小的焊缝尺寸由于冷却速度过快,又容易产生焊接缺陷如焊接裂纹、热影响区硬度过高等。以下附表列出了不同厚度典型钢板的最小角焊缝尺寸。表中的板厚为两板厚度中的较大者

附表　最小角焊缝尺寸

板厚/mm	最小角焊缝尺寸 K/mm	
	3 钢	16Mn 钢
7～16	4	6
17～22	6	8
23～32	8	10
33～50	10	12
>50	12	—

由于低合金钢对冷却速度比较敏感,所以在同样厚度条件下,最小焊脚尺寸应比低碳钢焊脚尺寸大些

合理地设计坡口形式也有利于控制焊接变形。例如,双 Y 形坡口的对接接头角变形明显小于 V 形坡口对接接头的角变形。但是,为了使双 Y 形坡口对接接头角变形消除,还要进一步精心设计坡口的具体尺寸

对于受力较大的 T 字接头及十字接头,在保证相同强度的条件下,采用开坡口的焊缝不仅比不开坡口的角焊缝填充金属量小,还能有效地减小焊缝变形。尤其对厚板接头意义更大。除了坡口形状和尺寸要精心设计外,还要注意坡口位置的设计

尽量减少不必要的焊缝：焊接结构应该力求焊缝数量少。在设计焊接结构时,有时为了减轻结构的重量需要而选用板厚较薄的构件,采用加强筋板来提高结构的稳定性和刚度。如果使用加强筋板数量过多,将大大地增加装配和焊接的工作量,经济差,焊接变形量也较大。因此需要选择合适的板厚和筋板数量,减少焊缝数量

合理安排焊缝位置：应该设法使焊缝位置对称于焊接结构的中性轴,或者接近于中性轴,避免焊接结构的弯曲变形。焊缝对称于中性轴,有可能使焊缝引起的弯曲变形相互抵消。焊缝接近于中性轴,可以减小由焊缝收缩引起的弯曲力矩,使构件的弯曲变形也会减小。焊缝的对称布置在很大程度上取决于结构设计的对称性,所以在设计焊接结构时,应该力求使结构对称
</table>

措　施		说　明
工艺措施	反变形法	通过焊前估算结构变形的大小和方向，然后在装配时给予一个反相方向的变形量，使之与焊后构件的焊接变形相抵消，达到设计的要求。这是生产中最常用的方法。反变形法一般有自由反变形法[图 7-32 (a)]、塑性反变形法[图 7-32(b)]和弹性反变形[图 7-32(c)]等几种方式。如果能够精确地控制塑性反变形量，可以得到没有角变形的角焊缝，否则得不到良好的效果。正确的塑性预弯曲量随着板厚、焊接条件和其他因素的不同而变化，而且弯曲线必须与焊缝轴线严格配合，这些都给生产带来困难，实际中很少采用。角焊缝通常采用专门的反变形夹具，将垫块放在工件下面，两边用夹具夹紧，变形量一般不超过弹性极限变形量，这种方法比塑性反变形法更可靠，即使反变形量不够准确，也可以减少角变形，不至于残留预弯曲的反变形 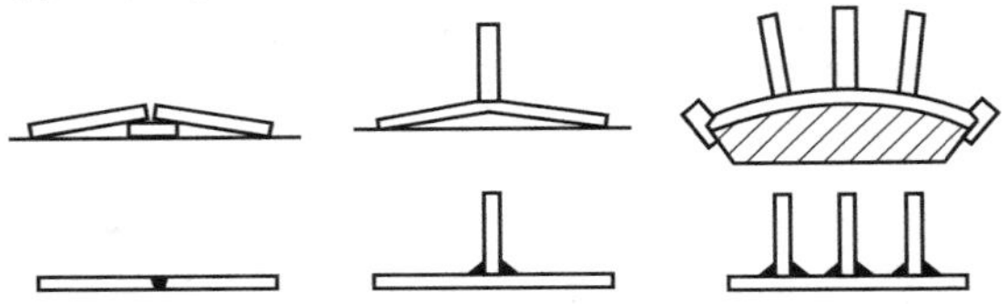 **(a) 自由反变形法**　**(b) 塑性反变形法**　**(c) 弹性反变形** 图 7-32　减少焊接变形的反变形法
	刚性固定方法	这个方法是在没有反变形的条件下，将焊件加以固定来限制焊接变形。采用这种方法，只能在一定程度上减小变形量，效果不及反变形法。但用这种方法来防止角变形和波浪变形，效果较好。例如，焊接法兰盘时采用直接点固，或压在平台上，或两个法兰盘背对背地固定起来，如图 7-33 所示 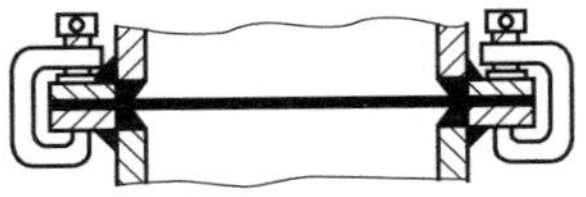 图 7-33　刚性固定法焊接法兰盘
	合理选择焊接方法及焊接规范	选用热输入较低的焊接方法，可以有效防止焊接变形。焊缝不对称的细长结构有时可以选用合适的热输入而不必采用反变形或夹具克服挠曲变形。图 7-34 中的构件，焊缝 1、2 到中性轴的距离大于焊缝 3、4 到中性轴的距离，若采用相同的规范焊接，则焊缝 1、2 引起的挠曲变形大于焊缝 3、4 引起的挠曲变形，两者不能抵消。如果把焊缝 1、2 适当分层焊接，每层采用小输入，则可以控制挠曲变形

措　施	说　明
合理选择焊接方法及焊接规范	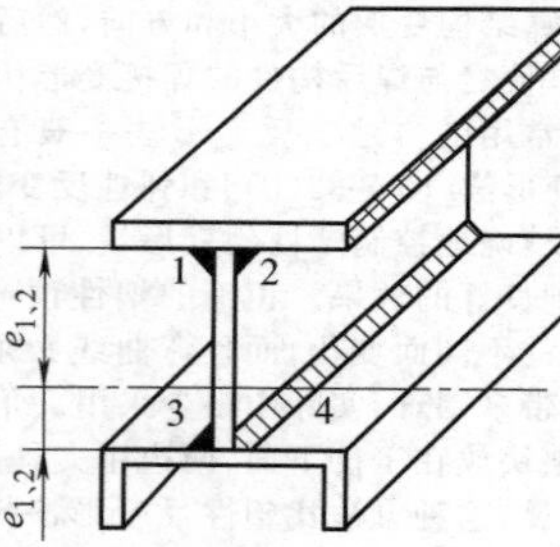 图 7-34　防止非对称截面挠曲变形的焊接 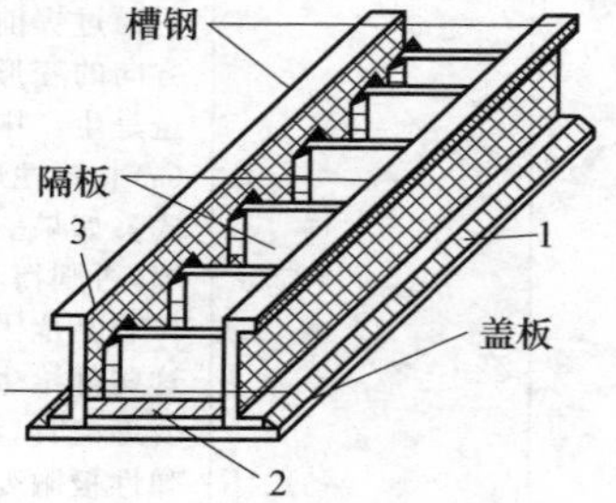　　图 7-35　带盖板的双槽钢焊接梁 　　如果焊接时没有条件采用热输入较小的方法，又不能降低焊接参数，可采用水冷或铜冷却的方法限制和缩小焊接热场的分布，减少焊接变形
工艺措施 采用合理的装配焊接顺序	设计装配焊接顺序主要考虑不同焊接顺序的焊缝产生的应力和变形之间的相互影响，正确选择装配焊接顺序可以有效地控制焊接变形。图 7-35 所示的带盖板的工字梁，可以采用三种方案进行焊接 　　方案 1：先把隔板与槽钢装配在一起，焊接角焊缝 3，角焊缝 3 的大部分在槽钢的中性轴以下，它的横向收缩产生上挠度 f_3。再将盖板与槽钢装配起来，焊接角焊缝 1，角焊缝 1 在构件断面的中性轴以下，它纵向收缩引起上挠度 f_1。最后焊接角焊缝 2，角焊缝 2 也位于断面的中性轴以下，它的横向收缩产生上挠度 f_2。构件最终的挠曲变形为 $f_1+f_2+f_3$。 　　方案 2：先将槽钢与盖板装配在一起，焊接角焊缝 1，它纵向收缩引起上挠度 f_1。再装配隔板，焊接角焊缝 2，它的横向收缩产生上挠度 f_2。最后焊接角焊缝 3，此时角焊缝 3 的大部分在构件断面的中性轴以上，它的横向收缩产生下挠度 f_3'。构件最终的挠度为 $f_1+f_2-f_3'$。 　　方案 3：先将隔板与盖板装配在一起，焊接角焊缝 2，盖板在自由状态下焊接，只能产生横向收缩和角变形，若采用压板将盖板紧压在平台上是可以控制角变形的。此时盖板没有与槽钢连接，因此焊缝 2 的收缩不引起挠曲变形，$f_2=0$。再装配槽钢，焊接角焊缝 1，引起上挠度 f_1。最后焊接角焊缝 3，引起下挠度 f_3'。构件最终的挠度为 f_1-f_3'。 　　比较以上三种方案可以看出，不同的装配焊接顺序导致不同的变形结果，第一种方案挠曲变形最大，第三种最小，第二种介于第一种和第三种之间

（2）矫正焊接变形的方法

尽管在焊接结构的设计中和生产中采取了许多控制焊接变形的措施，但是焊接残余变形难以完全消除。在必要时，我们还必须对焊接结构分析来进行残余变形的矫正。矫正焊接残余变形方法一般分为两大类。

① 机械矫正法 利用外力使构件产生与焊接变形方向相反的塑性变形，使两者相互抵消。在薄板结构中，如果焊缝比较规则（直焊缝或环焊缝），采用圆盘形辊轮辗压焊缝及其两侧，使之伸长来达到消除焊接残余变形的目的。这种方法效率高，质量也好。对于塑性较好的材料（如铝）效果更佳。

图7-36为用加压机械来矫正工字梁焊接变形的例子。除了采用压力机外、还可以用锤击法来延展焊缝及其周围压缩塑性变形区域，达到消除焊接变形的目的。这种方法比较简单，经常用来矫正不太厚的板

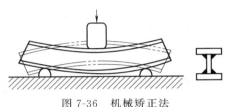

图 7-36 机械矫正法

结构。其缺点是劳动强度大，表面质量不好，锤击力不易控制。

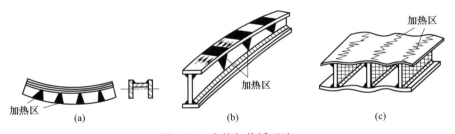

图 7-37 火焰加热矫正法

② 火焰加热矫正法 利用火焰局部加热时产生的压缩塑性变形，使较长的金属在冷却后产生的收缩，来达到矫正变形的目的。火焰加热可采用一般气焊焊炬。矫正效果的好坏，关键在于正确地选择加热位置、加热范围和加热形状。

图7-37（a）所示中的非对称Ⅱ形结构，可以在上下盖板采用三角形加热的办法矫正。非对称工字梁［图7-37（b）］的上挠曲变形，可在上盖板用矩形加热和腹板用三角形加热的办法矫正，T字接头的角变形可在翼板背面加热进行矫正，如图7-37（c）所示。

参 考 文 献

[1] 孙景荣. 实用焊工手册. 北京：化学工业出版社，2007.

[2] 机械工业职业教育研究中心. 电焊工技能实战训练. 北京：机械工业出版社，2008.

[3] 顾纪清. 实用焊接器材手册. 上海：上海科学技术出版社，2004.

[4] 徐越兰. 焊工简明实用手册. 南京：江苏科学技术出版社，2008.

[5] 刘春玲. 焊工实用手册. 合肥：安徽科学技术出版社，2009.

[6] 朱兆华 郭振龙. 焊工安全技术. 北京：化学工业出版社，2005.

[7] 范绍林. 焊工操作技巧. 北京：化学工业出版社，2008.

[8] 周振丰. 焊接冶金学. 北京：机械工业出版社，2001.

[9] 王亚君等. 电焊工操作技能. 北京：中国电力出版社，2009.

[10] 张应立. 新编焊工实用手册. 北京：金盾出版社，2004.

[11] 张应立. 气焊工初级技术. 北京：金盾出版社，2008.

[12] 郭荣玲等. 实用焊接技术快速入门. 北京：机械工业出版社，2010.

[13] 王兵. 好焊工是怎样炼成的. 北京：化学工业出版社，2016.

[14] 钟翔山. 图解焊工入门与提高. 北京：化学工业出版社，2016.